普通高等教育"十二五"规划教材

电路分析基础

蔺金元　张　伶　田　茸　编

侯卓生　主审

中国电力出版社
CHINA ELECTRIC POWER PRESS

内 容 提 要

　　本书系统地讲述了电路理论的基本概念、基本定理和基本分析方法。全书共十一章，内容主要包括：电路的基本概念和基本定律、简单等效变换、电路的基本分析方法、电路的基本定理、正弦交流电路的稳态分析、三相交流电路分析、耦合电感和理想变压器、非正弦周期电路的分析、动态电路的时域分析、二端口网络和计算机辅助电路分析。各章均配有与基本内容密切相关的例题和习题。

　　本书可作为电子、通信、计算机、自动化等电类专业的教材，也可供相关专业、相关领域的研究人员参考。

图书在版编目（CIP）数据

电路分析基础/蔺金元，张伶，田茸编 . —北京：中国电力出版社，2012.7
普通高等教育"十二五"规划教材
ISBN 978 - 7 - 5123 - 3282 - 9

Ⅰ.①电…　Ⅱ.①蔺…②张…③田…　Ⅲ.①电路分析－高等学校－教材　Ⅳ.①TM133

中国版本图书馆 CIP 数据核字（2012）第 157055 号

中国电力出版社出版、发行
（北京市东城区北京站西街 19 号　100005　http://www.cepp.sgcc.com.cn）
北京市同江印刷厂印刷
各地新华书店经售

＊

2012 年 9 月第一版　　2012 年 9 月北京第一次印刷
787 毫米×1092 毫米　16 开本　18.5 印张　454 千字
定价 33.50 元

前 言

"电路分析基础"这门课程是电子信息、通信、自动化等电类专业的专业基础课。由于现代计算机技术发展迅速,我们在授课过程中感觉到,经典电路分析中的某些供手工求解电路的技巧已经不再需要反复强化,这部分内容可以删减。在后续的电子技术、自动控制理论等课程中必须使用的分析方法,其内容应全面、突出。为了解决这些问题,我们决定编写本教材,并加入了我们多年教学工作中总结出的经验和思路,以便使学生更好、更有效地学习。现代工程教育提倡以教会学生分析问题、提高应用能力作为教学的重点。本着这种理念,我们在教材内容编排的过程中始终贯穿学习本课程的思想方法及设计理念,尽可能教会学生思考,使思想方法的传承重于简单知识的传输。

本课程的基本内容是以一个假设、两类约束、三大方法为主线来讲解的,即在一个集总假设的前提下,运用两类约束(拓扑约束、元件约束)列方程求解电路变量。同时,为了便于分析和计算,介绍了三大常用的方法(叠加、分解、变换域),这三种方法虽然应用的侧重点不同,但都是将复杂网络转变为简单电路去求解。本书就是围绕着这样的主线展开讨论的,重点讲解了电阻电路、动态电路以及正弦交流稳态电路的主要分析方法。

全书内容共分成两大部分:经典电路分析和现代电路分析。经典电路分析包括电路的基本概念和基本方法、线性电阻电路的分析、动态电路的时域分析、正弦稳态电路的相量分析;现代电路分析包括双端口网络的参数分析、基于拓扑结构的电路分析方法。

在保证教材结构体系完整的前提下,本书注重基本概念、基本方法和基本原理的分析,注重电路理论与实际电路的有机结合。编写过程中力求内容通俗易懂,深入浅出,压缩烦琐的理论推导,便于教授又便于自学。本书配有大量的例题和习题,例题和习题紧扣基本概念、基本方法和基本原理,注重应用、实用、适用,避免偏题。同时考虑到电工技术的发展和计算机辅助分析的需要,在最后一章增设了计算机辅助分析的基础知识,并利用电子电路的计算机辅助分析和设计软件 Multisim 对一些教学内容和实践进行了仿真。

全书共分为十一章,由蔺金元、张伶、田茸执笔编写,具体分工如下:

第一章、第三章、第四章、第五章:蔺金元(宁夏大学)。

第六章、第七章(第一节,第三~五节)、第八章、第十章、第十一章:张伶(北方民族大学)。

第二章、第五章(第二节)、第九章:田茸(宁夏大学)。

本书由银川能源学院侯卓生教授担任主审。

在本书的编写过程中,参考了众多国内外同行的优秀教材,从中受到了不少教益和启发,在此表示衷心的感谢!

限于编者的水平,不妥之处在所难免,恳请同行和读者们批评指正。

编 者

2012 年 3 月

目　录

普通高等教育"十二五"规划教材

电路分析基础

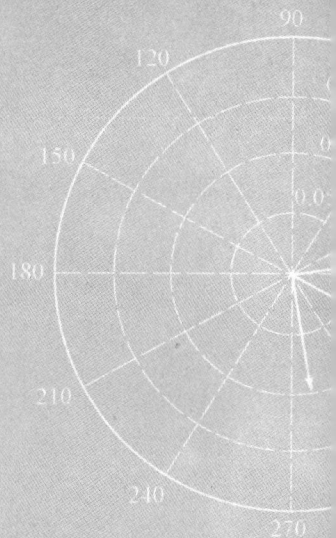

第一章 | 电路的基本概念和基本定律

本章主要介绍电路的基本概念及基本定律。内容包括：从实际电路入手，通过集总假设的条件，引出电路模型；集总电路的两大分类(电阻电路和动态电路)；基本电路变量(电压、电流、功率)；集总参数电路的基本定律(基尔霍夫定律)，阐明了电压、电流应该服从的两类约束关系；基本的电路元件(电阻、独立源、受控源)。这些内容是全书的基础知识。

第一节　实际电路与电路模型

一、实际电路

电能主要来自其他形式能量的转换，同时它也可转换成其他所需能量形式。它能够以有线或无线的形式作远距离的传输。电在人们的日常生活、生产工作、通信、科学研究等方方面面都得到了十分广泛的应用，大到庞大的电力系统，小到身边的手机、电视机、计算机等家用电器，都可以看到各种各样的电路。这些电路虽然千差万别，但都是为了完成某种目的而设计、安装、运行，由电气器件和设备相互连接而成的电流通路装置。它们的共性是建立在同一电路理论基础上，其功能有两方面：①能量的传输、分配与转换；②信息的传递与处理。

综上所述，通常把这些由电阻器、电容器、线圈、变压器、晶体管、运算放大器、传输线、电池、发电机和信号发生器等电气器件和设备连接而成的电路，统称为实际电路。其中，电能或电信号的发生器称为电源，也称为激励源或激励；用电设备称为负载，负载中的电压和电流是由激励产生的，称为响应。所以，实际电路就是为了实现电能的利用，由电源、负载和传输导线构成的用电通路。有时，根据激励和响应之间的因果关系，也把激励称为输入，响应称为输出。

二、电路模型

由于实际电路的形式和功能是多种多样的，各种元器件的性能也千差万别，直接分析和计算这种电路就比较困难。因此，需要对实际电路进行理想化、抽象化和近似化处理，用几种典型的理想元件代表现实中种类繁多的实际元器件，从而构成一个便于分析和计算的简单电路，称为电路模型。如图 1-1 所示，就是将一个实际的简单照明电路抽象成电路模型。U_S 表示电源（干电池），R_S 表示电池的内阻，R 表示灯泡，由于灯泡主要是消耗电能（转换成光能），因此用电阻来表示。连接导线用理想导线（其电阻设为零）即线段表示。

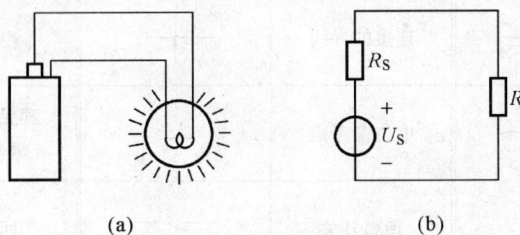

图 1-1　简单照明电路

(a) 实际电路；(b) 电路模型

电路模型是用来描述实际电路的。通常，把用理想元件组合起来模拟实际器件的过程叫做建模，即建立模型。在建模时，不一定一个实际器件只用一个理想元件去描述，这里必须考虑工作条件，并按不同准确度的要求把给定工作情况下的主要物理现象和功能反映出来。例如图 1-1 中，灯泡中有电流流过时还会产生磁场，相当于电感元件，但相对而言电感极其微小，可以忽略不计。而电池内阻消耗的能量在整个电路中占的比重较大，所以一个电池要抽象成两部分（提供电能的理想电压源 U_S 和消耗电能的内阻 R_S）。有时候，一个实际器件在不同情况下需要用不同的模型来描述。如图 1-2 （a） 所示，实际中的一个线圈，在低频交流工作条件下，用一个电阻和电感的串联电路来模拟，如图 1-2 （b） 所示；在高频交

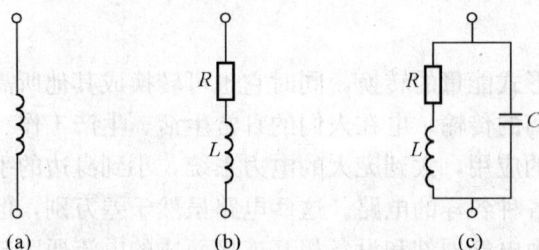

图 1-2 　线圈的几种不同电路模型
（a） 线圈的图形符号；（b） 线圈通过低频交流信号的模型；
（c） 线圈通过高频交流信号的模型

流工作条件下，还要再并联一个电容来模拟，如图 1-2 （c） 所示。因此，建模的过程就是在一定条件下，忽略实际器件的次要性质，用一个或多个足以表征其主要性质的理想元件组合成电路模型的过程。至于如何建模的细节问题不是本书的主要内容，本书后面所讨论的电路都是已经抽象好的电路模型。在本书后面的章节中常把电路模型简称为电路，对于复杂的电路，也常常称之为网络。

在分析集总参数电路时，只采用有限多个（几十种）集总参数元件（理想元件）去模拟千差万别的实际元器件。表 1-1 列举了常用的几种电路元件的图形符号。

表 1-1 　　　　　　　　　　　常用的几种电路元件的图形符号

名　称	符　号	名　称	符　号	名　称	符　号
独立电流源		理想导线		电　容	
独立电压源		连接的导线		电　感	
受控电流源		电位参考点		理想变压器耦合电感	
受控电压源		理想开关		回转器	
电　阻		开　路		理想运放	
可变电阻		短　路		二端元件	
非线性电阻		理想二极管			

三、电路分类及集总假设

按照实际电路的几何尺寸 d 与工作时其最高频率所对应的波长 λ（$\lambda = c/f$，电的传播速度以光速计算，即 $c = 3 \times 10^8 \text{m/s}$）之间的关系，可以将电路分成两大类：集总参数电路和分布参数电路。

满足 $d \ll \lambda$ 条件的电路称为集总参数电路，其特点是电路中的电压、电流与器件的几何尺寸和空间位置无关。集总参数电路中的每一种元件只反映一种基本电磁现象，并可以用数学方法定义，不考虑电路中电场与磁场的相互作用。例如，电阻元件只涉及消耗电能的现象，电容元件只涉及与电场有关的现象，电感元件只涉及与磁场有关的现象。相反，不满足 $d \ll \lambda$ 条件的另一类电路称为分布参数电路，其特点是电路中的电压、电流与器件的几何尺寸和空间位置有关，导线电阻不能忽略不计。远距离输电线路就属于分布参数电路。大多数的用电设备，使用的都是国家电网的标准频率 50Hz，根据公式，50Hz 频率所对应的波长 λ 为 6000km，所以，大多数的用电设备都满足集总假设条件。本书只讨论集总参数电路，即满足集总假设条件（$d \ll \lambda$）的电路。

集总参数电路又可以分为两类：电阻电路和动态电路。电阻电路只含有电阻元件和电源元件，而动态电路中至少含有一个动态元件（电容元件或电感元件）。本书将分别对这两种电路进行详细讨论。

研究集总参数电路特性的一种方法就是用电气仪表对实际电路直接进行测量，另一种更重要的方法就是将实际电路抽象成电路模型，然后用电路理论的方法去分析计算出电路的电气特性，如图 1-3 所示。现在，运用现代电路理论，借助于计算机，可以模拟各种实际电路的特性，从而设计出电气性能良好的各种电路，包括大规模集成电路。

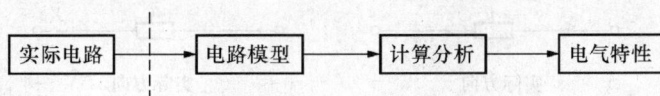

```
实际电路 ┆──→ 电路模型 ──→ 计算分析 ──→ 电气特性
```

图 1-3　研究电路的基本方法

第二节　电路基本变量

在电路分析中，常用的基本变量（即基本物理量）有电压 u、电流 i、电荷 q、磁通 Φ、功率 P 和能量 W。通过这些基本变量可以反映出电路具有的性能和特征，本课程的主要任务就是学会分析给定电路和计算出这些电路变量的具体参数值。以上基本变量的物理含义在物理学中已经学过，这里就不再详细介绍，本节重点讨论电压、电流、功率和能量在电路分析中的应用。

一、参考方向

电路中，电压和电流变量都是矢量，既有大小，又有方向。方向的不同，直接影响到物理量之间的数学表达式和对分析结果的解释，因此，确定电压和电流的方向是非常重要的。

对于简单电路而言，电压和电流的实际方向是可以判断出来的，但对于复杂电路和方向不断变化的交流电来说，在求解之前就事先判别出它们的方向是相当困难的。为了解决这个问题，在电路分析中，引用了一个假设的方向——参考方向。所谓参考方向，就是在求解电路之前事先为电路里各个电压和电流假设一个自己的方向，这个假设的方向是任意规定的，没有正确和错误一说。当把规定好的方向标注在电路图上之后，就可以按照这个参考方向进行分析了。标注方向时，电压方向一般用＋、－极表示，电流方向一般用箭头表示。

参考方向并不等于实际方向。引入参考方向只是为了解题方便，使复杂的方向问题简单化。参考方向虽然是自己任意规定的，但并不是与实际方向完全没有关系，可以根据参考方向及其量值的正、负来确定实际方向。当电压或电流的取值为正，则其规定的参考方向与实际方向相同；当电压或电流的取值为负，则其规定的参考方向与实际方向相反。电流的参考方向如图 1-4 所示。当完成电路的分析计算后，如果求得电流 i 为正时，说明电流的参考方向即是电流的实际正方向，实际电流由 A 流向 B；如果求得电流 i 为负时，说明电流的参考方向与电流实际正方向相反，实际电流由 B 流向 A。

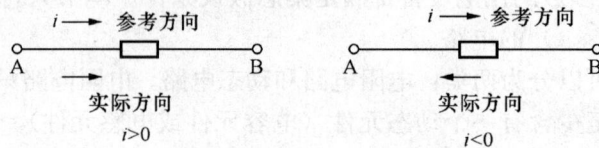

图 1-4　电流的参考方向

电压的参考方向与实际方向的关系也可以进行同样处理，如图 1-5 所示。如果 $u>0$，则实际电压极性与参考极性一致；如果 $u<0$，则实际电压极性与参考极性相反。

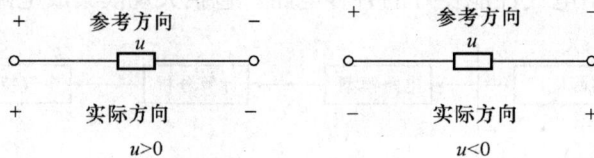

图 1-5　电压的参考方向

可见，实际方向很容易根据参考方向确定。完全可以先按任意假定的参考方向进行分析、计算，最后再判断实际方向。在后面的分析计算中，如果没有特别说明，则采用的都是参考方向。计算出的结果也不需要特意说明实际方向，因为它很容易确定。

二、电流及其参考方向

带电粒子有规则的定向运动形成电流。电子带负电荷，质子带正电荷，粒子所带电荷的多少称为电荷量。电荷量用符号 q 表示，它的标准国际单位（SI 单位）为库［仑］（C）。

电流的定义：单位时间内通过导体横截面的电荷量。电流用符号 i 表示，用来衡量电流的大小。其数学表达式为

$$i(t) = \frac{\mathrm{d}q}{\mathrm{d}t} \tag{1-1}$$

电流的 SI 单位为安［培］（A），常用的单位还有千安（kA）、毫安（mA）等。

表 1-2 列出了部分国际单位制的词头，它们与 SI 单位加在一起构成不同数量级的单位表示方法。

表 1 - 2　　　　　　　　　　　　　　　　　**部分国际单位制词头**

因数	10^9	10^6	10^3	10^{-3}	10^{-6}	10^{-9}	10^{-12}
名称	吉	兆	千	毫	微	纳	皮
符号	G	M	k	m	μ	n	p

电流和电压都是矢量，不仅有大小，还有方向。习惯上把正电荷运动的方向规定为电流的方向（实际方向）。为了方便计算，在电路分析中，均采用参考方向。表示电流参考方向的方式主要有两种：用箭头的指向来表示电流的方向；用双下标表示电流的方向，如 i_{AB}，表示电流的方向是由 A 流向 B，如图 1 - 6 所示。

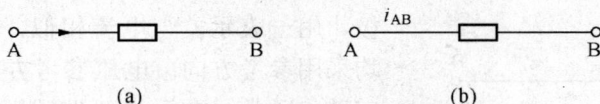

图 1 - 6　电流参考方向的两种表示方式
(a) 用箭头表示；(b) 用双下标表示

量值和方向均不随时间变化的电流，称为恒定电流，简称为直流（DC），用符号 I 表示；量值和方向随时间变化的电流，称为时变电流，用符号 i 表示；量值和方向作周期性变化且平均值为零的时变电流，称为交流（AC）。

三、电压及其参考方向

电荷在电路中移动，就会有能量的交换发生。单位正电荷由电路中一点 A 移至另一点 B 时电场力做功的大小，称为 AB 两点的电压。电压用符号 u 表示，用来衡量电压的大小。其数学表达式为

$$u(t) = \frac{\mathrm{d}W}{\mathrm{d}q} \tag{1 - 2}$$

电压的 SI 单位为伏［特］（V），常用的单位还有千伏（kV）、毫伏（mV）、微伏（μV）等。

若将电路中某一点选作参考点，假设参考点为零电势点，则把 A 点到参考点的电压称为 A 点的电位，即单位正电荷从电路中 A 点移至参考点（$\phi = 0$）时电场力做功的大小，用 u_A 或 ϕ_A 表示。同理，B 点的电位用 u_B 或 ϕ_B 表示。而 AB 两点的电压 $u_{AB} = u_A - u_B$，即两点之间的电位差。若计算出的电压 $u_{AB} > 0$，表明 A 点的电位比 B 点的电位高；若计算出的电压 $u_{AB} < 0$，表明 A 点的电位比 B 点的电位低。例如，$u_{AB} = 20\mathrm{V}$ 时，表明 A 点的电位比 B 点的电位高 20V。对电路中同一电压规定相反参考极性时，相应的电压表达式相差一个负号，即 $u_{AB} = -u_{BA}$。当参考点位置发生改变时，电位值也会发生相应的变化，但两点之间的电压始终保持不变。

【例 1 - 1】　电路中有 A、B、C 三点，选 C 作为参考点，即 $u_C = 0$。假设此时 $u_B = 2\mathrm{V}$，$u_{AB} = 7\mathrm{V}$，那么当改选 B 点为参考点时，A 点和 C 点的电位分别是多少？

解　原来 C 点为参考点时：

$$u_A = u_{AB} + u_B = 7 + 2 = 9 \text{ (V)}$$
$$u_{BC} = u_B - u_C = 2 - 0 = 2 \text{ (V)}$$

参考点改变为 B 点，电位变化但两点之间电压不变：

$$u_{AB} = 7 \text{ (V)}, u_{BC} = 2 \text{ (V)}$$
$$u_A = u_{AB} + u_B = 7 + 0 = 7 \text{ (V)}$$
$$u_C = u_B + u_{BC} = 0 - 2 = -2 \text{ (V)}$$

由上面计算可知，A 点的电位从原来的 9V 变化到了 7V，C 点的电位从原来的 0V 变化到了 -2V。可见，所选参考点（B 点）的电位比原来降低了 2V，其他各点的电位也相应降低了 2V。同理，如果新选参考点的电位比原来升高了 1V，则其他各点的电位也相应升高 1V。

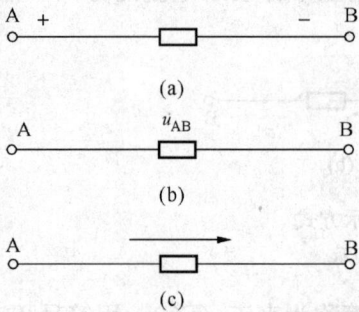

图 1-7　电压参考方向的三种表示方式
(a) 用正负极性表示；(b) 用双下标表示；
(c) 用箭头表示

习惯上认为电压的实际方向是从高电位指向低电位。高电位称为正极，用 + 表示；低电位称为负极，用 - 表示。与电流相似，在电路分析中，电压均采用参考方向。电压参考方向的表示方法主要有三种：通常，在元件两端用 +、- 极表示；或者使用双下标，如 u_{AB}，表示从 A 点到 B 点的电压降；有时，在元件旁边用箭头的指向来表示电压降的方向，如图 1-7 所示。

四、关联与非关联

当一个元件或一段电路上电流和电压参考方向一致时，称为关联参考方向。换句话说，流过一个元件或一段电路的电流从这个元件或这段电路自己的正极流入、负极流出，此元件或电路电压和电流的参考方向就是关联的；否则，称为非关联。

对于二端元件而言，电压和电流参考方向的选择有四种可能的形式，如图 1-8 所示。用来计算元件伏安关系的公式都是按电压、电流的实际方向推导出来的，也就是说，是按关联关系推导出来的。因此，在分析电路时，如果电路图中电压和电流的方向是关联的，则直接套用公式；如果电路图中电压和电流的方向是非关联的，则要在公式前添加一个负号。

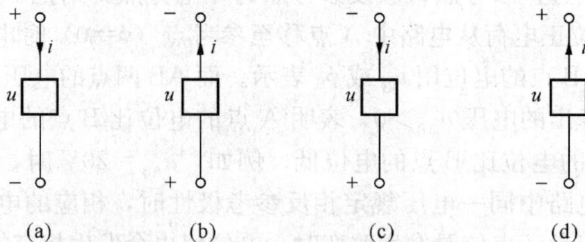

图 1-8　二端元件电压、电流参考方向
(a)、(b) 关联参考方向；(c)、(d) 非关联参考方向

五、功率和能量

功率是电路分析中常用的物理量。电路在工作状态下总伴随有电能与其他形式能量的相互交换，此外，电气设备、电路部件本身都有功率的限制，在使用时要注意其电流值或电压

值是否超过额定值，过载会使设备或部件损坏，或是不能正常工作。所以，分析计算电路中的能量和功率意义重大。

功率就是电路中的某一段所吸收或提供能量的速率，即功率是能量的导数。根据电压公式 $u=\dfrac{\mathrm{d}W}{\mathrm{d}q}$ 和电流公式 $i=\dfrac{\mathrm{d}q}{\mathrm{d}t}$，可以推出元件的吸收功率为

$$P(t)=\frac{\mathrm{d}W}{\mathrm{d}t}=ui \tag{1-3}$$

功率用符号 P 表示，其 SI 单位为瓦［特］（W），常用的单位还有千瓦（kW）。

在分析计算过程中，若元件电流和电压为关联参考方向，则 $P=ui$；若电流和电压为非关联参考方向，则 $P=-ui$。计算完毕，可以根据计算结果判断电路中能量的流动。如果计算结果 $P>0$，表示元件吸收（消耗）功率；如果计算结果 $P<0$，则表示元件提供（产生）功率。综上所述，功率的计算可以归纳为表 1-3。

表 1-3　　　　　　　　功　率　计　算

电流、电压关联参考方向	$P=ui$	$P>0$，吸收功率（提供负功率）
		$P<0$，提供功率（吸收负功率）
电流、电压非关联参考方向	$P=-ui$	$P>0$，吸收功率（提供负功率）
		$P<0$，提供功率（吸收负功率）

在关联参考方向下，电路二端元件或二端网络从 t_0 到 t 时间段内所吸收的能量为

$$W(t_0,t)=\int_{t_0}^{t}P(\xi)\mathrm{d}\xi=\int_{t_0}^{t}u(\xi)i(\xi)\mathrm{d}\xi \tag{1-4}$$

能量用符号 W 表示，其 SI 单位为焦［耳］（J），常用的单位还有千焦（kJ）。

生活中还有一个习惯上用以计量电能的单位——度，即千瓦时（kWh）。1000W 的用电设备，在 1h 内消耗 1kWh 的电能，简称 1 度电。

【例 1-2】　在图 1-9 所示电路中，元件 A 吸收功率 30W，元件 B 吸收功率 15W，元件 C 产生功率 30W，分别求出三个元件中的电流 I_1、I_2、I_3。

解　$I_1=\dfrac{P}{u}=\dfrac{30}{5}=6(\mathrm{A})$

$I_2=\dfrac{P}{u}=\dfrac{15}{-5}=-3(\mathrm{A})$

$I_3=\dfrac{P}{-u}=\dfrac{-30}{-5}=6(\mathrm{A})$

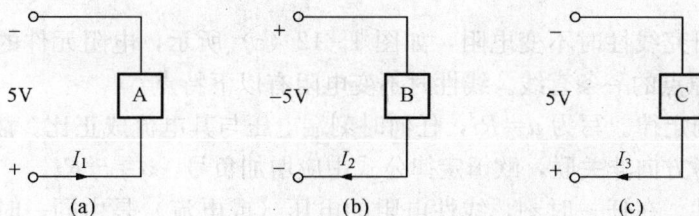

图 1-9　［例 1-2］图

第三节　常 见 电 路 元 件

集总参数电路（模型）是由多个电路元件连接而成的。这些电路元件是为建立实际电气器件的模型而提出的一种理想元件，它们都有精确的定义。通过定义可以分析元件自身的特性。本节主要介绍几种线性电阻电路中常用的基本元件。

按电路元件与外电路连接端点的数目，电路元件可分为二端元件、三端元件、四端元件等。顾名思义，元件只有两个外接引出端子，就称为二端元件，常见的有电阻、电容、二极管等。元件有三个外接引出端子，就称为三端元件，常见的有三极管。图 1 - 10 所示是元件的实物及模型示意图。在集中参数假设条件下，通常只关心元件端子上的特性（称为外部特性），而不注意其内部的情况。按照不同的分类角度，电路元件还可以分为有源元件和无源元件、线性元件和非线性元件、时变元件和非时变元件。

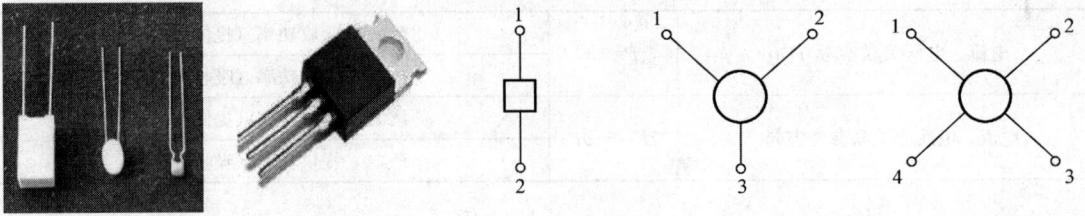

图 1 - 10　元件实物及模型示意图

一、电阻元件

如果一个二端元件在任一时刻，其电压 u 与其电流 i 的关系由 $u - i$ 平面上一条曲线所确定，则称此二端元件为电阻元件，其伏安关系数学表达式为

$$u = Ri \qquad\qquad (1 - 5)$$

图 1 - 11　电阻元件
图形符号

电阻是一种对电流呈现阻力的元件。它在电路图中的图形符号如图 1 - 11 所示，用参数 R 表示。电阻的 SI 单位为欧［姆］（Ω）。

电阻的特性曲线表明了电阻的电压与电流间的约束关系（Voltage Current Relationship，VCR）。根据特性曲线不同可以对电阻进行分类：①线性电阻与非线性电阻。其特性曲线为通过坐标原点直线的电阻，称为线性电阻；否则称为非线性电阻。②时变电阻与时不变电阻。其特性曲线随时间变化的电阻，称为时变电阻；否则称为时不变电阻或定常电阻。图 1 - 12 分别描述了几种不同电阻的特性曲线。

本书中主要研究线性时不变电阻，如图 1 - 12（a）所示，电阻元件的伏安特性曲线是 $u - i$ 平面上通过原点的一条直线。线性时不变电阻有以下特点：

（1）满足欧姆定律。写为 $u = Ri$，任何时刻端电压与其电流成正比。注意：如果电阻上的电压与电流参考方向非关联，欧姆定律公式中应增加负号，$u = -Ri$。

（2）无记忆性。在任一时刻，线性电阻的电压（或电流）是由同一时刻的电流（或电压）决定的，与它之前或之后的任何电流（或电压）无关。

（3）双向性。元件特性曲线关于原点对称，对来自不同方向的电流或不同极性的电压有

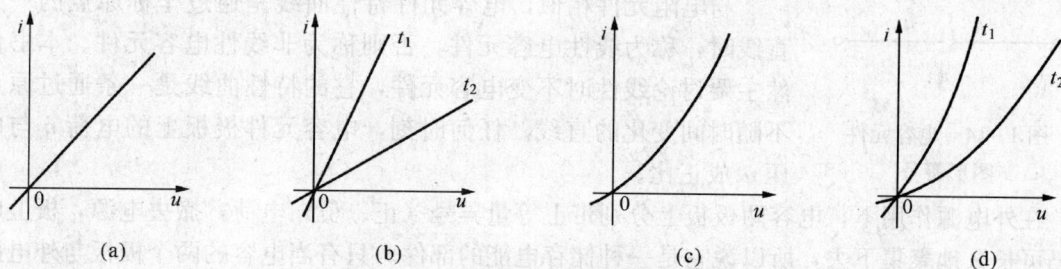

图 1 - 12　电阻元件特性曲线

（a）线性时不变电阻；（b）线性时变电阻；（c）非线性时不变电阻；（d）非线性时变电阻

相同的表现。使用时，两个端钮没有区别。

（4）无源性。只消耗能量，从不向外电路提供能量。

电阻有两种特殊情况：$R \rightarrow \infty$ 称为开路；$R=0$ 称为短路。

电阻元件也可以用另一个参数——电导来表示，电导的符号是 G，其 SI 单位为西门子（S）。用电导表征线性电阻元件时，欧姆定律写为 $u=\dfrac{1}{G}i$。电导和电阻的关系互为倒数，$R=\dfrac{1}{G}$。

在电阻元件取关联参考方向的情况下，如图 1 - 13（a）所示，电阻吸收的功率为式（1 - 6）；在电阻元件取非关联参考方向的情况下，如图 1 - 13（b）所示，电阻吸收的功率为式（1 - 7）。

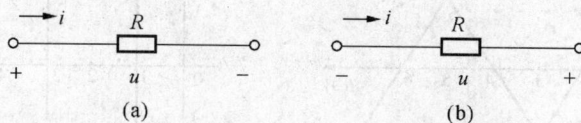

图 1 - 13　电阻元件电压与电流的参考方向

（a）关联参考方向；（b）非关联参考方向

$$P = ui = (iR)i = i^2R \quad 或 \quad P = ui = u\frac{u}{R} = \frac{u^2}{R} \tag{1 - 6}$$

$$P = -ui = -(-iR)i = i^2R \quad 或 \quad P = -ui = -u\left(-\frac{u}{R}\right) = \frac{u^2}{R} \tag{1 - 7}$$

由式（1 - 6）和式（1 - 7）可知，电阻元件在任何时刻总是消耗功率的，是耗能元件。

从 t_0 时刻到 t 时刻时间段内，电阻消耗的能量为

$$W_R = \int_{t_0}^{t} P\mathrm{d}\xi = \int_{t_0}^{t} ui\,\mathrm{d}\xi = \int_{t_0}^{t} i^2R\mathrm{d}\xi = \int_{t_0}^{t} \frac{u^2}{R}\mathrm{d}\xi \tag{1 - 8}$$

二、电容元件

如果一个二端元件在任一时刻，其电荷与电压之间的关系由 $u-q$ 平面上一条曲线所确定，则称此二端元件为电容元件，其数学表达式为

$$q = Cu \tag{1 - 9}$$

电容是一种储能元件。它在电路图中的图形符号如图 1 - 14 所示，用参数 C 表示。电容的 SI 单位为法［拉］（F）。

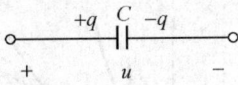

图 1-14　电容元件
图形符号

与电阻元件相似，电容元件特性曲线是通过坐标原点的一条直线时，称为线性电容元件，否则称为非线性电容元件。本书仍然主要讨论线性时不变电容元件，它的特性曲线是一条通过原点不随时间变化的直线。任何时刻，电容元件极板上的电荷 q 与电压 u 成正比。

在外电源作用下，电容两极板上分别带上等量异号（正、负）电荷，撤去电源，板上电荷仍可长久地聚集下去，所以说它是一种储存电能的部件。只有当电容的两个极板与外电路形成通路之后，才可能将极板上积聚的电荷由通路泄放掉。

对于线性时不变电容元件来说，在采用电压、电流关联参考方向的情况下，可以得到电容的伏安关系式为

$$i(t) = \frac{\mathrm{d}q}{\mathrm{d}t} = \frac{\mathrm{d}(Cu)}{\mathrm{d}t} = C\frac{\mathrm{d}u}{\mathrm{d}t} \qquad (1-10)$$

式（1-10）表明电容中的电流与其电压对时间的变化率成正比。在直流电源激励的电路模型中，当各电压、电流均不随时间变化的情况下，u 为常数，由式（1-10）可得电容电流 $i=0$ 时，电容相当于开路。因此，电容有隔直流通交流的作用。如果施加在电容上的电压是随时间变化的，则可以根据式（1-10）求出相应的电流值。

【例 1-3】 已知 $C=0.5\mu\mathrm{F}$ 电容上的电压波形如图 1-15（a）所示，试求电压、电流采用关联参考方向时的电流 $i_C(t)$，并画出波形图。

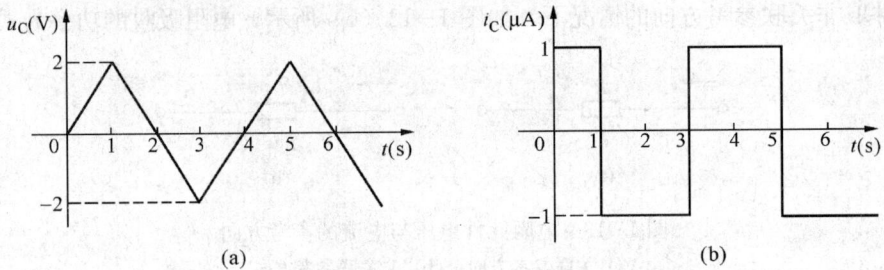

图 1-15　［例 1-3］图
(a) 电压波形；(b) 电流波形

解　根据图 1-15（a）所示波形的具体情况，按照时间来分段进行计算：

（1）当 $0 \leqslant t \leqslant 1\mathrm{s}$ 时，$u_C(t)=2t$

$$i_C(t) = C\frac{\mathrm{d}u_C}{\mathrm{d}t} = 0.5 \times 10^{-6}\frac{\mathrm{d}(2t)}{\mathrm{d}t} = 1 \times 10^{-6}(\mathrm{A}) = 1(\mu\mathrm{A})$$

（2）当 $1\mathrm{s} \leqslant t \leqslant 3\mathrm{s}$ 时，$u_C(t)=4-2t$

$$i_C(t) = C\frac{\mathrm{d}u_C}{\mathrm{d}t} = 0.5 \times 10^{-6}\frac{\mathrm{d}(4-2t)}{\mathrm{d}t} = -1 \times 10^{-6}(\mathrm{A}) = -1(\mu\mathrm{A})$$

（3）当 $3\mathrm{s} \leqslant t \leqslant 5\mathrm{s}$ 时，$u_C(t)=-8+2t$

$$i_C(t) = C\frac{\mathrm{d}u_C}{\mathrm{d}t} = 0.5 \times 10^{-6}\frac{\mathrm{d}(8+2t)}{\mathrm{d}t} = 1 \times 10^{-6}(\mathrm{A}) = 1(\mu\mathrm{A})$$

（4）当 $t \geqslant 5\mathrm{s}$ 时，$u_C(t)=12-2t$

$$i_C(t) = C\frac{du_C}{dt} = 0.5 \times 10^{-6}\frac{d(12-2t)}{dt} = -1 \times 10^{-6}(\text{A}) = -1(\mu\text{A})$$

根据计算结果画出电容电流 $i_C(t)$ 的波形, 如图 1-15 (b) 所示。

在已知电容电流 $i_C(t)$ 的条件下, 其电压 $u_C(t)$ 可写为

$$u_C(t) = \frac{1}{C}\int_{-\infty}^{t}i_C(\xi)d\xi = \frac{1}{C}\int_{-\infty}^{0}i_C(\xi)d\xi + \frac{1}{C}\int_{0}^{t}i_C(\xi)d\xi$$

$$= u_C(0) + \frac{1}{C}\int_{0}^{t}i_C(\xi)d\xi \tag{1-11}$$

其中, $u_C(0) = \frac{1}{C}\int_{-\infty}^{0}i_C(\xi)d\xi$, 称为电容电压的初始值。

从式 (1-11) 可以得出电容的两个基本的性质:

1. 电容电压的记忆性

任意 t 时刻电容电压的数值 $u_C(t)$, 要由从 $-\infty$ 到时刻 t 之间的全部电流 $i_C(t)$ 来确定。也就是说, 此时刻以前流过电容的任何电流对时刻 t 的电压都有作用。这与电阻元件的电压 (或电流) 仅仅取决于此时刻的电流 (或电压) 完全不同, 所以说电容是一种记忆元件。

2. 电容电压的连续性

设 $t_1 < T < t_2$ 和 $t_1 < T+dt < t_2$, 分别将 $t = T$ 和 $t = T+dt$ 代入电容电压、电流的积分关系式 (1-11), 可以证明: $\Delta u = u_C(T+dt) - u_C(T) = \frac{1}{C}\int_{T}^{T+dt}i_C(\xi)d\xi \mid_{dt\to 0} \to 0$。因此, 若电容电流在闭区间 $[t_1, t_2]$ 内为有界时, 则电容电压在开区间 (t_1, t_2) 内是连续的。对任意时刻 $t(t_1 < t < t_2)$, 有

$$u_C(t_+) = u_C(t_-) \tag{1-12}$$

利用电容电压的连续性, 可以确定电路中开关发生作用后一瞬间的电容电压值。对于开关作用初始时刻 $t=0$ 来说, 式 (1-12) 可表示为 $u_C(0_+) = u_C(0_-)$。

在电压、电流采用关联参考方向的情况下, $P = ui = uC\frac{du}{dt}$。由此可知, 当电容充电时 $(u > 0)$, $du/dt > 0$, 则 $i > 0$, q 增大, $P > 0$, 电容吸收功率; 当电容放电时 $(u < 0)$, $du/dt < 0$, 则 $i < 0$, q 减小, $P < 0$, 电容发出功率。这说明: 电容能在一段时间内吸收外部供给的能量转化为电场能量储存起来, 在另一段时间内又把能量释放回电路。

电容从初始时刻 t_0 到任意时刻 t 时间内得到的能量为

$$W(t_0,t) = \int_{t_0}^{t}P(\xi)d\xi = C\int_{t_0}^{t}u(\xi)\frac{du}{d\xi}d\xi$$

$$= C\int_{u(t_0)}^{u(t)}udu = \frac{1}{2}C[u^2(t) - u^2(t_0)] \tag{1-13}$$

若电容的初始储能为零, 即 $u(t_0) = 0$, 则任意时刻储存在电容中的能量为

$$W_C(t) = \frac{1}{2}Cu^2(t) \tag{1-14}$$

式 (1-14) 说明某时刻电容的储能取决于该时刻电容的电压值, 与电容的电流值无关。从式 (1-14) 也可以理解为什么电容电压不能轻易跃变, 这是因为电容电压的跃变要伴随电容储存能量的跃变, 在电流有界的情况下, 是不可能造成电场能量发生跃变和电容电压发生跃变的。

　　从式（1-14）还可得出，电容电压的绝对值增大时，电容储能增加；电容电压的绝对值减小时，电容储能减少。当 $C>0$ 时，$W_C(t)$ 不可能为负值，电容不可能放出多于它储存的能量，这说明电容能储存能量，但不能产生能量。

　　综上所述，电容元件是储能元件，也是无源元件，它本身既不产生能量，也不消耗能量。

三、电感元件

　　如果一个二端元件在任一时刻，其磁通链与电流之间的关系由 $i-\Phi$ 平面上一条曲线所确定，则称此二端元件为电感元件，其数学表达式为

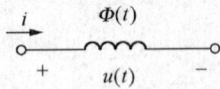

图 1-16　电感元件
图形符号

$$\Phi = Li \tag{1-15}$$

电感也是一种储能元件。它在电路图中的图形符号如图 1-16 所示，用参数 L 表示。电感的 SI 单位为亨［利］（H）。

与电阻、电容元件相似，电感元件特性曲线是通过坐标原点的一条直线时，称为线性电感元件，否则称为非线性电感元件。本书仍然主要讨论线性时不变电感元件，它的特性曲线是一条通过原点不随时间变化的直线。任何时刻，通过电感元件的电流 i 与其磁通链 Φ 成正比。

　　实际电感器是把金属导线绕在一骨架上构成的，在外电源作用下，当电流通过线圈时，将产生磁通，它是一种储存磁能的部件，如图 1-17 所示。

　　对于线性时不变电感元件来说，在采用电压、电流关联参考方向的情况下，可以得到电感的伏安关系式为

$$u(t) = \frac{\mathrm{d}\Phi}{\mathrm{d}t} = \frac{\mathrm{d}(Li)}{\mathrm{d}t} = L\frac{\mathrm{d}i}{\mathrm{d}t} \tag{1-16}$$

图 1-17　电感线圈及其磁通线

　　式（1-16）表明电感中的电压与其电流对时间的变化率成正比。在直流电源激励的电路模型中，当各电压、电流均不随时间变化的情况下，i 为常数，由式（1-16）可得电感电压 $u=0$ 时，电感相当于短路。因此，电感对直流起着短路的作用。电感电流变化越快，电感电压也就越大，已知电流的值就可以根据式（1-16）求出相应的电压值。

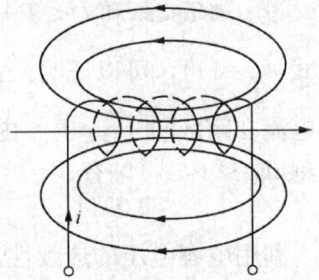

　　【例 1-4】 已知 $L=5\mu H$ 电感上的电流波形如图 1-18（a）所示，求电感电压 $u(t)$，并画出波形图。

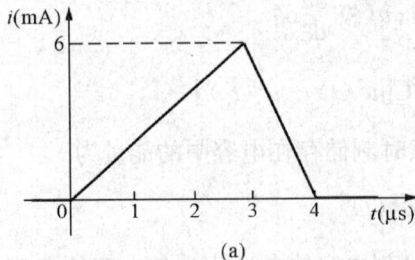

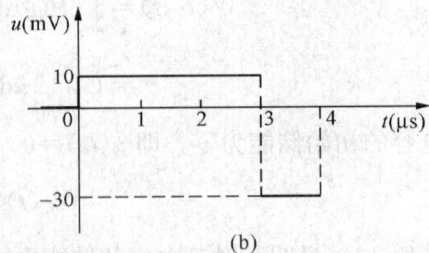

图 1-18　［例 1-4］图
(a) 电流波形；(b) 电压波形

解　根据图 1 - 18（a）所示的波形，按照时间来分段进行计算：

（1）当 $t \leqslant 0$ 时，$i(t) = 0$

$$u(t) = L\frac{\mathrm{d}i}{\mathrm{d}t} = 5 \times 10^{-6}\frac{\mathrm{d}(0)}{\mathrm{d}t} = 0$$

（2）当 $0 \leqslant t \leqslant 3\mu s$ 时，$i(t) = 2 \times 10^3 t$

$$u(t) = L\frac{\mathrm{d}i}{\mathrm{d}t} = 5 \times 10^{-6}\frac{\mathrm{d}(2 \times 10^3 t)}{\mathrm{d}t} = 10 \times 10^{-3}(\mathrm{V}) = 10(\mathrm{mV})$$

（3）当 $3\mu s \leqslant t \leqslant 4\mu s$ 时，$i(t) = 24 \times 10^3 - 6 \times 10^3 t$

$$u(t) = L\frac{\mathrm{d}i}{\mathrm{d}t} = 5 \times 10^{-6}\frac{\mathrm{d}(24 \times 10^3 - 6 \times 10^3 t)}{\mathrm{d}t}$$

$$= -30 \times 10^{-3}(\mathrm{V}) = -30(\mathrm{mV})$$

（4）当 $4\mu s \leqslant t$ 时，$i(t) = 0$

$$u(t) = L\frac{\mathrm{d}i}{\mathrm{d}t} = 5 \times 10^{-6}\frac{\mathrm{d}(0)}{\mathrm{d}t} = 0$$

根据计算结果画出电感电压 $u_L(t)$ 的波形，如图 1 - 18（b）所示。

在已知电感电压 $u_L(t)$ 的条件下，其电流 $i_L(t)$ 可写为

$$i_L(t) = \frac{1}{L}\int_{-\infty}^{t}u_L(\xi)\mathrm{d}\xi = \frac{1}{L}\int_{-\infty}^{0}u_L(\xi)\mathrm{d}\xi + \frac{1}{L}\int_{0}^{t}u_L(\xi)\mathrm{d}\xi = i_L(0) + \frac{1}{L}\int_{0}^{t}u_L(\xi)\mathrm{d}\xi$$

$$(1 - 17)$$

其中，$i_L(0) = \frac{1}{L}\int_{-\infty}^{0}u_L(\xi)\mathrm{d}\xi$，称为电感电流的初始值。

从式（1 - 17）可以得出电感的两个基本的性质：

1. 电感电流的记忆性

任意 t 时刻电感电流的数值 $i_L(t)$，要由从 $-\infty$ 到时刻 t 之间的全部电压 $u_L(t)$ 来确定。也就是说，此时刻以前施加在电感上的任何电压对时刻 t 的电流都有作用。这与电阻元件的电压（或电流）仅仅取决于此时刻的电流（或电压）完全不同，所以说电感是一种记忆元件。

2. 电感电流的连续性

设 $t_1 < T < t_2$ 和 $t_1 < T + \mathrm{d}t < t_2$，分别将 $t = T$ 和 $t = T + \mathrm{d}t$ 代入电感电流、电压的积分关系式（1 - 17），可以证明：$\Delta i = i_L(T + \mathrm{d}T) - i_L(T) = \frac{1}{L}\int_{T}^{T+\mathrm{d}t}u_L(\xi)\mathrm{d}\xi\,|_{\mathrm{d}t \to 0} \to 0$。因此，若电感电压在闭区间 $[t_1,\ t_2]$ 内为有界时，则电感电流在开区间 $(t_1,\ t_2)$ 内是连续的。对任意时刻 $t(t_1 < t < t_2)$，有

$$i_L(t_+) = i_L(t_-) \tag{1 - 18}$$

利用电感电流的连续性，可以确定电路中开关发生作用后一瞬间的电感电流值。对于开关作用初始时刻 $t = 0$ 来说，式（1 - 18）可表示为 $i_L(0_+) = i_L(0_-)$。

在电压、电流采用关联参考方向的情况下，$P = ui = L\frac{\mathrm{d}i}{\mathrm{d}t}i$。由此可知，当电感充电时 $(i > 0)$，$\mathrm{d}i/\mathrm{d}t > 0$，则 $u > 0$，Φ 增大，$P > 0$，电感吸收功率；当电感放电时 $(i < 0)$，$\mathrm{d}i/\mathrm{d}t < 0$，则 $u < 0$，Φ 减小，$P < 0$，电感发出功率。这说明：电感能将在一段时间内吸收外部供给的能量转化为磁场能量储存起来，在另一段时间内又把能量释放回电路。

电感从初始时刻 t_0 到任意时刻 t 时间内得到的能量为

$$W(t_0,t) = \int_{t_0}^{t} P(\xi)\mathrm{d}\xi = L\int_{t_0}^{t} i(\xi)\frac{\mathrm{d}i}{\mathrm{d}\xi}\mathrm{d}\xi$$

$$= L\int_{i(t_0)}^{i(t)} i\mathrm{d}i = \frac{1}{2}L[i^2(t) - t^2(t_0)] \tag{1-19}$$

若电感的初始储能为零，即 $i(t_0)=0$，则任意时刻储存在电感中的能量为

$$W_L(t) = \frac{1}{2}Li^2(t) \tag{1-20}$$

式（1-20）说明某时刻电感的储能取决于该时刻电感的电流值，与电感的电压值无关。从式（1-20）也可以理解为什么电感电流不能轻易跃变，这是因为电感电流的跃变要伴随电感储存能量的跃变，在电压有界的情况下，是不可能造成电场能量发生跃变和电感电流发生跃变的。

从式（1-20）还可得出，电感电流的绝对值增大时，电感储能增加；电感电流的绝对值减小时，电感储能减少。当 $L>0$ 时，$W_L(t)$ 不可能为负值，电感不可能放出多于它储存的能量，这说明电感能储存能量，但不能产生能量。

综上所述，电感元件是储能元件，也是无源元件，它本身既不产生能量，也不消耗能量。

由于电容元件和电感元件的电压、电流关系都涉及对电流、电压的微分和积分，因而这两种元件也被称为动态元件。

四、独立源

电路中的耗能器件或装置有电流流动时，会不断消耗能量，电路中必须有提供能量的器件或装置——电源。常用的直流电源有干电池、蓄电池、直流发电机、直流稳压电源和直流稳流电源等。常用的交流电源有电力系统提供的正弦交流电源、交流稳压电源和产生多种波形的各种信号发生器等。为了抽象出各种实际电源的电路模型，定义了两种理想的电路元件——独立电压源和独立电流源，统称为独立源。独立源都是二端元件，以后简称电压源和电流源。

1. 电压源

一个二端元件，如其两端电压总能保持定值或按给定的时间函数 $u_S(t)$ 变化，其值与流过它的电流 i 无关的元件叫理想电压源。也就是说，电压源的电流与其外电路有关。电压源的符号如图 1-19（a）所示。时变电压源 t_1 时刻的伏安特性曲线是 $u-i$ 平面上平行于 i 轴且 u 轴坐标为 $u_S(t_1)$ 的直线，如图 1-19（b）所示。当 $u_S(t)$ 随时间变化时，其伏安特性曲线仍然是平行于 i 轴的直线，只是因时刻不同而上下平移。直流电压源的伏安特性曲线是 $u-i$ 平面上平行于 i 轴且 u 轴坐标为 U_S 的直线，如图 1-19（c）所示。

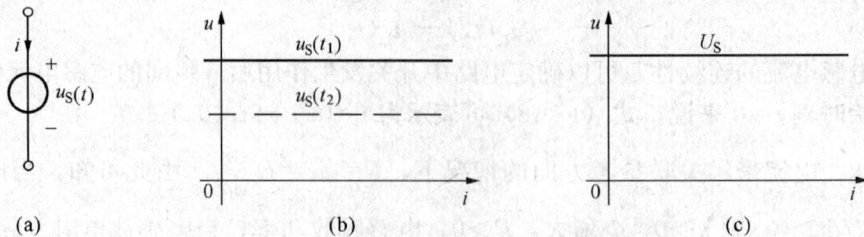

图 1-19　电压源符号及其伏安特性曲线
（a）电压源符号；（b）时变电压源伏安特性曲线；（c）直流电压源伏安特性曲线

电压保持常量的电压源，称为恒定电压源或直流电压源。电压随时间变化的电压源，称为时变电压源。电压随时间周期性变化且平均值为零的时变电压源，称为交流电压源。

电压源的特点：

(1) 独立电压源两端电压由电源本身特性决定，与外电路无关，与流经它的电流方向、大小无关。

(2) 独立电压源的电流则与其连接的外电路有关，由其电压和外电路共同确定。

例如：在图 1-20 中，可变电阻 R 相当于外电路。电路中的电流与 R 的大小有关：$i = \dfrac{u_S}{R}$。

在电路中两种特殊情况：开路，$i = 0$（$R = \infty$）；短路，$i = \infty$（$R = 0$）。

注意：电压源正负极不允许直接短路。

假设 $u_S > 0$ 且 $i > 0$，电压源在图 1-20 所示的非关联参考方向情况下，电压源吸收的功率为 $P = -u_S i$，即发出功率，起电源作用；电压源在图 1-19（a）所示的关联参考方向情况下，电压源吸收的功率为 $P = u_S i$，即吸收功率，充当负载（当电路中有多个电源作用时，有些电源的功率值就有可能为正值，相当于负载）。

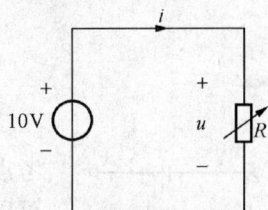

图 1-20　电压源电压与
电流的关系

【例 1-5】　已知电路如图 1-21 所示，计算图中各电路元件的功率。

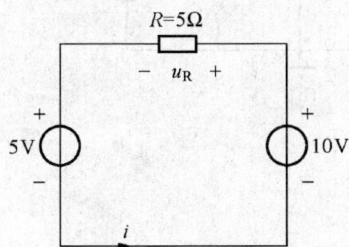

图 1-21　[例 1-5] 图

解　$u_R = 10 - 5 = 5$（V）

$i = \dfrac{u_R}{R} = \dfrac{5}{5} = 1$（A）

$P_{10V} = -u_S i = -10 \times 1 = -10$（W）（发出）

$P_{5V} = u_S i = 5 \times 1 = 5$（W）（吸收）

$P_R = R i^2 = 5 \times 1 = 5$（W）（吸收）

由上面计算可知，图中各元件的功率满足 P（发出）$=$ P（吸收）。5V 电压源相当于负载。

独立电压源是定义出来的理想状态电源。对于一个实际电压源而言，其内部有电阻，必然存在电能损耗，电压源输出的端电压不可能始终保持不变，电流增大，电压源内部损耗增大，输出端电压会随之减小。

实际电压源的特性曲线和电路模型如图 1-22 所示。

由图 1-22（a）可以看出，实际电压源的输出不能保持恒定，会随电流的变化而变化。图 1-22（b）中虚线框中的元件构成了实际电压源，可见，实际电压源是由理想电压源 u_S 和内阻 R_S 串联组成的，它端口处电压、电流的关系可以用数学表达式表示为

$$u = u_S - R_S i \qquad\qquad (1-21)$$

可见，一个好的电压源要求其内阻 R_S 较小。实际电压源不允许短路，因其内阻小，若短路，电流很大，可能烧毁电源。

在电路分析中，有时习惯用一种简便符号来表示电压源，如图 1-23 所示。电压源直接用两根不同长度短线表示，长的代表正极，短的代表负极。

在电子电路中还有一种常见画法，就是不画出电压源的符号，只标出电压源极性和对参

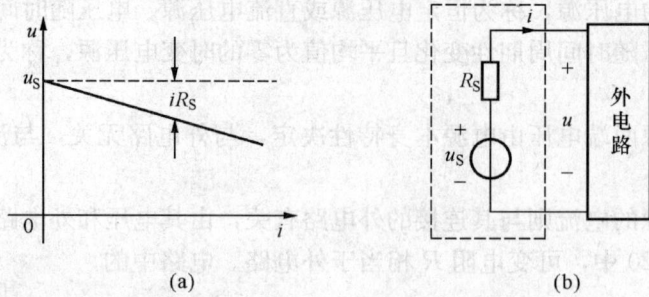

图 1-22　实际电压源的特性曲线和电路模型

（a）特性曲线；（b）电路模型

图 1-23　电压源的
另一种画法

考点的电压值，即电位值，如图 1-24（a）所示。如果感觉不习惯，可以把它改画成如图 1-24（b）所示形式。改画的方法是：根据图 1-24（a）中所标极性画出电压源（10V，-5V）代替电位，由于图中标出的数值表示电位，因此两个电压源的另一端都是去接地，得出图 1-24（b）。

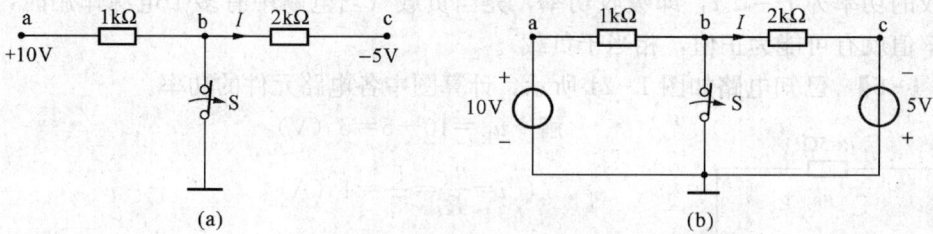

图 1-24　电路图的两种常见画法

（a）不画出电压源；（b）画出电压源

2. 电流源

一个二端元件，如其端口电流值总能保持定值或按给定的电流时间函数 $i_S(t)$ 变化，而与其端口电压 u 无关，则称其为理想电流源。也就是说，电流源的电压与其外电路有关。电流源的符号如图 1-25（a）所示。时变电流源 t_1 时刻的伏安特性曲线是 $i-u$ 平面上平行于 u 轴且 i 轴坐标为 $i_S(t_1)$ 的直线，如图 1-25（b）所示。当 $i_S(t)$ 随时间变化时，其伏安特性曲线仍然是平行于 u 轴的直线，只是因时刻不同而上下平移。直流电流源的伏安特性曲线是 $i-u$ 平面上平行于 u 轴且 i 轴坐标为 I_S 的直线，如图 1-25（c）所示。

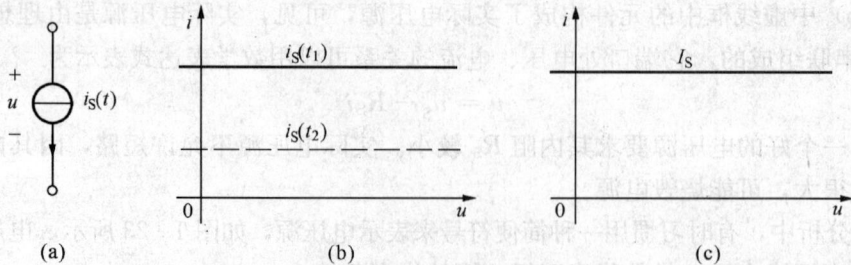

图 1-25　电流源符号及其伏安特性曲线

（a）电流源符号；（b）时变电流源伏安特性曲线；（c）直流电流源伏安特性曲线

电流保持常量的电流源，称为恒定电流源或直流电流源。电流随时间变化的电流源，称为时变电流源。电流随时间周期性变化且平均值为零的时变电流源，称为交流电流源。

电流源的特点：

（1）独立电流源流出的电流由电源本身特性决定，与外电路无关，与它两端的电压方向、大小无关。

（2）独立电流源的电压与其连接的外电路有关，由其电流和外电路共同确定。

例如：在图 1-26 中，可变电阻 R 相当于外电路。电流源的电压与 R 的大小有关：$u = i_S R$。

在电路中两种特殊情况：短路，$u = 0 (R = 0)$；开路，$u = \infty (R = \infty)$。

注意：电流源不允许开路。

同样地，电流源的功率 P 的取值也有两种可能：当 $P > 0$ 时，吸收功率，相当于负载；当 $P < 0$ 时，发出功率，相当于电源。

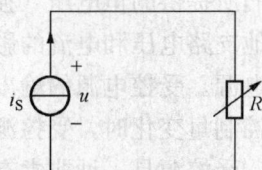

图 1-26　电流源电压与电流的关系

【例 1-6】 已知如图 1-27 所示电路，求电压源产生的功率和电流源产生的功率。

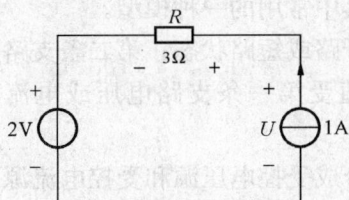

图 1-27　[例 1-6] 图

解　$u_R = 1 \times 3 = 3$（V）

$P_R = ui = 3 \times 1 = 3$（W）（吸收）

$P_{1A} = -Ui = -(u_R + 2) \times 1$
　　　　$= -(3 + 2) \times 1 = -5$（W）（发出）

$P_{2V} = ui = 2 \times 1 = 2$（W）（吸收）

由上面计算可知，图中各元件的功率满足 P（发出）$= P$（吸收）。电压源吸收 2W 功率，因此它产生的功率为 −2W，电流源产生的功率为 5W。

独立电流源也是定义出来的理想状态电源。对于一个实际电流源而言，内部也必然存在电能损耗，电流源输出的电流也不可能始终保持不变，负载变化，输出电流也会随之变化。

实际电流源的特性曲线和电路模型如图 1-28 所示。

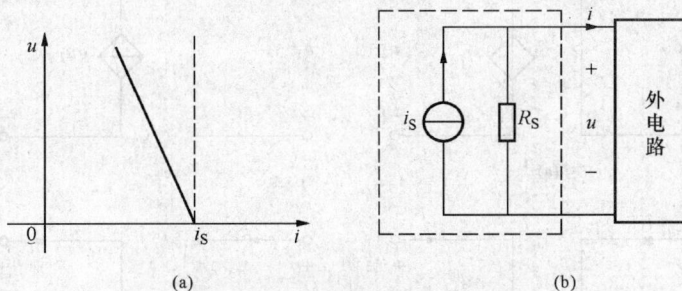

图 1-28　实际电流源的特性曲线和电路模型
（a）特性曲线；（b）电路模型

由图 1-28（a）可以看出，实际电流源的输出不能保持恒定，会随电压的变化而变化。图 1-28（b）中虚线框中的元件构成了实际电流源，可见，实际电流源是由理想电流源 i_S 和内阻 R_S 并联组成的，其端口处电压、电流的关系可以用数学表达式表示为

$$i = i_{\mathrm{S}} - \frac{u}{R_{\mathrm{S}}} \qquad\qquad (1 - 22)$$

可见，一个好的电流源要求其内阻 R_{S} 较大。实际电流源不允许开路，因其内阻大，若开路，电压很高，则可能烧毁电源。

五、受控源

上面提到的独立源是从实际电源抽象出来的电路模型，在电路中为其他元件提供能量，它们所提供的恒电压（独立电压源）和恒电流（独立电流源）由它们自身的性质决定，不受其他支路电压和电流的影响。而受控电源却不同，它不能单独作为电路的激励，又称为非独立电源。受控电源的输出电压或电流受到电路中某部分的电压或电流的控制，简称受控源。当控制量变化时，受控源的大小也随之变化。

受控源是一种非常有用的电路元件，常用来模拟含晶体管、运算放大器等多端器件的电子电路。从事电子、通信类专业的工作人员，应掌握含受控源的电路分析。在电子电路中广泛使用各种晶体管、运算放大器等多端器件。这些多端器件的某些端钮的电压或电流受到另一些端钮电压或电流的控制。为了模拟多端器件各电压、电流间的这种耦合关系，需要定义一些多端电路元件（模型）来模拟这些元器件，受控源就是其中常用的一种模型。

受控源由两条支路组成，其第一条支路是控制支路，呈开路或短路状态；第二条支路是受控支路，它是一个电压源或电流源，其电压或电流的量值受第一条支路电压或电流的控制。

根据输出的电路变量（电压或电流）不同，受控源首先分成受控电压源和受控电流源两大类。再根据控制量的不同，每类受控源可以分成受电压控制的和受电流控制的。所以，受控源总共可以分成四种类型，分别称为电流控制的电压源（Current-Controlled Voltage Source，CCVS）、电压控制的电流源（Voltage-Controlled Current Source，VCCS）、电流控制的电流源（Current-Controlled Current Source，CCCS）和电压控制的电压源（Voltage-Controlled Voltage Source，VCVS），如图 1 - 29 所示。

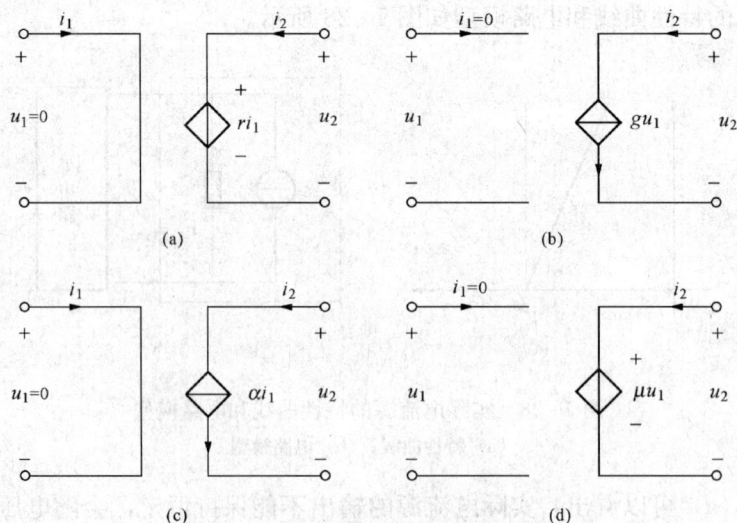

图 1 - 29　四种受控源模型
(a) CCVS；(b) VCCS；(c) CCCS；(d) VCVS

　　为了与独立电源的图形符号相区别，受控源（不画出控制支路）采用菱形符号来表示。图 1-29 中 r、g、α 和 μ 是四个控制系数：r 具有电阻量纲，称为转移电阻；g 具有电导量纲，称为转移电导；α 无量纲，称为转移电流比；μ 也无量纲，称为转移电压比。当受控源的控制系数 r、g、α 和 μ 为常量时，它们是时不变双口电阻元件。本书只研究线性时不变受控源。

　　由于受控源与独立电源的特性完全不同，因此它们在电路中所起的作用也完全不同。独立电源是电路的输入或激励，是电路能量的来源。它为电路提供按给定时间函数变化的电压和电流，从而在电路中产生电压和电流。受控源则描述电路中两条支路电压和电流间的一种约束关系，它的存在可以改变电路中的电压和电流，使电路特性发生变化，但不是能量的来源。

【例 1-7】　如图 1-30 所示电路，$i_S = 2A$，$g = 2S$，求 u。

　解　图 1-30 由左右两个单回路组成。由左半部分先求出控制电压 u_1，再求右半部分的 u。

$$u_1 = i_S \times 5 = 2 \times 5 = 10 (\text{V})$$
$$u = iR = gu_1R = 2 \times 10 \times 2 = 40 (\text{V})$$

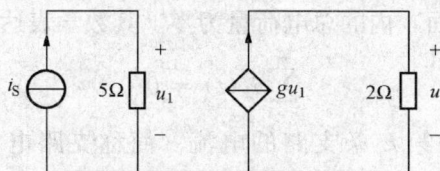

图 1-30　［例 1-7］图

第四节　基本定律及两类约束

一、基尔霍夫定律

　　基尔霍夫定律是由德国物理学家基尔霍夫提出来的，是电路理论中最基本的定律，是任何集总参数电路都适用的基本定律。它包括基尔霍夫电流定律和基尔霍夫电压定律。基尔霍夫电流定律描述电路中各电流之间的约束关系，基尔霍夫电压定律描述电路中各电压之间的约束关系。

　　在介绍基尔霍夫定律之前，先介绍几个电路中的常用名词。

1. 常用名词

（1）支路。一个二端元件视为一条支路，其电流和电压分别称为支路电流和支路电压。图 1-31 所示电路共有 6 条支路。为了简便起见，通常把流过同一电流的分支也看做一条支路。也就是说，有时元件 5 和元件 6 的串联支路可以看做一条支路，此电路就是 5 条支路。

（2）节点。电路中元件与元件之间的连接点，称为节点。图 1-31 所示电路中共标有 a、b、c、d、e 5 个点，但是 d 和 e 之间没有元件，是一段导线。在电路模型中，导线的电阻忽略不计，d 和 e 两点应该算做一点，所以本电路中共有 4 个节点。

　　如果采用简便方法，把串联支路看做一条支路，则 3 个或 3 个以上元件的连接点才称为节点。

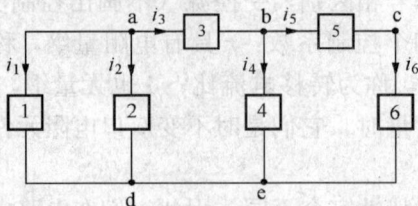

图 1-31　支路、节点、回路和网孔

（3）回路。由支路组成的闭合路径称为回路。图 1-31 所示电路中共有 {1，2}、{1，3，4}、{1，3，5，6}、{2，3，4}、{2，3，5，6} 和 {4，5，6} 组成的 6 个回路。

（4）网孔。对平面电路，其内部不含任何支路的回路称为网孔。网孔一定是回路，但回路不一定是网孔。图 1-31 所示电路中的 {1，2}、{2，3，4} 和 {4，5，6} 回路都是网孔。

2. 基尔霍夫电流定律（Kirchhoff's Current Law，KCL）

基尔霍夫电流定律：对于任何集总参数电路，在任一时刻，流出任一节点的全部支路电流的代数和等于零。KCL 体现了节点或封闭面的电流连续性或电荷守恒性，意味着由全部支路电流带入节点（或封闭面）内的总电荷量为零。其数学表达式为

$$\sum_{k=1}^{m} i_k(t) = 0 \qquad\qquad (1-23)$$

其中，i_k 为连接于该节点的第 k 条支路的电流（简称支路电流）；m 是支路总数。根据 KCL，可以从一些已知电流求出另一些未知电流。

在电路某节点列写 KCL 方程时，可以自己规定流过节点的电流的符号。如果流出该节点的支路电流取正号，流入该节点的支路电流就取负号；否则，如果流出该节点的支路电流取负号，流入该节点的支路电流就取正号。总之，流入和流出节点的电流方向相反，要通过正负号加以区分。根据式（1-23），也可以将 KCL 理解为：在集总参数电路中，对于任一节点来说，任何时刻所有流入该节点的电流之和等于所有流出的电流之和。

对于图 1-31 所示电路中的 a、b、c、d（e）4 个节点列写 KCL 方程，假定流出该节点的支路电流取正号，流入该节点的支路电流取负号，写出的 KCL 方程分别为

$$a 点：i_1 + i_2 + i_3 = 0$$
$$b 点：-i_3 + i_4 + i_5 = 0$$
$$c 点：-i_5 + i_6 = 0$$
$$d 点：-i_1 - i_2 - i_4 - i_6 = 0$$

推论：KCL 可推广应用于电路中包围多个节点的任一闭合面（广义节点），可以是假想闭合。也就是说，在集总参数电路中，对于任一闭合面来说，任何时刻流入该闭合面的电流之和等于流出的电流之和。如图 1-32 所示，它只是电路的一部分。选取的闭合面如图中虚线所画，现在证明流出这个闭合面的电流的代数和等于零，即

$$i_1 - i_2 + i_3 = 0$$

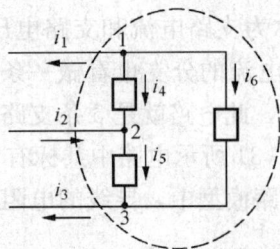

图 1-32　KCL 的推广

证明：列写节点 1、2、3 的 KCL 方程（取流出为正）

$$节点 1：i_1 + i_4 + i_6 = 0$$
$$节点 2：-i_2 - i_4 + i_5 = 0$$
$$节点 3：i_3 - i_5 - i_6 = 0$$

三式相加得

$$i_1 - i_2 + i_3 = 0$$

总之，学习基尔霍夫电流定律（KCL）应该明确：

（1）KCL 是电荷守恒和电流连续性原理在电路中任意节点处的反映。

（2）KCL 方程是以支路电流为变量的常系数线性齐次代数方程，是对支路电流施加的线性约束，与支路上接的是什么元件无关，与电路是线性还是非线性无关。

（3）KCL 方程是按电流参考方向列写，与电流实际方向无关。

【例 1-8】 电路如图 1-33 所示，已知 $i_1 = -5A$，$i_2 = 1A$，$i_6 = 2A$，求 i_4。

解 在分析电路时，随着我们学习的分析方法不断增多，对于同一道题，我们可以有很多不同的分析方法。但是不论使用什么方法，解题所使用的基本定律（基尔霍夫定律）不变，最终的结果是相同的。这道题我们可以用两种方法求解。

图 1-33　[例 1-8] 图

方法一：直接运用 KCL 列方程。

对于节点 b，根据 KCL 有

$$-i_3 - i_4 + i_6 = 0$$

为求出 i_3，可利用节点 a，由 KCL 有 $i_1 + i_2 + i_3 = 0$，即

$$i_3 = -i_1 - i_2 = -(-5) - 1 = 4(A)$$

将 i_3 代入节点 b 的 KCL 方程，得

$$i_4 = -i_3 + i_6 = -4 + 2 = -2(A)$$

方法二：运用 KCL 的推论列方程。

取闭合曲面 S（图中虚线所示），根据 KCL 推论，有

$$-i_1 - i_2 + i_4 - i_6 = 0$$

可得

$$i_4 = i_1 + i_2 + i_6 = -5 + 1 + 2 = -2(A)$$

从另一个角度，节点的 KCL 方程也可以看做是封闭面只包围一个节点的特殊情况。根据封闭面 KCL 对支路电流的约束关系可以得到：流出（或流入）封闭面的某支路电流，等于流入（或流出）该封闭面的其余支路电流的代数和。由此可以得出：当两个单独的电路只用一条导线相连接时（见图 1-34），此导线中的电流必定为零（$i = 0$）。因为由 $\sum\limits_{k=1}^{m} i_k(t) = 0$

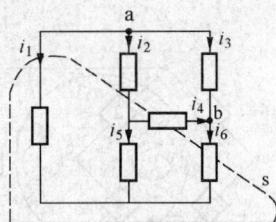

图 1-34　一条导线连接两个网络

可知，这条支路上的电流应该为接在同一网络上的其他所有支路的电流之和的相反数，但是除了这条支路之外没有其他导线与网络连接，即其他导线电流之和为 0，所以 $i = 0$。因此，前面 [例 1-7] 中的电路可以分成左右两个单回路来进行分析，左右两边没有数值上的关系。

3. 基尔霍夫电压定律（Kirchhoff's Voltage Law，KVL）

基尔霍夫电压定律：对于任何集总参数电路，在任一时刻，沿任一回路绕行一周，各支路电压的代数和等于零。KVL 体现了回路的能量守恒性。其数学表达式为

$$\sum_{k=1}^{m} u_k(t) = 0 \tag{1-24}$$

其中，u_k 为回路中第 k 条支路的电压（简称支路电压）；m 是支路总数。根据 KVL，可以从一些已知电压求出另一些未知电压。

在电路某回路列写 KVL 方程时，可以自己规定回路中支路电压的符号。如果电压的压降方向与回路绕行的方向（顺时针或逆时针）一致时取正号，压升方向电压就取负号；否则，如果电压的压降方向与回路绕行的方向一致时取负号，压升方向电压就取正号。

这里，压降方向是指从电压的正极到负极，压升方向则是指从电压的负极到正极。总之，压降和压升的方向相反，要通过正负号加以区分。根据式（1-24），也可以将 KVL 理解为：在集总参数电路中，任意时刻，对于任一回路来说，所有电压升之和等于所有电压降之和。

如图 1-35 所示电路，共有 3 个回路，沿顺时针方向绕行回路一周，取电压降为正，电压升为负，列写出的 KVL 方程为

图 1-35　KVL 分析

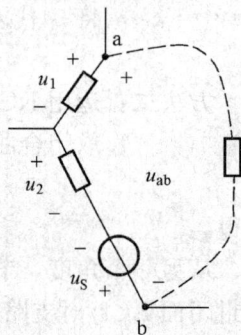

元件 $\{1, 2, 4, 3\}$ 构成的回路：$u_2 + u_4 + u_3 - u_1 = 0$

元件 $\{2, 5, 4\}$ 构成的回路：$u_5 - u_4 - u_2 = 0$

元件 $\{1, 5, 3\}$ 构成的回路：$u_5 + u_3 - u_1 = 0$

【例 1-9】 若已知图 1-35 中 $u_1 = 2V$，$u_2 = 4V$ 和 $u_5 = 5V$，求其他几个元件的电压。

解　由 KVL 方程 $u_5 + u_3 - u_1 = 0$ 推出

$$u_3 = u_1 - u_5 = 2 - 5 = -3(V)$$

再由 KVL 方程 $u_2 + u_4 + u_3 - u_1 = 0$ 推出

$$u_4 = u_1 - u_3 - u_2 = 2 - (-3) - 4 = 1(V)$$

推论：KVL 也可以把回路推广到半开电路（部分回路）。也就是说，在任一时刻，沿任一半开回路绕行一周，各段电压的代数和等于零。相当于假想回路，假设半开端口处接有一个元件，与其他元件组成闭合回路，该元件的电压为端口上的电压。如图 1-36 所示，根据 KVL 可得 $u_{ab} = u_1 + u_2 - u_S$。

图 1-36　半开电路

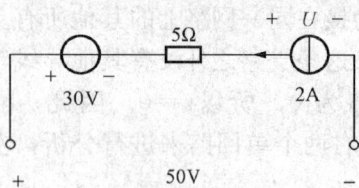

【例 1-10】 求如图 1-37 所示电路中电流源的电压 U。

解　对于半开回路仍然可以列写 KVL 方程（按顺时针方向旋转，取电压降为正）

$$30 - 5 \times 2 + U - 50 = 0$$

得

$$U = 30 \ (V)$$

总之，学习基尔霍夫电压定律（KVL）应该明确：

（1）KVL 的实质反映了电路遵从能量守恒定律。

（2）KVL 方程是以支路电压为变量的常系数线性齐次代数方程，是对回路电压施加的线性约束，与回路

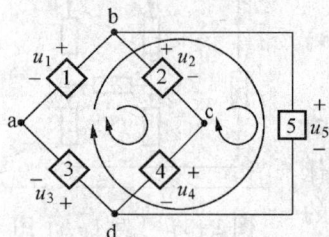

图 1-37　[例 1-10] 图

各支路上接的是什么元件无关，与电路是线性还是非线性无关。

（3）KVL 方程是按电压参考方向列写，与电压实际方向无关。

注意：

（1）KCL、KVL 只适用于集总参数的电路。

（2）KCL、KVL 与组成支路的元件性质及参数无关，线性、非线性电路均适用。

【例 1-11】　在图 1-38 所示电路中，求各元件的功率。

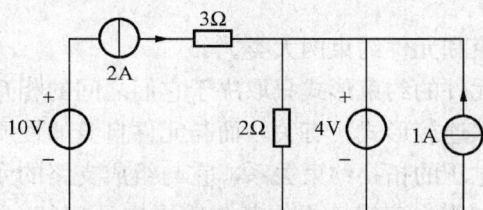

图 1-38　[例 1-11] 图

解　图中元件电压、电流只标出一个方向的，未标出的参考方向按默认关联计算，即 3Ω 电阻的电压左正右负，2Ω 电阻的电流方向向下。以后解题时遇到这种情况，若没有明确说明，都可按默认关联计算。

电阻功率：$P_{3\Omega}=2^2\times3=12$（W）（吸收）

$$P_{2\Omega}=\frac{4^2}{2}=8\ \text{（W）（吸收）}$$

电流源功率：$P_{2A}=2\times(10-2\times3-4)=0$（既不吸收，也不发出）

$$P_{1A}=-4\times1=-4\ \text{（W）（发出）}$$

电压源功率：$P_{10V}=-10\times2=-20$（W）（发出）

$$P_{4V}=4\times\left(1+2-\frac{4}{2}\right)=4\ \text{（W）（吸收）}$$

由计算结果可知，吸收功率等于发出功率，遵守能量守恒。2A 的电流源对整个电路中的其他元件而言既不吸收也不发出功率，或者可以理解为它自身吸收和发出的功率刚好平衡（相等）。

【例 1-12】　已知如图 1-39 所示电路，求 I_1 和 I_2。

解　设 1Ω、2Ω 电阻的电流均按默认关联计算，方向向下。

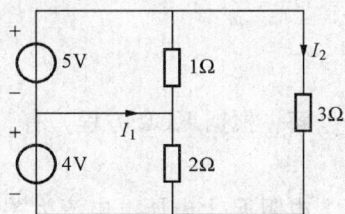

图 1-39　[例 1-12] 图

根据 KVL：　　$u_{3\Omega}=5+4=9$（V）

则　　$I_2=\frac{9}{3}=3$（A）

由并联关系可知：$I_{1\Omega}=\frac{5}{1}=5$（A）

$$I_{2\Omega}=\frac{4}{2}=2\ \text{（A）}$$

根据 KCL：　　　　　　　$I_1=2-5=-3$（A）

二、两类约束和方程的独立性

（一）两类约束

在运用电路理论对电路进行分析时，采用的常规思路就是根据电路模型列出方程组，然后由这些方程求解出相应的电路变量，再根据电路变量的值分析电路的特性。所以，在电路分析中最关键的就是如何列出正确的方程，只要找到了各电路变量之间正确的方程关系式，就等于找到了解决问题的方法。两类约束就是电路中对各个电压、电流变量施加的全部约束，是列方程的基本依据。

两类约束分为拓扑约束和元件约束两大类。

（1）拓扑约束就是指元件的约束形式只取决于它们之间的相互连接形式，形成的约束关系式只与它们的拓扑结构（连接形式）有关，而与元件自身的性质无关。基尔霍夫定律表明了电路中支路电流、支路电压的拓扑约束关系，它与组成支路的元件性质无关，所以拓扑约束的具体应用就体现在基尔霍夫定律。根据基尔霍夫电压定律（KVL）和基尔霍夫电流定律（KCL）列出的方程式就是拓扑约束方程。

（2）元件约束就是指元件的约束形式只取决于元件自身的性质，形成的约束关系式只与元件自身的性质有关，而与它们的拓扑结构（连接形式）无关。电路元件的电压—电流关系（伏安关系）表明了该元件电压和电流必须遵守的规律，元件约束关系的具体应用就体现在它自身的伏安关系式上，称为元件的 VCR。根据元件的 VCR 列出的方程式就是元件约束方程。

在任何集总参数电路中，元件约束（VCR）和拓扑约束（KCL、KVL）是电路分析的基本依据。任何集总参数电路的电压和电流都必须同时满足这两类约束关系。

【例 1-13】 如图 1-40 所示电路中，已知 $I_{S1}=2A$，$I_{S2}=1A$，$R=5\Omega$，$R_1=1\Omega$，$R_2=2\Omega$，试求流过 R 的电流 I、端电压 U 以及两个电流源的端电压 U_1 和 U_2。

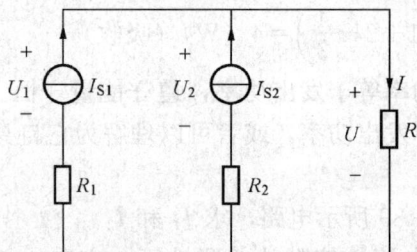

图 1-40　[例 1-13] 图

解 根据 KCL 方程，有

$$I = I_{S1} + I_{S2} = 2 + 1 = 3(A)$$

电阻 R 上电压、电流为关联参考方向，则

$$U = RI = 5 \times 3 = 15(V)$$

根据 KVL 方程和 VCR，有

$$U_1 = U + R_1 I_{S1} = 15 + 1 \times 2 = 17(V)$$

$$U_2 = U + R_2 I_{S2} = 15 + 2 \times 1 = 17(V)$$

（二）方程的独立性

前面提到过，正确的方程是解题的关键。当依据两类约束列出了正确的方程、构成方程

组后，求解方程组的问题就相对简单了。可是，在求解方程组时，对方程组的构成有一个基本要求，那就是方程组中的各个方程之间必须是相互独立的，即方程组必须是独立方程组。所谓独立方程，就是说方程组中的每一个方程必须独立存在，任何一个也不能够由方程组中的其他方程（一个或多个）推导得出。否则，方程组中就没有办法求解。

那么，我们在应用两类约束为依据列写方程时，是不是列出的所有方程之间都是相互独立的呢？如果不是，那么哪些方程之间是相互独立的呢？下面我们就来讨论这些问题。

1. KCL、KVL 方程的独立性

对于一个具有 b 条支路和 n 个节点的连通网络，它有 $n-1$ 个线性无关的独立 KCL 方程，$b-(n-1)$ 个线性无关的独立 KVL 方程。因为 $n-1+[b-(n-1)]=b$，所以，根据基尔霍夫定律总共可以得到 b 个独立方程。这里的支路数 b 和节点数 n 都是按其基本定义来计算的，即一个元件为一条支路，元件与元件的连接点为一个节点。

下面我们通过图 1 - 41 所示的一个常见的电阻电路来说明这 b 个方程。在图 1 - 41 中，共有 5 条支路，4 个节点。支路的电压、电流参考方向和节点的编号，都已经在图上标出。

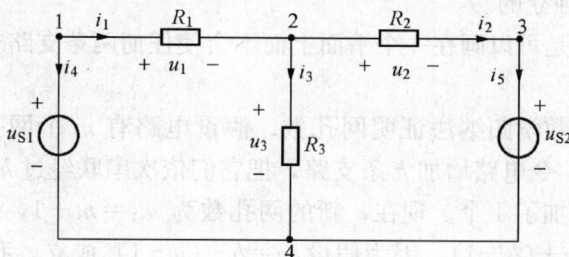

图 1 - 41　一个常见的电阻电路

对 4 个节点分别列写 KCL 方程（以流出电流为正）：

节点 1：$i_1+i_4=0$

节点 2：$-i_1+i_2+i_3=0$

节点 3：$-i_2+i_5=0$

节点 4：$-i_4-i_3-i_5=0$

在以上 4 个方程中，只有 3 个是独立的。这 4 个方程中的任意一个都可以由另外 3 个方程相加、减之后得出。例如节点 1 的方程可以这样由另外 3 个方程得出：首先将节点 2 和节点 3 的方程相加，得到方程 $-i_1+i_3+i_5=0$；再将它与节点 4 的方程相加，得到 $-i_1-i_4=0$，此方程与 $i_1+i_4=0$ 相同。其他各节点的方程也都可以用相似方法得出，在此不再赘述。因此，电路虽然有 4 个节点，但是只有 3 个 KCL 方程是独立的，并且是任意 3 个。由此得出结论 1。

结论 1： 当电路有 n 个节点、b 条支路时，可以列出任意的 $n-1$ 个独立 KCL 方程。

论证：由于一个元件即一条支路，元件之间的连接点为节点，对于二端元件来说，则每个支路涉及两个节点（元件两端点），支路上的电流只有一个方向，该支路电流对于其一端的节点为流入的话，对于另一端的节点必定为流出。所以，当列出所有节点的 KCL 方程时，每个支路电流会出现两次，且一正一负。如果将 n 个节点方程相加，其和必定为零。这表明这 n 个节点方程相互之间是非独立的。

　　但是，当从这 n 个节点方程中任意去掉一个，这个方程所涉及的支路电流就会只出现一次。把这 $n-1$ 个节点方程相加，结果就不会恒为零，而会与具体电流值有关。这表明 $n-1$ 个节点方程相互之间是独立的。

　　接下来，我们再对图 1-40 中的 3 个回路列写 KVL 方程（按顺时针旋转，以电压降为正）：

　　$\{R_1，R_3，u_{S1}\}$ 回路：$u_1+u_3-u_{S1}=0$

　　$\{R_3，R_2，u_{S2}\}$ 回路：$u_2+u_{S2}-u_3=0$

　　$\{R_1，R_2，u_{S2}，u_{S1}\}$ 回路：$u_1+u_2+u_{S2}-u_{S1}=0$

　　在以上 3 个方程中，只有 2 个是独立的。这 3 个方程中的任意一个都可以由另外 2 个方程相加、减之后得出，它们相互之间不独立。具体计算在此不再赘述。同样，这里也有一个结论 2，但它不能由刚才的例子直接得出，需要进一步论证，刚才的例子只能证明电路中所有 KVL 方程之间是非独立的。

　　结论 2：对于平面电路，当电路有 n 个节点、b 条支路时，共有 $b-(n-1)$ 个网孔，这些网孔的 KVL 方程是独立的。

　　所谓平面电路，就是可以画在一个平面上而不会使任何两条支路交叉的电路。网孔的概念只适用于平面电路。

　　论证：这里可以用数学归纳法证明网孔数。假设电路有 m 个网孔，且 $m=b-(n-1)$ 成立（即结论 2 成立）。令电路增加 k 条支路，把它们依次串联经过 $k-1$ 个节点与原电路相连，使网孔数比原来增加了 1 个。现在，新的网孔数为 $m_1=m+1$，新的支路数为 $b_1=b+k$，新的节点数为 $n_1=n+(k-1)$。因为假设 $m=b-(n-1)$ 成立，我们来算一下变化后新电路是否还满足结论 2？

$$m_1=m+1=[b-(n-1)]+1$$
$$=[(b_1-k)-(n_1-(k-1)-1]+1$$
$$=b_1-n_1+1=b_1-(n_1-1)$$

　　可见，新电路仍然满足结论 2，表明网孔数与节点数、支路数的计算公式成立。

　　网孔数确定了，为什么网孔方程之间就是相互独立的呢？这个证明与结论 1 的论证相似。如果把电路的边界也看成是一个包围外部"空间"的网孔，则每个元件都是被两个相邻网孔所共有的。当我们按照同样绕向，压降都取正，把电路中所有网孔的 KVL 方程列出来时，每个支路电压都会出现两次，一正一负。这表明它们之间是非独立的，但是，去掉一个网孔方程，其他的网孔方程之间就相互独立了。为了便于分析，把包围外部"空间"的网孔去掉，列 KVL 方程时只列网孔的 KVL 方程就一定是相互独立的。

　　2. VCR 方程的独立性

　　VCR 是指元件自身的伏安关系。每一个元件，不论是负载还是电源，都有自己的参数和满足的伏安关系式。所以，一个元件一个 VCR 方程，相互之间都是独立的。如果电路有 b 条支路，则有 b 个 VCR 独立方程。

　　仍以图 1-41 为例，对 5 个元件列写 VCR 方程。

　　对 u_{S1}：$u_{S1}=u_{S1}$

　　对 R_1：$u_1=i_1R_1$

　　对 R_2：$u_2=i_2R_2$

对 R_3：$u_3 = i_3 R_3$

对 u_{S2}：$u_{S2} = u_{S2}$

5 个元件各自有自己的参数（R 和 u_S 为常数），5 个 VCR 方程之间相互独立。

综上所述，当电路有 n 个节点、b 条支路时，根据两类约束，总共可以列出 $2b$ 个独立方程。

第五节　$2b$ 法和 $1b$ 法

上面讲过，当电路有 n 个节点、b 条支路时，根据元件约束（元件的 VCR）和网络的拓扑约束（KCL、KVL），总共可以列出 $2b$ 个独立方程去求解。完全按照两类约束列出 $2b$ 个方程的分析方法叫做 $2b$ 法，也叫支路分析法。显然，对于手工解题来说，求解由 $2b$ 个方程组成的方程组并不容易。所以，在手工解题的时候通常采用以后将要学到的一些分析方法，如网孔分析、节点分析、叠加、戴维南等，那些方法的方程数会比 $2b$ 个少一些。但是，$2b$ 法并不是一无是处，它是很重要的。从理论上讲，它是所有其他分析方法的基础；并且，在计算机辅助分析方法中，$2b$ 法的思路最基础，适合形成方程式，编程简单，是一种较好的方法。总之，支路分析法的优点是直观，物理意义明确；缺点是方程数目多，计算量大。

支路分析法（$2b$ 法）又可以进一步演变为支路电流法和支路电压法两种。我们把方程组中以支路电流为解变量的方法，叫做支路电流法；方程组中以支路电压为解变量的方法，叫做支路电压法。它们还是应用基尔霍夫两个定律和 VCR 对电路列方程，只不过是将 VCR 隐含在基尔霍夫定律的 b 个方程中，然后联立求解。由于它们所需列写的方程数为 b 个，又被叫做 $1b$ 法。与 $2b$ 法分析不同，$1b$ 分析法并不追求同时解得支路电压和支路电流，而是根据方程组的未知数先去解得支路电压（或支路电流），再去求解支路电流（或支路电压）。

$1b$ 法解题步骤是：用 b 个支路电流（或支路电压）作为电路变量，列出 $n-1$ 个节点的 KCL 方程和 $b-n+1$ 个网孔的 KVL 方程，同时将 b 个元件的 VCR 直接代入方程组，替换掉暂时不需要求解的支路电压（或支路电流），使方程中只保留支路电流（或支路电压）作为解变量，求解这 b 个方程构成的方程组。最后，通过方程组的结果求出其他响应。

虽然 $1b$ 法比 $2b$ 法减少了方程的数目，但其实它们列方程的思路是相似的，对于手工解题而言，并没有减少多少工作量。这两种方法主要应用于电路的计算机辅助分析方法中。在手工解题时，我们可以通过观察法直接写出某些变量的值，省略掉一些方程式的列写，但其实还是以两类约束为依据的，只是简化了书写和计算过程而已。

【例 1-14】　图 1-42 所示电路中。求各支路电压和支路电流。

解　为了让大家便于比较，下面分别采用三种方法进行计算。

方法一：用支路分析法（$2b$ 法）。

电路中共有 2 个节点，可以列出 1 个 KCL 独立方程（取流出为正）

$$-I_0 + I_1 + I_2 + I_3 = 0$$

图 1-42　[例 1-14] 图

电路中共有三个网孔，可列出 3 个 KVL 独立方程（顺时针，取电压降为正）

$$-U_S + U_{6\Omega} = 0$$
$$-U_{6\Omega} + U_{4\Omega} = 0$$

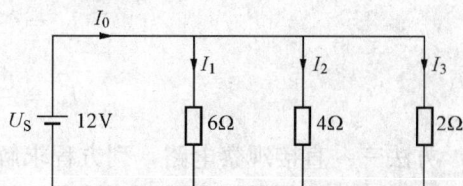

$$-U_{4\Omega} + U_{2\Omega} = 0$$

电路中共有 4 个元件，可以列出 4 个 VCR 方程

$$U_S = 12$$

$$U_{6\Omega} = I_1 \times 6 = 6I_1$$

$$U_{4\Omega} = I_2 \times 4 = 4I_2$$

$$U_{2\Omega} = I_3 \times 2 = 2I_3$$

联立以上 8 个由两类约束得来的基本方程，可解得

$$U_S = U_{6\Omega} = U_{4\Omega} = U_{2\Omega} = 12(\text{V})$$

$$I_1 = \frac{U_{6\Omega}}{6} = \frac{12}{6} = 2(\text{A})$$

$$I_2 = \frac{U_{4\Omega}}{4} = \frac{12}{4} = 3(\text{A})$$

$$I_3 = \frac{U_{2\Omega}}{2} = \frac{12}{2} = 6(\text{A})$$

$$I_0 = I_1 + I_2 + I_3 = 2 + 3 + 6 = 11(\text{A})$$

方法二：用支路电压法（1b 法的一种）。

支路电压法是以支路电压为解变量（未知数）列方程，就是将上面的 4 个 VCR 方程代入 KCL 方程，得到一个关于支路电压的方程，将这个方程与 3 个 KVL 方程联立，并将各已知量直接代入方程，得到主要以支路电压为未知数的方程组：

$$\begin{cases} -I_0 + \dfrac{U_{6\Omega}}{6} + \dfrac{U_{4\Omega}}{4} + \dfrac{U_{2\Omega}}{2} = 0 \\ -U_S + U_{6\Omega} = -12 + U_{6\Omega} = 0 \\ -U_{6\Omega} + U_{4\Omega} = 0 \\ -U_{4\Omega} + U_{2\Omega} = 0 \end{cases}$$

解方程得

$$U_S = U_{6\Omega} = U_{4\Omega} = U_{2\Omega} = 12(\text{V})$$

$$I_0 = \frac{U_{6\Omega}}{6} + \frac{U_{4\Omega}}{4} + \frac{U_{2\Omega}}{2} = 2 + 3 + 6 = 11(\text{A})$$

再根据 VCR 关系式，可得

$$I_1 = \frac{U_{6\Omega}}{6} = \frac{12}{6} = 2(\text{A})$$

$$I_2 = \frac{U_{4\Omega}}{4} = \frac{12}{4} = 3(\text{A})$$

$$I_3 = \frac{U_{2\Omega}}{2} = \frac{12}{2} = 6(\text{A})$$

方法三：直接观察电路，列方程求解。其实列方程的依据还是两类约束。

因为 4 个元件是并联关系，端电压相同，所以可以直接得

$$U_S = U_{6\Omega} = U_{4\Omega} = U_{2\Omega} = 12(\text{V})$$

再根据欧姆定律和 KCL，可得

$$I_1 = \frac{U_{6\Omega}}{6} = \frac{12}{6} = 2(\text{A})$$

$$I_2 = \frac{U_{4\Omega}}{4} = \frac{12}{4} = 3(\text{A})$$

$$I_3 = \frac{U_{2\Omega}}{2} = \frac{12}{2} = 6(\text{A})$$

$$I_0 = 2 + 3 + 6 = 11(\text{A})$$

通过比较可知，$2b$ 法和 $1b$ 法对于手工解题是比较烦琐的，它们主要应用在计算机分析电路中。

习　　题

1-1　图 1-43 所示电路中，试求电流源的端电压 U，并求电压源和电流源发出的功率分别为多少？

1-2　图 1-44 所示电路中，求电路中的各支路电压和支路电流。已知 $P_{R3} = 12\text{W}$。

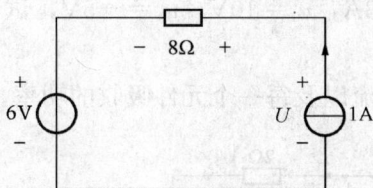

图 1-43　题 1-1 图

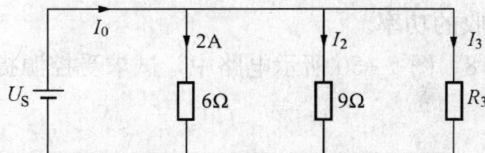

图 1-44　题 1-2 图

1-3　图 1-45 所示电路中，求电路中的各支路电流。

1-4　图 1-46 所示电路中，求电路中的各支路电压。

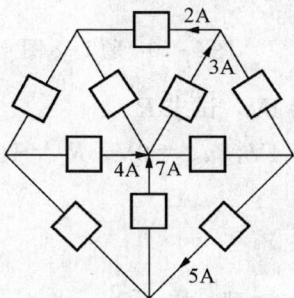

图 1-45　题 1-3 图

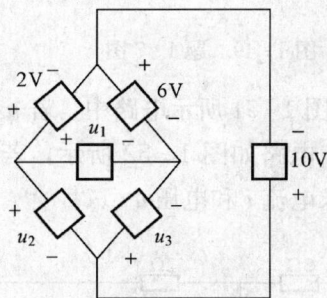

图 1-46　题 1-4 图

1-5　图 1-47 电路中，u_3 的参考极性已选定，若该电路的两个 KVL 方程为

$$u_1 - u_2 - u_3 = 0$$

$$-u_2 - u_3 + u_5 - u_6 = 0$$

（1）试确定 u_1、u_2、u_5、u_6 的参考特性。

（2）能否进一步确定 u_4 的参考特性？

（3）若给定 $u_2 = 10\text{V}$，$u_3 = 5\text{V}$，$u_6 = -4\text{V}$，试确定其余各电压。

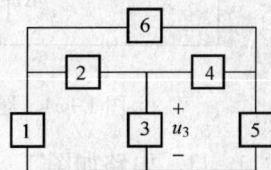

图 1-47　题 1-5 图

1-6　图 1-48 所示电路中，已知 $u_1=10\text{V}$，$u_2=5\text{V}$，$u_4=-3\text{V}$，$u_6=2\text{V}$，$u_7=-3\text{V}$，$u_{12}=8\text{V}$。能否确定各个电压？如能，试确定它们。如不能，试指出尚需知道哪些电压才能确定所有电压。本电路需要给定几个电压才能确定其余电压？

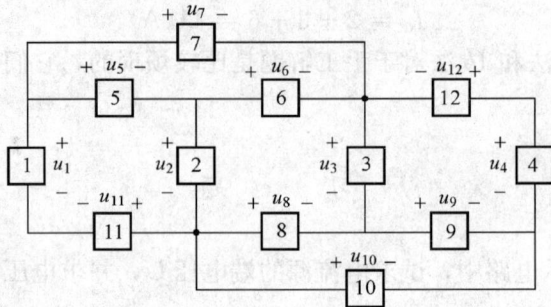

图 1-48　题 1-6 图

1-7　图 1-49 所示电路中，已知 $i_1=2\text{A}$，$i_3=-3\text{A}$，$u_1=10\text{V}$，$u_4=-5\text{V}$，试计算各元件吸收的功率。

1-8　图 1-50 所示电路中，试求受控源提供的电流以及每一个元件吸收的功率。

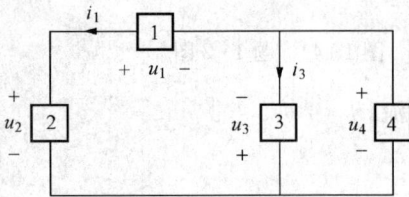

图 1-49　题 1-7 图

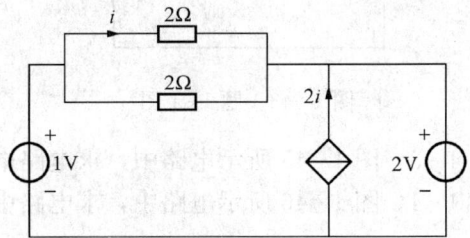

图 1-50　题 1-8 图

1-9　图 1-51 所示电路中，若 $u_\text{S}=-19.5\text{V}$，$u_1=1\text{V}$，试求 R。

1-10　电路如图 1-52 所示，若 $u_\text{S1}=24\text{V}$，$u_\text{S2}=4\text{V}$，$u_\text{S3}=6\text{V}$，$R_1=1\Omega$，$R_2=2\Omega$，$R_3=4\Omega$。求电流 i 和电压 u_ab。

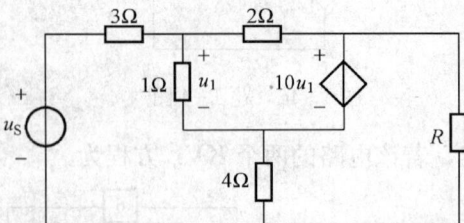

图 1-51　题 1-9 图

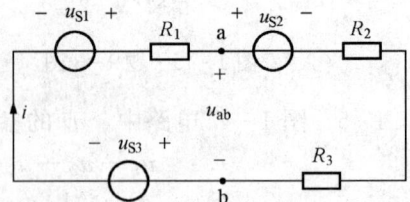

图 1-52　题 1-10 图

1-11　电路如图 1-53 所示，试求开关 S 断开后，电流 i 和 b 点的电位。

1-12　电路如图 1-54 所示，若 $u_\text{S1}=10\text{V}$，$i_\text{S1}=1\text{A}$，$i_\text{S2}=3\text{A}$，$R_1=2\Omega$，$R_2=1\Omega$，求电压源和各电流源发出的功率。

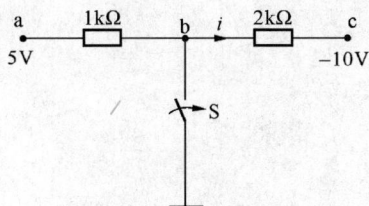

图 1-53　题 1-11 图

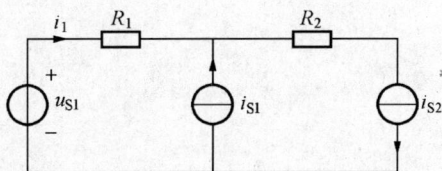

图 1-54　题 1-12 图

1-13　电路如图 1-55 所示，若 $u_{S1}=2V$，$u_{S2}=10V$，$u_{S3}=4V$，$R_2=3\Omega$，$R_4=2\Omega$，$R_5=4\Omega$，求各支路电压和支路电流。

1-14　电路如图 1-56 所示，若 $i_{S1}=1A$，$i_{S2}=3A$，$i_{S3}=8A$，$R_1=2\Omega$，$R_3=3\Omega$，$R_6=6\Omega$，求各支路电流和支路电压。

1-15　电路如图 1-57 所示，求各支路电流。

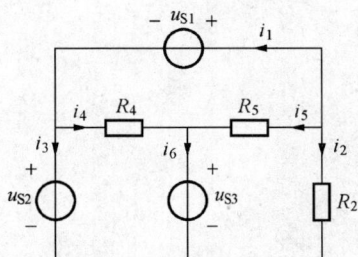

图 1-55　题 1-13 图

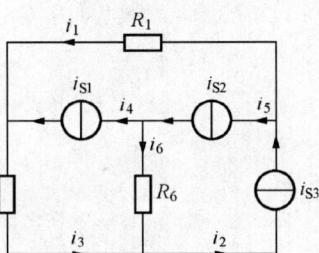

图 1-56　题 1-14 图

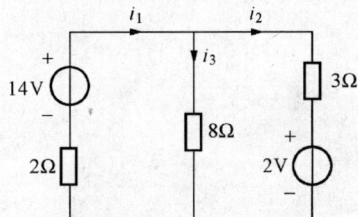

图 1-57　题 1-15 图

1-16　电路如图 1-58 所示，已知 $i_1=3A$，试求各支路电流和电流源电压 u。

1-17　电路如图 1-59 所示，求电路中各元件的电压、电流和功率。

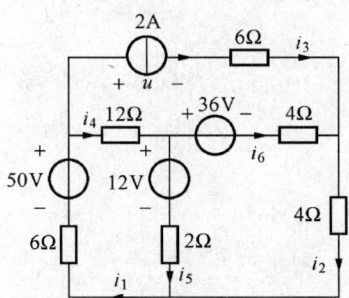

图 1-58　题 1-16 图

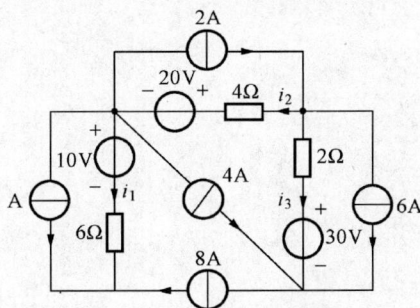

图 1-59　题 1-17 图

普通高等教育"十二五"规划教材

电路分析基础

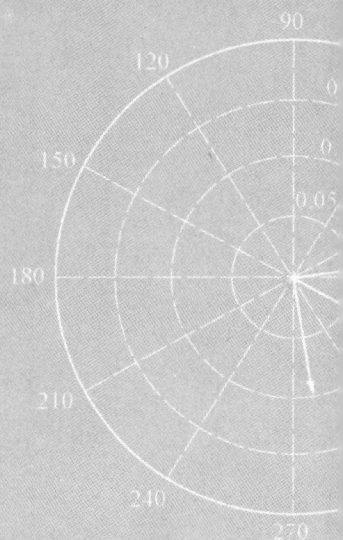

第二章 | 简单等效变换

　　本章主要介绍电阻电路分析中一些简单的等效变换方法。内容包括：电阻的串联、并联；电源的串联、并联；电源的等效变换；电阻的星形连接(Y)与三角形连接(△)之间的等效变换等。这些内容在分析电路时能起到简化电路的作用。

第一节　电阻的串联、并联电路

一、等效的概念

在分析电路时，如果遇到复杂网络，建立方程组和求解电方程都会比较困难。此时，可以利用网络等效变换的方法将电路化简，降低复杂程度，从而简化电路的分析和计算。

所谓网络的等效变换，就是说电路网络中的某一部分可以用一个与之等效的电路代替，替代后，网络中其他部分的电压和电流均应该保持不变。那么，什么样的两个电路是相互等效、可以互相替代的呢？我们说，两个电路不论其内部结构有什么不同，但对外电路而言具有完全相同的作用，两端口具有相同的 VCR，则这两个电路就是相互等效的。也就是说，它们具有"对外等效"的特点。

本节我们先来介绍电阻串联和并联电路的等效变换。

二、串联电阻电路及分压公式

元件与元件之间首尾依次相连时称为串联，如图 2-1 所示。

串联电阻电路的特点：

(1) 各电阻顺序连接，由 KCL 可知，流过同一电流。

(2) 由 KVL 可知，总电压等于各串联电阻的电压之和。

$$u = u_1 + \cdots + u_k + \cdots + u_n \tag{2-1}$$

对于图 2-1 可以用图 2-2 所示一个等效电阻 R_{eq} 去等效

$$R_{eq} = \sum_{k=1}^{n} R_k \tag{2-2}$$

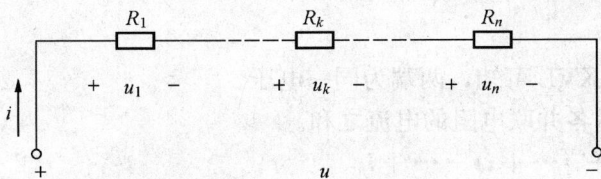

图 2-1　串联电阻　　　　　　　　　　图 2-2　等效电阻

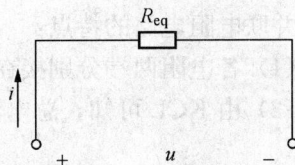

证明：由式（2-1）可知

$$
\begin{aligned}
u &= u_1 + \cdots + u_k + \cdots + u_n \\
&= iR_1 + \cdots + iR_k + \cdots iR_n \\
&= i(R_1 + \cdots R_k + \cdots + R_n) \\
&= i\sum_{k=1}^{n} R_k = iR_{eq}
\end{aligned}
$$

也就是说，n 个电阻串联的电路可以等效成一个等效电阻 R_{eq}，其值为串联的各个电阻之和。

在图 2-1 电路中，总电压等于各串联电阻的电压之和，每个电阻上获得的电压都是从总电压 u 中按比例分配到的，分得电压的多少与电阻自身阻值的大小成正比。串联电阻电路的分压公式为

$$u_k = \frac{R_k}{R_\Sigma} u \qquad (2-3)$$

式中：R_k 表示第 k 个串联电阻；R_Σ 表示总电阻 $\sum\limits_{k=1}^{n} R_k$（各串联电阻之和），即等效电阻 R_{eq}。

注意：使用此分压公式时，对于它们所在的回路（包括半开回路），各电阻电压的参考方向应该与总电压的参考方向一致，否则要添加一个负号。

证明：根据式（2-1）可知　　　　　　$u = iR_{eq}$

可以推出　　　　　　　　　　$i = \dfrac{u}{R_{eq}} = \dfrac{u}{R_\Sigma}$

将其代入电阻的 VCR 方程 $u_k = iR_k$ 中

可得式（2-3），即　　　　　　$u_k = \dfrac{R_k}{R_\Sigma} u$

式（2-3）表示 u_k 与 R_k 成正比。电阻阻值越大，分得的电压越大。

三、并联电阻电路及分流公式

多个元件的首端与首端接在一起、末端与末端接在一起，称为并联，如图 2-3 所示。

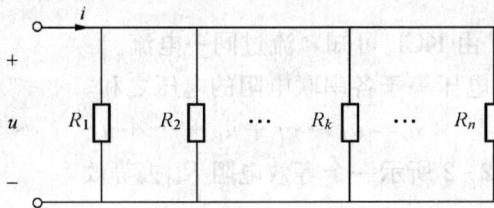

图 2-3　并联电阻

并联电阻电路的特点：

(1) 各电阻两端分别接在一起，由 KVL 可知，两端为同一电压。

(2) 由 KCL 可知，总电流等于流过各并联电阻的电流之和。

$$i = i_1 + i_2 \cdots + i_k + \cdots + i_n \qquad (2-4)$$

对于图 2-3 也可以用图 2-2 所示一个等效电阻 R_{eq} 去等效，但是此时不是串联电阻等效，$R_{eq} \neq \sum\limits_{k=1}^{n} R_k$。对于并联电阻等效

$$R_{eq} = \frac{1}{\sum\limits_{k=1}^{n} \dfrac{1}{R_k}} \qquad (2-5)$$

证明：由式（2-4）可知

$$
\begin{aligned}
i &= i_1 + i_2 + \cdots + i_k + \cdots + i_n \\
&= \frac{u}{R_1} + \frac{u}{R_2} + \cdots + \frac{u}{R_k} + \cdots + \frac{u}{R_n} \\
&= u\left(\frac{1}{R_1} + \frac{1}{R_2} + \cdots + \frac{1}{R_k} + \cdots + \frac{1}{R_n} \right) \\
&= u \sum_{k=1}^{n} \frac{1}{R_k}
\end{aligned}
$$

$$R_{eq} = \frac{u}{i} = \frac{1}{\sum\limits_{k=1}^{n} \frac{1}{R_k}}$$

即　　　　　　　　　　　　$$\frac{1}{R_{eq}} = \sum_{k=1}^{n} \frac{1}{R_k}$$

也就是说，n 个电阻并联的电路可以等效成一个等效电阻 R_{eq}，等效电阻的倒数等于所有电阻的倒数之和。如果用电导来表示，则式（2-5）可以写成

$$G_{eq} = \sum_{k=1}^{n} G_k \qquad\qquad (2-6)$$

式（2-6）表示多个电阻相并联的电路可以等效成一个电导，其值为各个并联电导之和。

在图 2-3 所示电路中，总电流等于流过各并联电阻的电流之和，每个电阻上获得的电流都是从总电流 i 中按比例分配到的，分得电流的多少与电阻自身电导值的大小成正比。并联电阻电路的分流公式为

$$i_k = \frac{G_k}{G_{eq}} i \qquad\qquad (2-7)$$

式中：G_k 表示第 k 个并联电导值；G_{eq} 表示总电导（各并联电阻的电导之和）。

注意：使用此分流公式时，对于同一个节点，各电阻电流的参考方向应该与总电流的参考方向相反（即总电流流入节点时，各个分电流应该是流出节点的），否则要添加一个负号。

证明：根据式（2-4）可知，$i = \dfrac{u}{R_{eq}} = u G_{eq}$

可以推出　　　　　　　　　　$$u = \frac{i}{G_{eq}}$$

将其代入电阻的 VCR 方程 $i_k = \dfrac{u}{R_k} = u G_k$ 中

可得式（2-7），即 $i_k = \dfrac{G_k}{G_\Sigma} i$，表示 i_k 与 G_k 成正比。

由于电阻和电导成反比，可以从式（2-7）得出另一个结论：并联电阻电路中，分电流的大小与电阻自身阻值的大小成反比。阻值越大，分得的电流越小。

在并联电路中，常常遇到两个电阻并联情况，如图 2-4 所示。

对于这种两个电阻并联的情况，可以使用式（2-7）的分流公式计算两个支路的分电流，也可以用分流公式推出另外的两个求分电流的公式，即式（2-8）。注意：此式只适用于两个电阻并联。

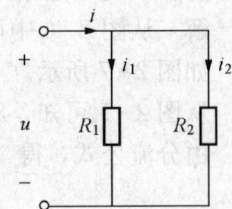

图 2-4　两个电阻并联

$$\left. \begin{aligned} i_1 &= \frac{R_1}{R_1 + R_2} i \\ i_2 &= \frac{R_2}{R_1 + R_2} i \end{aligned} \right\} \qquad\qquad (2-8)$$

式（2-8）表明，每条支路所分得的电流等于它对面的电阻除以总电阻，再乘以总电流。

证明：以第一个分支电流 i_1 为例。

$$i_1 = \frac{G_1}{G_1 + G_2}i = \frac{1/R_1}{(1/R_1 + 1/R_2)}i$$

$$= \frac{1/R_1}{(R_2 + R_1)R_1R_2}i = \frac{1}{R_1} \times \frac{R_1R_2}{R_1 + R_2}i$$

$$= \frac{R_2}{R_1 + R_2}i$$

第二个分支电流 i_2 的推导思路与此方法相同，证明从略。

特殊地，如果 $R_1 = R_2$，则 $i_1 = i_2 = i/2$。也就是说，当两个并联电阻相等时，它们各自分得的电流是总电流的一半。

【例 2 - 1】 电路如图 2-5 所示，计算各支路的电压和电流。

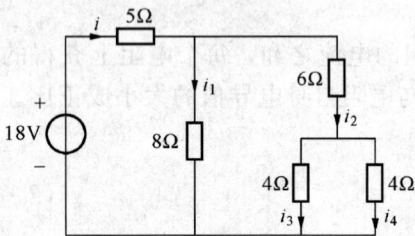

图 2-5 〔例 2-1〕图

解 先求电路总电阻 R

$$R = 5 + 8//(6 + 4//4)$$
$$= 5 + 8//(6 + 2)$$
$$= 5 + 4$$
$$= 9(\Omega)$$

再求总电流 i

$$i = \frac{18}{9} = 2(A)$$

分电流

$$i_1 = i_2 = \frac{i}{2} = 1 \text{ (A)}$$

分电流

$$i_3 = i_4 = \frac{i_2}{2} = 0.5 \text{ (A)}$$

因此

$$u_{5\Omega} = 5i = 10 \text{ (V)}$$
$$u_{8\Omega} = 8i_1 = 8 \text{ (V)}$$
$$u_{6\Omega} = 6i_2 = 6 \text{ (V)}$$
$$u_{4\Omega} = 4i_3 = 4i_4 = 2 \text{ (V)}$$

【例 2 - 2】 电路如图 2-6 所示，求电路中的电流 I_1。

解 从图 2-6 中可知，电路中 a、b 两点短路，电路从短路处分成了左、右两个独立部分，如图 2-7 所示。

从图 2-7 可知，2Ω 与 3Ω 属于并联情况。

由分流公式，得

$$I_2 = \frac{3}{5} \times 5I_1 = 3I_1$$

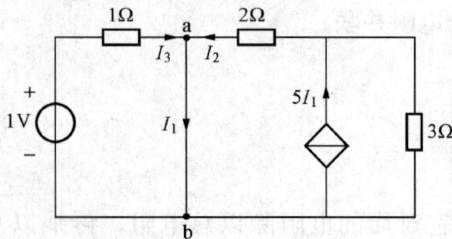

图 2-6 〔例 2-2〕图

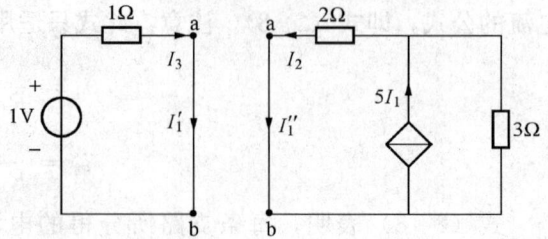

图 2-7 〔例 2-2〕分解图

由欧姆定律，得

$$I_3 = \frac{1}{1} = 1(\mathrm{A})$$

由 KCL，得

$$I_1 = I_2 + I_3 = 3I_1 + 1$$

所以

$$I_1 = -\frac{1}{2}(\mathrm{A})$$

第二节 电阻的星形连接（Y）和三角形连接（△）

事实上，在电阻电路中，各个电阻之间不只是有串联和并联两种接法，也会有既非串联也非并联的特殊连接方法。这里，介绍两种常见的特殊连接方法：星形连接和三角形连接。它们属于三端网络。

一、星形连接

星形连接也叫 Y 形连接或者 T 形连接，是指三个电阻的一端接在一起，形成一个节点，它们的另外一端分别接在外电路的三个其他节点上，如图 2-8 所示。

二、三角形连接

三角形连接也叫 π 形连接，是指三个电阻首尾连接，形成一个回路，而它们的三个连接点又分别和外电路的其他元件相连接，如图 2-9 所示。

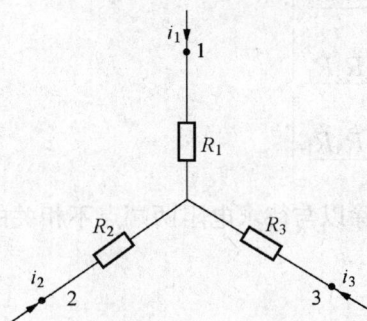

图 2-8 星形（Y）连接

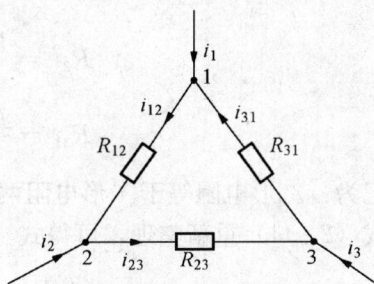

图 2-9 三角形（△）连接

三、星形连接与三角形连接的等效变换

当电路中出现这些特殊连接时，由于不能用简单的串、并联等效方法去处理，电路会难于求解。因此，需要采用等效变换的方法将电路简化。当电阻参数满足一定条件时，星形连接与三角形连接这两种电路可以相互等效，通过变换将复杂网络简化为能用电阻串、并联处理的简单网络。也就是说，图 2-8 和图 2-9 这两个电路等效时对于端子 1、2、3 以外的电路具有相同的端电压和端电流。

对于图 2-8 而言

$$i_1 + i_2 + i_3 = 0$$
$$u_{12} = i_1 R_1 - i_2 R_2$$

$$u_{23} = i_2R_2 - i_3R_3$$
$$u_{31} = i_3R_3 - i_1R_1$$

联立以上四个式子，可求得

$$
\left.
\begin{aligned}
i_1 &= \dfrac{u_{12}}{\dfrac{R_1R_2 + R_2R_3 + R_3R_1}{R_3}} - \dfrac{u_{31}}{\dfrac{R_1R_2 + R_2R_3 + R_3R_1}{R_2}} \\[3mm]
i_2 &= \dfrac{u_{23}}{\dfrac{R_1R_2 + R_2R_3 + R_3R_1}{R_1}} - \dfrac{u_{12}}{\dfrac{R_1R_2 + R_2R_3 + R_3R_1}{R_3}} \\[3mm]
i_3 &= \dfrac{u_{31}}{\dfrac{R_1R_2 + R_2R_3 + R_3R_1}{R_2}} - \dfrac{u_{23}}{\dfrac{R_1R_2 + R_2R_3 + R_3R_1}{R_1}}
\end{aligned}
\right\}
\tag{2-9}
$$

对于图 2-9 而言

$$
\left.
\begin{aligned}
i_1 &= i_{12} - i_{31} = \dfrac{u_{12}}{R_{12}} - \dfrac{u_{31}}{R_{31}} \\[3mm]
i_2 &= i_{23} - i_{12} = \dfrac{u_{23}}{R_{23}} - \dfrac{u_{12}}{R_{12}} \\[3mm]
i_3 &= i_{31} - i_{23} = \dfrac{u_{31}}{R_{31}} - \dfrac{u_{23}}{R_{23}}
\end{aligned}
\right\}
\tag{2-10}
$$

要想使图 2-8 和图 2-9 等效，必须保证端口上电压、电流相等，所以联立式（2-9）和式（2-10）可以得出，等效时两个电路的电阻满足

$$
\left.
\begin{aligned}
R_{12} &= \dfrac{R_1R_2 + R_2R_3 + R_3R_1}{R_3} \\[3mm]
R_{23} &= \dfrac{R_1R_2 + R_2R_3 + R_3R_1}{R_1} \\[3mm]
R_{31} &= \dfrac{R_1R_2 + R_2R_3 + R_3R_1}{R_2}
\end{aligned}
\right\}
\tag{2-11}
$$

简记为：△形电阻等于 Y 形电阻两两乘积之和，除以与待求电阻两端点不相关的电阻。

将式（2-11）重新整理，可得式（2-12）

$$
\left.
\begin{aligned}
R_1 &= \dfrac{R_{31}R_{12}}{R_{12} + R_{23} + R_{31}} \\[3mm]
R_2 &= \dfrac{R_{23}R_{12}}{R_{12} + R_{23} + R_{31}} \\[3mm]
R_3 &= \dfrac{R_{31}R_{23}}{R_{12} + R_{23} + R_{31}}
\end{aligned}
\right\}
\tag{2-12}
$$

简记为：Y 形电阻等于与待求电阻所在节点相关的△形相邻两电阻乘积，除以△形三个电阻之和。

当想要将 Y 形连接变换成△形连接时，△形电路中的电阻值可由式（2-11）求出；当想要将△形连接变换成 Y 形连接时，Y 形电路中的电阻值可由式（2-12）求出。

特殊地，当 Y 形连接的三个电阻相等时，△形连接的三个电阻也必然相等；反过来也一样。根据式（2-11）或式（2-12）可以得出此种特殊情况下两电路电阻的关系

$$R_\triangle = 3R_Y \tag{2-13}$$

此时两个等效电路就如图 2-10 所示，内小外大。

【例 2-3】 求图 2-11 所示惠斯通电桥中 a、b 端口上电压 u 和 i。

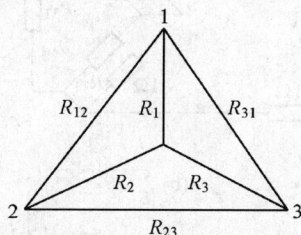

图 2-10 等效关系示意图

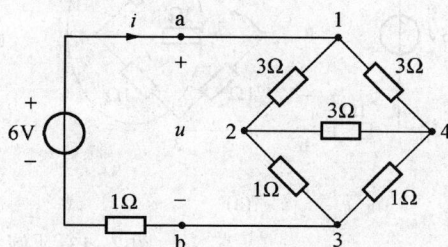

图 2-11 ［例 2-3］图

解 电桥中存在多个 Y 形连接和 △ 形连接，可以有多种变换方法，在此只举出两种方法供参考。

方法一：将以 1、2、4 三点为对外端子构成的 △ 形电路等效成 Y 形，等效过程如图 2-12 所示。

$$i = \frac{6}{1 + 2 \mathbin{/\!/} 2 + 1} = 2(\text{A})$$

$$u = 6 - 1 \times i = 6 - 2 = 4(\text{V})$$

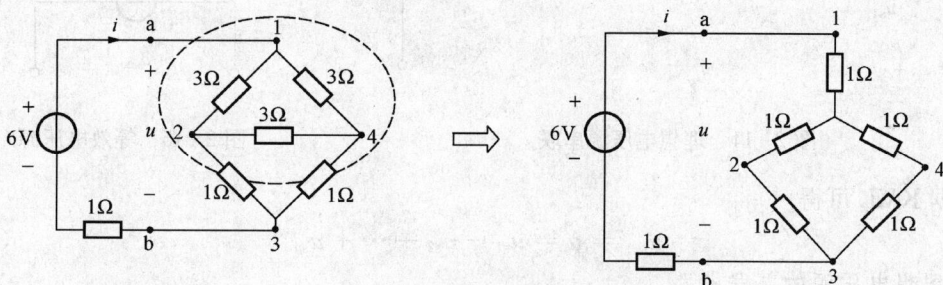

图 2-12 ［例 2-3］方法一

方法二：将以 1、2、3 三点为对外端子构成的 Y 形电路等效成 △ 形，等效过程如图 2-13 所示。

$$R_{12} = \frac{R_1 R_2 + R_2 R_3 + R_3 R_1}{R_3} = \frac{3 \times 3 + 3 \times 1 + 1 \times 3}{1} = 15(\Omega)$$

$$R_{23} = \frac{R_1 R_2 + R_2 R_3 + R_3 R_1}{R_1} = \frac{15}{3} = 5(\Omega)$$

$$R_{31} = \frac{R_1 R_2 + R_2 R_3 + R_3 R_1}{R_2} = \frac{15}{3} = 5(\Omega)$$

$$i = \frac{6}{(3 \mathbin{/\!/} 15 + 1 \mathbin{/\!/} 15) \mathbin{/\!/} 5 + 1} = 2(\text{A})$$

$$u = 6 - 1 \times i = 6 - 2 = 4(\text{V})$$

两种方法计算结果完全相同，但方法一的计算过程比方法二简单，所以在解题时应充分观察，尽量寻找简便的方法。

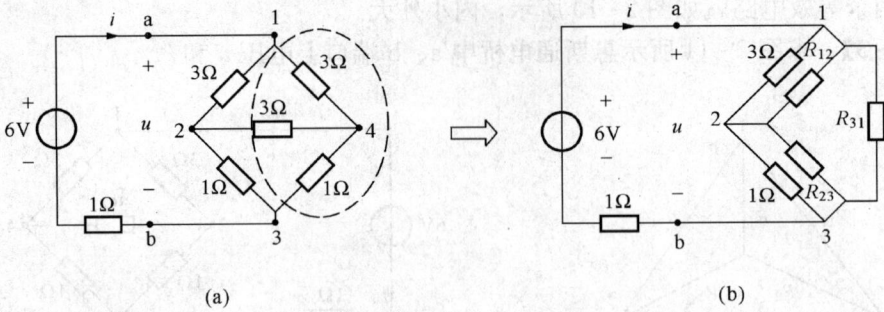

图 2-13　[例 2-3] 方法二

第三节　理想电源的串联、并联电路

一、理想电压源的串联与并联

1. 理想电压源的串联电路

在集总电路中，n 个理想电压源串联时（如图 2-14 所示），可以等效成一个电压源（如图 2-15 所示），等效电源的值可以由 KVL 得到。

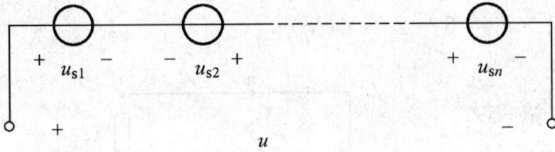

图 2-14　理想电压源串联　　　　　　　图 2-15　等效电压源

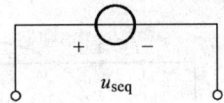

根据 KVL 可得

$$u_{seq} = u = u_{s1} - u_{s2} + \cdots + u_{sn} \tag{2-14}$$

2. 理想电压源的并联电路

在集总电路中，一个理想电压源与任意元件 X 并联时（如图 2-16 所示），可以等效成一个电压源（如图 2-15 所示），等效电源的值就是这个理想电压源的值。

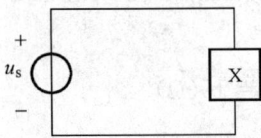

$$u_{seq} = u_s \tag{2-15}$$

图 2-16　电压源与
元件并联

注意：如果 X 是理想电压源，则 X 的极性和大小必须与 u_s 的极性和大小相同。即必须是完全相同的两个理想电压源同极性并联。否则，这两个电压源不能并联在一起。

二、理想电流源的串联与并联

1. 理想电流源的串联电路

在集总电路中，一个理想电流源与任意元件 X 串联时（如图 2-17 所示），可以等效成一个电流源（如图 2-18 所示），等效电源的值就是这个理想电流源的值。

图 2-17　电流源与元件串联　　　　　　图 2-18　等效电流源

$$i_{seq} = i_s \tag{2-16}$$

注意：如果 X 是理想电流源，则 X 的方向和大小必须与 i_s 的方向和大小相同。即必须是完全相同的两个理想电流源同方向串联。否则，这两个电流源不能串联在一起。

2. 理想电流源的并联电路

在集总电路中，n 个理想电流源并联时（如图 2-19 所示），可以等效成一个电流源（如图 2-18 所示），等效电源的值可以由 KCL 得到。

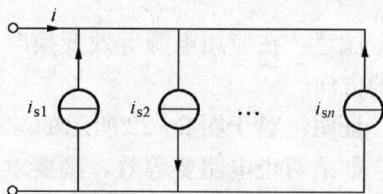

根据 KCL 可得

图 2-19 n 个电流源并联

$$i_{seq} = i = -i_{s1} + i_{s2} - \cdots - i_{sn} \tag{2-17}$$

当电路中既有电压源又有电流源时，如在图 2-20 中，对电阻 R 而言，理想电压源起决定作用，可以确定电阻两端的电压为电压源的值；而在图 2-21 中，对电阻 R 而言，理想电流源起决定作用，可以确定流过电阻的电流为电流源的值。

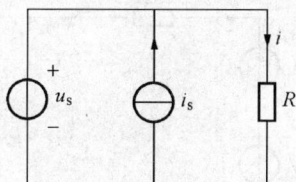

图 2-20 多元件并联电路

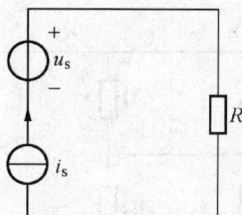

图 2-21 多元件串联电路

第四节 实际电源两种模型间的等效变换

理想电压源和理想电流源实际上并不存在，只是一种抽象出来的理想元件模型，它们之间是不能等效的。前面提到过，一个实际的电压源是由一个理想电压源和一个电阻串联而成的，如图 2-22 所示。

一个实际的电流源是由一个理想电流源和一个电阻并联而成的，如图 2-23 所示。这两种模型都被称为实际电源的电路模型。

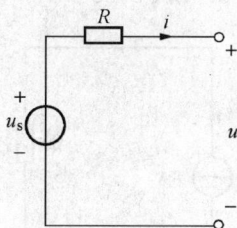

图 2-22 实际电压源

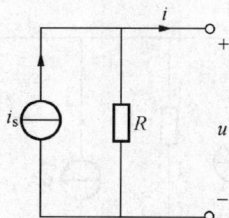

图 2-23 实际电流源

对于外电路而言，如果两个电路模型端口处具有相同的电压和电流，那么就认为它们之间是等效的，可以相互替换。在分析电路时，我们常常将电源的一种模型变换成另一种模型，它们之间在数值上的等效变换条件为式（2-18），并且要求两个模型中的电阻相同。

$$u_s = i_s R \quad 或 \quad i_s = \frac{u_s}{R} \qquad (2-18)$$

注意：在应用电源等效变换时，方向不能出错，电流源箭头的方向指向原电路电压源正极的方向。

证明：对于图 2-22 所示的端口，$u = u_s - iR$；对于图 2-23 所示的端口，$u = (i_s - i)R$。如果两个电路要等效，则要求它们端口的 u、i 相同。联立上面两个式子，得

$$u_s - iR = (i_s - i)R = i_s R - iR$$

因为两个电路的电阻相同，所以 $u_s = i_s R$。

由于证明过程中所列方程与电压、电流的方向有关，所以两等效电路中，电流源箭头的方向与电压源正极的方向一致。

【例 2-4】 电路如图 2-24 所示，求电流 i。

解 根据电源的等效变换将图 2-24 电路等效成图 2-25。

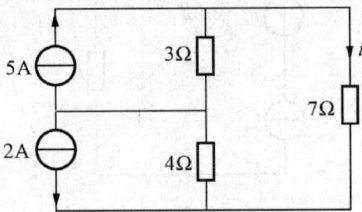

图 2-24 ［例 2-4］图

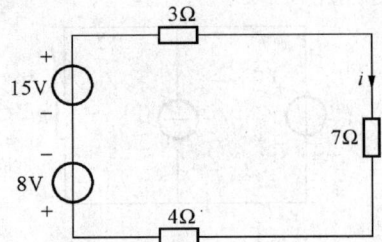

图 2-25 ［例 2-4］等效图

根据 KVL，顺时针旋转，取电压降为正，得

$$8 - 15 + 3i + 7i + 4i = 0$$

$$i = \frac{15 - 8}{14} = 0.5(A)$$

【例 2-5】 电路如图 2-26 所示，求电压 u。

解 根据简单等效变换将图 2-26 电路等效成图 2-27。

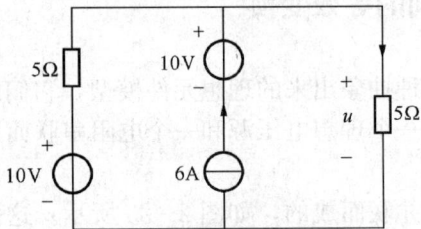

图 2-26 ［例 2-5］图

则 $\qquad u = 8 \times 2.5 = 20（V）$

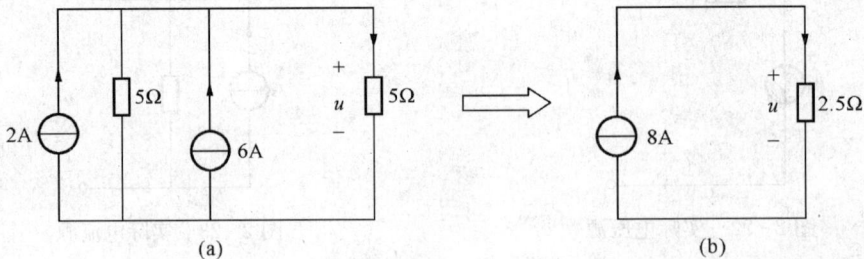

图 2-27 ［例 2-5］等效图

习 题

2-1 电路如图 2-28 所示，一个电阻分压电路端接负载电阻 R_L 的电路模型，已知电压源电压 $u_S=20V$，当接负载电阻 $R_L=3k\Omega$ 后的负载电压 $u_L=12V$ 时，求两个电阻器的电阻值 R_1 和 R_2。

2-2 电路如图 2-29 所示，求 $R=0$、4Ω、12Ω、∞ 时的电压 U_{ab}。

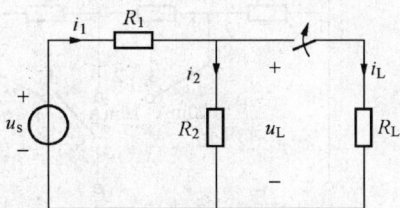

图 2-28 题 2-1 图

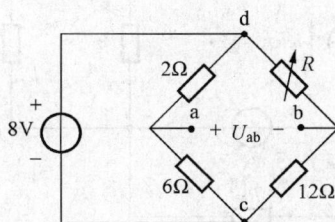

图 2-29 题 2-2 图

2-3 如图 2-30 所示的双电源直流分压电路。试求电位器滑动端移动时，a 点电位的变化范围。

2-4 电路如图 2-31 所示，计算各支路电流。

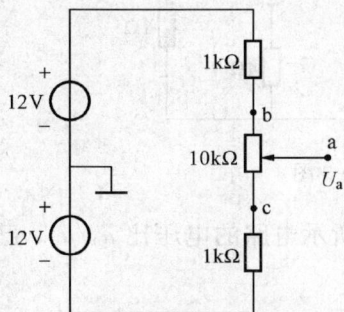

图 2-30 题 2-3 图

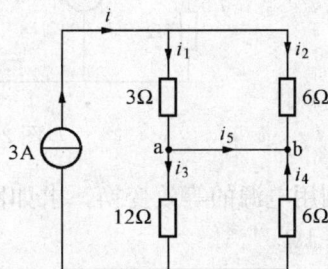

图 2-31 题 2-4 图

2-5 如图 2-32 所示电路中，$I_s=16.5mA$，$R_s=2k\Omega$，$R_1=40k\Omega$，$R_2=10k\Omega$，$R_3=25k\Omega$。求 I_1、I_2、I_3 和 U。

2-6 如图 2-33 所示电路中，已知 $u_s=100V$，$R_1=2k\Omega$，$R_2=8k\Omega$。若：①$R_3=8k\Omega$；②$R_3=\infty$（R_3 处开路）；③$R_3=0$（R_3 处短路）。试求以上 3 种情况下电压 u_2 和电流 i_2、i_3。

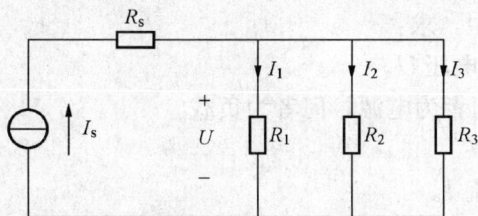

图 2-32 题 2-5 图

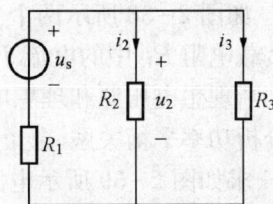

图 2-33 题 2-6 图

2-7 如图 2-34 所示电路中，其中电阻、电压源和电流源均为已知，且为正值。求：

(1) 电压 u_2 和电流 i_2。

(2) 若电阻 R_1 增大，则对哪些元件的电压、电流有影响？有何影响？

2-8 如图 2-35 所示电路中，已知表头内阻 $R_g=1\text{k}\Omega$，满度电流 $I_g=100\mu\text{A}$，要求构成能测量 1mA、10mA 和 100mA 的电流表，求分流电阻的数值。

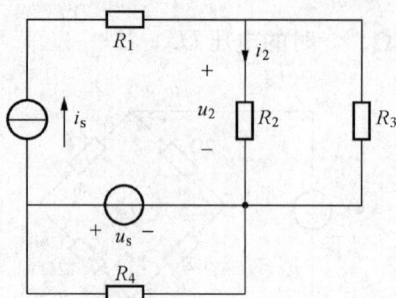

图 2-34 题 2-7 图

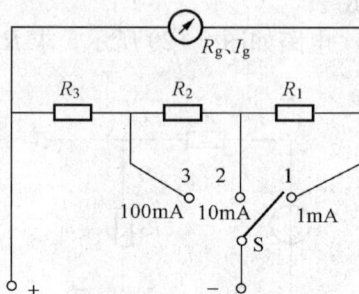

图 2-35 题 2-8 图

2-9 利用电源的等效变换，求如图 2-36 所示电路中的电流 I。

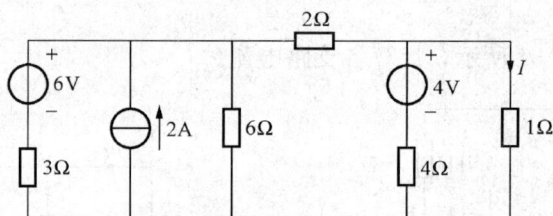

图 2-36 题 2-9 图

2-10 利用电源的等效变换，求如图 2-37 所示电路的电压比 u_0/u_s。已知 $R_1=R_2=2\Omega$，$R_3=R_4=1\Omega$。

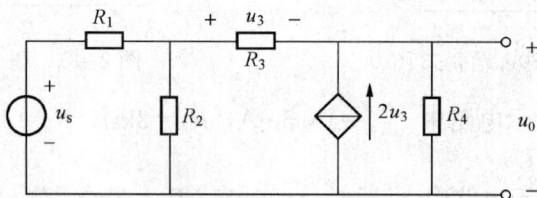

图 2-37 题 2-10 图

2-11 如图 2-38 所示两个独立电路中，求：

(1) 负载电阻 R_L 中的电流 I 及两端的电压 U。

(2) 判断理想电压源和理想电流源，何者为电源，何者为负载？

(3) 分析功率平衡关系。

2-12 求如图 2-39 所示电路中的电流 I。

2-13 将如图 2-40 所示电路等效变换为 Y 形连接，三个等效电阻各为多少？已知各个电阻均为 R。

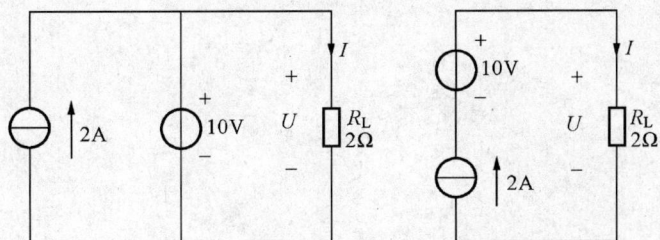

图 2-38 题 2-11 图

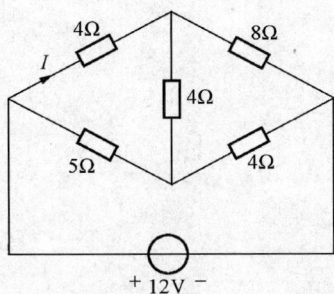

图 2-39 题 2-12 图

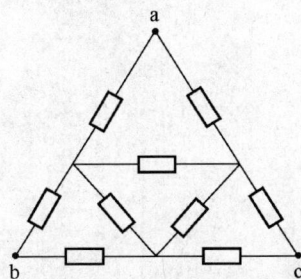

图 2-40 题 2-13 图

2-14 求如图 2-41 所示电路的等效电阻 R_{ab}。

2-15 求如图 2-42 所示电路的等效电阻 R_{ab}。

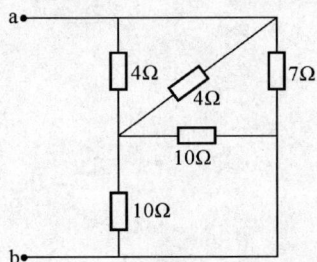

图 2-41 题 2-14 图

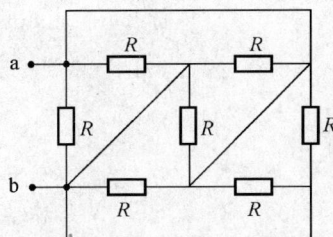

图 2-42 题 2-15 图

2-16 求如图 2-43 所示两个电路的等效电阻 R_{ab}。

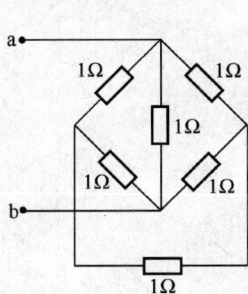

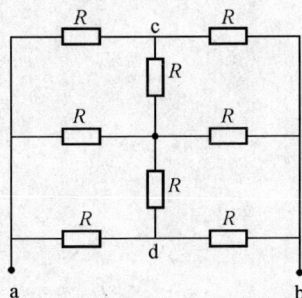

图 2-43 题 2-16 图

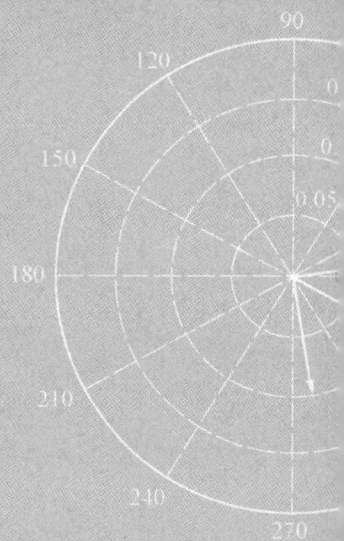

第三章 | **电路的基本分析方法**

本章主要介绍电路的基本分析方法。内容包括：网孔分析法、节点分析法。

第一节 网孔分析法

电路分析这门课程学习的就是各种分析电路的方法，以便在不同的电路中采用较为合适的方法。第一章介绍的 $2b$ 法、$1b$ 法可以解决任何线性电阻电路的分析问题。缺点是需要联立求解的方程数目太多，给手工求解带来困难。本章主要讨论电路分析中最基本的几种分析方法，这些方法仍然是以两类约束为基本依据，只不过是归纳总结出的一些简便方法，适合手工解题。

网孔分析法是一种通过套用通式，以网孔电流作为解变量列网孔方程进行求解的方法。由于它的第一解变量是网孔电流，所以又叫网孔电流法。网孔分析法只适用于平面电路，需列写 $b-(n-1)$ 个网孔的 KVL 方程（网孔方程）。

所谓网孔电流，就是沿着网孔边界流动的一种假想电流，并不实际存在。所以用网孔分析法解题时，一般解完网孔方程只是完成了第一步，接着还需要用解出的网孔电流去求解支路上实际存在的电压和电流。

用网孔分析法解题时，主要分成三个步骤：

第一步，假设网孔电流，在图中标出它们的旋转方向和代表符号。

第二步，套用网孔方程通式。网孔方程通式的构成规则如下：本网孔电流×自电阻$\pm\Sigma$相邻网孔电流×互电阻＝本网孔沿网孔电流方向电压源电压升的代数和。

第三步，根据解出的网孔电流，求出题目要求的未知量。

下面我们通过一个具体的例子来说明网孔方程通式的推导过程。设有一个电路如图 3-1 所示。

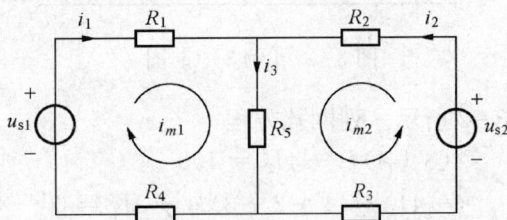

图 3-1 网孔分析法

首先，假设有两个在网孔中流动的网孔电流，i_{m1} 按顺时针旋转，i_{m2} 按逆时针旋转。接着，按照 KCL、KVL 和 VCR 几个基本约束列方程。因为 i_1 和 i_2 独立属于各自的网孔，且与网孔电流方向一致，所以

$$i_1 = i_{m1}, \ i_2 = i_{m2}$$

又因为 KCL
$$i_1 + i_2 = i_3$$

则
$$i_3 = i_{m1} + i_{m2}$$

网孔 1 的 KVL 方程：$-u_{s1} + R_1 i_{m1} + R_5(i_{m1} + i_{m2}) + R_4 i_{m1} = 0$

网孔 2 的 KVL 方程：$-u_{s2} + R_2 i_{m2} + R_5(i_{m1} + i_{m2}) + R_3 i_{m2} = 0$

整理成以网孔电流为解变量的方程组（网孔方程）

$$\left.\begin{array}{l}(R_1 + R_5 + R_4)i_{m1} + R_5 i_{m2} = u_{s1} \\ R_5 i_{m1} + (R_2 + R_5 + R_3)i_{m2} = u_{s2}\end{array}\right\} \qquad (3-1)$$

可见，网孔方程还是来源于两类约束。

将式（3-1）方程组写成通式如下（n 个网孔时）

$$\left.\begin{array}{l}R_{11}i_{m1} + R_{12}i_{m2} + \cdots + R_{1n}i_{mn} = u_{s11} \\ R_{21}i_{m1} + R_{22}i_{m2} + \cdots + R_{2n}i_{mn} = u_{s22} \\ \vdots \\ R_{n1}i_{m1} + R_{n2}i_{m2} + \cdots + R_{nn}i_{mn} = u_{smn}\end{array}\right\} \qquad (3-2)$$

式（3-2）就是网孔方程的通用公式，它具有一定的规律性，解题时可以直接套用。其中，下标相同的 R_{11}、R_{22}、R_{nn} 叫做网孔的自电阻，是网孔电流流经的电阻之和；下标不同的 R_{12}、R_{1n}、R_{21} 等叫做网孔的互电阻，是相邻两网孔电流的共用电阻。当流过互电阻的两网孔电流方向相同时前面取正号，否则取负号。为了列方程方便，可以将所有网孔电流设为同一旋转方向，这样在互电阻上流过的两网孔电流一定方向相反，直接取负号。方程右边的 u_{s11}、u_{s22}、u_{smn} 等是网孔中沿网孔电流方向流经的电压源的电压升之和，如果是电压降则取负值。

【例 3-1】 用网孔分析法求如图 3-2 所示电路中的电流 I_x。

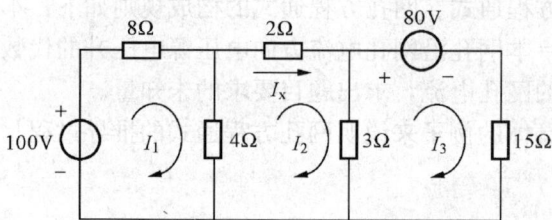

图 3-2 ［例 3-1］图

解 设网孔电流如图 3-2 所示。列网孔方程

$$\left\{\begin{array}{l}(8+4)I_1 - 4I_2 = 100 \\ -4I_1 + (4+2+3)I_2 - 3I_3 = 0 \\ -3I_2 + (3+15)I_3 = -80\end{array}\right.$$

解方程得

$$I_2 = \frac{120}{43}(\text{A})$$

$$I_x = I_2 = \frac{120}{43} \approx 2.79(\text{A})$$

刚才提到的网孔方程通式（3-2）是针对只含有电压源和电阻的电路，如果电路中还含有电流源和受控源，在套公式时要增加一些方程。下面分别来讨论。

一、含电流源的网络

电路中含有电流源时，首先判断它是否为有伴电流源（即有与其相并联的电阻为伴），如果是，则运用电源的等效变换将它们转换为有伴电压源（即有与其相串联的电阻为伴），再套公式列写网孔方程；如果不是，则为无伴电流源，按无伴电流源的处理方法对待。

无伴电流源的处理也分两种情况：如果它为某一个网孔所独有，则它就是该网孔的网孔电流。作为已知量，该网孔标准的网孔方程可以省略，直接让该网孔的网孔电流等于该电流源的值，方向相同取正，相反取负。如果它为两个网孔所共有，则需多假设一个变量——电流源两端的电压。在列写与此电流源相关的网孔方程时，将其按电压源处理，其值为新设的端电压。同时，增列一个辅助方程，将无伴电流源的电流用网孔电流表示出来。由于此时无伴电流源是两网孔共有，如果网孔电流旋转方向相同，电流源的值就是两网孔电流的差值，用与其同向的网孔电流减去反向的网孔电流即可。

【例 3 - 2】 用网孔分析法求如图 3 - 3 所示电路中各元件的功率损耗。

解 设网孔电流如图 3 - 3 所示，增设电压为 U。列网孔方程

$$\begin{cases} (4+1)I_1 = -U+20 \\ (9+6)I_2 = 90+U \end{cases}$$

根据电流源与网孔电流的关系，增列一个方程

$$I_1 - I_2 = 6$$

解方程得 $I_1=10$（A），$I_2=4$（A）

电路中各元件的功率为

$$P_{20V} = -20 \times 10 = -200(W)$$
$$P_{90V} = -90 \times 4 = -360(W)$$
$$P_{6A} = (20-5\times 10)\times 6 = -180(W)$$
$$P_R = 10^2 \times (1+4) + 4^2 \times (9+6) = 740(W)$$

图 3 - 3　［例 3 - 2］图

显然功率平衡，三个电源发出的功率完全被 4 个电阻消耗了。

二、含受控电源的网络

电路含受控源时，受控源和独立源同样对待。但是受控源比独立源多个控制变量，所以必须为控制变量增列辅助方程，将控制变量用网孔电流表示出来即可。

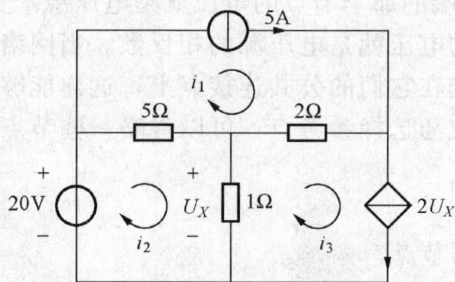

图 3 - 4　［例 3 - 3］图

【例 3 - 3】 求图 3 - 4 所示电路中的 U_X。

解 设网孔电流如图 3 - 4 所示。列网孔方程

$$\begin{cases} i_1 = 5(A) \\ -5i_1 + (5+1)i_2 - 1\times i_3 = 20 \\ i_3 = 2U_X \end{cases}$$

增加一个方程

$$U_X = 1\times(i_2 - i_3)$$

解方程组得

$$U_X = \frac{45}{16}\ (V)$$

【例 3 - 4】 求图 3 - 5 所示电路中的 I。

解 设网孔电流如图 3 - 5 所示。列网孔方程

$$\begin{cases} (2+2)i_1 - 2i_2 = 3U_X \\ -2i_1 + (2+1+4)i_2 = -u \\ 3i_3 = u - 3U_X \end{cases}$$

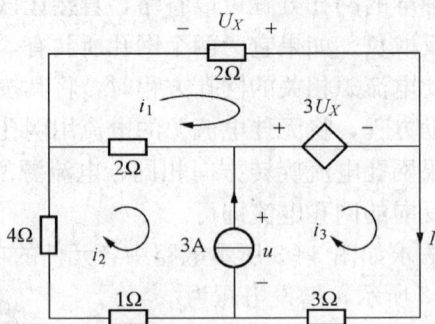

图 3-5 ［例 3-4］图

增加两个方程

$$\begin{cases} U_X = -2i_1 \\ i_3 - i_2 = 3 \end{cases}$$

解方程组得

$$i_3 = \frac{27}{14} \text{ (A)}$$

$$I = i_3 = \frac{27}{14} \approx 1.93 \text{ (A)}$$

第二节　节点分析法

节点分析法也是一种套用通式的方法，它是以节点电压为解变量列节点方程进行求解的方法。节点分析法适用于任意电路，需列写 $n-1$ 个节点的 KCL 方程（节点方程）。

所谓节点电压，就是节点相对于参考节点（地）的电位，方向为从该节点指向参考节点。参考节点是在网络中任意选定的一个节点，并将该点电位假设为零，简称参考点。虽然参考点可以是网络中任意一个节点，但是通常为了解题方便，我们通常将参考点选在电压源的一端。这样，如果参考点是电压源的负极，另一端的那个节点的电压就是电压源本身；如果参考点是电压源的正极，另一端的那个节点的电压就是电压源的相反数。当网络中有多个电压源且相互直接相连时，应该将参考点选在它们的公共连接点上，这样能够直接得出这些电压源另一端的节点电压。采用这种技巧选择参考点，可以省略一些节点电压的计算过程。

用节点分析法解题时，主要也分成三个步骤：

第一步，在图中给每个节点标上编号，选定参考节点。

第二步，套用节点方程通式。节点方程通式的构成规则如下：本节点电压×自电导±$\sum$相邻节点电压×互电导＝流入本节点电流源的代数和。

第三步，根据解出的节点电压，求出题目要求的未知量。

下面我们通过一个具体的例子来说明节点方程通式的推导过程。设有一个电路如图 3-6 所示。

首先，在图 3-6 电路中共有 4 个节点，任意选定一个节点作为参考点，一般为了看图方便选下方的节点。将剩余节点标上编号（自己规定顺序）。接着，按照 KCL、KVL 和 VCR 列方程。

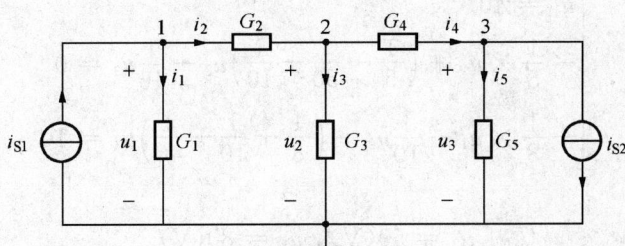

图 3-6　节点分析法

节点 1 的 KCL 方程：　　　　　　　$i_{s1} - i_1 - i_2 = 0$

节点 2 的 KCL 方程：　　　　　　　$i_2 - i_3 - i_4 = 0$

节点 3 的 KCL 方程：　　　　　　　$i_4 - i_5 - i_{s2} = 0$

各电阻的 VCR 方程：　　　　　　　$i_1 = u_1 G_1$

$$i_2 = (u_1 - u_2)G_2$$

$$i_3 = u_2 G_3$$

$$i_4 = (u_2 - u_3)G_4$$

$$i_5 = u_3 G_5$$

将 VCR 方程代入 KCL 方程，整理可得以节点电压为解变量的方程组（节点方程）

$$\left.\begin{array}{l}(G_1 + G_2)u_1 - G_2 u_2 = i_{s1} \\ -G_2 u_1 + (G_2 + G_3 + G_4)u_2 - G_4 u_3 = 0 \\ -G_4 u_2 + (G_4 + G_5)u_3 = -i_{s2}\end{array}\right\} \qquad (3-3)$$

可见，节点方程也是来源于两类约束。

将式（3-3）方程组写成通式如下（n 个节点时）

$$\left.\begin{array}{l}G_{11}u_1 - G_{12}u_2 - \cdots - G_{1(n-1)}u_{n-1} = i_{s11} \\ -G_{21}u_1 + G_{22}u_2 - \cdots - G_{2(n-1)}u_{n-1} = i_{s22} \\ \vdots \\ -G_{(n-1)1}u_1 - G_{(n-1)2}u_2 - \cdots + G_{(n-1)(n-1)}u_{n-1} = i_{s(n-1)(n-1)}\end{array}\right\} \qquad (3-4)$$

式（3-4）就是节点方程的通用公式，它具有一定的规律性，解题时可以直接套用。其中，下标相同的 G_{11}、G_{22}、G_{nn} 叫做节点的自电导，是节点上连接的电导之和；下标不同的 G_{12}、G_{1n}、G_{21} 等叫做节点的互电导，是连接在相邻两节点之间的公共电导。由于所有节点电压都一律假定为电压降，因此互电导的前面直接取负号。方程右边的 i_{s11}、i_{s22}、$i_{s(n-1)(n-1)}$ 等是节点上流入节点的电流源之和，如果电流源是流出节点则取负值。因为 n 个节点只有 $n-1$ 个独立 KCL 方程，所以节点方程只有 $n-1$ 个。

【例 3-5】　用节点分析法求如图 3-7 所示电路中的电压 U_0。

解　先选定参考点，标出 1、2、3 三个节点。列节点方程

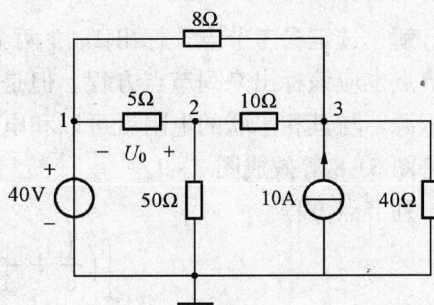

图 3-7　［例 3-5］图

$$\begin{cases} u_1 = 40 \\ -\dfrac{1}{5} \times u_1 + \left(\dfrac{1}{5}+\dfrac{1}{50}+\dfrac{1}{10}\right)u_2 - \dfrac{1}{10}u_3 = 0 \\ -\dfrac{1}{8} \times u_1 - \dfrac{1}{10}u_2 + \left(\dfrac{1}{8}+\dfrac{1}{10}+\dfrac{1}{40}\right)u_3 = 10 \end{cases}$$

解方程组得

$$u_2 = 50(\text{V}),\ u_3 = 80(\text{V})$$

所以

$$U_0 = u_2 - u_1 = 50 - 40 = 10(\text{V})$$

刚才提到的节点方程通式（3-4）是针对只含有电流源和电阻的电路，如果电路中还含有电压源和受控源，在套公式时要增加一些方程。下面分别来讨论。

一、含电压源的网络

电路中含有电压源时，首先判断它是否为有伴电压源（即有与其相串联的电阻为伴），如果是，则运用电源的等效变换将它们转换为有伴电流源（即有与其相并联的电阻为伴），再套公式列写节点方程；如果不是，则为无伴电压源，按无伴电压源的处理方法对待。

无伴电压源的处理也分两种情况：如果它接在节点与参考点之间，为某一个节点所独有，则它的值就是该节点的节点电压。该节点标准的节点方程可以省去，电压源与节点电压方向相同取正，相反取负。如果它接在两个节点（参考点除外）之间，为两个节点所共有，则需多假设一个变量——流过电压源的电流。在列写与此电压源相关的节点方程时，将其按电流源处理，其值为新设的电流。同时，增列一个辅助方程，将无伴电压源的电压用节点电压表示出来。由于此时无伴电压源是两节点共有，两节点电压方向相同（均为电压降），电压源的值就是两节点电压的差值，用其正极端的节点电压减去负极端的节点电压即可。

【例 3-6】 用节点分析法求如图 3-8 所示电路中的电流 I_x。

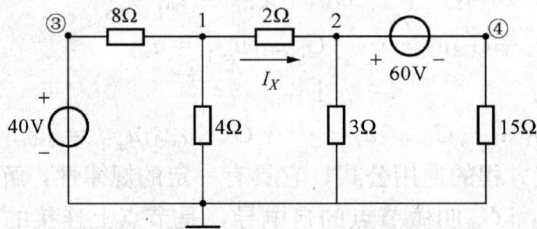

图 3-8 ［例 3-6］图

解 选定参考节点，标出 1、2 两个节点。如果按照节点分析法的基本思路，③、④两个节点也应该标出来列节点方程。但是，我们可以把 40V 和 60V 两个电压源看做两个有伴电压源，与其相串联的电阻就可以和电压源看做一个整体了。运用电源等效变换的方法，可以将图 3-8 等效成图 3-9。

列节点方程

$$\begin{cases} \left(\dfrac{1}{8}+\dfrac{1}{4}+\dfrac{1}{2}\right)u_1 - \dfrac{1}{2}u_2 = 5 \\ -\dfrac{1}{2}u_1 + \left(\dfrac{1}{2}+\dfrac{1}{3}+\dfrac{1}{15}\right)u_2 = 4 \end{cases}$$

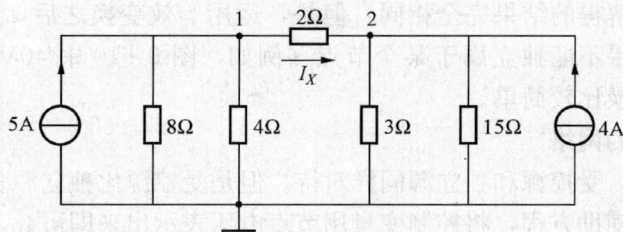

图 3-9　等效变换

解方程组，得

$$u_1 = \frac{520}{43} \approx 12.09 (\text{V})$$

$$u_2 = \frac{480}{43} \approx 11.16 (\text{V})$$

则

$$I_X = \frac{u_1 - u_2}{2} = \frac{20}{43} \approx 0.47 (\text{A})$$

【例 3-7】　仍然对［例 3-6］求解，不用等效变换，用节点分析的基本方法求电流 I_X。

解　按照节点分析的基本方法，3、4 节点也需要在图中标出，如图 3-10 所示。由于 60V 电压源为 2、4 节点所共有，需要把它当做电流源处理，设流过它的电流为 i，并增列一个辅助方程。列方程组

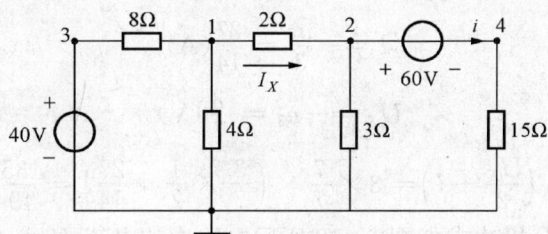

图 3-10　［例 3-7］图

$$\begin{cases} \left(\dfrac{1}{8} + \dfrac{1}{4} + \dfrac{1}{2}\right) u_1 - \dfrac{1}{2} u_2 - \dfrac{1}{8} u_3 = 0 \\[2mm] -\dfrac{1}{2} u_1 + \left(\dfrac{1}{2} + \dfrac{1}{3}\right) u_2 = -i \\[2mm] u_3 = 40 \\[2mm] \dfrac{1}{15} u_4 = i \\[2mm] u_2 - u_4 = 60 \end{cases}$$

解方程组，得

$$u_1 = \frac{520}{43} \approx 12.09 (\text{V})$$

$$u_2 = \frac{480}{43} \approx 11.15 (\text{V})$$

则

$$I_X = \frac{u_1 - u_2}{2} = \frac{20}{43} \approx 0.47 (\text{A})$$

可见，两种方法解得的结果完全相同。但是，运用等效变换之后，列方程变得简单了。所以，有伴电压源如果不能独立属于某个节点（例如，图 3 - 10 中 40V 电压源独属于节点 3），还是进行等效变换比较简单。

二、含受控电源的网络

电路含受控源时，受控源和独立源同样对待。但是受控源比独立源多个控制变量，所以必须为控制变量增列辅助方程，将控制变量用节点电压表示出来即可。

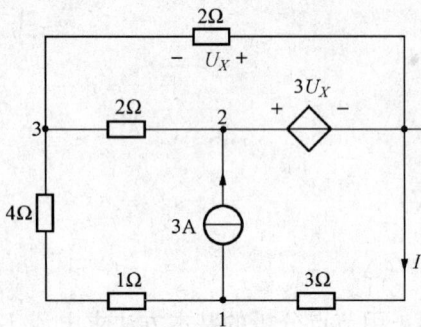

图 3 - 11　[例 3 - 8] 图

【例 3 - 8】　用节点分析法求如图 3 - 11 所示电路中的电流 I，并求 VCVS 的功率。

解　选定参考点，标出 1、2、3 节点。列节点方程

$$\begin{cases} \left(\dfrac{1}{3}+\dfrac{1}{5}\right)u_1-\dfrac{1}{5}u_3=-3 \\[2mm] u_2=3U_X \\[2mm] -\dfrac{1}{5}u_1-\dfrac{1}{2}u_2+\left(\dfrac{1}{5}+\dfrac{1}{2}+\dfrac{1}{2}\right)u_3=0 \\[2mm] U_X=-u_3 \end{cases}$$

解方程组，得

$$u_1=-\frac{81}{14}(\text{V}),\ u_2=\frac{9}{7}(\text{V}),\ u_3=-\frac{3}{7}(\text{V})$$

则

$$I=-\frac{u_1}{3}=\frac{27}{14}(\text{A})$$

$$U_X=-u_3=\frac{3}{7}(\text{V})$$

$$P_{\text{VCVS}}=ui=3U_X\left(\frac{U_X}{2}+I\right)=3\times\frac{7}{7}\times\left(\frac{3}{7}\times\frac{1}{2}+\frac{27}{14}\right)=\frac{135}{49}(\text{W})\approx2.76(\text{W})$$

【例 3 - 9】　用节点分析法求如图 3 - 12 所示电路中的电流 I_x。

解　电路中有 3 个电压源，选定其中两个电压源的公共端为参考点，标出 1、2、3、4 节点。由于 I_x 是待求的未知量，因此没有将 30V 电压源作为有伴电压源等效成有伴电流源。

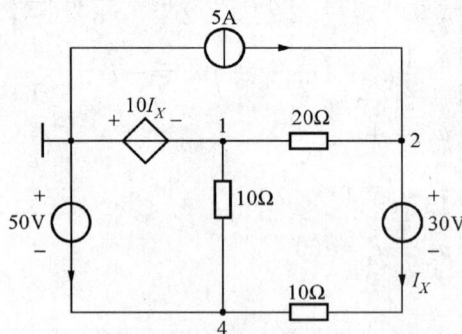

图 3 - 12　[例 3 - 9] 图

由于流过 30V 电压源的电流 I_x 刚好就是受控源的控制量，因此只需增列一个辅助方程。列方程组

$$\begin{cases} u_1 = -10I_X \\ -\dfrac{1}{20}u_1 + \dfrac{1}{20}u_2 = 5 - I_X \\ \dfrac{1}{10}u_3 - \dfrac{1}{10}u_4 = I_X \\ u_4 = -50 \\ u_2 - u_3 = 30 \end{cases}$$

解方程组，得

$$I_X = 3(\text{A})$$

在分析电路时，有一种有很多支路却只有两个节点 a 和 b 的特殊电路，如果我们将其中的一个节点 b（或 a）选为参考点，那么只需要列节点 a（或 b）的一个方程就可以了。可见，这种电路应用节点分析法求解比较简便，可以用通式计算

$$U_{ab} = \frac{\sum \dfrac{E}{R} + \sum I_s}{\sum \dfrac{1}{R}} \tag{3-5}$$

式（3-5）被称为弥尔曼定理。弥尔曼定理只适用于两个节点的电路，属于节点分析法的特殊情况。其中，$\sum E/R$ 为从电压源等效来的电流源的代数和，当电压源 E 和 U_{ab} 的方向相同时取正号，相反时取负号；$\sum I_s$ 为节点上所接电流源代数和，流出取负号，流入取正号；而 $\sum 1/R$ 均取正。这里还要注意，在分母中，不应计入与电流源串联的电阻，因为恒流源支路中不论串入任何元件都不影响其恒流值。

【例 3-10】　试求图 3-13 所示电路中的各支路电流及各电源功率。

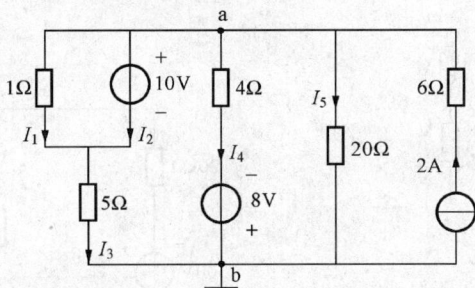

图 3-13　[例 3-10] 图

解　选定 b 点为参考点，剩余有 3 个节点中只需标出 a 点，应用弥尔曼定理。这是因为与 10V 恒压源并联的 1Ω 电阻不影响其两端的电压变化，可先去掉；电路其他部分可看成两节点电路，用弥尔曼定理求节点电压。

$$U_{ab} = \frac{\dfrac{10}{5} - \dfrac{8}{4} + 2}{\dfrac{1}{5} + \dfrac{1}{4} + \dfrac{1}{20}} = 4(\text{V})$$

所以

$$I_5 = \frac{U_{ab}}{20} = \frac{4}{20} = 0.2(\text{A})$$

$$I_3 = \frac{U_{ab} - 10}{5} = \frac{-6}{5} = -1.2(\text{A})$$

$$I_4 = \frac{U_{ab}+8}{4} = \frac{12}{4} = 3(\text{A})$$

$$I_1 = \frac{10}{1} = 10(\text{A})$$

$$I_2 = I_3 - I_1 = -1.2 - 10 = -11.2(\text{A})$$

$$P_{8V} = 8 \times (-3) = -24(\text{W})$$

$$P_{10V} = 10 \times (-11.2) = -112(\text{W})$$

$$P_{2V} = (U_{ab} + 2 \times 6) \times (-2) = -32(\text{W})$$

注意：处理电路时，与恒压源并联的电阻可用等效方法去掉，与恒流源串联的电阻也可用等效方法去掉；但在原电路中恒压源输出的电流受其并联电阻的影响，恒流源两端的电压受其串联电阻的影响。

【例 3 - 11】 电路如图 3 - 14 所示，求开关 S 打开和闭合时的电压 U。

解　为了便于理解，图 3 - 14 可以重新改画成图 3 - 15。

开关 S 打开时，由弥尔曼定理求解

$$U = \frac{\dfrac{300}{40} - \dfrac{300}{20}}{\dfrac{1}{40} + \dfrac{1}{20}} = -100(\text{V})$$

开关 S 闭合时，仍由弥尔曼定理求解

$$U = \frac{\dfrac{300}{40} - \dfrac{300}{20} + \dfrac{100}{10}}{\dfrac{1}{40} + \dfrac{1}{20} + \dfrac{1}{10}} = \frac{100}{7}(\text{V})$$

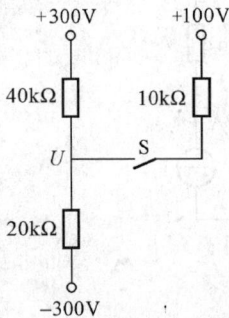

图 3 - 14　[例 3 - 11] 图

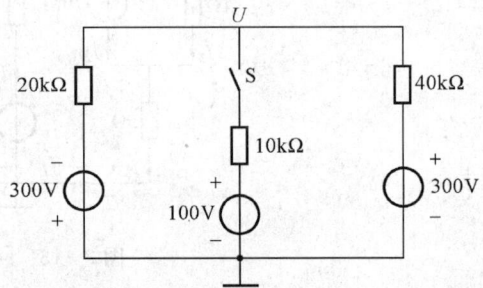

图 3 - 15　重画电路

第三节　含运算放大器电路的分析

运算放大器是一种在电路中有着广泛用途的集成器件，通常由很多晶体管和电阻构成，在电子、通信、控制等各个领域都有不同程度的应用。

一、基本构成和符号

运算放大器简称运放，自身共有五个端子：两个输入端、一个输出端和两个电源端。运算放大器两个电源端子需要连接一正一负两个直流偏置电压，用来维持运算放大器内部晶体管的正常工作。如果把这两个工作电源看做运算放大器的内部元件，那么它与外部电路连接的端钮有四个：两个输入端、一个输出端和一个接地端。这样，运算放大器可看成是一个四端元件，如图 3-16 所示。

a 端子称为反相输入端，b 端子称为同相输入端，c 端子称为输出端。相对于同一个公共端（地），从同相输入端与公共端之间施加输入电压，在输出端可以得到与之方向相同的电压；从反相输入端与公共端之间施加输入电压，在输出端可以得到与之方向相反的电压。

如果在 a 端和 b 端分别同时加输入电压 u_- 和 u_+，则 $u_d = u_+ - u_-$，u_d 称为差分输入电压。此时输出端电压 $u_o = Au_d = A(u_+ - u_-)$，其中 A 为运算放大器的电压放大倍数。运算放大器是一种单向器件，它的输出电压受差分输入电压的控制，但是输入电压不受输出电压的影响。所以，运算放大器的符号中用一个三角形来表示它的单向性。为简便考虑，运算放大器的图形符号采用如图 3-17 所示符号，即只画出对外端子。

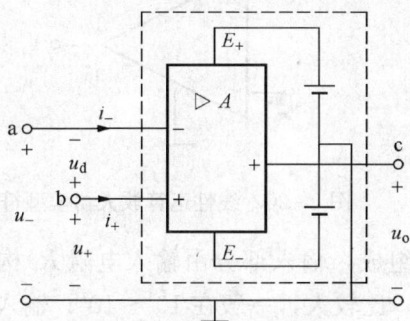

图 3-16　运算放大器　　　　　图 3-17　运算放大器图形符号

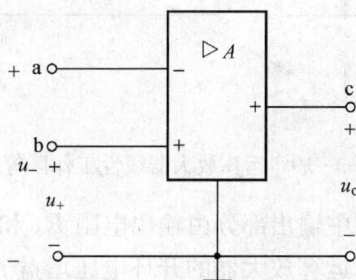

二、运算放大器的转移特性曲线

运算放大器工作在直流电源作用下，它的输出电压受供电电源限制，绝对值不超过电源的绝对值。根据差分输入电压 u_d 的大小不同，运算放大器的工作可以分成两种区域：线性区和饱和区。运算放大器的转移特性曲线如图 3-18 所示。

1. 线性区

当 $|u_d| < \varepsilon$（ε 很小）时，输出 u_o 与 u_d 的关系可以用通过原点的一段直线表示，直线的斜率等于 A，$u_o = Au_d$ 并且 $-U_{sat} \leqslant u_o \leqslant U_{sat}$。这里 U_{sat} 是运算放大器的饱和电压，$|U_{sat}| \leqslant E$，这里 E 为直流偏置工作电压，是运算放大器正常工作所必须的电压。

2. 饱和区

当 $|u_d| > \varepsilon$（ε 很小）时，输出 u_o 趋于饱和，用

图 3-18　运算放大器
转移特性曲线

平行于坐标轴的直线表示，其值等于 $\pm U_{sat}$。由于运算放大器的放大倍数 A 很大（一般在 $10^5 \sim 10^7$），它的输出电压很容易达到饱和。为了使运算放大器工作在线性放大区，通常需要引入一个负反馈，即从输出端引一条支路反馈回运算放大器的反相输入端。本书中是假定运算放大器工作在线性放大区的，但是不要忘记实际应用中运算放大器有饱和的可能性。

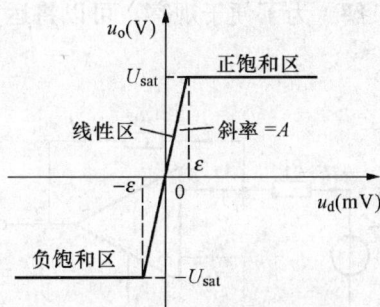

三、运算放大器的等效模型

根据上述对转移特性曲线的分析可以看出:在线性工作区,运算放大器可以等效为一个 VCVS(电压控制的电压源);在饱和区,运算放大器可以分别等效成值为 $-U_{sat}$ 或 U_{sat} 的两个直流电压源。本书主要讨论运算放大器工作在线性区时电路的分析方法,此时的等效模型图如图 3-19 所示。电路中常用图 3-20 所示的模型符号来表示线性工作的运算放大器。

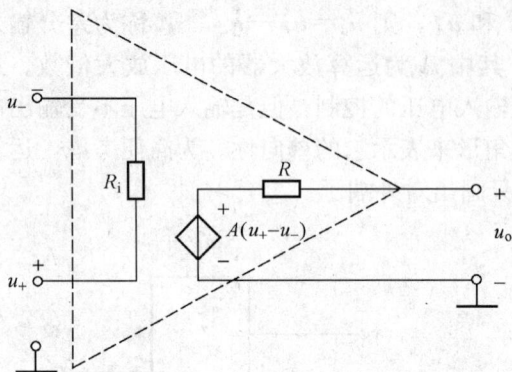

图 3-19　运算放大器线性工作区等效模型　　　　图 3-20　线性运算放大器模型符号

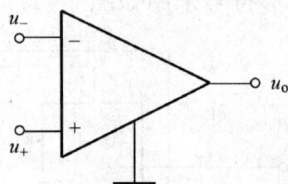

模型中输出部分由输出电阻 R_o 和 VCVS 串联组成,输入部分由输入电阻 R_i 构成。通常,实际运算放大器的开环电压增益 A(放大倍数)比较大,一般在 $10^5 \sim 10^7$;输入电阻值 R_i 也比较大,一般在 $10^6 \sim 10^{13}\Omega$;输出电阻值 R_o 则比较小,一般在 $10 \sim 100\Omega$。含有运算放大器的电路一般采用节点分析法比较方便。

【例 3-12】　已知图 3-21 中,反馈电阻 $R_f = 20 \text{k}\Omega$,反相端电阻 $R_1 = 10 \text{k}\Omega$,输入电源 $u_i = 2\text{V}$。运算放大器的参数:开环电压增益为 2×10^5,输入阻抗 R_i 为 $2\text{M}\Omega$,输出阻抗 R_o 为 50Ω。试计算输出电压 u_o 的值。

解　为了便于观察,可以将运算放大器的等效模型画出来,如图 3-22 所示。

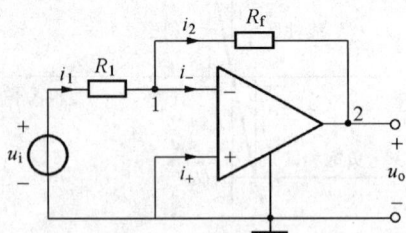

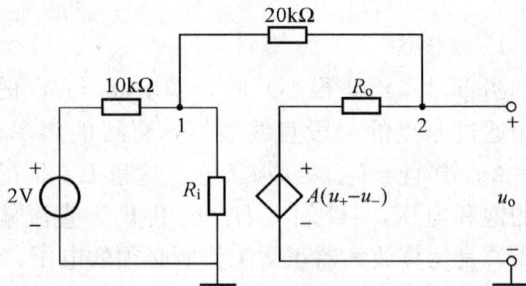

图 3-21　[例 3-12] 图　　　　　　　　图 3-22　图 3-20 的等效模型

列节点方程

节点 1:$\left(\dfrac{1}{10 \times 10^3} + \dfrac{1}{20 \times 10^3} + \dfrac{1}{2 \times 10^6} \right) u_1 - \dfrac{1}{20 \times 10^3} u_2 = \dfrac{2}{10 \times 10^3}$

节点 2:$- \dfrac{1}{20 \times 10^3} u_1 + \left(\dfrac{1}{20 \times 10^3} + \dfrac{1}{50} \right) u_2 = \dfrac{2 \times 10^5 (0 - u_1)}{50}$

解方程组，得　　$u_2 = -3.999\,939\,851$（V），$u_1 = 19.983\,089\,7$（μV）

则　　$u_0 = u_2 = -3.999\,939\,851$（V）$\approx -4$（V）

可见，由于运算放大器的参数之间数量级差别较大，计算起来比较困难。因此，在今后的计算中，我们引入了理想运算放大器，它的计算结果与实际运算放大器的结果十分接近，但计算过程却非常简便。

四、理想运算放大器

理想运算放大器是在实际运算放大器的基础上假设的一种理想状态，
它满足以下三个条件：

（1）开环电压增益无穷大，$A \to \infty$。

（2）输入电阻无穷大，$R_i \to \infty$。

（3）输出电阻为零，$R_o \to 0$。

现在的大多数运算放大器开环电压增益和输入电阻都非常高，输出电阻也非常小，所以，它们的特性与理想运算放大器的特性非常接近，分析的结果也近似相等。

理想运算放大器的模型符号如图 3-23 所示，它只是比实际运算放大器的模型符号多了一个无穷大（∞）的符号，表明它是理想状态下的运算放大器。

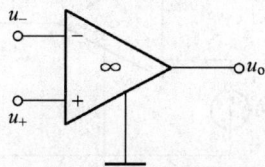

图 3-23　理想运算放大器模型符号

理想运算放大器有两个主要的性质：

（1）流入同相输入端和反相输入端的两个电流相等，且均为零，即 $i_+ = i_- = 0$。表示流入理想运算放大器的电流为零，类似于电路在理想运算放大器处断开，所以也称为"虚断"。

（2）差分输入电压 u_d 为零，同相输入端和反相输入端的两个输入电压相等，即 $u_+ = u_-$。表示两个输入端子等电位，类似于两个端子之间有一根短路导线，所以也称为"虚短"。

理想运算放大器的这两个性质对于分析含运算放大器的电路非常有利，大大简化了计算过程。

【例 3-13】　仍然对于 ［例 3-12］ 题，运用理想运算放大器的两个性质重新求解输出电压 u_o 的值。

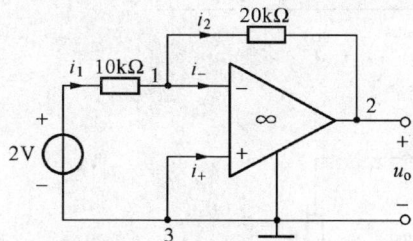

图 3-24　［例 3-13］图

解　将各个外电路的已知量标在图上，运算放大器为理想运算放大器，如图 3-24 所示。

可以不用画出理想运算放大器的内部等效模型而直接用节点分析法对电路进行分析。在分析时，关键要运用理想运算放大器的两个重要性质。

首先，由于 $i_+ = i_- = 0$，理想运算放大器处相当于断路，对节点 1 列节点方程时可以不考虑理想运算放大器。所以，节点 1 的节点方程为

$$\left(\frac{1}{10 \times 10^3} + \frac{1}{20 \times 10^3} \right) u_1 - \frac{1}{20 \times 10^3} u_2 = \frac{2}{10 \times 10^3}$$

又因为 $u_+ = u_-$，而 u_+ 是直接接地的，所以 $u_1 = u_3 = 0$，代入节点 1 的节点方程，解得 $u_2 = -4V$，则 $u_o = u_2 = -4V$。

可见，运用理想运算放大器的性质进行分析，计算过程非常简便，并且与实际运算放大器的计算结果几乎完全相等。所以，在电路分析中一般用理想运算放大器代替实际运算放大器来求解。

运用节点分析法分析含运算放大器的电路时，应该注意以下两点：

（1）运用理想运算放大器的两个性质，以便简化计算。

（2）运算放大器的输出电压 u_o 应该作为一个节点电压，但不需要为这个输出节点列节点方程，因为理想运算放大器的输出电流是未知的，求解起来会很困难。

以下介绍几种常见的含有运算放大器的典型电路，在分析中为了简化计算，都采用理想运算放大器代替实际运算放大器。

1. 电压跟随器

【例 3-14】 求图 3-25 所示电路的输出 u_o 与输入 u_i 之间的关系。

解 根据理想运算放大器的两个性质，可得

$$u_o = u_- = u_+ = u_i$$

可见，电压跟随器的输出电压与输入电压相等。根据电压跟随器的这个特点，常将它应用于隔离，消除"负载效应"的影响，帮助信号电压进行有效传递。

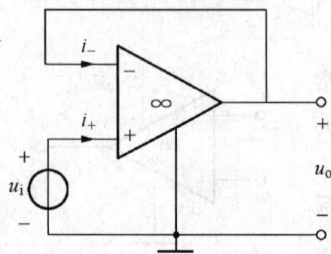

图 3-25 ［例 3-14］图

例如，在图 3-26（a）所示电路中，电路的输出 u_o 为 5V。直接给电路接上负载 R_L 之后，u_o 会因为负载的大小发生变化，称为"负载效应"，如图 3-26（b）所示。如果想要保持电路的输出 u_o 为 5V 不变，可以采用串联电压跟随器的方法，如图 3-26（c）所示。此时，电压跟随器的输入电流为零，不影响电路输出 u_o 的大小，负载 R_L 被隔离，负载 R_L 两端的电压可保持为 5V。

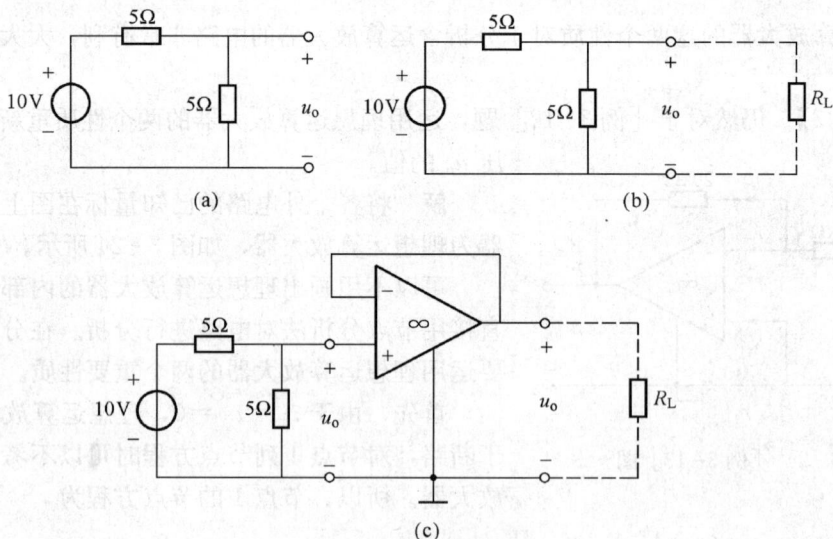

图 3-26 电压跟随器的作用举例

在图 3-26（a）所示电路中，电路的输出 u_o 为 5V。

在图 3-26（b）所示电路中，$u_o = \dfrac{5//R_L}{5+5//R_L} \times 10$，不能恒定在 5V，会随着负载值发生变化。

在图 3-26（c）所示电路中，$u_o = u_i = 5V$，始终不变，不会随着负载值发生变化。

可见，电压跟随器在此电路中起到了保证电压信号恒定传递的作用。

2. 放大器（比例器）

【例 3-15】　求图 3-27 所示电路的输出 u_o 与输入 u_i 之间的关系。

解　根据 $i_+ = i_- = 0$，节点 1 的节点方程为

$$\left(\frac{1}{R_1} + \frac{1}{R_f}\right)u_1 - \frac{1}{R_f}u_3 = \frac{u_i}{R_1}$$

又因为

$$u_1 = u_- = u_+ = 0$$

则

$$u_o = u_3 = -\frac{R_f}{R_1}u_i$$

可见，放大器电路的输出与输入之间成倍数（比例）关系，方向相反，也叫比例器。放大的倍数与两个电阻的阻值有关，如果 R_1 恒定，则调节反馈电阻 R_f 即可调节放大倍数。

如果在图 3-27 中，电源 u_i 施加在同相输入端上，则得到如图 3-28 所示电路。

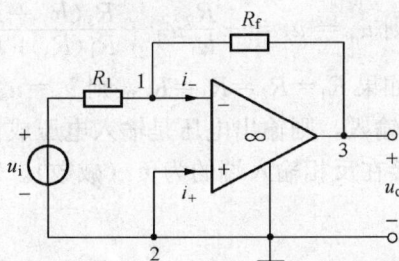

图 3-27　[例 3-15] 反相放大器　　　　图 3-28　[例 3-15] 同相放大器

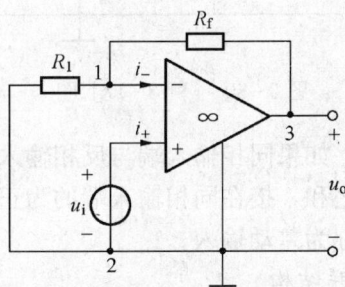

对于图 3-28，节点 1 的节点方程为

$$\left(\frac{1}{R_1} + \frac{1}{R_f}\right)u_1 - \frac{1}{R_f}u_3 = 0$$

而

$$u_1 = u_- = u_+ = u_i$$

则

$$u_o = u_3 = \left(1 + \frac{R_f}{R_1}\right)u_i$$

可见，输出 u_o 与输入 u_i 之间仍然成倍数（比例）关系，并且方向相同，只是倍数的计算公式与反相放大器不同。

3. 加法器

【例 3-16】　求图 3-29 所示电路的输出电压与输入电压之间的关系。

解　根据 $i_+ = i_- = 0$，节点 1 的节点方程为

$$\left(\frac{1}{R_1} + \frac{1}{R_2} + \frac{1}{R_f}\right)u_1 - \frac{1}{R_f}u_3 = \frac{u_{s1}}{R_1} + \frac{u_{s2}}{R_2}$$

又因为　　$u_1 = u_- = u_+ = 0$

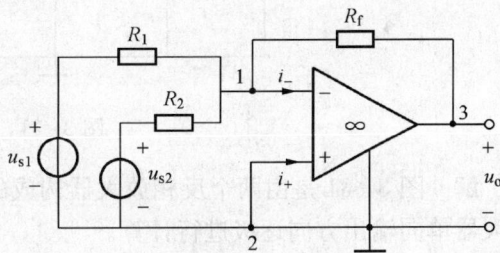

图 3-29　[例 3-16] 图

则
$$u_o = u_3 = -\left(\frac{R_f}{R_1}u_{s1} + \frac{R_f}{R_2}u_{s2}\right)$$

如果 $R_1 = R_2 = R_f$，则 $u_o = -(u_{s1} + u_{s2})$

可见，当电路中有多个电压源输入时，输出电压是输入电压成比例变化后相加之和，由于是接在反相输入端，因此输出电压应与输入电压方向相反。如果输入电压源接在同相输入端，输出电压应与输入电压方向相同。

4. 减法器

【例 3 - 17】 求图 3 - 30 所示电路的输出电压与输入电压之间的关系。

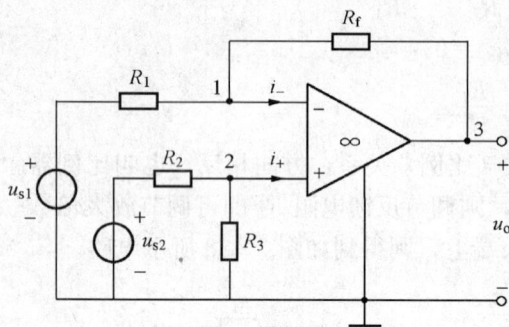

图 3 - 30 ［例 3 - 17］图

解 根据 $i_+ = i_- = 0$，节点 1 的节点方程为

$$\left(\frac{1}{R_1} + \frac{1}{R_f}\right)u_1 - \frac{1}{R_f}u_3 = \frac{u_{s1}}{R_1}$$

节点 2 的节点方程为

$$\left(\frac{1}{R_2} + \frac{1}{R_3}\right)u_2 = \frac{u_{s2}}{R_2}$$

又因为 $u_1 = u_- = u_+ = u_2$

则 $u_o = u_3 = -\frac{R_f}{R_1}u_{s1} + \frac{R_3(R_1+R_f)}{R_1(R_3+R_2)}u_{s2}$

如果 $R_1 = R_2 = R_3 = R_f$，则 $u_o = u_{s2} - u_{s1}$

可见，如果同相输入端与反相输入端都有电压源输入，则输出电压是输入电压成比例变化后相减之和，接在同相输入端的为正（被减数），接在反相输入端的为负（减数）。这种输入方式也称为差动输入。

5. 级联结构

通常运算放大器电路是级联的，即多个运算放大器电路环节串联，后一级运算放大器的输入是前一级运算放大器的输出，每个单级运算放大器按自己的输入输出规律正常工作，这种串联的方式称为级联结构。级联结构最终的总电压增益等于各个单级运算放大器电压增益的乘积。分析的方法仍然是节点分析法。

【例 3 - 18】 求图 3 - 31 所示电路的输出电压 u_o。

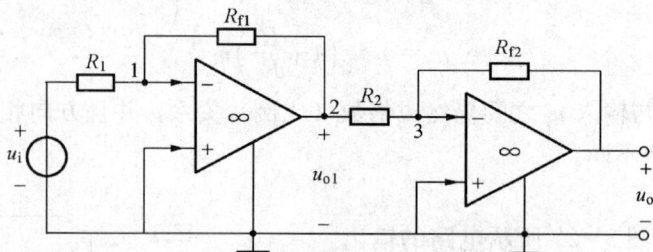

图 3 - 31 ［例 3 - 18］图

解 图 3 - 31 是由两个反相放大器构成的级联结构，计算时，按从左往右的顺序，沿着放大器单向输出方向逐级进行计算。

第一级：根据理想运算放大器的性质，对节点 1 列节点方程

$$\left(\frac{1}{R_1}+\frac{1}{R_{f1}}\right)u_1 - \frac{1}{R_{f1}}u_{o1} = \frac{u_i}{R_1}$$

因为 $$u_1 = 0$$

则 $$u_{o1} = -\frac{R_{f1}}{R_1}u_i$$

第二级：同理，再对节点 3 列节点方程

$$\left(\frac{1}{R_2}+\frac{1}{R_{f2}}\right)u_3 - \frac{1}{R_{f2}}u_o = \frac{u_{o1}}{R_2}$$

因为 $$u_3 = 0$$

则 $$u_o = -\frac{R_{f2}}{R_2}u_{o1} = \left(-\frac{R_{f2}}{R_2}\right)\times\left(-\frac{R_{f1}}{R_1}u_i\right) = \frac{R_{f1}R_{f2}}{R_1 R_2}u_i$$

可见，级联结构输出的增益，是各个单级运算放大器输出增益的乘积。

习　　题

3-1　列出如图 3-32 所示电路的网孔电流方程。

3-2　列出如图 3-33 所示电路的网孔电流方程。

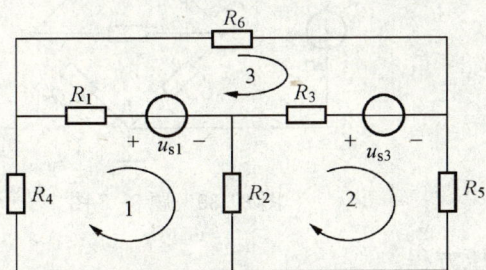

图 3-32　题 3-1 图

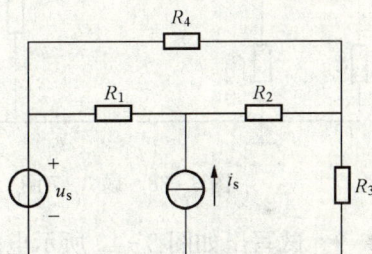

图 3-33　题 3-2 图

3-3　用网孔分析法求出如图 3-34 所示电路的电压 U。

3-4　用网孔分析法求出如图 3-35 所示电路的电流 I。

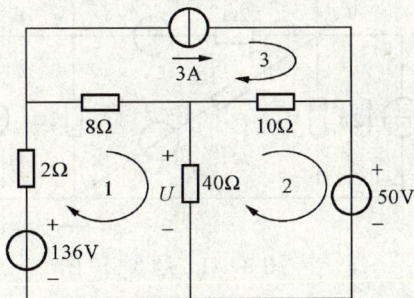

图 3-34　题 3-3 图

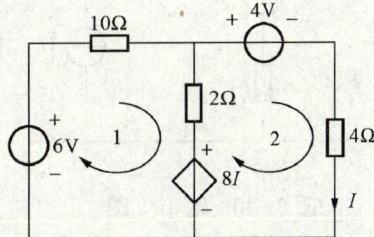

图 3-35　题 3-4 图

3-5　用网孔分析法求出如图 3-36 所示电路的电流 I，并求出受控源提供的功率。

3-6　用网孔分析法求出如图 3-37 所示电路的电压 U。

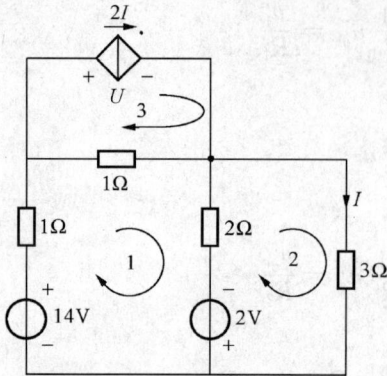

图 3-36　题 3-5 图

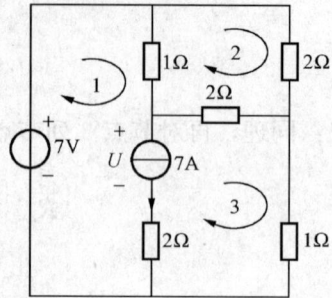

图 3-37　题 3-6 图

3-7　试写出如图 3-38 所示电路的节点电压方程。

3-8　试写出如图 3-39 所示电路的节点电压方程。

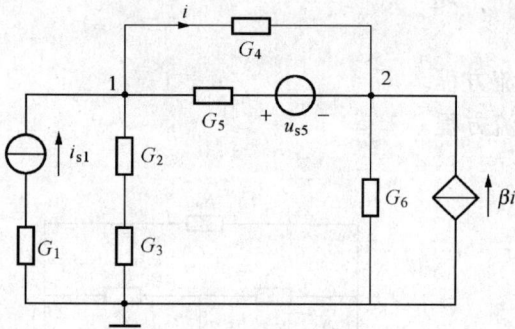

图 3-38　题 3-7 图

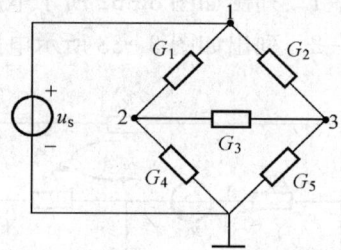

图 3-39　题 3-8 图

3-9　试写出如图 3-40 所示电路的节点电压方程。

3-10　用节点分析法求出如图 3-41 所示电路中 2A 电流源两端的电压。

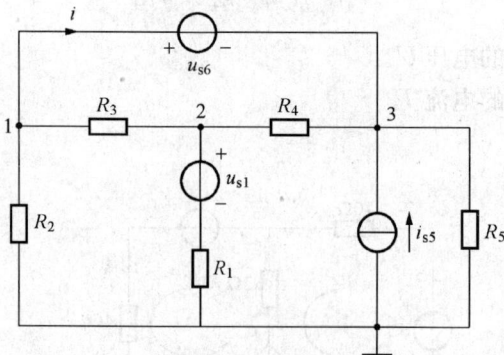

图 3-40　题 3-9 图

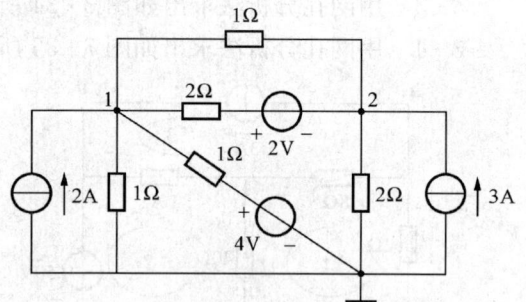

图 3-41　题 3-10 图

3-11　用节点分析法求出如图 3-42 所示电路中电压 U 和 4V 电压源所发出的功率。

3-12　如图 3-43 所示电路为电压源和电阻组成的一个独立节点的电路,用节点电压法证明其节点电压为

$$u_{n1} = \frac{\sum G_k u_{sk}}{\sum G_k}$$

此式称为弥尔曼定理。

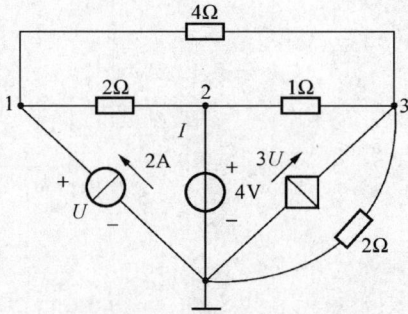

图 3-42 题 3-11 图

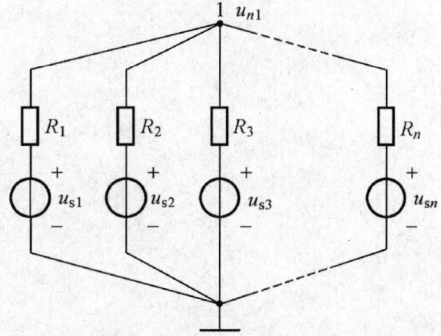

图 3-43 题 3-12 图

3-13 用节点分析法求出如图 3-44 所示电路中电压 U。

3-14 用节点分析法求出如图 3-45 所示电路中电流 I。

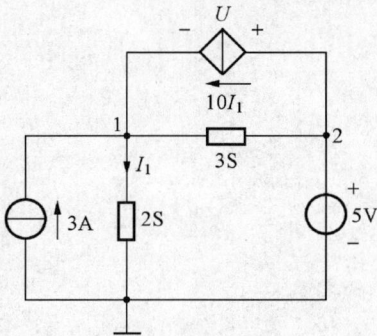

图 3-44 题 3-13 图

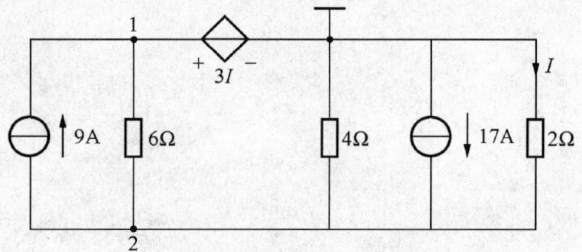

图 3-45 题 3-14 图

3-15 用节点分析法求出如图 3-46 所示电路中流过 $1k\Omega$ 电阻中的电流 I。

3-16 试求如图 3-47 所示电路中的电压 u，设 $i_s = 2A$。

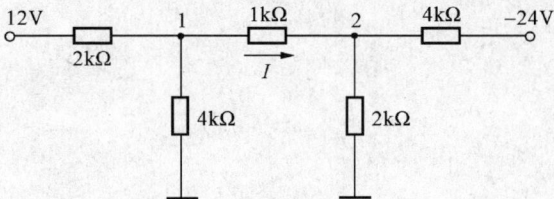

图 3-46 题 3-15 图

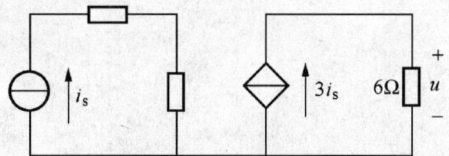

图 3-47 题 3-16 图

普通高等教育"十二五"规划教材

电路分析基础

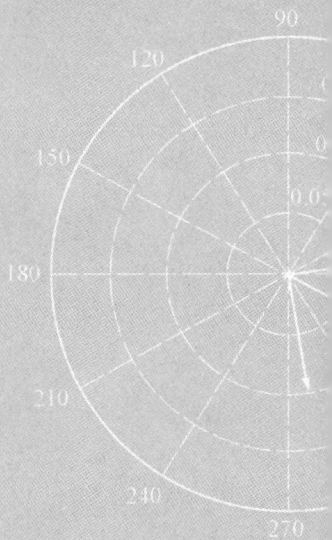

第四章 | 电路的基本定理

线性网络的分析方法有两类：一类是以KCL、KVL为基础的分析方法，如支路电流法、网孔电流法、节点电压法、回路电流法等；另一类方法是运用电路定理。电路定理是电路理论的重要组成部分，利用电路定理可以将复杂电路化简或将电路的局部用简单电路等效替代，以使电路的计算得到简化。本章主要介绍电路分析中常用的基本定理，包括各定理的内容、适用范围及如何应用。内容包括：叠加定理；戴维南定理；诺顿定理；最大功率传输定理等。本章介绍的这些定理展示了电路的各种特性，适用于所有线性电路问题的分析，能够在分析电路时开拓思维、增加解题手段，为求解电路提供了另一类分析方法。对于进一步学习后续课程起着重要的作用。

第一节　叠　加　定　理

线性电路最基本的性质是线性性质，它包括了比例性和叠加性两个方面的内容，这两种性质对于分析电路起着重要作用。下面分别讨论这两个性质。

一、比例性

在线性电路中，当所有激励（电压源和电流源）都同时增大或缩小 K 倍（K 为实常数）时，响应（支路电压和支路电流）也将同样增大或缩小 K 倍。就是说，在线性电路中任一部分的电压、电流响应与激励成正比。这就是线性电路的比例性，也叫齐次性或齐性定理。

比例性的特点：①所有激励均指独立电源；②必须是全部激励同时增大或缩小 K 倍；③用比例性分析梯形电路特别有效。

为了说明比例性（齐次性）原理，可以从一个简单的示例入手。如图 4-1 所示电路，写出各个响应（电压、电流）的计算公式。从图 4-1 很容易可以看出，各支路电流、支路电压可以用下面各式计算

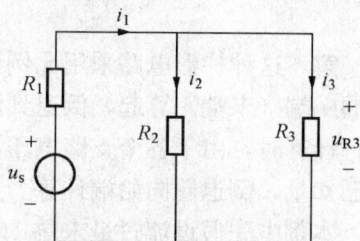

图 4-1　单激励线性电路

$$i_1 = \frac{u_s}{R_1 + \dfrac{R_2 R_3}{R_2 + R_3}} = \frac{R_2 + R_3}{R_1 R_2 + R_2 R_3 + R_3 R_1} u_s$$

$$i_2 = i_1 \frac{R_3}{R_2 + R_3} = \frac{R_3}{R_1 R_2 + R_2 R_3 + R_3 R_1} u_s$$

$$i_3 = i_1 \frac{R_2}{R_2 + R_3} = \frac{R_2}{R_1 R_2 + R_2 R_3 + R_3 R_1} u_s$$

$$u_{R1} = \frac{R_1 (R_2 + R_3)}{R_1 R_2 + R_2 R_3 + R_3 R_1} u_s$$

$$u_{R3} = u_{R2} = R_2 i_2 = \frac{R_2 R_3}{R_1 R_2 + R_2 R_3 + R_3 R_1} u_s$$

可见，当电阻值固定时，任一支路的电流、电压均与电源电压成正比。如果电压源增大或缩小 K 倍，各个电压、电流值均增大或缩小 K 倍。这一结果具有普遍意义，即在电路中任一部分的电压、电流响应与激励成正比。如果电路中有多个激励源，就必须是全部激励同时增大或缩小 K 倍。

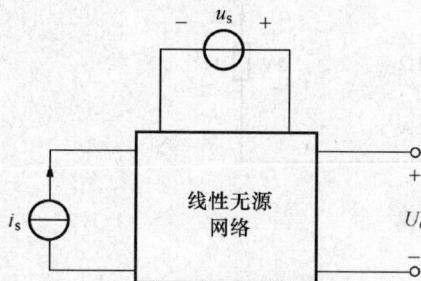

图 4-2　[例 4-1] 图

【例 4-1】　电路如图 4-2 所示，已知当 $u_s = 1\text{V}$，$i_s = 1\text{A}$ 时，$U_o = 0$；当 $u_s = 10\text{V}$，$i_s = 0$ 时，$U_o = 1\text{V}$。求当 $u_s = 0$，$i_s = 10\text{A}$ 时，$U_o = ?$

解　设 $U_o = k_1 u_s + k_2 i_s$，将已知条件代入，得

$$\begin{cases} 0 = k_1 \times 1 + k_2 \times 1 \\ 1 = k_1 \times 10 + k_2 \times 0 \end{cases}$$

解方程组得

$$k_1 = 0.1, \quad k_2 = -0.1$$

则当 $u_s=0$，$i_s=10A$ 时

$$U_o = 0.1 \times 0 - 0.1 \times 10 = -1(V)$$

【例 4 - 2】 已知梯形电路如图 4 - 3 所示，求各元件的电压和电流。

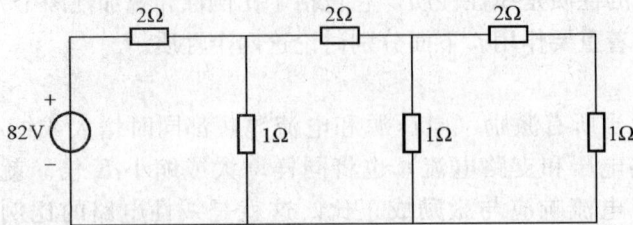

图 4 - 3 [例 4 - 2] 图

解 这种梯形电路采用比例性性质进行分析比较方便。我们可以先从梯形电路最远离电源的一端（末端）算起，倒退到激励处，故把这种计算方法叫做"倒退法"。采用"倒退法"进行计算时，由于各个支路电压和电流均为未知量，因此需要先假设一个容易计算的参数作为已知量，倒退着向始端计算。

本例中先假设流过最末端 1Ω 电阻的电流为 1A，根据两类约束，从此处开始向始端推算。由于计算过程比较简单，在此省略，直接将计算结果标注在图上，如图 4 - 4 所示。

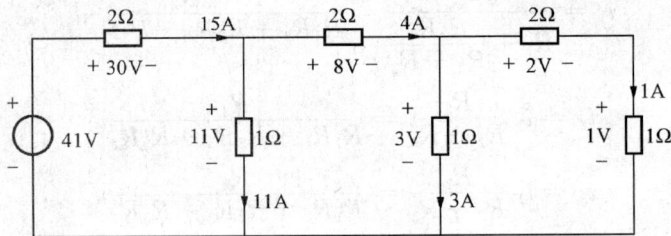

图 4 - 4 倒退法

从图 4 - 4 可以看出，用假设参数倒退推出的电压源为 41V。但是，实际电压源电压值为 82V，这相当于是假设参数下激励的 2 倍（即 $K=2$），故图 4 - 4 中各个假设的支路电压和电流也同样应该是乘以 2 倍。为了便于对比，我们将它们标注在图 4 - 5 中。

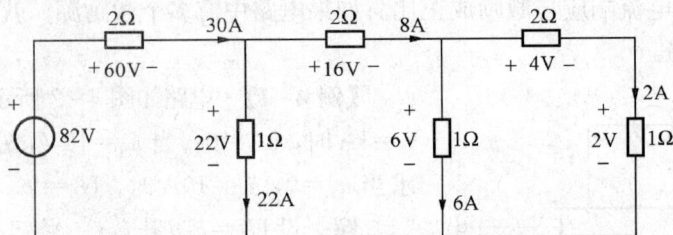

图 4 - 5 实际电压、电流值

二、叠加性

叠加性是线性电路的另一个线性性质，它反映了多个激励源共同作用下，总响应的大小

和电路中每个激励的因果关系。这种关系是用叠加定理来描述的。

叠加定理归纳如下：在多个电源作用的线性电路中，任一支路的电压、电流响应等于电路中每个独立源单独作用于电路产生的响应的代数和。其中，每一个电源单独作用是指其他独立源不作用，变为零（电压源短路，电流源开路）。如果电路中有受控源，一般当做负载对待，不单独作用于电路。

叠加定理是线性电路中的重要定理，适用于多个独立电源作用的电路，在线性电路的分析计算中起着重要的作用。应用叠加定理时应注意：

（1）叠加定理只适用于线性电路，非线性电路一般不适用。

（2）叠加定理只适用于任一支路电压或电流变量，功率或能量不适用。任一支路的功率或能量是电压或电流的二次函数，不能直接用叠加定理来计算。

（3）受控源为非独立电源，一般保留不变。

（4）某独立电源单独作用时，其余独立源置零。画分电路时，电压源置零是将其用短路代替，因为要使其所在位置电压为零；电流源置零是将其用开路代替，因为要使其所在位置电流为零。电源的内阻以及电路其他部分结构和参数应保持不变。

（5）画分电路时要注意区分变量，同一变量在每个分电路中用不同的上标来表示。一般前三个分电路采用加一撇、两撇和三撇上标的方法，从第四个分电路开始采用带括号的阿拉伯数字上标的方法。如 u'、u''、u'''、$u^{(4)}$、$u^{(5)}$ 等。

（6）各个分响应进行叠加时应注意参考方向，分电路中参考方向与原电路不同时要取负号。

为了说明叠加原理，我们也可以从一个简单的示例入手。如图 4-6 所示电路，设两电源和电阻的值为已知量，求各个支路的电流和电压值（两个电源共同作用下的响应），各电压、电流采用默认关联的参考方向。我们先用节点分析法来求解电路。由图 4-6 可得

$$\left(1+\frac{1}{2}\right)u_1 = \frac{u_s}{1} + i_s$$

则
$$u_{2\Omega} = u_1 = \frac{2}{3}u_s + \frac{2}{3}i_s$$

$$u_{1\Omega} = u_s - u_1 = \frac{1}{3}u_s - \frac{2}{3}i_s$$

$$i_1 = u_{1\Omega} = \frac{1}{3}u_s - \frac{2}{3}i_s$$

$$i_2 = \frac{u_1}{2} = \frac{1}{3}u_s + \frac{1}{3}i_s$$

$$u_{3\Omega} = 3i_s$$

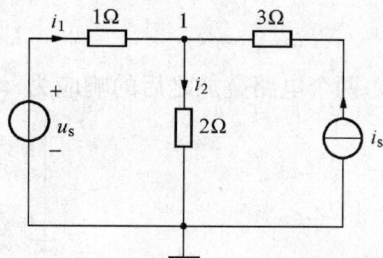

图 4-6　叠加定理说明

可见，在具有两个独立电源的电路中，支路电压和支路电流均由两部分组成，一部分与电压源有关，另一部分与电流源有关。可以证明，该结果等于每一个独立电源单独作用于电路时所产生的响应的叠加。证明如下：将图 4-6 改画为图 4-7（a）和图 4-7（b）两个分电路，分别由两个电源独立作用。

当电压源单独作用时，电流源开路。根据电路结构，电压、电流为

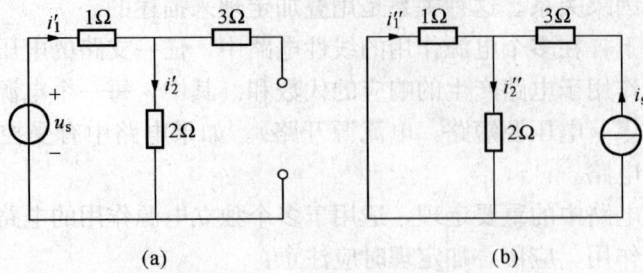

图 4 - 7 叠加定理分电路

(a) 电压源单独作用; (b) 电流源单独作用

$$\begin{cases} i'_1 = i'_2 = \dfrac{u_s}{1+2} = \dfrac{1}{3}u_s \\[2mm] u'_{1\Omega} = 1 \times i'_1 = \dfrac{1}{3}u_s \\[2mm] u'_{2\Omega} = 2i'_2 = \dfrac{2}{3}u_s \\[2mm] u'_{3\Omega} = 0 \end{cases}$$

当电流源单独作用时,电压源短路。根据电路结构,电压、电流为

$$\begin{cases} i''_1 = -\dfrac{2}{1+2}i_s = -\dfrac{2}{3}i_s \\[2mm] i''_2 = \dfrac{1}{1+2}i_s = \dfrac{1}{3}i_s \\[2mm] u''_{1\Omega} = 1 \times i''_1 = -\dfrac{2}{3}i_s \\[2mm] u''_{2\Omega} = 2i''_2 = \dfrac{2}{3}i_s \\[2mm] u''_{3\Omega} = 3i_s \end{cases}$$

两个电路叠加之后的响应为

$$\begin{cases} i_1 = i'_1 + i''_1 = \dfrac{1}{3}u_s - \dfrac{2}{3}i_s \\[2mm] i_2 = i'_2 + i''_2 = \dfrac{1}{3}u_s + \dfrac{1}{3}i_s \\[2mm] u_{1\Omega} = u'_{1\Omega} + u''_{1\Omega} = \dfrac{1}{3}u_s - \dfrac{2}{3}i_s \\[2mm] u_{2\Omega} = u'_{2\Omega} + u''_{2\Omega} = \dfrac{2}{3}u_s + \dfrac{2}{3}i_s \\[2mm] u_{3\Omega} = u'_{3\Omega} + u''_{3\Omega} = 0 + 3i_s = 3i_s \end{cases}$$

由此可见,两电源共同作用产生的响应等于两个电源分别作用所产生的响应之和。这个特例具有普遍意义。在分析相当复杂的电路时,运用叠加定理的解题方法能够使电路简单化,便于求解。但对于比较简单的电路,采用叠加定理反而比较麻烦,光是画分电路就很费事,每个分电路再列方程求解,反倒不如其他方法简捷。对于含受控源的电路,受控源一般按负载对待,留在分电路中保持不变。

【例4-3】　电路如图4-8（a）所示。

（1）应用叠加定理求电压 u_3。

（2）如果 u_{s2} 由 6V 增加到 8V，再求 u_3。

解　（1）将（a）图分解为每一个独立源单独作用的（b）、（c）、（d）图，受控源保留在电路中不变。

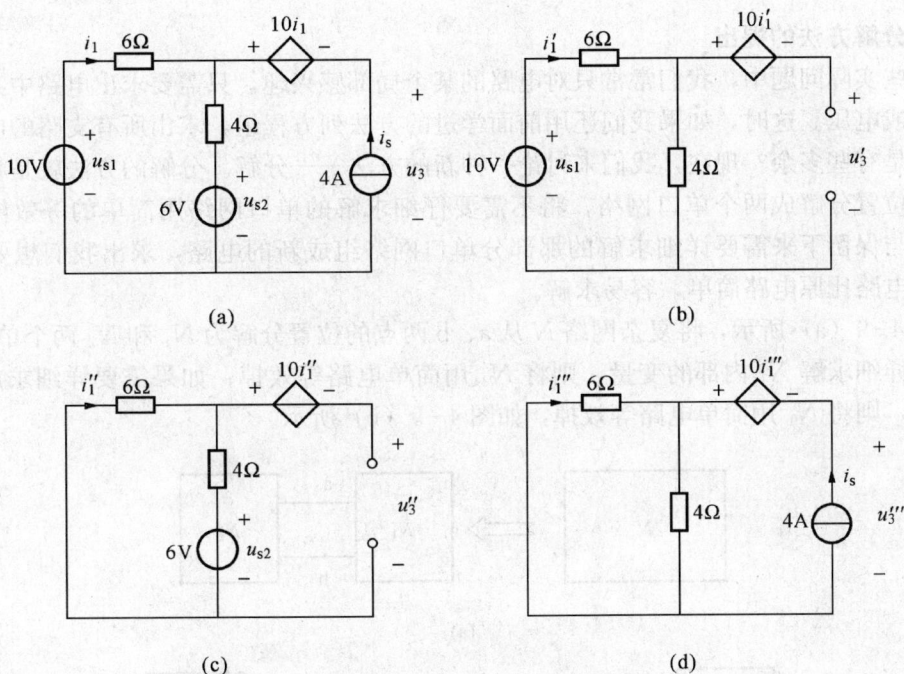

图4-8　［例4-3］图

在图4-8（b）中，电压源 u_{s1} 单独作用于电路。

$$i_1' = \frac{10}{6+4} = 1(A)$$

$$u_3' = -10i_1' + 4i_1' = -6(V)$$

在图4-8（c）中，电压源 u_{s2} 单独作用于电路。

$$i_1'' = \frac{-6}{6+4} = -0.6(A)$$

$$u_3'' = -10i_1'' + 4i_1'' + 6 = 9.6(V)$$

在图4-8（d）中，电压源 u_{s1} 单独作用于电路。

$$i_1''' = -4 \times \frac{4}{4+6} = -1.6(A)$$

$$u_3''' = -10i_1''' - 6i_1''' = 25.6(V)$$

最终，叠加之后总的电压

$$u_3 = u_3' + u_3'' + u_3''' = 29.2(V)$$

（2）如果 u_{s2} 由 6V 增加到 8V，只是图4-8（c）分电路发生变化。根据比例性原理，此题可直接计算。

变化后的 $\qquad\qquad u''_3 = \dfrac{8}{6} \times 9.6 = 12.8(\text{V})$

则电压 $\qquad\qquad u_3 = u'_3 + u''_3 + u'''_3 = 32.4(\text{V})$

第二节　戴维南定理

一、分解方法的提出

在某些实际问题中，我们常常只对电路的某个局部感兴趣，只需要求出电路中某一条支路的电流或电压。这时，如果我们还用前面学过的方法列方程组，求出所有支路的电流和电压，是不是有些多余？现在，我们来讨论一种新的方法——分解。分解的方法就是将整个网络从适当位置分解成两个单口网络，将不需要仔细求解的单口网络用简单的等效电路替换掉，使其与保留下来需要详细求解的那部分单口网络组成新的电路，求出我们想要的未知量。新的电路比原电路简单，容易求解。

如图 4-9（a）所示，将复杂网络 N 从 a、b 两点的位置分解为 N_1 和 N_2 两个单口网络。如果需要详细求解 N_1 内部的变量，则将 N_2 用简单电路等效掉；如果需要详细求解 N_2 内部的变量，则将 N_1 用简单电路等效掉，如图 4-9（b）所示。

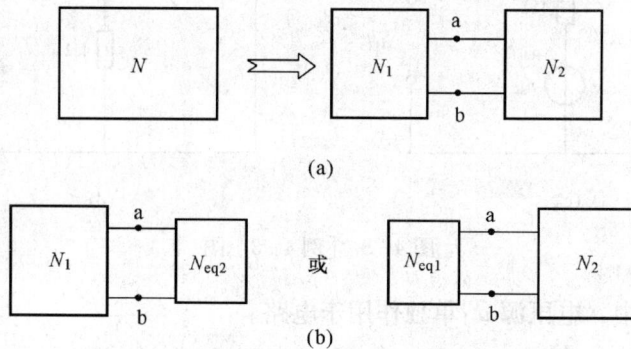

(a)

(b)

图 4-9　分解方法示意图

所谓单口网络就是指对外只有两个端子的网络，也叫做二端网络。根据网络中是否包含独立源，可以把二端网络分为有源二端网络和无源二端网络两种。二端网络中含有独立源的，称为有源二端网络；否则，称为无源二端网络。

运用分解方法的时候，如何找出待求支路以外的二端网络的等效电路是问题的关键。对于无源二端网络来说，其等效电路是一个电阻。而对于有源二端网络来说，其等效电路是什么呢？本节要讨论的就是这个问题，可以运用戴维南定理来解决。

在讨论有源二端网络的等效电路之前，我们先来讨论分解的步骤，这是进行等效变换的前提。只有将复杂网络顺利分解成所需要的二端网络，才能使后面的解题过程有效进行。

综合分解方法的解题思路，可以归纳出分解的基本步骤如下：

（1）找到合适的分解点，把给定的整个网络 N 分解成 N_1 和 N_2 两个二端网络。在这一步骤中，能不能找到合适的分解点很重要。首先，所有需要求解的电路变量必须全部包含在同一个二端网络中，以便被完整地保留在待求电路中。其次，本着解题方便，一般认为，被保留下来的二端网络越简单越好。第三，分解出的二端网络应为明确的二端网络。所谓明确的二端网络就是指网络中的元件独立属于本网络，不会通过电或非电的方式与网络之外的某些变量发生关系。例如，受控源和它的控制量就应该被分解在同一个二端网络中。还有变压器、光敏二极管等耦合元件，都应该保证它们的耦合关系处在同一个二端网络中。否则，被分解开后，随着一个二端网络被等效掉，这种耦合关系就会被破坏，无法继续求解。第四，线性网络和非线性网络分开。一般非线性网络很难用线性方程描述，通常用曲线描述它们的性质，所以把两部分分开比较容易求解。第五，电阻电路和动态元件分开。电阻元件和动态元件特性不同，分开考虑会简单一些。当然，如果采用后面将要学到的变换域的方法，在分析相量模型时两种元件等同对待，处理方法相同。

（2）分别求出 N_1 和 N_2 的 VCR。

找到分解点分解之后，我们需要把 N_1 或者 N_2 中的某一个二端网络等效替换掉。前面讲过等效的概念，两个电路如果想要互相等效替换，必须保证它们的 VCR 完全相同，也就是要求它们对外电路而言效果完全一致，这样才能在换接电路之后不影响外电路的所有参数。所以，正确求出两个网络的 VCR 是保证等效正确的前提。

VCR 的求取方法很多，主要通过计算和实验测量两种途径获得。通过计算求取 VCR 时，我们可以采用外施电压源、外施电流源或外接任意电路的方法推导出二端网络端口上的 VCR。对于无源二端网络，可以通过求输入电阻的方法获得二端网络端口上的 VCR。通过实验测量求取 VCR 时，可以将实验数据绘制成伏安特性曲线，用曲线来描述二端网络端口上的 VCR。非线性网络通常采用这种方法。

（3）联立两个二端网络的 VCR 方程求出分解端口上的电压、电流，或从伏安曲线上求出它们的交点来获得分解端口上的电压、电流。

（4）以端口上的电压、电流将两个网络完全独立看待，根据需要去等效替换出新的电路。

二、戴维南定理

为了能够快速、准确地找到我们所需要的二端网络的等效电路，常常采用戴维南定理来获得。

戴维南定理：任何一个线性含源二端网络 N_s，就其外部特性来说，都可以用一个电压源和电阻的串联组合等效替换，此电压源的电压等于原含源二端网络的开路电压 u_{oc}，串联电阻等于原含源二端网络 N_s 变为无源二端网络 N_o（全部独立电源置零）后的等效电阻 R_{eq}。如图 4-10 所示。

应用戴维南定理的关键在于正确求出二端网络的开路电压 u_{oc} 和等效电阻 R_{eq}。所谓开路电压是指外电路（负载）断开后两端子之间的电压；等效电阻是指将含源二端网络变为无源二端网络后（电流源开路，电压源短路）的等效电阻。

戴维南定理的理论证明过程略。

在求取等效电阻时，分以下两种情况：

（1）不含受控源的有源二端网络。这种情况下，应用电阻的等效变换（电阻串联、并联，星—角转换等）就可以实现。要注意的是，R_{eq} 指无源二端网络两端子之间的等效电阻，也就是这两个端子上的输入电阻。如果假设端子上有电流流入，输入电阻应该是指电流从正极流入、负极流出所经过的所有电阻，没有电流通过的电阻不被计算在内。

（2）含有受控源的有源二端网络。这种情况下，可以有两种方法：

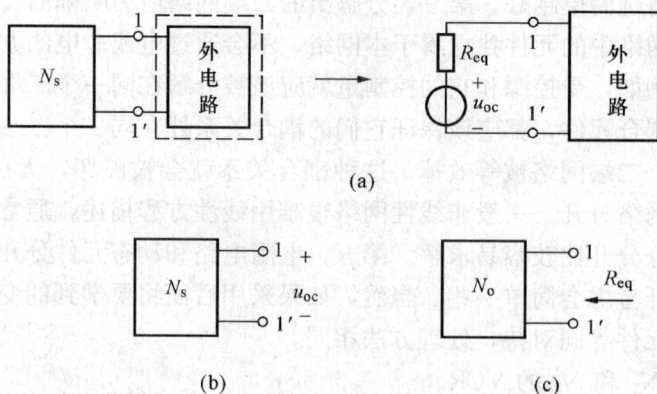

图 4 - 10　戴维南定理

1) 开路短路法。用含源二端网络的开路电压 u_{oc} 除以短路电流 i_{sc}，即 $R_{eq} = \dfrac{u_{oc}}{i_{sc}}$。注意此时所使用的电路，仍然是含源二端网络，求出网络的开路电压 u_{oc} 和短路电流 i_{sc}。在画电路图时要注意方向，短路电流 i_{sc} 要从开路电压 u_{oc} 的正极流向负极，二者是关联的参考方向。否则，计算结果错误。

2) 求输入电阻。此时首先把含源二端网络独立源置零，变成无源二端网络。此处独立源置零的方法与叠加定理中的相同，电压源置零时用短路代替，电流源置零时用开路代替。然后再应用外施电压源、外施电流源等方法求此无源二端网络的 VCR，从而求出输入电阻，即 $R_{eq} = R_i = \dfrac{u}{i}$。

应用戴维南定理所得到的电路称为戴维南等效电路，画戴维南等效电路时也要注意方向，等效电路中的电压源的正极要与等效前 u_{oc} 的正极方向一致。解题中运用戴维南定理实质上就是为了用一个简单的电压源串电阻电路去代替各种复杂的含源线性单口网络。

【例 4 - 4】　应用戴维南定理求图 4 - 11 中的电流 I_2。

解　由于只需要求解一条支路的电流，因此从 a、b 两点将电路分解，把 I_2 所在支路暂时保留，求剩余部分所在二端网络的戴维南等效电路。剩余二端网络如图 4 - 12 所示，求它的开路电压 u_{oc}。

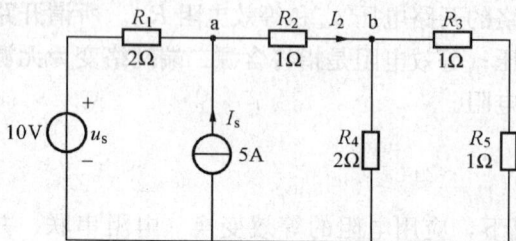

图 4 - 11　[例 4 - 4] 图

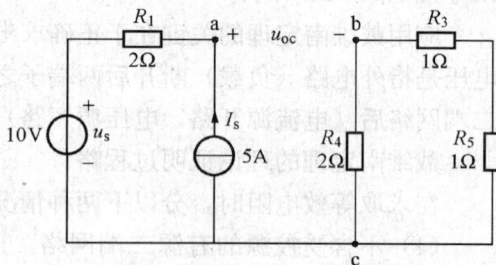

图 4 - 12　待等效含源网络

此电路为左右两个互不影响的单回路，右侧纯电阻网络中没有电源，b 点电位与 c 点电位相同。所以开路电压就等于 a、c 两点之间的电压，即电流源 I_s 两端的电压。

$$u_{oc} = u_{ab} = u_{ac} = I_s R_1 + u_s = 5 \times 2 + 10 = 20(\text{V})$$

求等效电阻时，由于此二端网络中不含受控源，可以采用求输入电阻的方法。先将独立电源置为零，变成无源二端网络，如图 4 - 13 所示，求它的等效电阻（输入电阻）。

$$R_{eq} = R_i = R_1 + \frac{R_4(R_3 + R_5)}{R_4 + R_3 + R_5} = 2 + \frac{2 \times (1+1)}{2+1+1} = 3(\Omega)$$

根据所得结果画出戴维南定理等效电路，并将保留的 I_2 所在支路接在戴维南定理等效电路的 a、b 两个对外端子上，如图 4 - 14 所示。对于 I_2 所在支路而言，效果与在图 4 - 11 所示电路中完全相同。

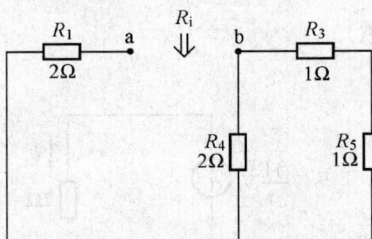

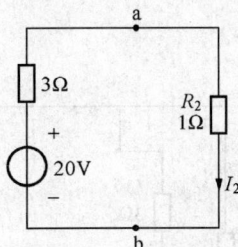

图 4 - 13　等效电阻　　　　图 4 - 14　戴维南等效后电路

根据图 4 - 14 可得，$I_2 = \dfrac{20}{3+1} = 5$（A）为所求支路电流。

【例 4 - 5】　应用戴维南定理求图 4 - 15 中的电流 I。

解　保留待求电流 I 所在支路，将虚线框起来的部分（如图 4 - 16 所示）等效成戴维南等效电路。

首先，需要从图 4 - 17 中求出待等效单口网络的开路电压。

为了求解方便，将图 4 - 17 简单等效变换为图 4 - 18，求出开路电压。

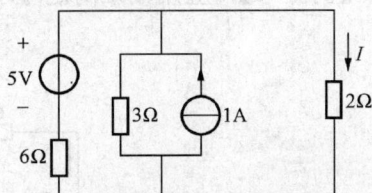

图 4 - 15　[例 4 - 5] 图

(a)　　　　(b)

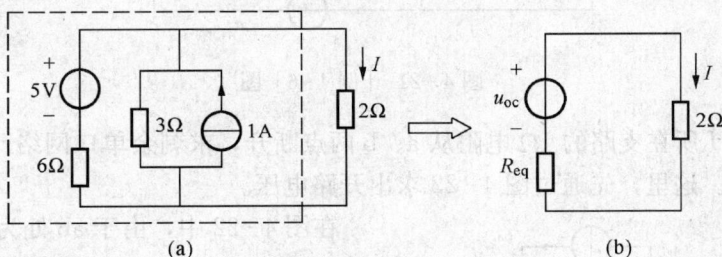

图 4 - 16　[例 4 - 5] 等效电路

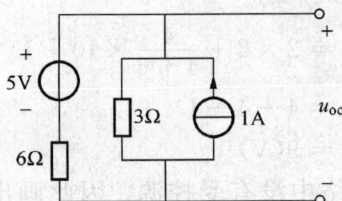

图 4 - 17　待等效的单口网络　　　　图 4 - 18　简单等效变换后的单口网络

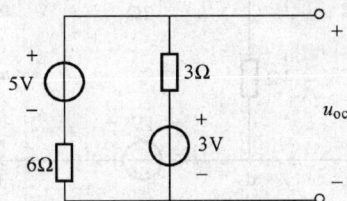

$$u_{oc} = 3 \times \frac{5-3}{3+6} + 3 = \frac{11}{3}(V)$$

然后求等效电阻。由于图 4 - 17 中不含受控源，因此可以直接将其变成无源网络求输入电阻，如图 4 - 19 所示。

$$R_{eq} = \frac{3 \times 6}{3+6} = 2(\Omega)$$

将开路电压和等效内阻代入图 4 - 16，得到本题的戴维南等效电路（如图 4 - 20 所示），求电流 I。

$$I = \frac{\frac{11}{3}}{2+2} = \frac{11}{12}(A)$$

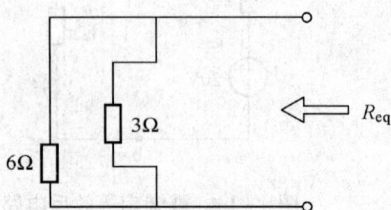

图 4 - 19 无源单口网络

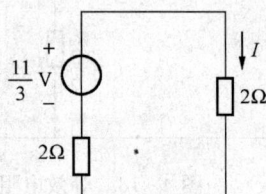

图 4 - 20 戴维南等效电路

【例 4 - 6】 应用戴维南定理求图 4 - 21 中的电流 I。

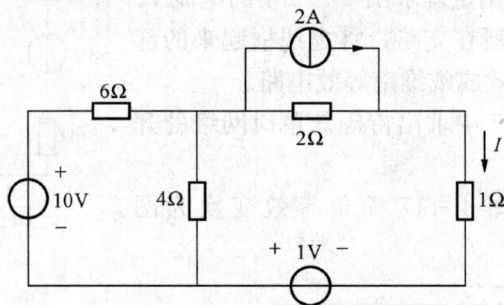

图 4 - 21 [例 4 - 6] 图

解 将电流 I 所在支路的 1Ω 电阻从 a、b 两点断开，求剩余单口网络（见图 4 - 22）的戴维南等效电路。这里，先通过图 4 - 22 求出开路电压。

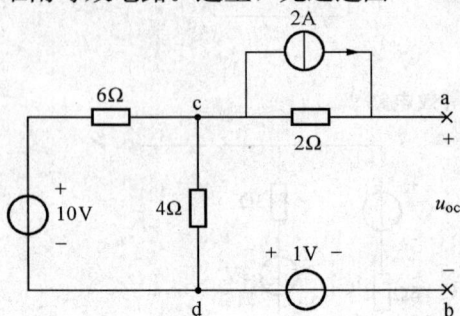

图 4 - 22 单口网络

在图 4 - 22 中，由于 ab 处为开路，形成了两个独立的单回路，此时开路电压为

$$u_{oc} = u_{ac} + u_{cd} + u_{db}$$
$$= 2 \times 2 + \frac{4}{4+6} \times 10 + 1$$
$$= 4 + 4 + 1$$
$$= 9(V)$$

单口网络中没有受控源，因此画出无源网络，求等效电阻，如图 4 - 23 所示。

$$R_{eq} = 2 + \frac{4 \times 6}{4 + 6} = 4.4(\Omega)$$

最终的戴维南等效电路如图 4-24 所示。

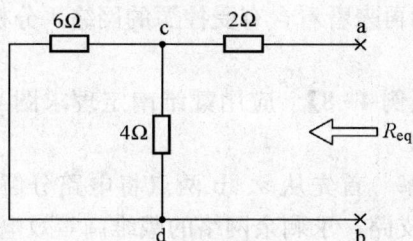

图 4-23 无源网络

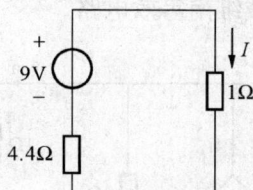

图 4-24 戴维南等效电路

则支路电流 I 为

$$I = \frac{9}{4.4 + 1} \approx 1.67(A)$$

【例 4-7】 应用戴维南定理求图 4-25 中流过 9V 电压源的电流 I。

解 将待求支路从原电路中断开，得到如图 4-26 所示单口网络。

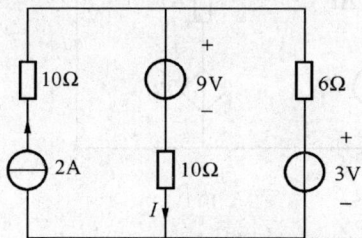

图 4-25 〔例 4-7〕图

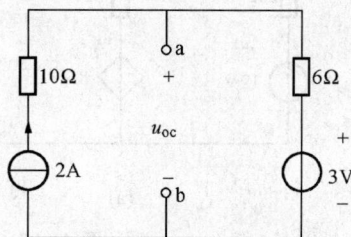

图 4-26 待等效的单口网络

$$u_{oc} = 6 \times 2 + 3 = 15(V)$$

由于不含受控源，可以通过图 4-27 求等效电阻。从图 4-27 中可以看到，因为电源置零的方法，电压源短路，电流源开路，使得无源网络中 2A 电流源所在支路从 c、d 处断开。求等效电阻时，端口仍然是 a、b 端不能变，此时的等效电阻即输入电阻，是电流从 a 端出发回到 b 端所有经过的电阻的等效值。而 10Ω 电阻此时不能够构成从 a 到 b 的通路，所以不能计算在内，即

$$R_{eq} = 6(\Omega)$$

最终的戴维南等效电路如图 4-28 所示。

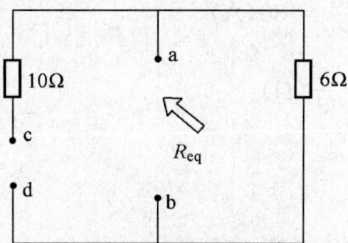

图 4-27 无源网络

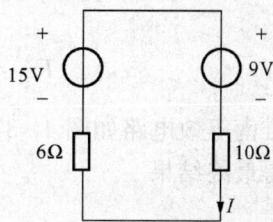

图 4-28 戴维南等效电路

则支路电流 I 为

$$I = \frac{15 - 9}{6 + 10} = 0.375(\mathrm{A})$$

以上几道例题都是不含受控源的网络，下面再来看看含有受控源的网络，分析总结如何求取它们的戴维南等效电路。

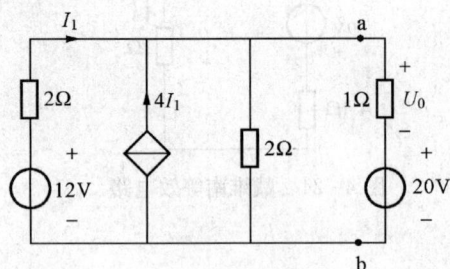

图 4 - 29　［例 4 - 8］图

【例 4 - 8】　应用戴维南定理求图 4 - 29 中的电压 U_0。

解　首先从 a、b 两点将电路分解，保留 U_0 所在支路，求剩余网络的戴维南等效电路。

方法一：将受控电流源转换为受控电压源，如图 4 - 30 所示。由于是含受控源的二端网络，可采用开路短路法求等效电阻，所以需要分别求开路电压 U_OC 和短路电流 I_SC。

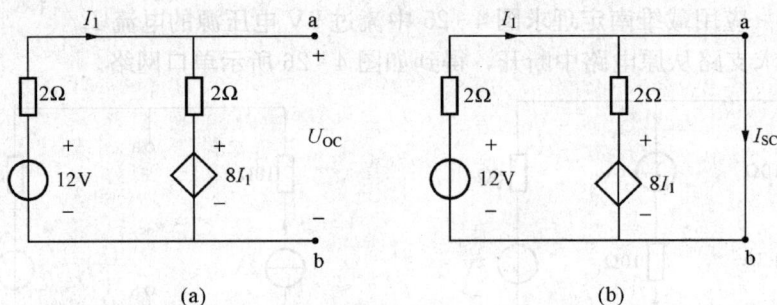

(a)　　　　　　　　　　　　(b)

图 4 - 30　求开路电压、短路电流

根据图 4 - 30（a）可得

$$I_1 = \frac{12 - 8I_1}{2 + 2} = 3 - 2I_1$$

所以　　　　　　　　　　　　$I_1 = 1(\mathrm{A})$

则　　　　　　　　　　$U_\mathrm{OC} = 2 \times 1 + 8 \times 1 = 10(\mathrm{V})$

在图 4 - 30（b）中，a、b 两点之间是短路线，所以两个电压源所在支路的电流都会从电源正极流出，沿短路线返回电源负极，得

$$I_1 = \frac{12}{2} = 6(\mathrm{A})$$

$$I_\mathrm{SC} = I_1 + \frac{8I_1}{2} = 6 + \frac{48}{2} = 30(\mathrm{A})$$

则　　　　　　　　$R_\mathrm{eq} = \frac{U_\mathrm{OC}}{I_\mathrm{SC}} = \frac{10}{30} = \frac{1}{3}(\Omega)$

最后得戴维南等效电路如图 4 - 31 所示。

所以，求得最终结果

$$U_0 = 1 \times \frac{10 - 20}{1 + \frac{1}{3}} = -\frac{30}{4} = -7.5(\mathrm{V})$$

本题也可以用其他方法求等效电阻，例如，可以采用外施电源法。外施电源这种方法在使用时，首先应将含源的二端网络变换成无源二端网络（网络中所有独立源置零）。然后，对这个无源网络外施一个电压源或一个电流源，其值等于二端网络端口处的电压或电流。

方法二：本例采用外施电压源法。这种方法就是在二端网络的端口上施加端口电压为 u 的电压源，设产生的电流为 i，求输入电阻。电路如图 4-32 所示。

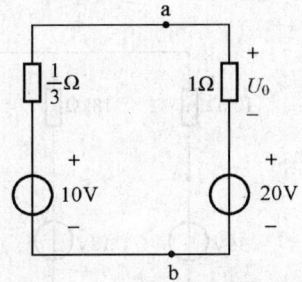

图 4-31　戴维南等效电路

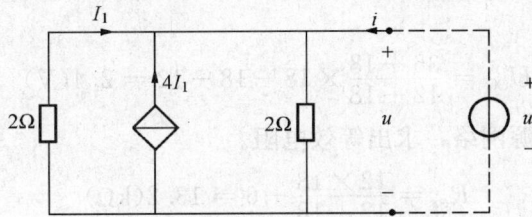

图 4-32　外施电压源法

对网络上方的节点列 KCL 方程（设流入节点的电流为正），则有

$$i - \frac{u}{2} + 4I_1 + I_1 = 0$$

$$i - \frac{u}{2} + 4 \times \left(-\frac{u}{2}\right) + \left(-\frac{u}{2}\right) = 0$$

$$i - 3u = 0$$

得

$$R_i = \frac{u}{i} = \frac{1}{3}(\Omega) = R_{eq}$$

其他参数的求取方法就与方法一完全相同了。

【例 4-9】　电路如图 4-33 所示，电路中的二极管为理想二极管，试求电流 i 的大小。

解　在分析含理想二极管电路时，需要先确定二极管是否导通，运用戴维南定理可以很方便地解决这一问题。先用分解的思路将二极管去掉，求出剩余单口网络的戴维南等效电路，从而得出施加在二极管两端的电压，就可以判断出二极管是否导通了。当二极管阳极的电位高于阴极时，二极管导通。理想二极管导通时，其电阻可视为零，相当于短路；当二极管阳极的电位低于阴极时，二极管截止。理想二极管截止时，其电阻可视为无限大，相当于断路。

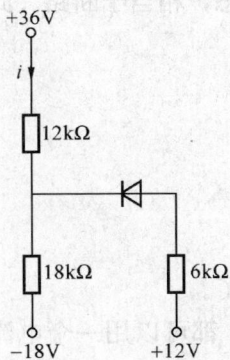

图 4-33　[例 4-9] 图

图 4-33 是电路中常见的一种简便画法，如果感觉不习惯，可以将图 4-33 按常规习惯的画法重新画成图 4-34 所示电路。图 4-33 和图 4-34 两电路的结构完全相同，参数没有任何变化。

将图 3-34 所示电路中含有理想二极管的支路断掉，剩余的单口网络进行戴维南等效，如图 4-35 所示。

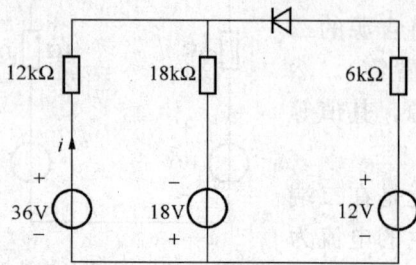

图 4-34 ［例 4-9］重画图

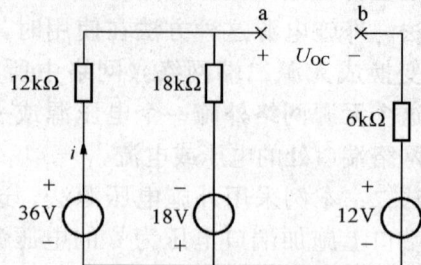

图 4-35 待等效单口网络

$$U_{\mathrm{OC}} = \frac{36+18}{12+18} \times 18 - 18 - 12 = 2.4(\mathrm{V})$$

再根据图 4-36 的无源网络，求出等效电阻。

$$R_{\mathrm{eq}} = \frac{12 \times 18}{12+18} + 6 = 13.2(\mathrm{k\Omega})$$

最终的戴维南等效电路如图 4-37 所示。

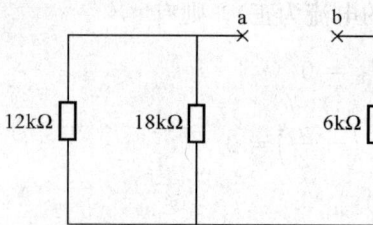

图 4-36 无源网络

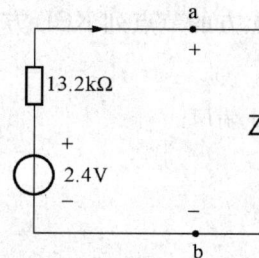

图 4-37 戴维南等效电路

可见，理想二极管承受的是反向电压，不能够导通，处于截止状态，相当于断路。此种情况下图 4-34 所示电路等同于图 4-35 所示电路，则

$$i = \frac{36+18}{12+18} = 1.8(\mathrm{mA})$$

第三节 诺 顿 定 理

当我们理解和掌握了戴维南定理之后，诺顿定理就比较容易理解了。

诺顿定理：任何一个线性含源二端网络 N_s，就其外部特性来说，都可以用一个电流源和电阻的并联组合等效替换，此电流源的电流等于原含源二端网络的短路电流 i_{sc}，并联电阻等于原含源二端网络 N_s 变为无源二端网络 N_o（全部独立电源置零）后的等效电阻 R_{eq}，如图 4-38 所示。

应用诺顿定理的关键在于正确求出二端网络的短路电流 i_{sc} 和等效电阻 R_{eq}。求取短路电流 i_{sc} 时要注意短路电流的方向，画诺顿等效电路时也要注意电流源的方向。求等效电阻 R_{eq} 的方法与求戴维南等效电阻的方法完全相同。

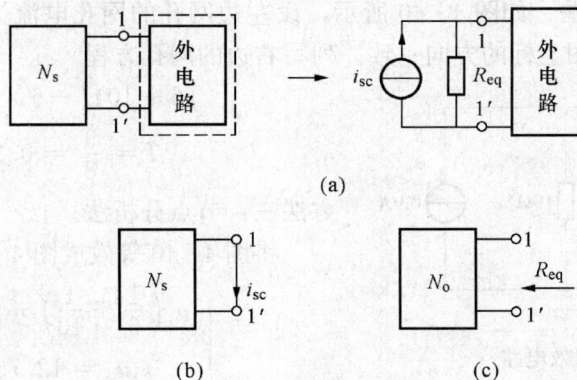

图 4-38 诺顿定理

其实，诺顿等效电路与戴维南等效电路之间可以看做实际电源两种模型之间的等效变换，如果我们掌握了戴维南等效电路的求取方法，获得戴维南等效电路之后就可以直接等效出诺顿等效电路。反过来，也可以先求出诺顿等效电路，再通过等效变换来获得戴维南等效电路。

【例 4-10】 对于 [例 4-7] 题的电路（见图 4-25），应用诺顿定理重新求 I 的值。

解 将待求支路从原电路中断开，求如图 4-39 所示单口网络的短路电流。

在图 4-39 中，由于短路线的存在，左右两边的电源都通过中间 ab 端口的短路线形成了自己的单回路。所以，短路线上流过的电流是两边单回路电流的总和。

$$i_{sc} = 2 + \frac{3}{6} = 2.5(\text{A})$$

等效电阻与 [例 4-7] 题相同，即

$$R_{eq} = 6(\Omega)$$

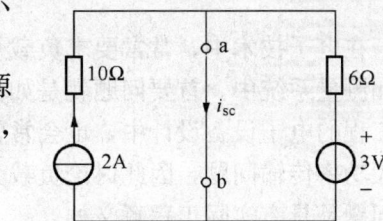

图 4-39 单口网络的短路电流

最终的诺顿等效电路如图 4-40 所示。对于图 4-40 可以有很多种解法，但计算结果一定是相同的。

方法一：直接将图 4-40 中 2.5A 电流源并联 6Ω 电阻的部分等效成电压源串联电阻的形式，如图 4-41 所示，求出 I 的值。

$$I = \frac{15 - 9}{6 + 10} = 0.375(\text{A})$$

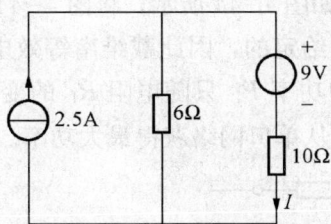

图 4-40 诺顿等效电路

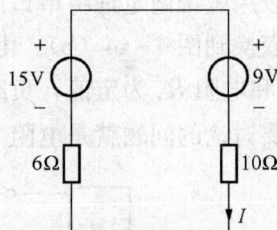

图 4-41 等效电路

其实，图 4-41 与 [例 4-7] 中最终的戴维南等效电路图 4-28 相同，所以说诺顿等效电路和戴维南等效电路是可以互相转换的。

方法二：网孔分析法。如图 4-40 所示，设左边网孔的网孔电流为 2.5A，右边网孔的网孔电流为 I，方向与图上标的方向一致。列写右边的网孔方程

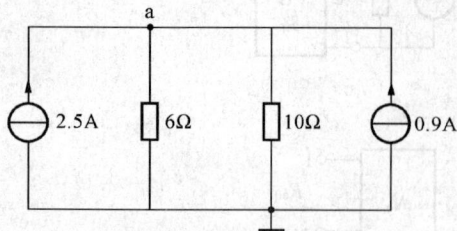

$$(6+10)I-6\times2.5=-9$$

$$I=\frac{3}{8}=0.375(\text{A})$$

方法三：节点分析法。

将图 4-40 等效成图 4-42，列节点方程

$$u_a\left(\frac{1}{6}+\frac{1}{10}\right)=2.5+0.9$$

$$u_a=12.75(\text{V})$$

图 4-42　等效电路

则图 4-40 中的 I 值可以通过此节点电压求得

$$I=\frac{u_a-9}{10}=\frac{12.75-9}{10}=0.375(\text{A})$$

求解图 4-40 的方法还有很多，在此不再一一赘述。

第四节　最大功率传输定理

在电子技术中，常常要求负载从给定电源（或信号源）获得最大功率。例如，在通信系统和测量系统中，首要问题就是如何从给定的信号源取得尽可能大的信号功率。在电子和信息工程的电子设备设计中，也会常常遇到电阻负载如何从电路获得最大功率的问题。这就是最大功率传输问题，因此讨论负载为何值时能从电路获取最大功率，及最大功率的值是多少的问题是具有实际工程意义的。

我们可以把这类问题抽象为电路模型来分析，前面介绍的戴维南定理可以用来讨论和解决这类问题，它也是戴维南定理的一个有现实意义的重要应用。

许多电子设备所用的电源或信号源内部结构都比较复杂。但是，如果我们只需要详细讨论其外部负载参数而不用深究其内部参数，不论其内部有多复杂，我们都可以将其视为一个有源的单口网络，如图 4-43 所示。其中 N 表示线性含源电阻单口网络，是信号源的电路模型，用来供给电阻负载能量；R_L 表示获得能量的负载的电路模型，负载参数可以调节。一个含源线性单口网络，当所接负载不同时，单口网络传输给负载的功率就会不同。

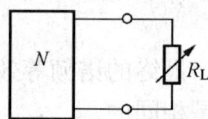

图 4-43　信号源与负载的电路模型

我们可以用戴维南定理将单口网络 N 进行等效，如图 4-44 所示，将图 4-44（a）进行戴维南等效变换到图 4-44（b）。由于电源或信号源是给定的，因此戴维南等效电路中的独立电压源 u_{oc} 和电阻 R_0 为定值，负载电阻 R_L 所吸收的功率 P_L 只随电阻 R_L 的变化而变化。在此基础上要讨论的问题就是电阻 R_L 为何值时，可以从单口网络获得最大功率。

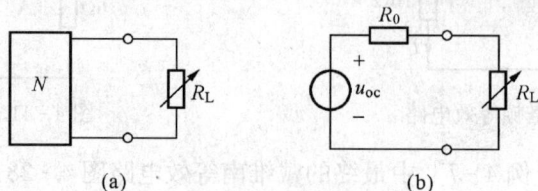

图 4-44　电路模型的戴维南等效变换

根据图 4-44（b）所示，可以写出负载上得到的功率为

$$P_L = R_L i^2$$

$$= R_L \left(\frac{u_{oc}}{R_0 + R_L} \right)^2$$

$$= \frac{R_L u_{oc}^2}{(R_0 + R_L)^2}$$

P_L 与 R_L 的关系可以通过实验数据作出如图 4-45 所示的图形。从图 4-45 可以看出，负载获得的功率并不是与负载的大小成正比，而是有一个峰值点。过了峰值点，随着负载增大，获得的功率反而会减小。

要求出这个最大的峰值点，比较精确的方法就是用数学推导的方法。数学上，当二次函数的一阶导数为 0 时，表示有极值，但到底是极大值还是极小值还要看它的二阶导数。若二阶导数大于零，表示有极小值；若二阶导数小于零，表示有极大值。

我们先对负载的功率求一阶导数

$$\frac{dP_L}{dR_L} = u_{oc}^2 \left[\frac{(R_0 + R_L)^2 - R_L \times 2(R_0 + R_L)}{(R_0 + R_L)^4} \right]$$

$$= \frac{u_{oc}^2}{(R_0 + R_L)^2} - \frac{2R_L u_{oc}^2}{(R_0 + R_L)^3}$$

$$= \frac{(R_0 - R_L) u_{oc}^2}{(R_0 + R_L)^3}$$

因为只有当 $\frac{dP_L}{dR_L} = 0$ 时，该函数有极值。所以，必须令

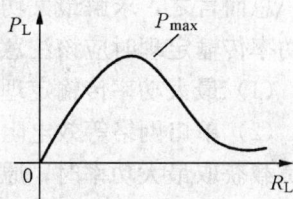

图 4-45　负载功率与负载大小的关系

$\frac{dP_L}{dR_L} = \frac{(R_0 - R_L) u_{oc}^2}{(R_0 + R_L)} = 0$ 时才有极值。求解等式可得：当 $R_0 = R_L$ 时，负载的功率 P_L 才有极值。

接下来再讨论此时的极值到底是极大值还是极小值。在求出了负载功率一阶导数的基础上，对负载的功率求二阶导数

$$\frac{d^2 P_L}{dR_L^2} = u_{oc}^2 \left[\frac{-(R_0 + R_L)^3 - (R_0 - R_L) \times 3(R_0 + R_L)^2}{(R_0 + R_L)^6} \right]$$

$$= -\frac{u_{oc}^2}{(R_0 + R_L)^3} - \frac{3(R_0 - R_L) u_{oc}^2}{(R_0 + R_L)^4}$$

$$= \frac{(-4R_0 + 2R_L) u_{oc}^2}{(R_0 + R_L)^4}$$

首先，当 $R_0 = R_L$ 时，$\frac{d^2 P_L}{dR_L^2} = -\frac{u_{oc}^2}{8R_0^3}$；然后，当 $R_0 > 0$ 时，$\frac{d^2 P_L}{dR_L^2} < 0$，因此有

$$\left. \frac{d^2 P_L}{dR_L^2} \right|_{R_L = R_0} = \left. -\frac{u_{oc}^2}{8R_0^3} \right|_{R_0 > 0} < 0$$

由此可知，只有当 $R_0 = R_L$ 且 $R_0 > 0$ 时，负载从单口网络获得的功率有极大值 P_{max}，此时

$$P_{max} = \frac{u_{oc}^2}{4R_0} \tag{4-1}$$

由上述可见，含源线性电阻单口网络（$R_0 > 0$）向可变电阻负载 R_L 传输最大功率的条件是：负载电阻 R_L 与单口网络的输出电阻 R_0 相等。满足 $R_L = R_0$ 条件时，称为最大功率匹配，

此时负载电阻 R_L 获得的功率最大。这常称为最大功率匹配条件，也称为最大功率传输定理。

由图 4-44 （b）可知，满足最大功率匹配条件（$R_L=R_0>0$）时，R_0 吸收的功率与 R_L 吸收的功率相等，对等效电压源 u_{oc} 而言，功率传输效率 $\eta=50\%$。对单口网络 N 中的独立源而言，效率可能更低。所以，负载获得最大功率并不意味着此时功率的传输效率最大，这两者不能混为一谈。

在实际应用中，分析从电源向负载传输功率时，会遇到两种不同类型的问题。第一种类型就是刚才讨论的负载获得功率最大的问题，虽然此时的传输效率只有 50%，但是在测量、电子与信息工程中，信号源本身的功率就不大，常常着眼于如何从微弱信号中获得最大功率，而并不看重效率的高低。另一种类型则着重于提高传输效率的问题，通常在电力系统中，传输的电功率巨大，这使得传输过程中出现的损耗问题成为非常重要的问题，要求尽可能提高传输效率，以便更充分地利用能源，这种问题不能采用功率匹配条件解决，那样会使50% 甚至更多的能源白白损失掉。

总而言之，求解最大功率传输问题的关键是求一个单口网络的戴维南等效电路。应用最大功率传输定理时应该注意以下几点：

（1）最大功率传输定理用于单口网络给定、负载电阻可调的情况。

（2）单口网络等效电阻消耗的功率一般并不等于单口网络原电路内部消耗的功率，因此当负载获取最大功率时，原电路的传输效率并不一定是 50%。

（3）计算最大功率问题时，结合应用戴维南定理或诺顿定理最为方便。

【例 4-11】 电路如图 4-46 所示，问 R_L 调到何值时消耗的功率最大，并求此最大功率值。

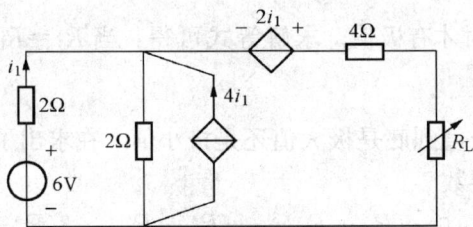

图 4-46 ［例 4-11］图

解 先将负载断开，求单口网络（见图 4-47）的戴维南等效电路（见图 4-48）。

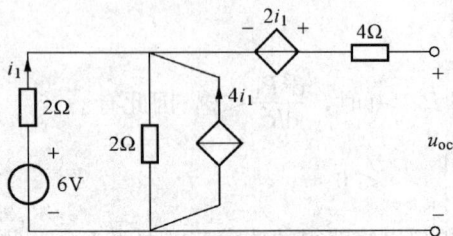

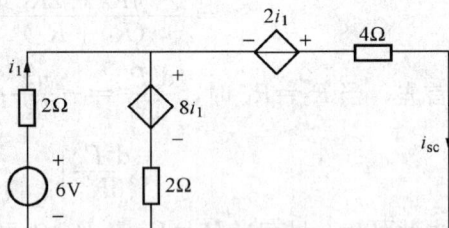

图 4-47 单口网络   图 4-48 戴维南等效电路

$$i_1=\frac{6-8i_1}{2+2}$$

$$i_1=0.5(A)$$

$$u_{oc} = 2i_1 + 2i_1 + 8i_1$$
$$= 2 \times 0.5 + 2 \times 0.5 + 8 \times 0.5$$
$$= 6(V)$$

用网孔分析法求短路电流

$$\begin{cases} (2+2)i_1 - 2i_{sc} = 6 - 8i_1 \\ -2i_1 + (2+4)i_{sc} = 10i_1 \end{cases}$$

解方程组得

$$i_{sc} = 1.5(A)$$

$$R_0 = \frac{u_{oc}}{i_{sc}} = \frac{6}{1.5} = 4(\Omega)$$

$$P_{max} = \frac{u_{oc}^2}{4R_0} = \frac{6 \times 6}{4 \times 4} = 2.25(W)$$

【例 4 - 12】 电路如图 4 - 49 所示。试求：

(1) R_L 取何值时获得的功率最大？

(2) 匹配时 R_L 获得的最大功率是多少？

(3) 10V 电压源的功率传输效率是多少？

解 (1) 先断开负载 R_L，求单口网络（见图 4 - 50）的戴维南等效电路参数

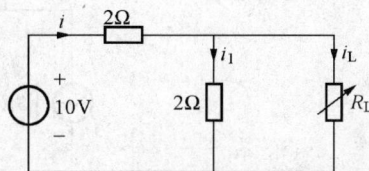

图 4 - 49 ［例 4 - 12］图

$$u_{oc} = \frac{2}{2+2} \times 10 = 5(V)$$

$$R_0 = \frac{2 \times 2}{2+2} = 1(\Omega)$$

则图 4 - 49 可以等效成图 4 - 51。

如图 4 - 51 所示，根据最大功率传输定理，当 $R_L = R_0 = 1\Omega$ 时，获得的功率最大。

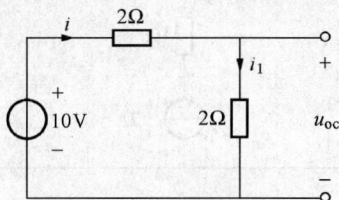

图 4 - 50 单口网络

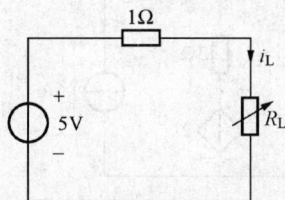

图 4 - 51 戴维南等效电路

(2) 由最大功率公式求得 R_L 获得的最大功率为

$$P_{max} = \frac{u_{oc}^2}{4R_0} = \frac{5^2}{4 \times 1} = 6.25(W)$$

(3) 先计算 10V 电压源发出的功率。当 $R_L = 1\Omega$ 时，原电路图 4 - 49 变成了图 4 - 52。

$$i = \frac{10}{2 + \frac{2 \times 1}{2+1}} = 3.75(A)$$

$$P_{10V} = -10 \times 3.75 = -37.5(W)$$

10V 电压源发出的功率为 37.5W，而负载此时吸收到的最大功率为 6.25W，其功率传

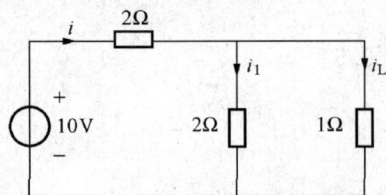

图 4-52　负载为 1Ω

输效率为

$$\eta = \frac{6.25}{37.5} \approx 16.7\%$$

从以上分析计算可以看出，在应用最大功率传输定理时，单口网络等效电阻消耗的功率一般并不等于单口网络原电路内部消耗的功率，因此当负载获取最大功率时，虽然从等效电路看上去传输效率是 50%，但原电路的传输效率并不一定是 50%，有可能会很低。

<h1 style="text-align:center">习　　　题</h1>

4-1　用叠加定理求如图 4-53 所示电路中的电压 U。

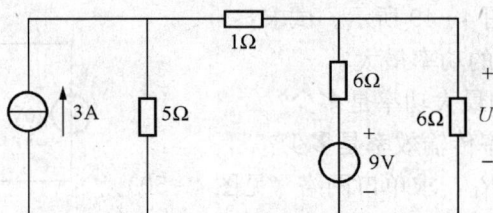

图 4-53　题 4-1 图

4-2　含受控源的电路如图 4-54 所示，试用叠加定理求 U。

4-3　电路如图 4-55 所示，用叠加定理求 I。

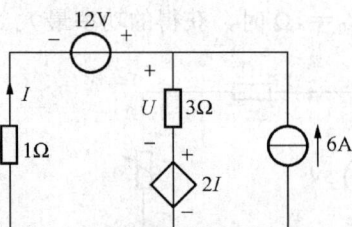

图 4-54　题 4-2 图

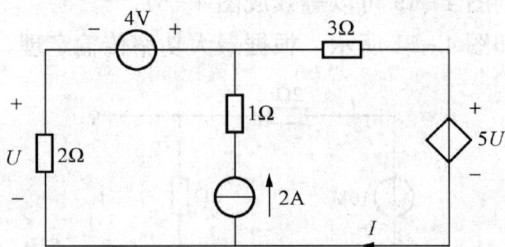

图 4-55　题 4-3 图

4-4　如图 4-56 所示的是 R-2R 梯形网络，用于电子技术的数模转换中，试用叠加定理证明输出端的电流 I 为

$$I = \frac{U}{3R \times 2^4}(2^3 + 2^2 + 2^1 + 2^0)$$

4-5　(1) 如图 4-57 所示线性网络 N，只含电阻。当 $I_{s1} = -1A$，$U_{s2} = 2V$ 时，$I = 0.6A$；当 $I_{s1} = 2A$，$U_{s2} = 1V$ 时，$I = 0.8A$。求当 $I_{s1} = 2A$，$U_{s2} = 5V$ 时，I 为多少？

(2) 若图 4-57 所示网络 N 含有一个独立电源，当 $I_{s1} = 2A$，$U_{s2} = 2V$ 时，$I = 0.9A$，且 (1) 中的数据仍有效。求当 $I_{s1} = 3A$，$U_{s2} = 1V$ 时，I 为多少？

4-6　求如图 4-58 所示电路的等效电阻 R_{eq}。

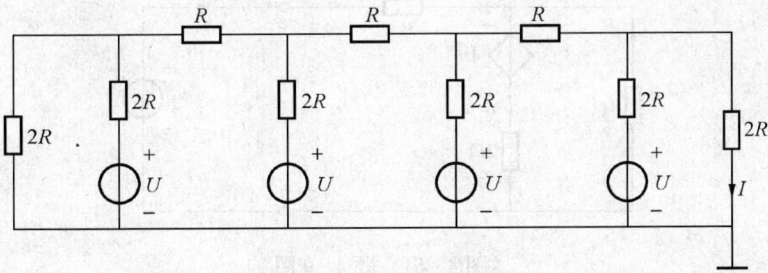

图 4-56 题 4-4 图

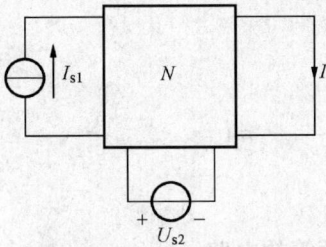

图 4-57 题 4-5 图

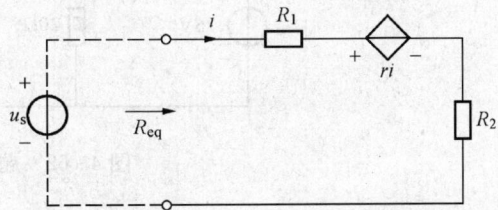

图 4-58 题 4-6 图

4-7 求如图 4-59 所示电路的等效电阻 R_{eq}。

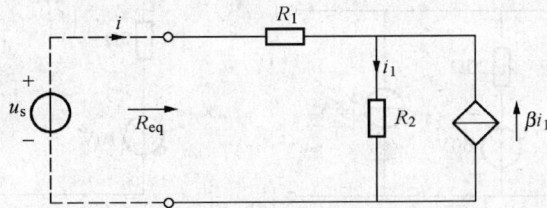

图 4-59 题 4-7 图

4-8 求如图 4-60 所示电路的等效电阻 R_{eq}。

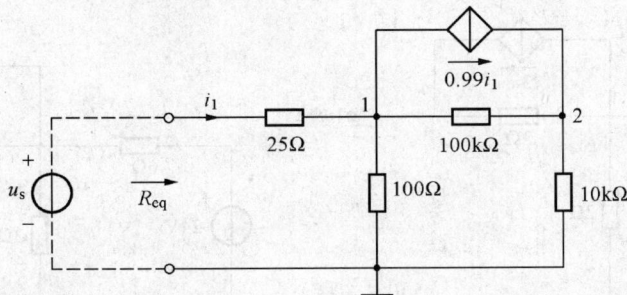

图 4-60 题 4-8 图

4-9 求如图 4-61 所示电路 a、b 两端的等效电阻 R_{ab}。

4-10 求如图 4-62 所示含源一端口的戴维南和诺顿等效电路。

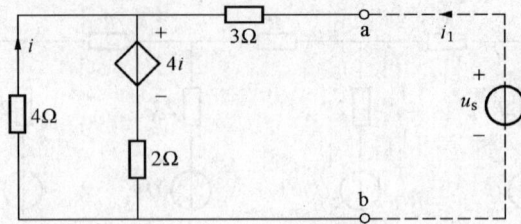

图 4 - 61　题 4 - 9 图

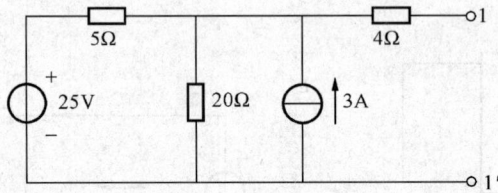

图 4 - 62　题 4 - 10 图

4 - 11　求如图 4 - 63 所示含源一端口的戴维南和诺顿等效电路。

4 - 12　求如图 4 - 64 所示含源一端口的戴维南和诺顿等效电路。

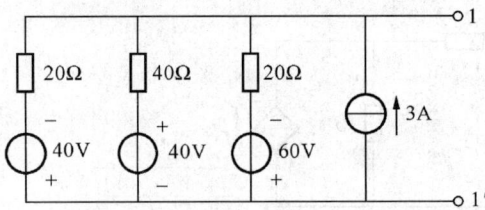

图 4 - 63　题 4 - 11 图

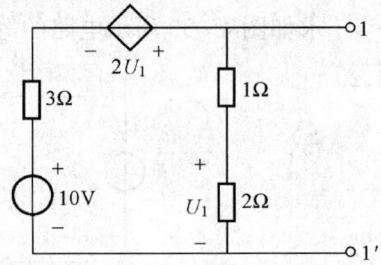

图 4 - 64　题 4 - 12 图

4 - 13　求如图 4 - 65 所示含源一端口的戴维南和诺顿等效电路。

4 - 14　用戴维南定理求如图 4 - 66 所示电路中的电流 I。

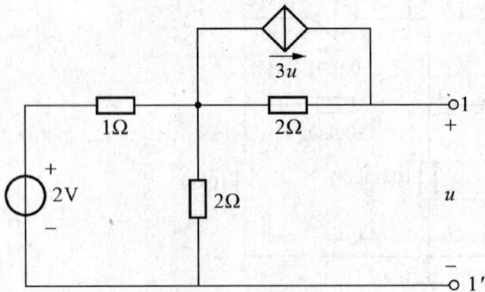

图 4 - 65　题 4 - 13 图

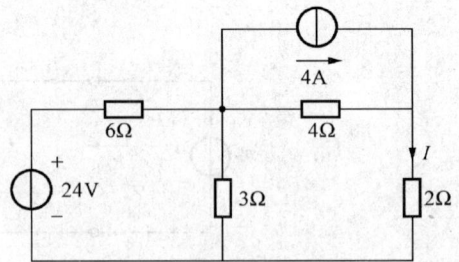

图 4 - 66　题 4 - 14 图

4 - 15　用戴维南定理求如图 4 - 67 所示电路中 3Ω 电阻两端的电压 U。

4 - 16　求如图 4 - 68 所示含源一端口的戴维南或诺顿等效电路。

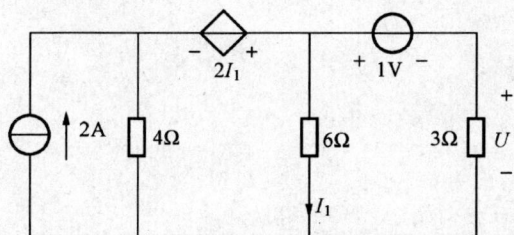

图 4-67 题 4-15 图

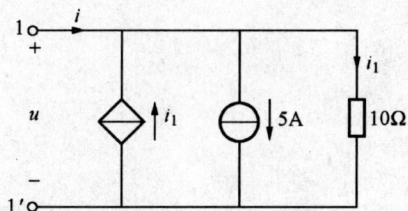

图 4-68 题 4-16 图

4-17 求如图 4-69 所示含源一端口的戴维南或诺顿等效电路。

4-18 求如图 4-70 所示含源一端口的戴维南或诺顿等效电路。

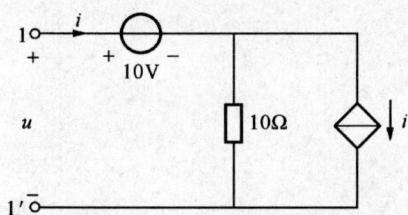

图 4-69 题 4-17 图

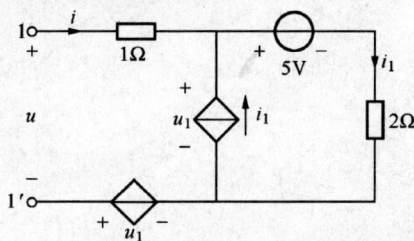

图 4-70 题 4-18 图

4-19 如图 4-71 所示电路，问 R_L 为多大时可获得最大功率，并求此最大功率。

4-20 如图 4-72 所示电路，问 R 为多大时可获得最大功率，并求此最大功率。

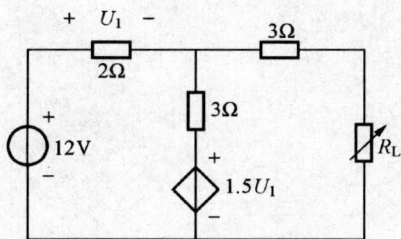

图 4-71 题 4-19 图

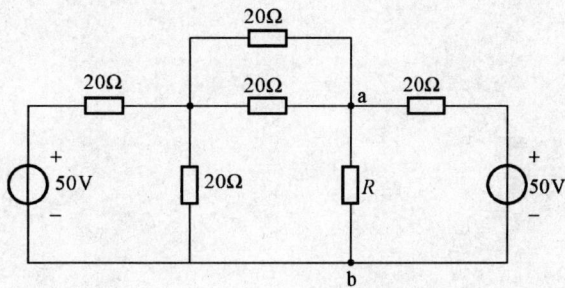

图 4-72 题 4-20 图

普通高等教育"十二五"规划教材

电路分析基础

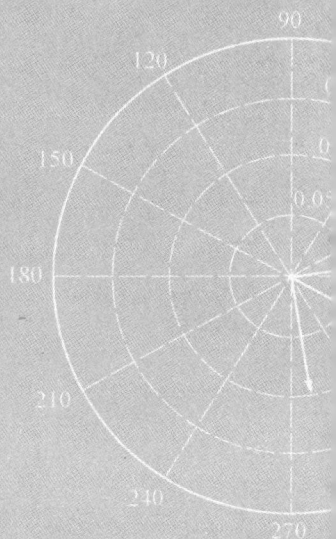

第五章 | **正弦交流电路的稳态分析**

　　本章主要介绍正弦交流电路的稳态分析方法。内容包括：正弦量的概念；变换域的方法；相量的概念和形式；阻抗和导纳；正弦交流稳态电路的分析；正弦交流稳态电路的功率；电路的谐振等。

第一节　正　弦　量

一、正弦量的基本概念

电路中把随时间按正弦规律变化的电压和电流称为正弦交流电压和正弦交流电流，简称正弦电压和正弦电流。这些按正弦规律变化的物理量统称为正弦量。正弦量可以用正弦函数表示，也可以用余弦函数表示。本书用余弦函数表示正弦量。

这两个物理量都是关于时间 t 的正弦函数，电压、电流的大小和方向是随时间变化的，变化周期为 T，称为交流电，用字母 AC 表示。常用数学函数表达式和波形图表示正弦电压和正弦电流。

正弦量在任意时刻的值称为瞬时值，其瞬时值的一般数学函数表达式为

正弦交流电压：

$$u(t) = U_{\mathrm{m}}\cos(\omega t + \phi_u) \tag{5-1}$$

正弦交流电流：

$$i(t) = I_{\mathrm{m}}\cos(\omega t + \phi_i) \tag{5-2}$$

正弦量具有三个要素：振幅、频率和初相位角。其中，U_{m} 和 I_{m} 是振幅，它们是正弦电压（或电流）在整个变化过程中所能达到的最大值，是一个常量；$\omega t + \phi$ 称为正弦量的相位角或相位，是一个随时间变化的角度，反映了正弦量变化的进程。$t=0$ 时的相位角 ϕ 称为初始相位角，简称初相；ω 为角频率，单位为弧度/秒（rad/s），是正弦量每秒内变化的角度，反映正弦量随时间变化的速率。角频率是一个与周期 T 和频率 f 有关的量

$$\omega = \frac{2\pi}{T} = 2\pi f \tag{5-3}$$

我国电力系统提供的正弦电压的 f 为 50Hz，变化周期为 20ms，由式（5-3）得 ω 为 314rad/s。$U_{\mathrm{m}}(I_{\mathrm{m}})$、$\omega$、$\phi$ 常被称为正弦波的三特征。

正弦量也可以用波形表示，电压和电流都是正弦波形。为了方便，在描绘正弦量的波形时，通常取 ωt 为横坐标。正弦电压的波形图如图 5-1 所示。

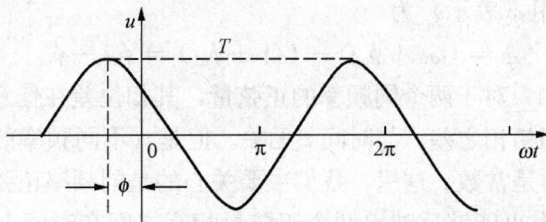

图 5-1　正弦电压波形图

初相角的取值范围通常在 $-\pi \sim \pi$ 之间，初相角的大小与正弦波形起点的位置有关。如果正弦量正的最大值发生在计时起点（$t=0$）之前，则 $\phi_u > 0$，正弦波形的起点早于零时刻，如图 5-2（a）所示；如果正弦量正的最大值发生在计时起点（$t=0$）之后，则 $\phi_u < 0$，正弦波形的起点晚于零时刻，如图 5-2（b）所示；如果正弦量正的最大值恰好发生在计时起点（$t=0$）处，则 $\phi_u = 0$，正弦波形的起点等于零时刻，如图 5-2（c）所示。

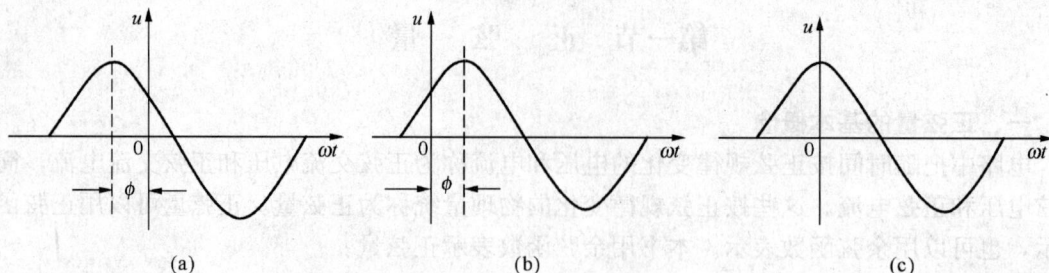

图 5 - 2　不同初相角情况下的正弦电压波形图

(a) $\phi > 0$；(b) $\phi < 0$；(c) $\phi = 0$

【例 5 - 1】 已知某正弦电压的振幅为 10V，周期为 20ms，初相为 40°。写出该正弦电压的函数表达式并且画出其波形图。

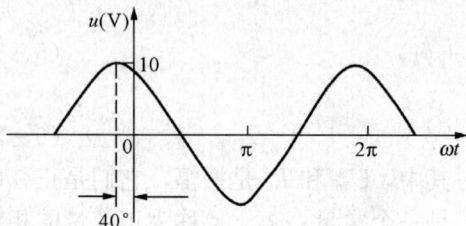

图 5 - 3　正弦电压波形图

解　三要素中角频率需要计算

$$\omega = \frac{2\pi}{T} = \frac{2\pi}{20 \times 10^{-3}} = 100\pi \approx 314 (\text{rad/s})$$

该正弦电压的函数表达式为

$$u(t) = U_m \cos(\omega t + \phi_u) = 10\cos(314t + 40°)\text{V}$$

该正弦电压波形图如图 5 - 3 所示。

二、正弦量的相位关系

当正弦交流电路上施加某个频率的电源时，其各支路的电压、电流响应都是频率相同的正弦量，它们相互之间进行加、减、乘、除等运算之后，仍然是频率相同的正弦量。分析这些电路时，常常需要将这些正弦量的相位进行比较。

对于任意两个同频率的正弦量而言，它们之间的相位角之差称为相位差，用 φ 表示。例如，有两个相同频率的正弦电压

$$u_1(t) = U_{1m}\cos(\omega t + \phi_{u1})$$
$$u_2(t) = U_{2m}\cos(\omega t + \phi_{u2})$$

二者相位角之差（用 φ 表示）为

$$\varphi = (\omega t + \phi_{u1}) - (\omega t + \phi_{u2}) = \phi_{u1} - \phi_{u2}$$

通过上面的计算可知，对于两个同频率的正弦量，其相位差在任意时刻都是常数，在任何瞬间的相位差均等于它们初相之差，与时间 t 无关。但是，不同频率的两个正弦量之间的相位差是随时间变化的，不再是常数。这里，我们主要关心的是同频率正弦量之间的相位差。

相位差 φ 的量值的大小能够反映出两个正弦量相互之间在时间上的超前和滞后关系，其取值范围也在 $-\pi \sim \pi$ 之间。

当 $\varphi = \phi_{u1} - \phi_{u2} > 0$ 时，表明电压 $u_1(t)$ 超前于电压 $u_2(t)$，超前的角度为 φ，超前的时间为 φ/ω，如图 5 - 4 (a) 所示。当 $\varphi = \phi_{u1} - \phi_{u2} < 0$ 时，表明电压 $u_1(t)$ 滞后于电压 $u_2(t)$，滞后的角度为 $|\varphi|$，滞后的时间为 $|\varphi|/\omega$，如图 5 - 4 (b) 所示。图 5 - 4 (a) 所示情况也可以叫做电压 $u_2(t)$ 滞后于电压 $u_1(t)$，图 5 - 4 (b) 所示情况也可以叫做电压 $u_2(t)$ 超前于电压 $u_1(t)$。

另外，我们其实也可以根据两个正弦量的峰值来判断哪个波形超前，哪个波形滞后。在距离坐标原点 $-\pi \sim \pi$ 的范围内，按照时间的先后顺序，先出现正的峰值的正弦波超前。

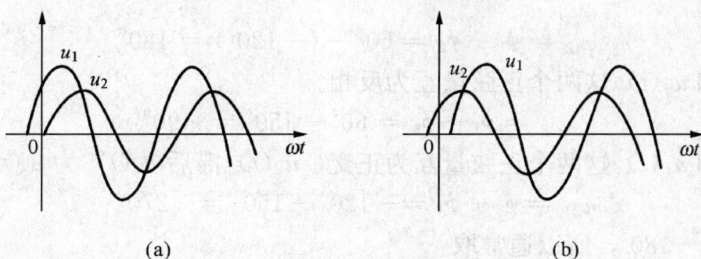

图 5 - 4　超前、滞后

(a) u_1 超前于 u_2；(b) u_1 滞后于 u_2

同频率正弦电压、电流的相位差有几种比较特殊的情况：

(1) 同相。如果相位差 $\varphi = \phi_1 - \phi_2 = 0$，称为两正弦量同相，如图 5 - 5 (a) 所示。

(2) 正交。如果相位差 $\varphi = \phi_1 - \phi_2 = \pm \dfrac{\pi}{2}$，称为两正弦量正交，如图 5 - 5 (b) 所示。

(3) 反相。如果相位差 $\varphi = \phi_1 - \phi_2 = \pm \pi$，称为两正弦量反相，如图 5 - 5 (c) 所示。

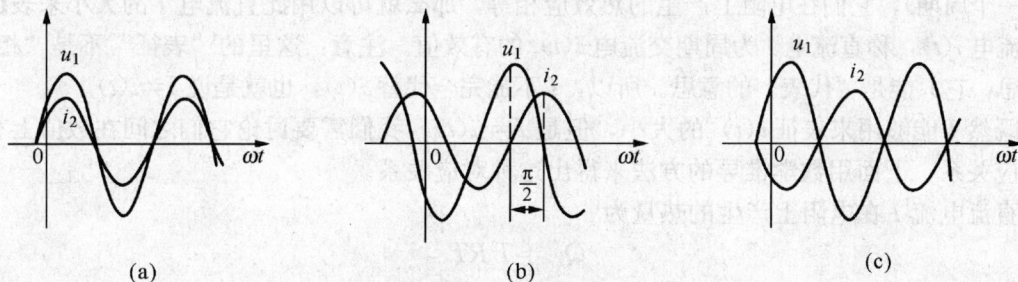

图 5 - 5　特殊相位差

(a) 同相；(b) 正交；(c) 反相

【例 5 - 2】 已知三个正弦量分别如下，求它们相互之间的相位差。
$$u_1(t) = 2\cos(120t + 60°)\mathrm{V},$$
$$u_2(t) = -5\cos(120t + 60°)\mathrm{V}, u_3(t) = -3\sin(120t + 60°)\mathrm{V}。$$

解　$u_2(t)$ 和 $u_3(t)$ 这两个正弦量采用的不是标准的函数表达式，需要先应用三角函数公式把它们转换成标准的函数表达式
$$
\begin{aligned}
u_2(t) &= -5\cos(120t + 60°)\\
&= 5\cos(120t + 60° + 180°)\\
&= 5\cos(120t + 240°)\\
&\doteq 5\cos(120t + 240° - 360°)\\
&= 5\cos(120t - 120°)(\mathrm{V})
\end{aligned}
$$

而
$$
\begin{aligned}
u_3(t) &= -3\sin(120t + 60°)\\
&= 3\cos(120t + 60° + 90°)\\
&= 3\cos(120t + 150°)(\mathrm{V})
\end{aligned}
$$

则

$$\varphi_{12} = \phi_1 - \phi_2 = 60° - (-120°) = 180°$$

说明 $u_1(t)$ 和 $u_2(t)$ 这两个正弦量互为反相。

$$\varphi_{13} = \phi_1 - \phi_3 = 60° - 150° = -90°$$

说明 $u_1(t)$ 和 $u_3(t)$ 这两个正弦量互为正交，$u_1(t)$ 滞后 $u_3(t)$ 为 90°。

$$\varphi_{23} = \phi_2 - \phi_3 = -120° - 150° = -270°$$

因为 $-270° < -180°$，所以通常取

$$\varphi_{23} = -270° + 360° = 90°$$

说明 $u_2(t)$ 和 $u_3(t)$ 这两个正弦量互为正交，$u_2(t)$ 超前 $u_3(t)$ 为 90°。

三、正弦量的有效值

正弦周期电压、电流的瞬时值是随着时间变化的，具体的值要根据具体时间确定。在电工技术中，常常并不需要知道这些正弦量每一瞬间的大小，只需要简明地用一个值来表征它所有时刻的大小。为了找到这个能简明衡量正弦量大小的值，通常采用有效值来表征。

有效值是按照等效应的概念来定义的。我们知道，电阻上流过电流会产生热量，称为热效应现象。如果让周期交流电 $i(t)$ 和直流电 I 分别流过等值电阻 R，经过相同的时间 T（周期电流的一个周期），它们在电阻上产生的热效应相等，那么就可以用此直流电 I 的大小来表征周期交流电 $i(t)$，称直流电 I 为周期交流电 $i(t)$ 的有效值。注意：这里的"表征"不是"相等"的意思，它只能是"代表"的意思。所以，I 不能完全代替 $i(t)$，也就是说 $I \neq i(t)$。

既然 I 能够用来表征 $i(t)$ 的大小，但是 $I \neq i(t)$，我们需要讨论它们之间在数值上有什么对应关系，下面用数学推导的方法来得出这种对应关系。

直流电流 I 在电阻上产生的热量为

$$Q_1 = I^2 RT$$

交流电流 $i(t)$ 在电阻上产生的热量为

$$Q_2 = \int_0^T i^2 R \mathrm{d}t$$

使它们产生的热效应相等 $Q_1 = Q_2$，则

$$I^2 RT = \int_0^T i^2 R \mathrm{d}t$$

$$I^2 T = \int_0^T i^2 \mathrm{d}t$$

$$I = \sqrt{\frac{1}{T} \int_0^T i^2 \mathrm{d}t} \tag{5-4}$$

有效值又称为方均根值。通常，用小写字母表示周期量，用大写字母表示它们的有效值。同样地，可以用直流电压 U 作为交流电压 $u(t)$ 的有效值来表征它的大小。

$$U = \sqrt{\frac{1}{T} \int_0^T u^2 \mathrm{d}t} \tag{5-5}$$

将式（5-2）中 $i(t) = I_\mathrm{m} \cos(\omega t + \phi_i)$ 代入式（5-4）

$$I = \sqrt{\frac{1}{T} \int_0^T i^2 \mathrm{d}t}$$

$$= \sqrt{\frac{1}{T} \int_0^T I_\mathrm{m}^2 \cos(\omega t + \phi_i) \mathrm{d}t}$$

$$= I_{\mathrm{m}} \sqrt{\frac{1}{2T} \int_0^T [1 + \cos 2(\omega t + \phi_i)] \mathrm{d}t}$$

$$= \frac{I_{\mathrm{m}}}{\sqrt{2}} \tag{5-6}$$

同样地，有

$$U = \frac{U_{\mathrm{m}}}{\sqrt{2}} \text{ 或 } U_{\mathrm{m}} = \sqrt{2}U \tag{5-7}$$

可见，对于正弦量，其最大值（U_{m} 或 I_{m}）与有效值（U 或 I）之间有着确定的数值关系。因此，有效值可以代替最大值作为正弦量的三要素之一。引入有效值之后，正弦电压、电流的式（5-1）和式（5-2）也可以写成

$$u(t) = \sqrt{2}U\cos(\omega t + \phi_u) \tag{5-8}$$

$$i(t) = \sqrt{2}I\cos(\omega t + \phi_i) \tag{5-9}$$

通常所说的正弦交流电压、电流的大小都是指有效值。例如，民用交流电压 220V、工业用电低压电 380V 等。另外，交流测量仪表所指示的读数、电气设备的额定值等都是指有效值。但是，各种器件和电气设备的耐压值应按最大值考虑。

四、正弦交流电路

当电路的激励源为正弦的电压源或电流源时，响应也会是相应的正弦量，这样的电路称为正弦交流电路。通常，正弦交流电路的工作状态有两种：暂态和稳态。

暂态是正弦电路在平衡状态被打破的情况下的一种过渡过程，在此期间电路响应不是按正弦方式变化，通常是在正弦的基础上叠加了一个衰减的指数函数形式的波形，使总响应的波形呈现出非正弦函数的形式。这种过渡过程是暂时的，经过一段时间后，当指数函数衰减到 0 时，电路响应或者又恢复到原有的正弦波，或者稳定到新的正弦波。例如，电力系统发生短路故障的初始时刻，短路电流的出现就是这种暂态现象，叠加出的非正弦波的峰值非常大，具有很大的危害性。如图 5-6 所示，短路电流 i_{k} 初始瞬间的波形是由正弦函数电流 i_{p} 和指数函数电流 i_{np} 这两个不同形式的波叠加而成的。

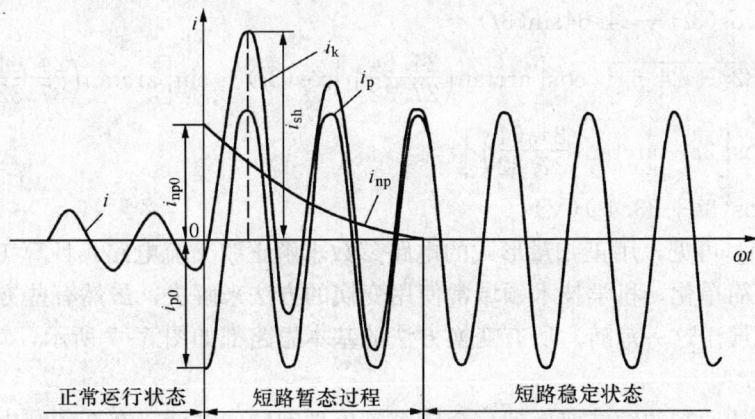

图 5-6　单相短路电流波形图

线性时不变动态电路在角频率为 ω 的正弦电压源和电流源激励下，随着时间的增长，当

暂态响应消失，只剩下正弦稳态响应，电路中全部电压、电流都是角频率为 ω 的正弦波时，称电路处于正弦稳态。也就是说，正弦稳态是指正弦电路的稳定状态，这是交流电路正常工作应保持的状态。正弦稳态电路在电力系统和电子技术领域占有十分重要的地位，不论在实际应用还是理论分析中，正弦稳态分析都是很重要的。这主要是因为：①正弦函数是周期函数，其加、减、乘、除运算后仍是同频率的正弦函数。②正弦信号容易产生、传送和使用。③许多电气设备的设计、性能指标都是按正弦稳态的情况下来考虑的，很多实际电路都工作于正弦稳态。例如电力系统的大多数电路。

所以，本章的重点在于讨论分析正弦稳态电路的方法，解决如何正确求解交流稳态电路中各个正弦量的问题。

第二节 变 换 域 的 方 法

根据上一节的阐述，我们知道，在求解正弦交流电路的过程中，所有的电压、电流参数都是用式（5-1）、式（5-2）或者式（5-8）、式（5-9）来描述，那么在进行电路参数的计算时，势必要带着这些三角函数式，要运用三角函数里的积化和差、和差化积等公式来计算，计算起来比较烦琐。

【例 5-3】 已知两个串联电阻两端的电压分别是 $u_1(t)$ 和 $u_2(t)$，$u_1(t) = 20\cos(3t - 30°)\text{V}$，$u_2(t) = 40\cos(3t + 60°)\text{V}$，求它们的电压之和 $u(t)$。

解 由三角函数的公式可知

$$u_1(t) = 20\cos(3t - 30°)$$
$$= 20\cos(3t)\cos30° + 20\sin(3t)\sin30°$$
$$u_2(t) = 40\cos(3t + 60°)$$
$$= 40\cos(3t)\cos60° - 40\sin(3t)\sin60°$$

$$u(t) = u_1(t) + u_2(t)$$
$$= (20\cos30° + 40\cos60°)\cos(3t) + (20\sin30° - 40\sin60°)\sin(3t)$$
$$= 37.32\cos(3t) - 24.64\sin(3t)$$
$$= \sqrt{37.32^2 + 24.64^2}\left\{\cos\left[\arctan\left(\frac{24.64}{37.32}\right)\right]\cos(3t) - \sin\left[\arctan\left(\frac{24.64}{37.32}\right)\right]\sin(3t)\right\}$$
$$= 44.7\cos\left[3t + \arctan\left(\frac{24.64}{37.32}\right)\right]$$
$$= 44.7\cos(3t + 33.4°)(\text{V})$$

由［例 5-3］可见，用正弦量形式的电路参数求解正弦交流电路，计算工作十分复杂。

为了使计算简单化，科学技术领域常使用变换的方法来解决，虽然有些方法在提出之初并未意识到它也属于这一范畴。所有变换方法的基本思路都如图 5-7 所示，均可分为以下 3 个步骤：

（1）把问题从原来的领域变换到一个较容易处理问题的领域。在新领域中，问题的表现形式可能会发生一些变化，但实质内容不变。

（2）在变换域中求解问题。

（3）把变换域中求得的解答反变换为原来问题的解答。

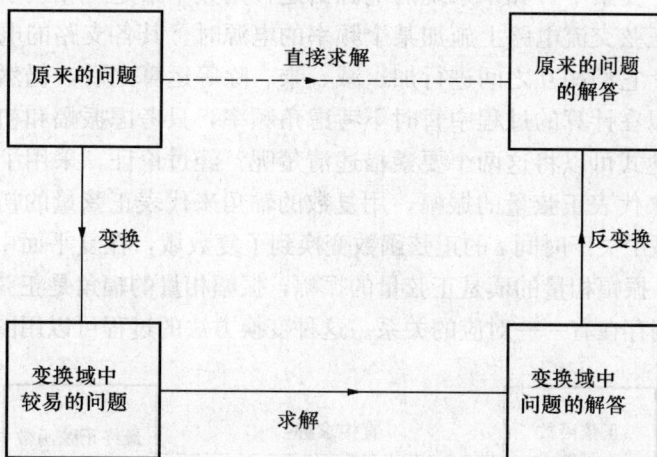

图 5 - 7　变换域方法的基本思路

　　图 5 - 7 中，用虚线表示了原来的解题方法，用实线表示了变换域的解题方法，3 个实线箭头依次表明了变换方法的 3 个步骤。

　　实际上，我们经常在解决问题时运用变换思路的方法。例如，求解满足等式的实数 x 的问题。

$$x^{3.4} = 7$$

直接求解是很困难的，如果对式子两边取对数后再做，求解就会容易。

$$3.4 \lg x = \lg 7$$

$$\lg x = \frac{\lg 7}{3.4} \approx 0.25$$

$$x = \lg^{-1} 0.25 \approx 1.8$$

　　从上面的计算可以看到，这样的解法就相当于采用了变换的思路。实际上，它就是一种变换方法。我们所说的变换其实是一个函数 $y = \lg x$，它就是一个对每一个正实数 x 和另一实数 y 之间指定的一种运算规则。它们应具有一一对应的性质。如图 5 - 8 所示。

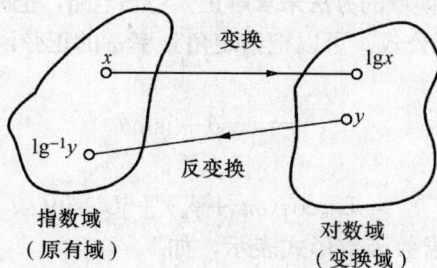

图 5 - 8　一种变换域的方法

　　在求解正弦交流稳态电路时，由于三角函数的运算较为复杂，我们也可以采用变换域的方法来进行求解。在采用这种方法求解的过程中，关键是找到一个合适的域，使原问题变换到新的领域时能够既简化运算又保证不改变实质内容。

　　在正弦量的三个要素中，如果系统的电源给定，则频率给定，相当于角频率 ω 此时是一个常数。而且，当正弦交流电路上施加某个频率的电源时，其各支路的电压、电流响应都是频率相同的正弦量，它们相互之间进行加、减、乘、除等运算之后，仍然是频率相同的正弦量。所以，我们可以在计算的过程中暂时不考虑角频率，只考虑振幅和初相这两个要素。那么，用什么样的表达式可以将这两个要素描述清楚呢？经过论证，采用了复数的形式来描述它们，用复数的模来代表正弦量的振幅，用复数的辐角来代表正弦量的初相角。

　　这样，就将时域中关于时间 t 的正弦函数变换到了复数域，在复平面中用一个相量来代表它，称为振幅相量。振幅相量的模是正弦量的振幅，振幅相量的辐角是正弦量的初相角，振幅相量和正弦函数之间存在着一一对应的关系。这种变换方法的过程可以用图 5-9 来表示。

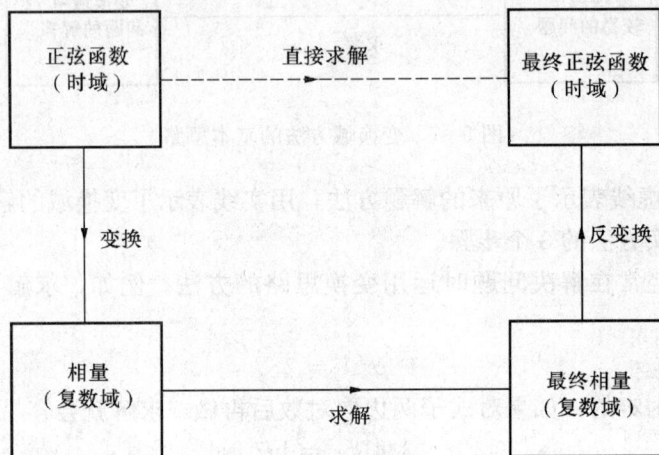

图 5-9　正弦交流稳态电路变换域的解题方法

第三节　相　　量

一、相量的概念

　　如上节所述，我们采用变换域的方法来求解正弦稳态电路，把时域范围内的计算变换成了复数域范围内的计算。根据欧拉公式，可以把给定角频率 ω 的正弦函数变换为复平面上的相量。

　　由欧拉恒等式

$$e^{j\theta} = \cos\theta + j\sin\theta$$

可得

$$U_m e^{j(\omega t + \phi_u)} = U_m\cos(\omega t + \phi_u) + jU_m\sin(\omega t + \phi_u)$$

则可以将正弦函数用复指数函数形式表示，如

$$u(t) = U_m\cos(\omega t + \phi_u)$$
$$= \text{Re}[U_m e^{j(\omega t + \phi_u)}]$$
$$= \text{Re}[U_m e^{j\phi_u} e^{j\omega t}]$$
$$= \text{Re}[\sqrt{2}U_m e^{j\phi_u} e^{j\omega t}]$$

　　令 $\dot{U}_m = U_m e^{j\phi_u} = U_m \angle \phi_u$，称其为正弦量 $u(t)$ 的振幅相量；令 $\dot{U} = U e^{j\phi_u} = U \angle \phi_u$，称其

为正弦量 $u(t)$ 的有效值相量。则

$$u(t) = \mathrm{Re}[\dot{U}_\mathrm{m}\mathrm{e}^{\mathrm{j}\omega t}] = \mathrm{Re}[\dot{U}_\mathrm{m}\angle\omega t]$$

或

$$u(t) = \mathrm{Re}[\sqrt{2}\dot{U}\mathrm{e}^{\mathrm{j}\omega t}] = \mathrm{Re}[\sqrt{2}\dot{U}\angle\omega t]$$

可见，正弦量 $u(t)$ 的三要素可以用包含振幅相量或有效值相量的复指数函数的形式表现出来。

对于相量而言，它本身是个矢量，是一个与时间无关的复值常数。它的模和辐角可以用来表征正弦量的大小和相位，但是它并不等于正弦量。因为，正弦量由三个要素组成，而相量只包含了其中的两个要素。当频率一定时，相量唯一的表征了正弦量。用一个相量来代替一个正弦量进行运算，可以简化计算。

同理，令 $\dot{I}_\mathrm{m} = I_\mathrm{m}\angle\phi_i$，称其为正弦量 $i(t)$ 的振幅相量；令 $\dot{I} = I\angle\phi_i$，称其为正弦量 $i(t)$ 的有效值相量。则

$$\dot{U}_\mathrm{m} = \sqrt{2}\dot{U} \tag{5-10}$$

$$\dot{I}_\mathrm{m} = \sqrt{2}\dot{I} \tag{5-11}$$

将同频率的正弦量相量画在同一个复平面中（极坐标系统），称为相量图。从相量图中可以方便地看出各个正弦量的大小及它们之间的相位关系，如图 5-10（a）所示。为了方便起见，相量图中有时可以省略极坐标轴而仅仅画出代表相量的矢量，如图 5-10（b）所示。

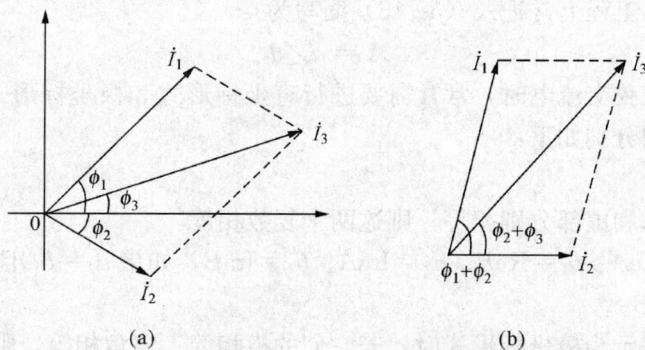

图 5-10　相量图
（a）相位关系；（b）简化图

用相量来进行运算的方法主要包括相量图法和代数运算法。相量图法是通过作图的方法获得相量的运算结果，这种方法要求作图的精确性，否则可能会出现较大的误差，特殊角度的时候比较容易，一般角度就困难了。所以这种方法适合于特殊情况下的运算，或者定性的讨论问题。代数运算法计算结果准确，是常用的基本解题方法，相量的代数运算过程其实就是复数的运算过程。

二、复数的基本运算

设 A 为一个复数，a_1 和 a_2 分别为其实部和虚部，则

$$A = a_1 + \mathrm{j}a_2 \tag{5-12}$$

其中 $j^2 = -1$ 为虚数单位。式（5-12）称为 A 的直角坐标形式。在实际应用中，有时只要保留复数的实部或虚部而不计另一部分，遇到这种情况时，可采用 Re 和 Im 两种记号。如果把 Re 写于复数的左边就表示只取此复数的实部，即

$$\mathrm{Re}A = \mathrm{Re}(a_1 + ja_2) = a_1$$

同理

$$\mathrm{Im}A = \mathrm{Im}(a_1 + ja_2) = a_2$$

Re 和 Im 可以理解为一种"算子"，复数受到它们运算后即分别得出该复数的实部和虚部。注意虚部是指 a_2 而不是指 ja_2。

复数 A 在复平面上可以用有方向的线段来表示。在原点 O 与 A 之间连一直线，把这直线的长度记作 a，称为复数 A 的模，模总是取正值。在这直线 A 端加上箭头，把它和实轴正方向的夹角记为 θ，称为复数 A 的辐角。这样，复数 A 在复平面上就可以用有向线段来表示，也就是说用模 a 和辐角 θ 来表示，如图 5-11 所示。

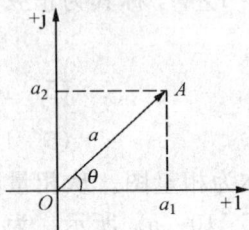

根据这一表示方式，可以得到复数的另一种形式

$$A = a\cos\theta + ja\sin\theta = a(\cos\theta + j\sin\theta)$$

又根据欧拉恒等式

$$e^{j\theta} = \cos\theta + j\sin\theta$$

则复数 A 可进一步写为

图 5-11　复数的模和辐角

$$A = ae^{j\theta} \tag{5-13}$$

式（5-13）是复数的另一种形式，称为复数 A 的极坐标形式。它是用模 a 和辐角 θ 来表示一个复数的。在工程上常把式（5-13）简写为

$$A = a\angle\theta \tag{5-14}$$

运用复数计算正弦交流电时，常常需要进行直坐标形式和极坐标形式之间的相互转换。有关复数的运算法则分别如下：

1. 相等

若两复数的实部和虚部分别相等，则这两个复数相等。

例如：有 $a_1 = \mathrm{Re}A$、$b_1 = \mathrm{Re}B$、$a_2 = \mathrm{Im}A$、$b_2 = \mathrm{Im}B$，如果 $a_1 = b_1$ 且 $a_2 = b_2$，则两个复数 A、B 相等，$A = B$。

另外，当复数表示为极坐标形式时，若它们的模相等、辐角相等，则这两复数相等。

例如：$A = a\angle\theta_1$，$B = b\angle\theta_2$，如果 $a = b$ 且 $\theta_1 = \theta_2$，则两个复数 A、B 相等，$A = B$。

2. 加减运算

复数的加减运算一般用直角坐标形式进行，几个复数相加或相减就是把它们的实部和虚部分别相加减。例如：若 $A = a_1 + ja_2$，$B = b_1 + jb_2$，则

$$A \pm B = (a_1 + ja_2) \pm (b_1 + jb_2)$$
$$= (a_1 \pm b_1) + j(a_2 \pm b_2)$$

复数的加减运算也可以在复平面上用图形来表示，描述的是相量之间的几何意义。

设有两个复数 $A = a_1 + ja_2$ 和 $B = b_1 + jb_2$，在复平面上复数 A 可以用点 A 或有向线段 $\overline{OA}$ 来表示，复数 B 也可以用点 B 或有向线段 $\overline{OB}$ 来表示，如图 5-12 所示。

设 $\overline{OC}$ 是以 $\overline{OA}$ 和 $\overline{OB}$ 为边的平行四边形的对角线，并设点 C 所代表的复数为 C，则由图 5-12可见：复数 C 的实部为 $a_1 + b_1$，虚部为 $a_2 + b_2$，即

$$C = (a_1 + b_1) + j(a_2 + b_2)$$

而根据复数相加的法则可知

$$A + B = (a_1 + ja_2) + (b_1 + jb_2) = (a_1 + b_1) + j(a_2 + b_2) = C$$

可见，求两复数之和的运算在复平面上是符合平行四边形求和法则的。同理，图 5 - 13 表明两复数相减在复平面上的表示。

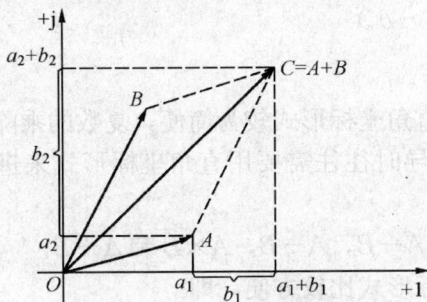

图 5 - 12 复数求和相量图法

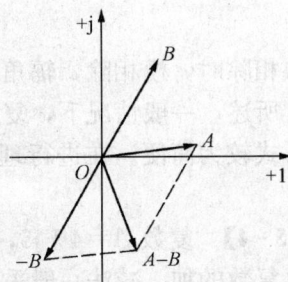

图 5 - 13 复数相减相量图法

图 5 - 12 和图 5 - 13 所示的复数相加和相减运算法则，和 xy 平面上相量相加或相减的运算法则完全相同，但乘除运算却并非如此，相量代数和复数代数之间的相似性只限于加减运算。

3. 乘法运算

设复数 $A = a_1 + ja_2$，$B = b_1 + jb_2$，则

$$
\begin{aligned}
A \cdot B &= (a_1 + ja_2) \cdot (b_1 + jb_2) \\
&= a_1 b_1 + ja_1 b_2 + ja_2 b_1 + j^2 a_2 b_2 \\
&= (a_1 b_1 - a_2 b_2) + j(a_1 b_2 + a_2 b_1)
\end{aligned}
$$

可见，复数采用直角坐标形式进行乘法运算时计算过程有点复杂。实际上，我们如果把复数用极坐标的形式表示，乘法运算就会变得简单一些。

如果复数用极坐标形式表示，复数 $A = a\angle\theta_a$，$B = b\angle\theta_b$，那么

$$
\begin{aligned}
A \cdot B &= a\angle\theta_a \cdot b\angle\theta_b \\
&= ae^{j\theta_a} be^{j\theta_b} \\
&= abe^{j(\theta_a + \theta_b)} \\
&= ab\angle(\theta_a + \theta_b)
\end{aligned}
$$

即：复数相乘时，模相乘，辐角相加。

4. 除法运算

若复数 $A = a_1 + ja_2$，$B = b_1 + jb_2$ 则

$$
\begin{aligned}
\frac{A}{B} &= \frac{a_1 + ja_2}{b_1 + jb_2} \\
&= \frac{(a_1 + ja_2)(b_1 - jb_2)}{(b_1 + jb_2)(b_1 - jb_2)} \\
&= \frac{(a_1 b_1 + a_2 b_2) + j(a_2 b_1 - a_1 b_2)}{b_1^2 + b_2^2} \\
&= \frac{a_1 b_1 + a_2 b_2}{b_1^2 + b_2^2} + j\frac{a_2 b_1 - a_1 b_2}{b_1^2 + b_2^2}
\end{aligned}
$$

如果复数用极坐标形式表示，复数 $A=a\angle\theta_a$，$B=b\angle\theta_b$，那么

$$\frac{A}{B}=\frac{a\angle\theta_a}{b\angle\theta_b}$$

$$=\frac{a\mathrm{e}^{\mathrm{j}\theta_a}}{b\mathrm{e}^{\mathrm{j}\theta_b}}$$

$$=\frac{a}{b}\angle(\theta_a-\theta_b)$$

即：复数相除时，模相除，辐角相减。

综上所述，一般情况下，复数的加减运算用直角坐标形式较为简便，复数的乘除运算用极坐标形式较为简便。在进行理论分析、公式推导时往往需要用直角坐标形式来进行乘除运算。

【例 5 - 4】 复数 $A=4+\mathrm{j}5$，$B=6-\mathrm{j}2$，试求 $A+B$，$A-B$，$A\times B$ 和 $A\div B$。

解 复数的加、减法一般采用复数的直角坐标形式比较方便，即

$$A+B=(4+6)+\mathrm{j}[5+(-2)]=10+\mathrm{j}3$$
$$A-B=(4-6)+\mathrm{j}[5-(-2)]=-2+\mathrm{j}7$$

而复数的乘、除法一般采用复数的极坐标形式比较方便，即

$$A=4+\mathrm{j}5=6.4\underline{/51.3^\circ}$$
$$B=6-\mathrm{j}2=5.39\underline{/-78.7^\circ}$$

$$A\times B=6.4\underline{/51.3^\circ}\times5.39\underline{/-78.7^\circ}=6.4\times5.39\underline{/51.3^\circ+(-78.7^\circ)}\approx34.5\underline{/-27.4^\circ}$$
$$A\div B=6.4\underline{/51.3^\circ}\div5.39\underline{/-78.7^\circ}=6.4\div5.39\underline{/51.3^\circ-(-78.7^\circ)}\approx1.19\underline{/130^\circ}$$

【例 5 - 5】 已知复数 $A=17\underline{/24^\circ}$ 和 $B=6\underline{/-65^\circ}$，试求 $A+B$，$A-B$，$A\times B$ 和 $A\div B$。

解 $A=17\underline{/24^\circ}\approx15.5+\mathrm{j}6.91$

$B=6\underline{/-65^\circ}\approx2.54-\mathrm{j}5.44$

$A+B=(15.5+2.54)+\mathrm{j}(6.91-5.44)=18.04+\mathrm{j}1.47$

$A-B=(15.5-2.54)+\mathrm{j}[6.91-(-5.44)]=12.96+\mathrm{j}12.35$

$A\times B=17\underline{/24^\circ}\times6\underline{/-65^\circ}=17\times6\underline{/24^\circ+(-65^\circ)}=102\underline{/41^\circ}$

$A\div B=17\underline{/24^\circ}\div6\underline{/-65^\circ}=17\div6\underline{/24^\circ-(-65^\circ)}\approx2.83\underline{/89^\circ}$

三、电路定律的相量形式

在线性正弦稳态电路中，电路的相量具有线性性质，各个相量之间仍然满足电路的基本定律。

线性性质：表示若干个同频率正弦量（可带有实系数）线性组合的相量等于表示各个正弦量的相量的同一个线性组合。例如设两个正弦量为

$$f_1(t)=\mathrm{Re}(\dot{A}_1\mathrm{e}^{\mathrm{j}\omega t}),\quad f_2(t)=\mathrm{Re}(\dot{A}_2\mathrm{e}^{\mathrm{j}\omega t})$$

则这两个正弦量可以由两个相量来表征

$$\dot{A}_1\Leftrightarrow f_1(t),\quad \dot{A}_2\Leftrightarrow f_2(t)$$

设 α_1 和 α_2 为两个实数，则正弦量 $\alpha_1 f_1(t)+\alpha_2 f_2(t)$ 可用 $\alpha_1\dot{A}_1+\alpha_2\dot{A}_2$ 表示。

由于 $\alpha_1\dot{A}_1+\alpha_2\dot{A}_2$ 是两个复数之和，最终的和仍是一个复数，说明两同频率正弦量之和仍为一同频率的正弦量。

正是由于上述线性性质，可得基尔霍夫定律的相量形式。

由 KCL 可知，在任一时刻，流出电路节点的电流的代数和为零。设线性时不变电路在单一频率 ω 的正弦激励下（正弦电源可以有多个，但频率必须相同）进入稳态时，各处电压、电流都将为同频率的正弦波。因此，在所有时刻，对任一节点的 KCL 可表示为

$$\sum_{k=1}^{P} i_k = \sum_{k=1}^{P} \text{Re}[\dot{I}_{km} e^{j\omega t}] = 0$$

其中

$$\dot{I}_{km} = I_{km} e^{j\theta_k}$$

为流出该节点的第 k 条支路正弦电流 i_k 的振幅相量，P 为连接在该节点上的支路数。根据上述线性性质，可得基尔霍夫电流定律（KCL）的相量形式为

$$\sum_{k=1}^{P} \dot{I}_{km} = 0 \tag{5-15}$$

同理，在正弦稳态电路中，在任一时刻，沿任一回路的基尔霍夫电压定律（KVL）可表示为

$$\sum_{k=1}^{H} \dot{U}_{km} = 0 \tag{5-16}$$

式中：$\dot{U}_{km}$ 为回路中第 k 个元件的电压振幅相量；H 为该回路中的元件数。因此，在正弦稳态电路中，基尔霍夫定律可直接用电流振幅相量和电压振幅相量写出。

四、电路基本元件 VCR 的相量形式

在关联参考方向下，线性时不变电阻、电感及电容元件的 VCR 分别为

$$u = Ri \tag{5-17}$$

$$u = L\frac{di}{dt} \tag{5-18}$$

$$i = C\frac{du}{dt} \tag{5-19}$$

在正弦稳态电路中，这些元件的电压、电流都是同频率的正弦波。为适应使用相量进行正弦稳态分析的需要，下面给出这三种基本元件 VCR 的相量形式。

1. 电阻元件 R

在关联参考方向下，线性电阻的电压、电流关系服从欧姆定律，电阻元件的 VCR 相量形式为

$$\dot{U}_R = R\dot{I}_R \tag{5-20}$$

式（5-20）表示的数值关系是：$U_R = RI_R$，这种关系只与 R 有关，与频率无关，即电阻对所有频率的信号衰减程度相同；相位关系是：$\phi_u = \phi_i$，即 $\dot{U}_R$ 与 $\dot{I}_R$ 同相。

图 5-14（a）是电路的时域模型，图 5-14（b）反映电压、电流瞬时值的关系，由图可见，任意时刻电压、电流的瞬时值都是同相位的，满足式（5-20）所表示的两层含义。

2. 电感元件 L

在关联参考方向下，电感元件的 VCR 相量形式为

$$\dot{U}_L = j\omega L\dot{I}_L \tag{5-21}$$

式（5-21）表示的数值关系是：$U_L = \omega L I_L$，其大小与角频率 ω 有关；相位关系是：

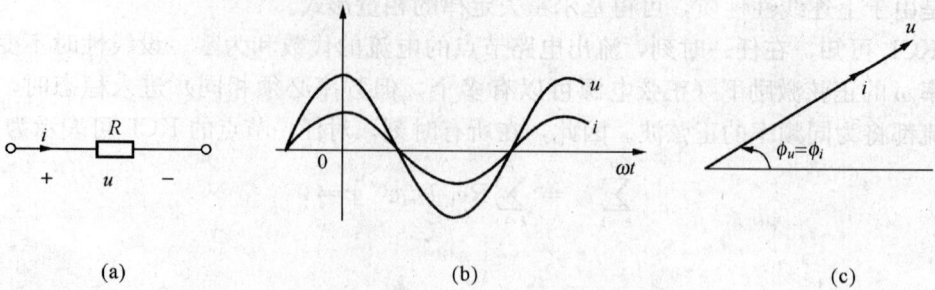

图 5 - 14　电阻元件的电压、电流的相量关系
(a) 时域模型；(b)、(c) 相位关系

$\phi_u = \phi_i + 90°$，表示电感电压 $\dot{U}_L$ 的相位超前电感电流 $\dot{I}_L$ 的相位 $90°$。

由式（5 - 21）可知，L 固定时，ω 越高，电流越难通过；ω 越低，电流越容易通过。对于正弦激励，电感具有"通低频、阻高频"的特性。

电感元件的电压、电流的相量关系如图 5 - 15 所示。

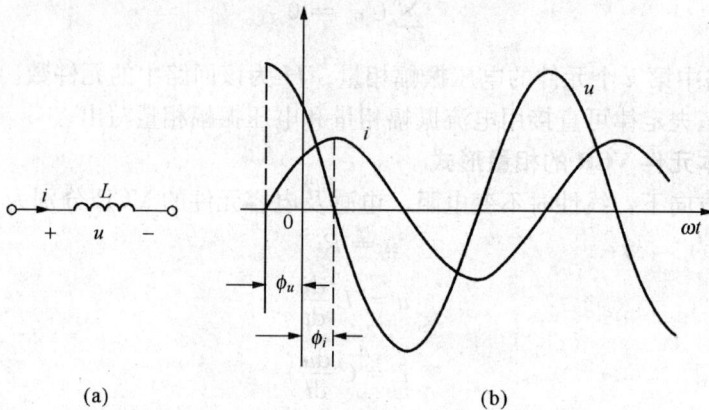

图 5 - 15　电感元件的电压、电流的相量关系
(a) 时域模型；(b) 相位关系

3. 电容元件 C

在关联参考方向下，电容元件的 VCR 相量形式为

$$\dot{I}_C = j\omega C \dot{U}_C \tag{5 - 22}$$

或者

$$\dot{U}_C = -j\frac{1}{\omega C}\dot{I}_C \tag{5 - 23}$$

式（5 - 22）、式（5 - 23）表示的数值关系是：$I_C = \omega C U_C$，或者 $U_C = \dfrac{I_C}{\omega C}$，大小与角频率 ω 有关；相位关系是：$\phi_i = \phi_u + 90°$，或者 $\phi_u = \phi_i - 90°$，表示电容电压 $\dot{U}_C$ 的相位滞后电容电流 $\dot{I}_C$ 的相位 $90°$。

电容元件的电压、电流的相量关系如图 5 - 16 所示。

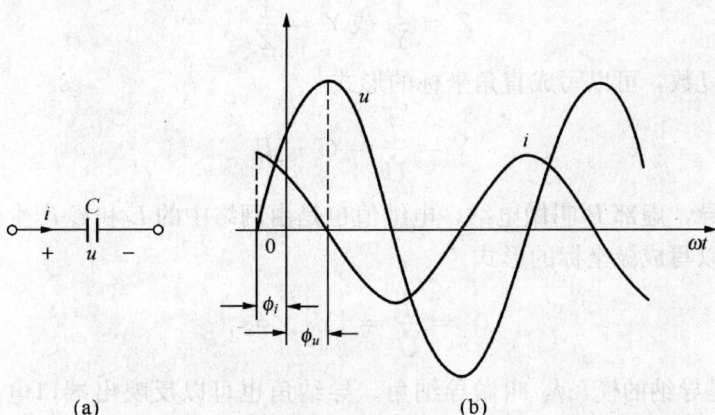

图 5-16　电容元件的电压、电流的相量关系
(a) 时域模型；(b) 相位关系

第四节　阻 抗 和 导 纳

一、阻抗和导纳的定义

在正弦交流电路相量法分析中，在关联参考方向下，把元件或二端网络端口（见图 5-17）在正弦稳态时电压相量 $\dot{U}$ 与电流相量 $\dot{I}$ 之比定义为该元件的阻抗，记为 Z，即

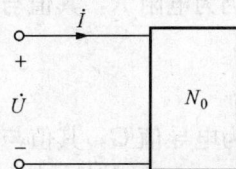

图 5-17　二端网络端口

$$Z = \frac{\dot{U}}{\dot{I}} \qquad (5-24)$$

Z 的单位是欧姆（Ω）。阻抗 Z 是复数，可以写成直角坐标的形式

$$Z = \frac{\dot{U}}{\dot{I}} = R + jX \qquad (5-25)$$

实部 R 是电阻，虚部 X 叫做电抗，电抗值是由网络中的 L 和 C 产生的。

阻抗 Z 也可以写成极坐标的形式

$$Z = \frac{\dot{U}}{\dot{I}} = \frac{U \angle \phi_u}{I \angle \phi_i} = \frac{U}{I} \angle (\phi_u - \phi_i) = |Z| \angle \phi_Z \qquad (5-26)$$

其中，$|Z|$ 是阻抗的模，ϕ_Z 叫做阻抗角。阻抗角可以反映出端口电压与电流的相位关系：由于 $\phi_Z = \phi_u - \phi_i$，因此当 $\phi_Z > 0$ 时，电压超前电流 ϕ_Z；当 $\phi_Z < 0$ 时，电压滞后电流 ϕ_Z；当 $\phi_Z = 0$ 时，电压与电流同相。

同样地，在正弦交流电路相量法分析中，在关联参考方向下，把元件或二端网络端口在正弦稳态时端口电流相量 $\dot{I}$ 与电压相量 $\dot{U}$ 之比定义为该元件的导纳 Y，即

$$Y = \frac{\dot{I}}{\dot{U}} \qquad (5-27)$$

Y 的单位是西门子（S）。可见，阻抗 Z 与导纳 Y 的关系是互为倒数，即

$$Z = \frac{1}{Y} \text{ 或 } Y = \frac{1}{Z}$$

导纳 Y 也是复数，可以写成直角坐标的形式

$$Y = \frac{\dot{I}}{\dot{U}} = G + jB \tag{5-28}$$

实部 G 是电导，虚部 B 叫做电纳，电纳值也是由网络中的 L 和 C 产生的。

导纳 Y 也可以写成极坐标的形式

$$Y = \frac{\dot{I}}{\dot{U}} = |Y| \angle \phi_Y \tag{5-29}$$

其中，$|Y|$ 是导纳的模，ϕ_Y 叫做导纳角。导纳角也可以反映出端口电压与电流的相位关系：由于 $\phi_Y = \phi_i - \phi_u$，因此当 $\phi_Y > 0$ 时，电压滞后电流 ϕ_Y；当 $\phi_Y < 0$ 时，电压超前电流 ϕ_Y；当 $\phi_Y = 0$ 时，电压与电流同相。

二、三种基本元件的阻抗和导纳

由阻抗和导纳的定义可得出三种基本元件 R、L、C 的阻抗和导纳。

（1）电阻元件 R 的阻抗为

$$Z_R = \frac{\dot{U}_R}{\dot{I}_R} = R$$

仍为电阻 R，其值与角频率 ω 无关。导纳为

$$Y_R = \frac{\dot{I}_R}{\dot{U}_R} = \frac{1}{R} = G$$

为电导值 G，其值与角频率 ω 无关。

（2）电感元件 L 的阻抗为

$$Z_L = \frac{\dot{U}_L}{\dot{I}_L} = j\omega L = jX_L$$

$X_L = \omega L$ 称为感抗，其值与角频率 ω 有关。导纳为

$$Y_L = \frac{\dot{I}_L}{\dot{U}_L} = \frac{1}{j\omega L} = j\frac{1}{-\omega L} = jB_L$$

$B_L = -\frac{1}{\omega L}$ 称为感纳，其值与角频率 ω 有关。

（3）电容元件 C 的阻抗为

$$Z_C = \frac{\dot{U}_C}{\dot{I}_C} = \frac{1}{j\omega C} = j\frac{1}{-\omega C} = jX_C$$

$X_C = -\frac{1}{\omega C}$ 称为容抗，其值与角频率 ω 有关。导纳为

$$Y_C = \frac{\dot{I}_C}{\dot{U}_C} = j\omega C = jB_C$$

$B_C = \omega C$ 称为容纳，其值与角频率 ω 有关。

所以，如果某网络阻抗 Z 的虚部 $X < 0$，则此网络呈容性；$X > 0$，则此网络呈感性。同

理，如果某网络导纳 Y 的虚部 $B<0$，则此网络呈感性；$Y>0$，则此网络呈容性。

三、阻抗与导纳的性质

（1）除电阻元件外，动态元件和无源二端网络的阻抗与导纳，都是角频率 ω 的函数。因此，在不同的角频率 ω 时，阻抗与导纳的数值不同。

（2）阻抗与导纳都是复数，它们与正弦量的相量，虽然都是复数，但是两者有本质的不同。阻抗与导纳不是随时间作周期性变化的正弦量的代表量，故不叫"相量"。它们是采用复数描述正弦稳态电路的元件参数，两类约束中的元件约束关系是用它们来表征的。

为了区别这种不同性质的复数量，相量是在正弦电压和电流的符号上加上"·"号，如 $\dot{U}$、$\dot{I}$，而在复数阻抗与导纳符号 Z、Y 上不加"·"号。

（3）阻抗与导纳反映了正弦交流电路端口电压与电流相量之间的关系。阻抗与导纳的模反映了正弦稳态元件和无源二端网络端口电压与电流有效值及最大值之比，即

$$|Z| = \frac{U}{I} = \frac{U_{\mathrm{m}}}{I_{\mathrm{m}}}$$

$$|Y| = \frac{I}{U} = \frac{I_{\mathrm{m}}}{U_{\mathrm{m}}}$$

阻抗角与导纳角反映了正弦电压与电流之间的相位差，即

$$\theta_z = \phi_u - \phi_i \text{ 或 } \theta_Y = \phi_i - \phi_u$$

因此掌握了元件和无源二端网络端口正弦稳态的阻抗和导纳，就掌握了元件和二端网络端口的 VCR，即 $\dot{U} = Z\dot{I}$，$\dot{I} = Y\dot{U}$，具有欧姆定律的相量形式。这将给正弦交流电路的分析计算带来方便，更重要的意义是它使正弦交流稳态电路与前面线性电阻电路的分析方法统一。

（4）阻抗与导纳只与单一频率正弦激励稳态电路分析联系，是正弦稳态分析电路中元件的重要参数，它们属于正弦稳态电路分析的概念。

运用复数分析正弦稳态电路，只有在引入阻抗和导纳后才能充分体现出优越性，它们的引入是电路理论发展的一个里程碑。

四、阻抗的串联与并联

n 个阻抗串联：$Z_{\mathrm{eq}} = Z_1 + Z_2 + \cdots + Z_n$

n 个阻抗并联：$\dfrac{1}{Z_{\mathrm{eq}}} = \dfrac{1}{Z_1} + \dfrac{1}{Z_2} + \cdots + \dfrac{1}{Z_n}$ 或者 $Y_{\mathrm{eq}} = Y_1 + Y_2 + \cdots + Y_n$

两个阻抗并联如图 5-18 所示。

两个阻抗并联：$Z_{\mathrm{eq}} = \dfrac{Z_1 Z_2}{Z_1 + Z_2}$

分流公式：$\dot{I}_1 = \dfrac{Z_2}{Z_1 + Z_2}\dot{I}$，$\dot{I}_2 = \dfrac{Z_1}{Z_1 + Z_2}\dot{I}$

图 5-18　两个阻抗并联

五、阻抗和导纳的等效变换

无源单口网络相量模型有两种等效电路，如图 5-19 所示。这两种等效电路之间也可以进行等效变换。

例如，已知单口网络的阻抗和串联等效电路，求其导纳和并联等效电路。那么，根据阻抗和导纳的倒数关系可以得到

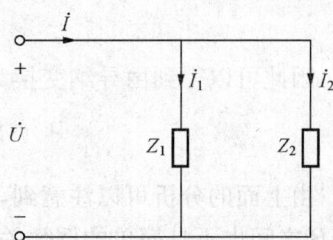

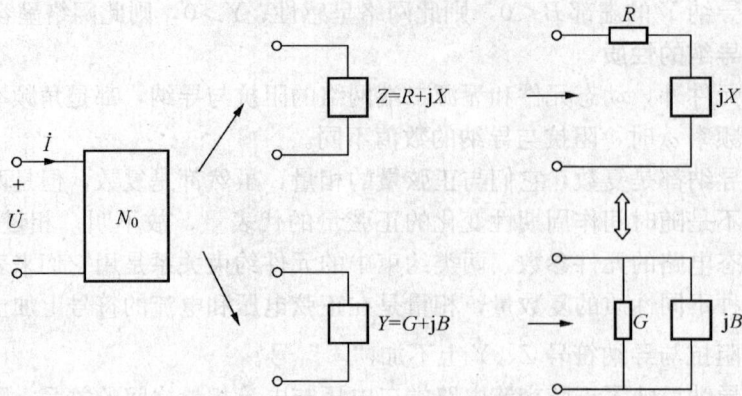

图 5 - 19　两种等效电路

$$Y = G + jB = \frac{1}{Z} = \frac{1}{R + jX}$$

$$= \frac{1}{R + jX} \cdot \frac{R - jX}{R - jX}$$

$$= \frac{R}{R^2 + X^2} - j\frac{X}{R^2 + X^2}$$

因此可以得到由阻抗变换为导纳的公式

$$G = \frac{R}{R^2 + X^2}, \quad B = -\frac{X}{R^2 + X^2} \tag{5-30}$$

反过来，若已知单口网络的导纳和并联等效电路，求其阻抗和串联等效电路。则根据阻抗和导纳的倒数关系可以得到

$$Z = R + jX = \frac{1}{Y} = \frac{1}{G + jB}$$

$$= \frac{G}{G^2 + B^2} + j\frac{-B}{G^2 + B^2}$$

因此可以得到由导纳变换为阻抗的公式

$$R = \frac{G}{G^2 + B^2}, \quad X = -\frac{B}{G^2 + B^2} \tag{5-31}$$

由上面的分析可以注意到，电阻 R 与电导 G 之间并不是简单的倒数关系，电抗 jX 与电纳 jB 之间也不是简单的倒数关系。

就单口网络的相量模型的端口特性而言，可以用一个电阻和电抗元件的串联电路或用一个电导和电纳元件的并联电路来等效。

【例 5 - 6】　单口网络如图 5 - 20 所示，已知 $\omega = 100\text{rad/s}$。试计算该单口网络相量模型等效阻抗和相应的等效电路。

解　先将时域模型图 5 - 20 变换成相量模型，如图 5 - 21 所示。

列相量形式的 KVL 方程计算端口电压相量

$$\dot{U} = -j2\dot{I} + 1\dot{I} + j8(\dot{I} + 0.5\dot{U}_1)$$

$$= -j2\dot{I} + 1\dot{I} + j8\dot{I} + j8 \times 0.5 \times (-j2\dot{I})$$

$$= (9 + j6)\dot{I}$$

则求得等效阻抗为

$$Z = \frac{\dot{U}}{\dot{I}} = (9 + j6)\Omega$$

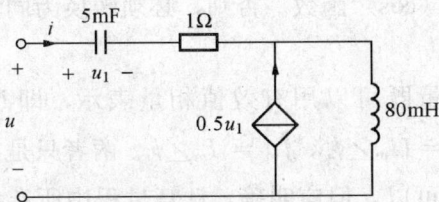

图 5-20　[例 5-6] 图

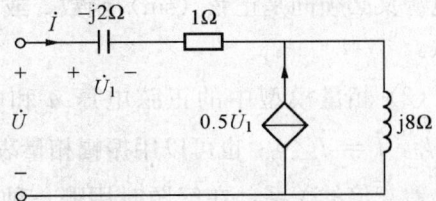

图 5-21　相量模型

因为阻抗的虚部为 6>0，呈感性，所以其等效电路为一个电阻和电感的串联，如图 5-22 所示。

此题如果延伸一下，求网络的等效导纳及相应的等效电路，则由阻抗和导纳等效变换可知，图 5-22 也可以等效成一个并联电路，参数由式（5-30）计算得出。

$$G = \frac{R}{R^2 + X^2} = \frac{9}{9^2 + 6^2} = \frac{3}{39}(\text{S})$$

$$B = -\frac{X}{R^2 + X^2} = -\frac{6}{9^2 + 6^2} = -\frac{2}{39}(\text{S})$$

因为导纳的虚部为 $-\frac{2}{39} < 0$，呈感性，所以其等效电路为一个电阻和电感的并联，如图 5-23 所示。

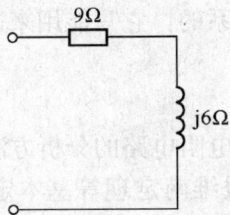

图 5-22　串联等效电路

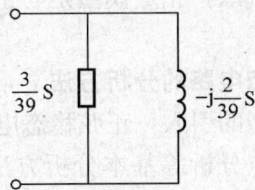

图 5-23　并联等效电路

第五节　正弦稳态电路的分析

一、相量模型

相量模型其实还是一种电路模型，以前所用的电路模型以 R、C、L 等原参数来表征元件，称为时域模型，反映了电压与电流时间函数之间的关系。现在，对于一个单一频率正弦激励的动态电路，应用相量法进行正弦稳态分析时，要作出时域模型所对应的相量模型。首先保证电路模型的拓扑结构不变，再将时域模型中的 R、L、C 元件分别用它们的阻抗 R、

$j\omega L$、$\dfrac{1}{j\omega C}$ 或导纳 G、$\dfrac{1}{j\omega L}$、$j\omega C$ 代替，将电路中的激励和各支路变量的正弦电压和电流分别用它们的相量表示，便作出了相量模型。相量模型的本质就是将电路进行简化。关于相量模型应明确以下几点：

（1）作相量模型时，时域电路各正弦电压和电流，必须是同频率的正弦量，而且正弦交流电源又必须同是正弦（sin）函数，或者同是余弦（cos）函数。否则，必须转换为同一种函数。

（2）相量模型中的正弦电压 u 和电流 i 的相量既可以用有效值相量表示，即 $\dot U = U\angle\phi_u$，$\dot I = I\angle\phi_i$；也可以用振幅相量表示，即 $\dot U_{\mathrm m} = U_{\mathrm m}\angle\phi_u$，$\dot I_{\mathrm m} = I_{\mathrm m}\angle\phi_i$。两者只是在数值上差 $\sqrt 2$ 倍的关系，在解题时用哪一种相量形式都可以，但应明确，计算过程中所有参数用统一的相量。

（3）任何一个时域电路的相量模型，都可以有以阻抗表示的相量模型和以导纳表示的相量模型两种形式。因此，对于某一电路的正弦稳态分析，就有两种相量模型可以选择，应视电路结构特点的不同，选择有利于分析计算的相量模型。一般而言，对于元件串联电路，宜采用阻抗相量模型；对于元件并联模型，宜采用导纳相量模型。

（4）对于不含耦合电感元件的正弦交流电路，其相量模型的结构与时域电路的结构是相同的，不同的只是正弦电压和电流分别用它的相量表示，R、L、C 元件分别用它们的阻抗和导纳表示；而对于含耦合电感元件的正弦交流电路，它的相量模型中，应包含有成对的互感电压模型，可以用两个电流控制的电压源来表示其相量模型。

（5）阻抗与导纳一般都是角频率 ω 的函数，所以在不同正弦电源角频率 ω 时，就有不同的相量模型。也可以说，对于某一确定的电源角频率，只有一种阻抗相量模型和一种导纳相量模型。

（6）相量模型不是时域电路的等效电路，而是用来进行正弦稳态分析计算的频域电路，即变换域电路。所以，相量模型是与正弦稳态分析相联系的，它只能用来进行正弦稳态交流电路的分析计算。

二、正弦稳态电路的分析方法

由于相量模型的引入，正弦稳态电路的分析方法与电阻电路的分析方法相同，前面提到的网孔分析、节点分析等基本分析方法和叠加定理、戴维南定理等基本定理都可以在这里应用。

1. 一般正弦稳态电路的分析

用相量法计算一般的正弦交流电路时，通常分以下 4 个步骤进行：

（1）画出原电路的相量模型。

（2）在相量模型中，将正弦量用相量表示。电压和电流用相量表示，电阻仍用 R 表示，电感和电容分别用 $j\omega L$ 和 $-j\dfrac{1}{\omega C}$ 表示，即用复阻抗表示。

（3）根据相量模型列出电路方程进行求解，求出相量解。

（4）根据求出的相量写出对应的正弦量。

【例 5-7】　RLC 并联电路如图 5-24 所示。已知 $G=1\mathrm S$，$L=2\mathrm H$，$C=0.5\mathrm F$，$i_{\mathrm s}(t)=3\cos(2t)\mathrm A$。求电流源两端的电压 $u(t)$。

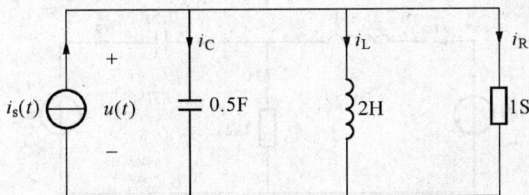

图 5-24 ［例 5-7］图

解 由于不含耦合电感元件，相量模型与时域模型结构相同。只需要将元件原来的参数换算成相量模型需要的参数。

$$\dot{I}_{sm} = 3\angle 0°(A)$$

$$Y_C = j\omega C = j2 \times 0.5 = j1(S)$$

$$Y_L = \frac{1}{j\omega L} = \frac{1}{j \times 2 \times 2} = -j\frac{1}{4}(S)$$

$$Y_R = G = 1(S)$$

画出对应的相量模型图，如图 5-25 所示，完成从时域到频域的变换。

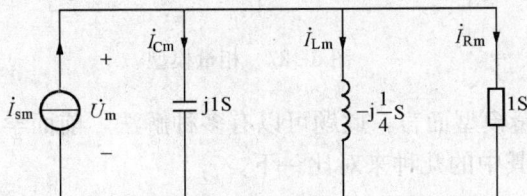

图 5-25 相量模型

由图 5-25 可知这一并联电路的总导纳为

$$Y = Y_C + Y_L + Y_R$$
$$= j1 - j\frac{1}{4} + 1$$
$$= 1 + j0.75$$
$$= 1.25\angle 36.9°(S)$$

由相量模型可知

$$\dot{U}_m = \frac{\dot{I}_{sm}}{Y} = \frac{3\angle 0°}{1.25\angle 36.9°} = 2.4\angle -36.9°(V)$$

得到相量解之后再反变换回正弦稳态解

$$u(t) = 2.4\cos(2t - 36.9°)(V)$$

根据导纳角也能判断电压、电流的相位关系，正如同根据阻抗角可以判断电压、电流的关系一样。刚才求出 Y 的辐角为正值，说明其电流超前电压。

【例 5-8】 图 5-26 所示电路中，已知 $u_{S1}(t) = 3\sqrt{2}\cos\omega t$ V，$u_{S2}(t) = 4\sqrt{2}\sin\omega t$ V，$\omega = 2$rad/s。试求电感上的电流 $i_1(t)$。

解 先计算模型转换后的电路参数

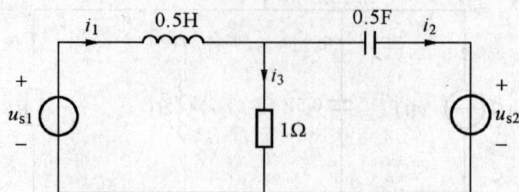

图 5-26 [例 5-8] 图

$$\dot{U}_{S1} = 3\angle 0°(\text{V}), \quad \dot{U}_{S2} = -\text{j}4(\text{V}) = 4\angle -90°(\text{V})$$

$$\text{j}\omega L = \text{j}1(\Omega), \quad \frac{1}{\text{j}\omega C} = -\text{j}1(\Omega)$$

画出电路的相量模型，如图 5-27 所示。

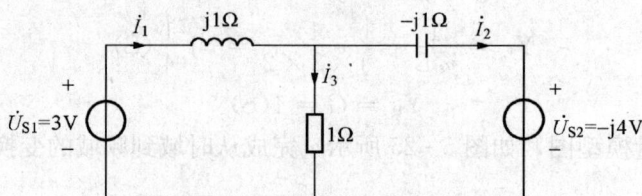

图 5-27 相量模型

针对图 5-27 的相量模型而言，此题可以有多种解法，前面学过的分析方法都可以拿来应用，在此，我们举出其中的几种来对比一下。

方法一：网孔分析

假设网孔电流如图 5-28 所示，列出网孔电流方程

$$\begin{cases} (1+\text{j}1)\dot{I}_1 - \dot{I}_2 = 3\angle 0° \\ -\dot{I}_1 + (1-\text{j}1)\dot{I}_2 = -(-\text{j}4) \end{cases}$$

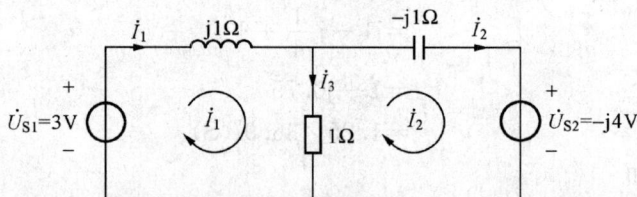

图 5-28 网孔分析

解方程组，得

$$\dot{I}_1 = 3 + \text{j}1 = 3.162\angle 18.43°(\text{A})$$

由电流相量得到相应的瞬时值表达式

$$i_1(t) = 3.162\sqrt{2}\cos(2t + 18.43°)(\text{A})$$

方法二：节点分析

为了便于列写电路的节点电压方程，画出采用导纳参数的相量模型，如图 5-29 所示。
参考节点的选择如图 5-29 所示，其中

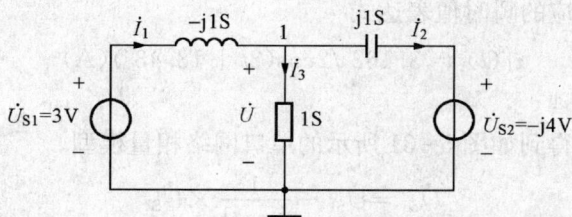

图 5 - 29　节点分析

$$\frac{1}{j\omega L} = -j1(S)，\quad j\omega C = j1(S)$$

列出节点电压方程

$$(1-j+j1)\dot{U} - (-j1)\times 3 - j1 \times (-j4) = 0$$

求解得到

$$\dot{U} = -j1\times 3 + j1 \times (-j4) = 4-j3 = 5\angle -36.9°(V)$$

最后求得电流相量解

$$\dot{I}_1 = -j1\times(\dot{U}_{S1} - \dot{U}) = 3+j1 = 3.162\angle 18.43°(A)$$

由电流相量得到相应的瞬时值表达式

$$i_1(t) = 3.162\sqrt{2}\cos(2t+18.43°)(A)$$

方法三：叠加定理

叠加定理适用于线性电路，也可以用于正弦稳态分析。画出两个独立电压源单独作用的电路，如图 5 - 30 所示。

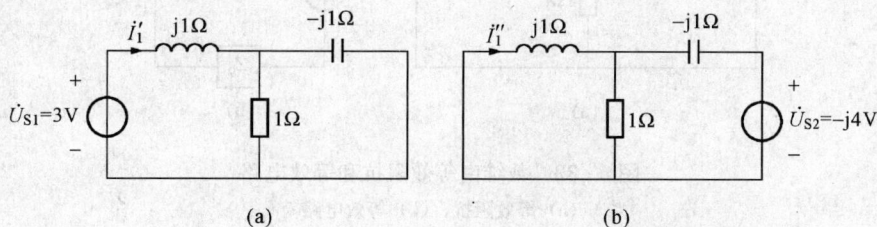

图 5 - 30　叠加定理

用图 5 - 30（a）和图 5 - 30（b）分别计算每个独立电压源单独作用产生的电流相量，然后用相加的方法得到最后的电流相量解。

$$\dot{I}_1 = \dot{I}_1' + \dot{I}_1''$$

$$= \frac{\dot{U}_{S1}}{j1+\dfrac{1\times(-j1)}{1-j1}} + \frac{-\dot{U}_{S2}}{-j1+\dfrac{1\times j1}{1+j1}}\times\frac{1}{1+j1}$$

$$= \frac{3}{0.5+j0.5} + j4$$

$$= 3+j1$$

$$= 3.126\angle 18.43°(A)$$

由电流相量得到相应的瞬时值表达式

$$i_1(t) = 3.162\sqrt{2}\cos(2t + 18.43°)(A)$$

方法四：戴维南定理

将待求支路断掉，得到如图 5-31 所示的单口网络相量模型。

$$\dot{U}_{oc} = \dot{U}_{S1} - \frac{1}{1-j1} \times \dot{U}_{S2}$$

$$= 3 - \frac{-j4}{1-j1}$$

$$= 1 + j2(V)$$

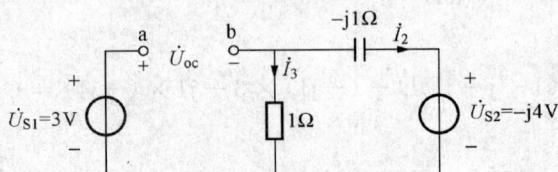

图 5-31　戴维南定理

戴维南等效阻抗可用图 5-32（a）求出

$$Z_o = \frac{1 \times (-j1)}{1 - j1} = \frac{-j1 \times (1+j1)}{2} = 0.5 - j0.5(\Omega)$$

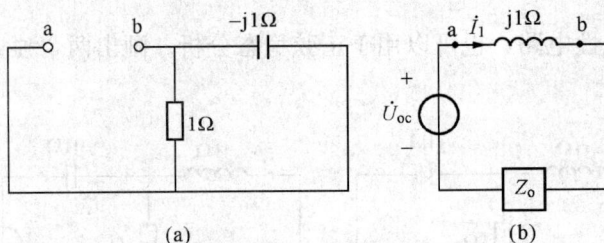

(a)　　　　　　　　(b)

图 5-32　戴维南等效阻抗和等效电路

(a) 等效阻抗；(b) 等效电路

由图 5-32（b）可得

$$\dot{I}_1 = \frac{\dot{U}_{oc}}{Z_o + j1}$$

$$= \frac{1+j2}{0.5 - j0.5 + j1}$$

$$= 3 + j1$$

$$= 3.162\angle 18.43°(A)$$

由电流相量得到相应的瞬时值表达式

$$i_1(t) = 3.162\sqrt{2}\cos(2t + 18.43°)(A)$$

通过以上四种方法可以看出，方法虽然不同，但结果相同，解是唯一的。至于选哪种方法合适，要看具体的电路应用哪种方法比较简便。

【例 5-9】 电路如图 5-33 所示，已知 $R_1 = 5\Omega$，$R_2 = 10\Omega$，$L_1 = L_2 = 10\text{mH}$，$C =$

$100\mu\mathrm{F}$，求电流 $i_2(t)$。其中，三个电源为同一角频率 $\omega = 10^3\mathrm{rad/s}$，$i_\mathrm{S}(t) = \sqrt{2}\cos(\omega t + 30°)\mathrm{A}$，$u_\mathrm{S1}(t) = 10\sqrt{2}\cos\omega t\ \mathrm{V}$，$u_\mathrm{S2}(t) = 15\sqrt{2}\cos(\omega t + 45°)\mathrm{V}$。

解　画出电路的相量模型，我们选择采用网孔分析法，标出网孔电流，如图 5 - 34 所示。

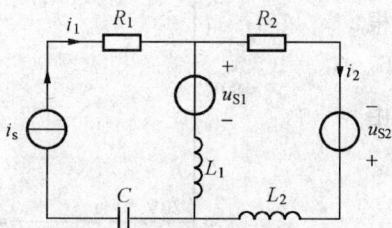

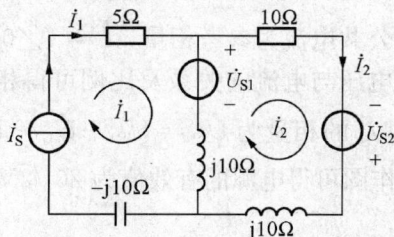

图 5 - 33　[例 5 - 9] 图　　　　　图 5 - 34　相量模型

相量模型中各个参数为 $\dot{I}_\mathrm{S} = 1\angle30°(\mathrm{A})$，$\dot{U}_\mathrm{S1} = 10\angle0°(\mathrm{V})$，$\dot{U}_\mathrm{S2} = 15\angle45°(\mathrm{V})$，$\mathrm{j}\omega L_1 = \mathrm{j}\omega L_2 = \mathrm{j}10(\Omega)$，$\dfrac{1}{\mathrm{j}\omega C} = -\mathrm{j}10(\Omega)$。列出网孔电流方程

$$\begin{cases} \dot{I}_1 = \dot{I}_\mathrm{S} = 1\angle30°(\mathrm{A}) \\ -\mathrm{j}10\dot{I}_1 + (10+\mathrm{j}10+\mathrm{j}10)\dot{I}_2 = 15\angle45° + 10\angle0° \end{cases}$$

求解得到

$$\dot{I}_2 = 1.109\angle-12.44°(\mathrm{A})$$

则

$$i_2(t) = 1.109\sqrt{2}\cos(10^3 t - 12.44°)(\mathrm{A})$$

2. 特殊稳态电路的分析

在实际应用中，有时会遇到只要求计算有效值的问题，或者只要求计算相位差的问题。显然，这样两类特殊问题都是只要求在相量的模和辐角两个参数中求出一个，这时可以不用通过相量计算，而使用相量图法进行求解。相量图法是根据元件电路电流的相量关系，作出电压与电流的相量图，再利用相量图中电压、电流相量之间的几何、三角关系来分析计算正弦稳态响应。这种分析方法，对于求相位差、有效值和定性分析等情况，方便直观，条件具备时它也可以进行定量计算，能避免烦琐的运算。

用相量图法分析特殊稳态电路的步骤：

（1）作出参考相量，可以是电压相量，也可以是电流相量。对串联电路，一般设公共电流 $\dot{I} = I\angle0°$ 为参考相量，按一定比例尺在图中作出相量 $\dot{I}$；对并联电路，一般设公共电压 $\dot{U} = U\angle0°$ 为参考相量，按一定比例尺在图中作出相量 $\dot{U}$。

（2）根据元件各自不同的 VCR，按比例在图中作出元件未知参数的相量。若为电阻元件 R，$\dot{U}_\mathrm{R}$ 与 $\dot{I}_\mathrm{R}$ 同相，$U_\mathrm{R} = RI_\mathrm{R}$，按比例尺在图中作出其电压、电流相量；若为电感元件 L，$\dot{U}_\mathrm{L}$ 超前 $\dot{I}_\mathrm{L}$ 相位 90°，$U_\mathrm{L} = \omega L I_\mathrm{L}$，按比例尺在图中作出其电压、电流相量；若为电容元件 C，$\dot{U}_\mathrm{C}$ 滞后 $\dot{I}_\mathrm{C}$ 相位 90°，$I_C = \omega C U_C$，按比例尺在图中作出其电压、电流相量。

（3）根据相量图的几何、三角关系求出待求的未知相量。

【例 5 - 10】 已知图 5 - 35 中电压表读数 V1 为 20V，V2 为 80V，V3 为 100V。求电源 u_S 的有效值。

解 用作相量图的方法求解。

因为流过 RLC 单回路的电流为同一电流，所以可设这个公共电流为参考相量，$\dot{I} = I\angle 0°$。然后，根据各元件电压与电流的关系及比例可得相量图 5 - 36。因为电压 u_S 的相量为 $\dot{U}_S = \dot{U}_R + \dot{U}_L + \dot{U}_C$，所以由图 5 - 36 作图可得电源的有效值为 $20\sqrt{2}V = 28.28V$。

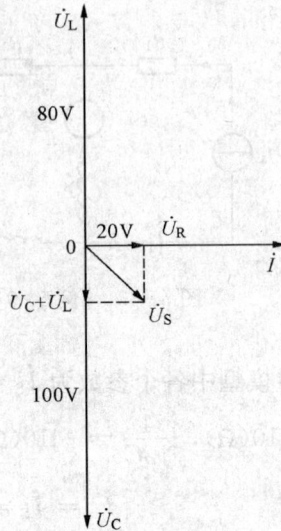

图 5 - 36 ［例 5 - 10］相量图的绘制

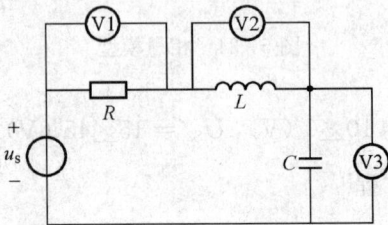

图 5 - 35 ［例 5 - 10］图

作图过程：

（1）定性地画出参考相量 $\dot{I}$。

（2）定量地作出 $\dot{U}_R$，方向与 $\dot{I}$ 同向。

（3）定量地作出 $\dot{U}_L$，方向比 $\dot{I}$ 超前 90°。

（4）定量地作出 $\dot{U}_C$，方向比 $\dot{I}$ 滞后 90°。

（5）定量地作出 $\dot{U}_L + \dot{U}_C$。

（6）定量地作出 $\dot{U}_S$。

【例 5 - 11】 电路如图 5 - 37 所示，求输出电压 u_o 与输入电压 u_s 的相位关系。$u_s(t) = \sqrt{2}U_S\cos\omega t$。

解 此题只求相位关系，可以用相量图法求解。由于各电路参数未知，因此只能定性地作图。因为 R 和 C 是串联关系，设公共电流为参考相量，$\dot{I} = I\angle 0°$。

作图过程：

（1）定性地画出参考相量 $\dot{I}$。

（2）定性地作出 $\dot{U}_O = \dot{U}_R$，方向与 $\dot{I}$ 同向。

（3）定性地作出 $\dot{U}_C$，方向比 $\dot{I}$ 滞后 90°。

（4）定性地作出 $\dot{U}_S = \dot{U}_O + \dot{U}_C$。

根据图 5 - 38 所示相量图，输出电压 $\dot{U}_O$ 总是超前输入电压 $\dot{U}_S$。超前的相位差角 ϕ 也可以从相量图上的直角三角形中求出：

$$\tan\phi = \frac{U_{\mathrm{C}}}{U_{\mathrm{O}}} = \frac{\dfrac{I}{\omega C}}{RI} = \frac{1}{\omega CR}$$

$$\phi = \arctan\left(\frac{1}{\omega CR}\right)$$

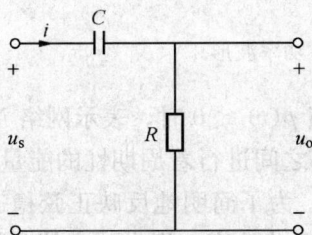

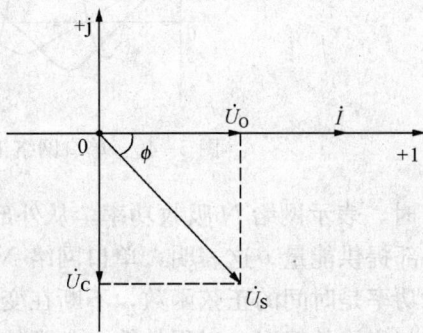

图 5 - 37　［例 5 - 11］图　　　　　　　图 5 - 38　［例 5 - 11］相量图的绘制

第六节　正弦稳态电路的功率

虽然正弦稳态电路的功率及能量是随时间变化的，但实际上我们通常还需要知道它们的平均值，而不仅仅是瞬时值。本节讨论正弦稳态电路的各种功率，以及不同功率之间的关系。

一、功率的种类

1. 瞬时功率

设有如图 5 - 39 所示一单口网络。在端口电压和电流采用关联参考方向的条件下，它吸收的瞬时功率为

$$p(t) = \frac{\mathrm{d}w}{\mathrm{d}t} = u(t)i(t) \qquad (5 - 32)$$

当单口网络工作于正弦稳态时，端口电压和电流是相同频率的正弦电压和电流，即

$$u(t) = U_{\mathrm{m}}\cos(\omega t + \phi_u)$$
$$i(t) = I_{\mathrm{m}}\cos(\omega t + \phi_i)$$

图 5 - 39　单口网络

其瞬时功率为

$$\begin{aligned}
p(t) &= u(t)i(t) = U_{\mathrm{m}}\cos(\omega t + \phi_u)I_{\mathrm{m}}\cos(\omega t + \phi_i) \\
&= \frac{1}{2}U_{\mathrm{m}}I_{\mathrm{m}}\left[\cos(\phi_u - \phi_i) + \cos(2\omega t + \phi_u + \phi_i)\right] \\
&= UI\cos(\phi_u - \phi_i) + UI\cos(2\omega t + \phi_u + \phi_i)
\end{aligned}$$

由于电压与电流的初相是定值，上式表示瞬时功率由一个常量 $UI\cos(\phi_u - \phi_i)$ 和一个角频率为 2ω 的正弦波组成，瞬时功率的波形如图 5 - 40 所示，$\theta = \phi_u - \phi_i$。

由图 5 - 40 可知，$p(t)$ 是随时间作周期性变化的，变化频率比电压和电流快一倍。当

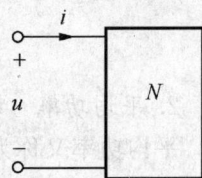

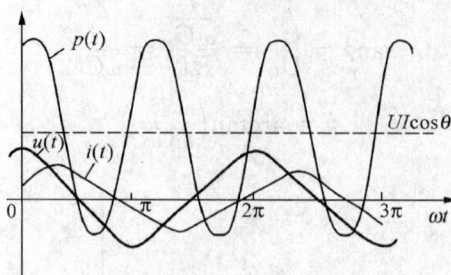

图 5-40 单口网络正弦稳态下的瞬时功率波形

$p(t)>0$ 时，表示网络 N 吸收功率，从外部获得能量；当 $p(t)<0$ 时，表示网络 N 发出功率，向外部提供能量。这表明，单口网络 N 的内部与外部之间进行着周期性的能量交换。

瞬时功率是时间的正弦函数，不断在变化，使用不便。为了简明地反映正弦稳态电路中能量消耗与交换的情况，工程计算中常常使用有功功率、无功功率、视在功率等参数。

在交流电力系统中，需要电源供给两部分能量，一部分用于作功而被消耗掉，这部分电能将转换为机械能、光能、热能或化学能，称为"有功功率"；另一部分用来建立磁场，是供交换能量使用的，对于外部电路它并没有作功，由电能转换为磁能，再由磁能转换为电能，周而复始，并没有消耗，这部分能量称为"无功功率"，没有这部分功率，就不能建立感应磁场，电动机、变压器等设备就不能运转。所以，实际生产中，有功功率和无功功率是非常重要的两个参数。

在一段时间内，单口网络获得的能量为

$$w(t_0,t_1)=\int_{t_0}^{t_1}u(t)i(t)\mathrm{d}t=w(t_1)-w(t_0)$$

则某一时刻单口网络获得的能量为

$$w(t)=\int_{-\infty}^{t}u(t)i(t)\mathrm{d}t$$
$$=w(t_0)+\int_{t_0}^{t}u(t)i(t)\mathrm{d}t$$

2. 平均功率

平均功率又称为有功功率，是瞬时功率在一个周期内的平均值。

令 $\varphi=\phi_u-\phi_i$，则瞬时功率的表达式可写成

$$p(t)=UI\cos\varphi+UI\cos(2\omega t+\phi_u+\phi_i)$$

则平均功率为

$$P=\frac{1}{T}\int_0^T p(t)\mathrm{d}t$$
$$=\frac{1}{T}\int_0^T[UI\cos\varphi+UI\cos(2\omega t+\phi_u+\phi_i)]\mathrm{d}t$$

式中：T 为电压（或电流）的周期。由于是在一个周期内积分，故第二项积分为零，得平均功率

$$P=UI\cos\varphi \tag{5-33}$$

由式（5-33）看出正弦稳态的平均功率不仅与电压、电流有效值乘积 UI 有关，还与电

压、电流的相位差 φ 有关。有功功率的单位是瓦（W）。

平均功率是一个重要的概念，使用广泛，我们通常说某个家用电器消耗多少瓦的功率，就是指它的平均功率，简称为功率。

值得注意的是，在用 $UI\cos\varphi$ 计算单口网络吸收的平均功率时，采用的电压、电流的参考方向一定要关联，否则会影响相位差 φ 的数值，从而影响到功率因数 $\cos\varphi$ 以及平均功率的正负。

3. 无功功率

许多用电设备均是根据电磁感应原理工作的，如配电变压器、电动机等，它们都是依靠建立交变磁场才能进行能量的转换和传递。为建立交变磁场和感应磁通而需要的电功率称为无功功率，因此，所谓的"无功"并不是"无用"的电功率，只不过它的功率并不转化为机械能、热能而已。

无功功率的表达式为

$$Q = UI\sin\varphi \qquad (5-34)$$

无功功率是瞬时功率可逆部分的振幅，它反映了单口网络 N 由储能元件引起的内部与外部能量交换的规模。无功功率的单位是乏（var）。

4. 视在功率

在电工技术中，将单口网络端钮电压和电流有效值的乘积，称为视在功率。视在功率的表达式为

$$S = UI \qquad (5-35)$$

即 S 等于端口电压与电流有效值乘积，其单位为伏安（VA）。

由式（5-33）～式（5-35）可知，它们之间存在着数学关系

$$S = \sqrt{P^2 + Q^2} \qquad (5-36)$$

显然，只有单口网络完全由电阻混联而成时，视在功率才等于平均功率，否则，视在功率总是大于平均功率（即有功功率），也就是说，视在功率不是单口网络实际所消耗的功率。

由于视在功率等于网络端钮处电流、电压有效值的乘积，而有效值能客观地反映正弦量的大小和它的作功能力，这两个量的乘积反映了为确保网络能正常工作，外电路需传给网络的能量或该网络的容量。由于网络中既存在电阻这样的耗能元件，又存在电感、电容这样的储能元件，因此，外电路必须提供其正常工作所需的功率，即平均功率或有功功率，同时应有一部分能量被储存在电感、电容等元件中。这就是视在功率大于平均功率的原因。只有这样网络或设备才能正常工作。若按平均功率给网络提供电能是不能保证其正常工作的。因此，通常用视在功率 S 表示网络或设备的容量。

在正弦交流电路中，有功功率一般小于视在功率，也就是说视在功率上乘以 $\cos\varphi$ 才能等于平均功率，$\cos\varphi$ 称为功率因数，记为 λ，其中 φ 称为功率因数角。数值上 $\lambda = \cos\varphi = \dfrac{P}{S}$，表示功率的利用程度。功率因数 $\lambda = 1$ 时，功率利用程度最高。在实际电路中很难只有纯电阻，一般情况下功率因数 $\lambda < 1$。但是，我们仍然希望功率因数较高，也就是能量用于对外电路作功的比例较高，为了提高电能的利用效率，电力部门采用各种措施力求提高功率因数，要求功率因数不低于 0.85。

【例 5 - 12】　某电动机，其有功功率为 1kW，功率因数为 $\cos\varphi_1 = 0.6$，接于 220V 工频

电源上，欲将功率因数提高到 $\cos\varphi_2=0.9$，问应并联多大的电容器？

解 由题意可知 $U=220\mathrm{V}$，$\omega=2\pi f=2\times3.14\times50=314$（rad/s）

当 $\cos\varphi_1=0.6=\dfrac{P}{S_1}$ 时

$$S_1=\frac{P}{\cos\varphi_1}=\frac{1000}{0.6}=\frac{5000}{3}(\mathrm{VA})$$

$$Q_1=Q_\mathrm{L}=\sqrt{S_1^2-P^2}=\sqrt{\left(\frac{5000}{3}\right)^2-1000^3}\approx1333.3(\mathrm{var})$$

当 $\cos\varphi_2=0.9=\dfrac{P}{S_2}$ 时

$$S_2=\frac{P}{\cos\varphi_2}=\frac{1000}{0.9}\approx1111.1(\mathrm{VA})$$

$$Q_2=Q_\mathrm{L}+Q_\mathrm{C}=\sqrt{S_2^2-P^2}=\sqrt{(1111.1)^2-1000^2}\approx484.3(\mathrm{var})$$

则需要并联的电容的无功功率为

$$Q_\mathrm{C}=Q_2-Q_1=484.3-1333.3=-849(\mathrm{var})$$

根据

$$Q_\mathrm{C}=-\omega CU^2$$

得出需要并联的电容值为

$$C=-\frac{Q_\mathrm{C}}{\omega U^2}=-\frac{-849}{314\times220^2}\approx0.56(\mu\mathrm{F})$$

5. 复功率

为了计算的方便，有时希望将几个功率结合在一起分析，经过对端口参数的计算发现

$$\begin{aligned}\dot U\dot I^*&=U\angle\phi_u\cdot I\angle-\phi_i\\&=UI\angle(\phi_u-\phi_i)\\&=UI[\cos(\phi_u-\phi_i)+\mathrm{j}\sin(\phi_u-\phi_i)]\\&=P+\mathrm{j}Q\end{aligned}$$

将有功功率 P 与无功功率 Q 组成一复数量 $\widetilde S$，称为复功率。

$$\widetilde S=\dot U\dot I^*=P+\mathrm{j}Q \tag{5-37}$$

可见，复功率的实部为有功功率 P，虚部为无功功率 Q，复功率的模是视在功率 S。引入复功率的作用是能直接使用相量法计算所得的电压相量和电流相量，这样，只要计算出网络的电压和电流的相量，就能计算出各种功率，使平均功率、无功功率和视在功率的表达和计算更为简便。但需要注意，复功率不代表正弦量，也不直接反映时域范围内的能量关系。

对于无源单口网络 N_0 而言，可以将其等效成一个阻抗 Z，那么，上面的各个功率还可以用其他的公式来计算，计算公式如下

$$P=I^2\mathrm{Re}[Z]=U^2\mathrm{Re}[Y] \tag{5-38}$$

$$Q=I^2\mathrm{Im}[Z]=-U^2\mathrm{Im}[Y] \tag{5-39}$$

一般来说，根据功率守恒法则，网络发出的总瞬时功率应该为各个元件吸收的瞬时功率的总和，即

$$p=\sum p_k \tag{5-40}$$

对于无源单口网络 N_0 而言，根据瞬时功率与平均功率、无功功率之间的关系，平均功

率和无功功率也满足功率守恒关系

$$P = \sum P_k \tag{5-41}$$

$$Q = \sum Q_k \tag{5-42}$$

又由于式（5-37），则复功率也满足功率守恒关系

$$\tilde{S} = \sum \tilde{S}_k \tag{5-43}$$

但是，因为式（5-36）视在功率不满足功率守恒关系，有

$$S \neq \sum S_k \tag{5-44}$$

二、几种特殊单口网络的功率

1. 单口网络是一个电阻，或其等效阻抗为一个纯电阻

此时单口网络电压与电流相位相同，即 $\varphi = \phi_u - \phi_i = 0$，$\cos\varphi = 1$，其瞬时功率可写为

$$p(t) = UI + UI\cos(2\omega t + 2\phi_u)$$

其波形如图 5-41 所示。由图可知，此情况下的瞬时功率 $p(t)$ 在任何时刻均大于或等于零，电阻始终吸收功率、消耗能量。

其平均功率的表达式为

$$P = UI = I^2 R = \frac{U^2}{R}$$

其无功功率的表达式为

$$Q = UI\sin\varphi = 0$$

表明其不产生无功功率。

其储存的能量为

$$w(t) = 0$$

图 5-41　单口网络为电阻时的瞬时功率波形

表明流入电阻元件的能量将转化成热能被消耗掉，不可能再流出。

2. 单口网络是一个电感或电容，或等效为一个纯电抗

此时单口网络电压与电流相位为正交关系，即 $\varphi = \phi_u - \phi_i = \pm 90°$，$\cos\varphi = 0$，其瞬时功率可写为

$$P_L(t) = UI\cos(2\omega t + 2\phi_u - 90°)$$
$$= UI\sin(2\omega t + 2\phi_u)$$
$$P_C(t) = UI\cos(2\omega t + 2\phi_u + 90°)$$
$$= UI\sin(2\omega t + 2\phi_u - 180°)$$

其波形如图 5-42 所示。其特点是在一段时间吸收功率、获得能量，在另外一段时间释放出它所获得的全部能量。

其平均功率的表达式为

$$P_L = P_C = UI\cos\varphi = 0$$

表明任何电感或电容吸收的平均功率为零，不消耗能量。

其无功功率的表达式为

$$\left.\begin{array}{l} Q_L = UI\sin\varphi = UI\sin 90° = UI \\ Q_C = UI\sin\varphi = UI\sin(-90°) = -UI \end{array}\right\} \tag{5-45}$$

表明电感或电容与外电路能量往返的规模。

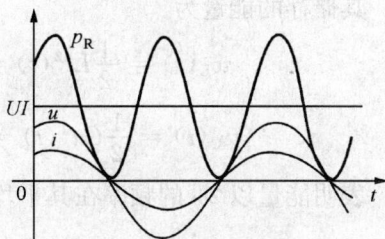

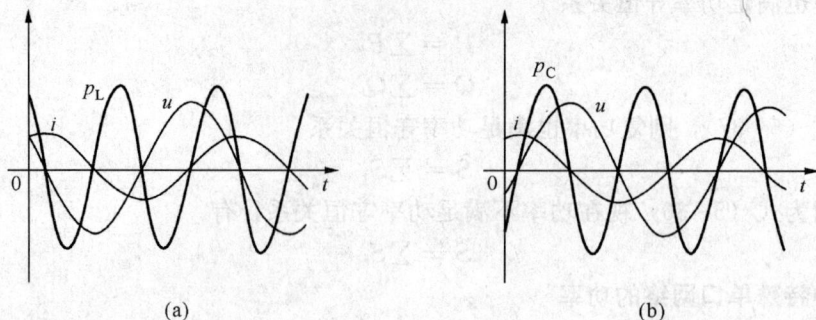

图 5-42 单口网络为电感、电容时的瞬时功率波形

(a) 电感；(b) 电容

其储存的能量为

$$w_L(t) = \frac{1}{2}Li^2(t) = \frac{1}{2}LI_m^2\sin^2(\omega t) = \frac{1}{2}LI^2[1-\cos(2\omega t)]$$

$$w_C(t) = \frac{1}{2}Cu^2(t) = \frac{1}{2}CU_m^2\cos^2(\omega t) = \frac{1}{2}CU^2[1+\cos(2\omega t)]$$

表明能量以 2ω 的频率在其平均值的上下波动，储能的平均值为

$$\left.\begin{array}{c} W_L = \frac{1}{2}LI^2 \\ W_C = \frac{1}{2}CU^2 \end{array}\right\} \tag{5-46}$$

则可以得出无功功率与平均储能的关系

$$\left.\begin{array}{c} Q_L = UI = \omega LI^2 = 2\omega W_L \\ Q_C = -UI = -\omega CU^2 = -2\omega W_C \end{array}\right\} \tag{5-47}$$

【**例 5-13**】 如图 5-43 所示电路，求：

(1) 各元件吸收的功率。

(2) 电源供给的功率。

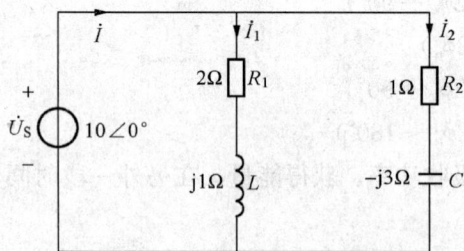

图 5-43 [例 5-13] 图

解 (1) 支路 1 的阻抗为 $Z_1 = 2+j1$，故电流为

$$\dot{I}_1 = \frac{\dot{U}_S}{Z_1} = \frac{10}{2+j1}(A)$$

R_1 吸收的有功功率和 L 吸收的无功功率分别为

$$P_{R1} = I_1^2 R_1 = 40(W)$$

$$Q_L = U_L I_1 = 20(var)$$

同样地，R_2 吸收的有功功率和 C 吸收的无功功率分别为

$$\dot{I}_2 = \frac{10}{1-j3}(A)$$

$$P_{R2} = I_2^2 R_2 = 10(W)$$

$$Q_C = -U_C I_2 = -30var$$

而电源供给的复功率为

$$\dot{I} = \dot{I}_1 + \dot{I}_2 = 5 + \mathrm{j}1(\mathrm{A})$$

$$\widetilde{S} = \dot{U}_\mathrm{S}\dot{I}^* = (10 + \mathrm{j}0)(5 - \mathrm{j}1) = 50 - \mathrm{j}10(\mathrm{VA}) = P + \mathrm{j}Q$$

可见，功率是守恒的。

三、最大功率传输条件

下面我们分析在正弦稳态情况下，负载阻抗满足什么条件才能从给定电源获得最大功率。图 5 - 44 所示电路为含源一端口网络 N 向负载 Z_L 传输功率，我们来讨论一下负载上所获得的功率在什么时候有最大值。

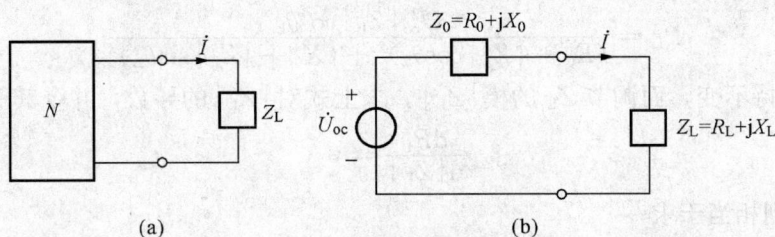

图 5 - 44　最大功率传输

根据戴维南定理，图 5 - 44（a）的电路可化简为图 5 - 44（b）的电路。

设 $Z_0 = R_0 + \mathrm{j}X_0$，$Z_\mathrm{L} = R_\mathrm{L} + \mathrm{j}X_\mathrm{L}$ 则电路中的电流为

$$\dot{I} = \frac{\dot{U}}{Z} = \frac{\dot{U}_\mathrm{oc}}{(R_0 + R_\mathrm{L}) + \mathrm{j}(X_0 + X_\mathrm{L})}$$

其有效值为

$$I = \frac{U_\mathrm{oc}}{\sqrt{(R_0 + R_\mathrm{L})^2 + (X_0 + X_\mathrm{L})^2}}$$

负载吸收的功率为

$$P_\mathrm{L} = I^2 R_\mathrm{L} = \frac{U_\mathrm{oc}^2 R_\mathrm{L}}{(R_0 + R_\mathrm{L})^2 + (X_0 + X_\mathrm{L})^2} \tag{5-48}$$

由于负载阻抗包括电阻和电抗（或模和相角）两部分，调节不同的参数其获得最大功率的条件也不相同，我们可以分两种情况讨论：

（1）电源电压及其等效内阻抗 Z_0 是给定的，不能改变，只改变负载。这种情况在实际中占大多数。

当 R_L 一定，仅调节 X_L 时，由式（5 - 48），当 $X_0 + X_\mathrm{L} = 0$，即 $X_\mathrm{L} = -X_0$ 时，负载获得功率为最大，这时

$$P_\mathrm{Lmax} = \frac{U_\mathrm{oc}^2 R_\mathrm{L}}{(R_0 + R_\mathrm{L})^2}$$

在 $X_\mathrm{L} = -X_0$ 的条件下，如果再调节 R_L，可将式（5 - 48）对 R_L 求一阶导数，并令其等于零，可求出有极值的条件

$$\frac{\mathrm{d}P_\mathrm{L}}{\mathrm{d}R_\mathrm{L}} = \frac{U_\mathrm{oc}^2\left[(R_0 + R_\mathrm{L})^2 - 2(R_0 + R_\mathrm{L})R_\mathrm{L}\right]}{(R_0 + R_\mathrm{L})^4} = \frac{U_\mathrm{oc}^2(R_0 - R_\mathrm{L})}{(R_0 + R_\mathrm{L})^3} = 0$$

可见当 $R_\mathrm{L} = R_0$ 时，负载获得的功率最大

$$P_{\text{Lmax}} = \frac{U_{\text{oc}}^2}{4R_0}. \tag{5-49}$$

综合以上讨论，如果 X_{L} 和 R_{L} 均可调节，则可得当负载的阻抗和等效内阻抗互为共轭（$Z_{\text{L}} = Z_0^*$）时，即 $X_{\text{L}} = -X_0$ 且 $R_{\text{L}} = R_0$ 时，负载能获得最大功率。这种情况下，称其为最大功率匹配或共轭匹配。

（2）负载的阻抗角保持不变，调节阻抗的模，这实际上是负载阻抗的实部和虚部以相同的比例增大或减小。此时负载获得的功率可进行如下讨论：

设负载阻抗为 $Z_{\text{L}} = R_{\text{L}} + jX_{\text{L}} = |Z_{\text{L}}|\cos\theta_{\text{L}} + j|Z_{\text{L}}|\sin\theta_{\text{L}}$，其中 $|Z_{\text{L}}|$ 为负载阻抗的模，θ_{L} 为其辐角，则负载的功率可表示为

$$P_{\text{L}} = \frac{U_{\text{oc}}^2 |Z_{\text{L}}|\cos\theta_{\text{L}}}{(R_0 + |Z_{\text{L}}|\cos\theta_{\text{L}})^2 + (X_0 + |Z_{\text{L}}|\sin\theta_{\text{L}})^2}$$

如果 θ_{L} 保持不变，而调节 Z_{L} 的模 $|Z_{\text{L}}|$，求上式对 $|Z_{\text{L}}|$ 的导数，并令其等于零

$$\frac{\mathrm{d}P_{\text{L}}}{\mathrm{d}|Z_{\text{L}}|} = 0$$

化简后，则相当于求

$$(R_0 + |Z_{\text{L}}|\cos\theta_{\text{L}})^2 + (X_0 + |Z_{\text{L}}|\sin\theta_{\text{L}})^2 - 2|Z_{\text{L}}|\cos\theta_{\text{L}}(R_0 + |Z_{\text{L}}|\cos\theta_{\text{L}})$$
$$- 2|Z_{\text{L}}|\sin\theta_{\text{L}}(X_0 + |Z_{\text{L}}|\sin\theta_{\text{L}}) = 0$$

可得

$$|Z_{\text{L}}|^2 = R_0^2 + X_0^2$$

则

$$|Z_{\text{L}}| = \sqrt{R_0^2 + X_0^2} = |Z_0|$$

可见，当 $|Z_{\text{L}}| = |Z_0|$ 时，即模相等时，负载获得的功率最大，这种情况常称为模匹配。可实际上，这种情况获得的功率并非最大，如果阻抗角可调，还能使负载得到更大一些的功率值。这一点，我们可以通过下面的例题得到验证。

【例5-14】 已知电路如图5-44（b）所示，$\dot{U}_{\text{oc}} = 141\text{V}$，$Z_0 = 5 + j10\,\Omega$，求负载为以下三种情况时的功率值，并比较其大小。

（1）负载为 5Ω 的电阻。

（2）负载为电阻且与电源内阻抗模匹配。

（3）负载为复数且与电源内阻抗共轭匹配。

解　（1）$Z = Z_0 + Z_{\text{L}} = 5 + j10 + 5 = 10 + j10 = 141.1\angle 45°\,(\Omega)$

$$\dot{I} = \frac{\dot{U}_{\text{oc}}}{Z} = \frac{141}{14.1\angle 45°} = 10\angle -45°\,(\text{A})$$

$$P_{\text{L}} = I^2 R_{\text{L}} = 10^2 \times 5 = 500\,(\text{W})$$

（2）　　　$Z_{\text{L}} = R = |Z_0| = |5 + j10| = 11.2\,(\Omega)$

$$Z = Z_0 + Z_{\text{L}} = 5 + j10 + 11.2 = 16.2 + j10 = 19\angle 31.7°\,(\Omega)$$

$$\dot{I} = \frac{\dot{U}_{\text{oc}}}{Z} = \frac{141}{19\angle 31.7°} = 7.42\angle -31.7°\,(\text{A})$$

$$P_{\text{L}} = I^2 R_{\text{L}} = 7.42^2 \times 11.2 = 617\,(\text{W})$$

（3）　　　　　　　$Z_{\text{L}} = Z_0^* = 5 - j10\,(\Omega)$

$$Z = Z_0 + Z_L = 5 + j10 + 5 - j10 = 10(\Omega)$$

$$\dot{I} = \frac{\dot{U}_{oc}}{Z} = \frac{141}{10} = 14.1(A)$$

$$P_L = I^2 R_L = 14.1^2 \times 5 = 1000(W)$$

比较以上三种情况可见，当负载与电源内阻抗为共轭匹配时获得的功率最大。

第七节　谐　　振

在含有电感和电容元件的正弦稳态电路中，电流和所施电压一般相位不同，或电压超前于电流（电路呈感性），或电流超前于电压（电路呈容性）。但若调节电路的参数或电源的频率，使电流恰与电压同相位，电路呈阻性，这时电路发生谐振。发生谐振现象的电路称为谐振电路。谐振现象广泛应用于通信技术和电工技术中，但在有些情况下，发生谐振时有可能破坏系统的正常工作状态，因此对谐振现象的研究有着重要的实际意义。按发生谐振电路的不同，谐振现象可分为串联谐振和并联谐振。下面分别讨论这两种谐振的条件和特征，以及谐振电路的频率特征。

一、串联谐振

1. 串联谐振产生的条件

如图 5-45 所示电路为 RLC 串联电路，在正弦电压作用下，该电路的阻抗为

$$Z = \frac{\dot{U}}{\dot{I}} = R + j\omega L + \frac{1}{j\omega C} = R + j\left(\omega L - \frac{1}{\omega C}\right)$$

$$= R + jX = |Z| \angle \varphi$$

式中：$|Z| = \sqrt{R^2 + X^2}$；$\varphi = \arctan\left(\frac{X}{R}\right)$。

当 $X = 0$ 时，即

$$\omega L - \frac{1}{\omega C} = 0 \qquad\qquad (5-50)$$

时，阻抗角 $\varphi = 0$，电压 $\dot{U}$ 和电流 $\dot{I}$ 同相，电路呈阻性，这时电路发生谐振。由于谐振发生在串联电路中，所以称为串联谐振。

电路发生谐振时的角频率称为谐振角频率，以 ω_0 表示。由式（5-50）可得

图 5-45　RLC 串联谐振电路

$$\omega_0 = \frac{1}{\sqrt{LC}} \qquad\qquad (5-51)$$

因而谐振频率为

$$f_0 = \frac{1}{2\pi \sqrt{LC}} \qquad\qquad (5-52)$$

由式（5-51）和式（5-52）可知，串联电路的谐振角频率和谐振频率完全由电路本身的参数决定，故又称之为电路的固有谐振频率。在实际应用中，通常采用两种方法使电路发生谐振：一种是在电源频率 f 一定时，改变电感 L 或电容 C 以达到谐振。例如，无线电收

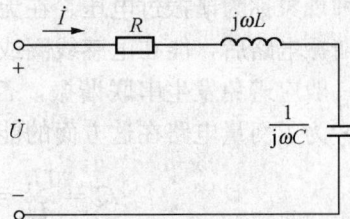

音机的接收回路中，就是利用改变可调电容 C 的办法，使之对于某一电台的发射频率产生谐振，以达到选择此台信号的目的。另一种是在电感 L 或电容 C 一定时，改变电源频率 f（变频）以达到谐振。

2. 串联谐振的特征

谐振是交流电路的一种特殊工作状态，串联谐振的特征主要有以下几点：

（1）串联谐振时电抗 $X=0$，阻抗模 $|Z|=\sqrt{R^2+X^2}=R$，达到最小。此时，感抗等于容抗，其值为

$$X_L=X_C=\omega_0 L=\frac{1}{\omega_0 C}=\frac{L}{\sqrt{LC}}=\sqrt{\frac{L}{C}}=\rho$$

ρ 仅是由电路参数 L、C 决定的量，称为串联谐振电路的特性阻抗。

（2）在一定电压 U 下，串联谐振电流 $I_0=\frac{U}{|Z|}=\frac{U}{R}$ 达到最大。R 越小，I_0 越大。

（3）串联谐振时各元件上的电压相量分别为

$$\dot{U}_R=R\dot{I}=R\frac{\dot{U}}{R}=\dot{U}$$

$$\dot{U}_L=Z_L\dot{I}=j\omega_0 L\frac{\dot{U}}{R}$$

$$\dot{U}_C=Z_C\dot{I}=-j\frac{1}{\omega_0 C}\frac{\dot{U}}{R}$$

$$\dot{U}_L+\dot{U}_C=0$$

谐振时 $\dot{U}_L$ 与 $\dot{U}_C$ 大小相等，相位相反，相互抵消，从电路结构上看，LC 串联部分相当于短路。电源电压全部加在电阻 R 上，即 $\dot{U}=\dot{U}_R$，故串联谐振也叫电压谐振。

若谐振时 $X_L=X_C\gg R$，则 $U_L=U_C\gg U$，L、C 两端出现远远高于电源电压 U 的高电压，这种现象称为谐振过电压。在无线电工程中，常利用这一特点，使微弱的信号电压输入至串联谐振电路后，能在电感线圈或电容器两端获得比输入电压高许多倍的电压。而在电力工程中一般应避免发生串联谐振，否则，谐振产生的高电压可能会击穿电感线圈或电容器的绝缘。为了衡量电路在这方面的能力，引入了品质因数的概念。即

$$Q=\frac{U_L}{U}=\frac{U_C}{U}=\frac{\omega_0 L}{R}=\frac{1}{\omega_0 CR}=\frac{1}{R}\sqrt{\frac{L}{C}}=\frac{\rho}{R}$$

可见，品质因数是电路特性阻抗与电阻之比，工程中简称 Q 值。它是一个量纲为 1 的量。Q 和 ρ 只有在谐振时才有意义。

在实际应用中，通常用电感线圈和电容器组成电压谐振电路。电感线圈的电抗与其电阻之比 $Q_L=\omega L/R$ 称为线圈的品质因数。因为电容器损耗很小，所以谐振电路的电阻就是电感线圈的电阻，因而回路的品质因数就是在谐振频率下线圈的品质因数。

（4）谐振时，由于电路呈阻性，因此功率因数为

$$\lambda=\cos\varphi=1$$

电路的有功功率为

$$P=UI_0\cos\varphi=UI_0=I_0^2 R$$

电路的无功功率为

$$Q = UI_0 \sin\varphi = 0$$

故有

$$Q_L = -Q_C$$

由此可见，串联谐振时，电路中电阻消耗有功功率，不消耗无功功率，仅在电感、电容之间进行磁场能量和电场能量的交换。

3. 串联谐振的频率特性

在 RLC 串联电路中，当外加正弦交流电压的频率改变时，电路中的阻抗、阻抗角、电压、电流随频率的变化而改变，这种随频率变化的特性，称为频率特性，或称为频率响应。相应随频率变化的曲线称为频率特性曲线。

由 $Z = R + \mathrm{j}\left(\omega L - \dfrac{1}{\omega C}\right) = R + \mathrm{j}X = |Z| \angle \varphi$，可得

$$|Z(\omega)| = \sqrt{R^2 + \left(\omega L - \frac{1}{\omega C}\right)^2}$$

$$\varphi(\omega) = \arctan\left(\frac{\omega L - \dfrac{1}{\omega C}}{R}\right)$$

$|Z(\omega)|$、$\varphi(\omega)$ 的频率特性曲线如图 5 - 46 所示。由图可知，当 $\omega < \omega_0$ 时，$\dfrac{1}{\omega C} > \omega L$，$\varphi < 0$，电路为容性；当 $\omega > \omega_0$ 时，$\omega L > \dfrac{1}{\omega C}$，$\varphi > 0$，电路为感性；当 $\omega = \omega_0$ 时，$\omega L = \dfrac{1}{\omega C}$，$\varphi = 0$，电路为阻性，电路发生谐振，此时阻抗最小，为 $Z = R$。

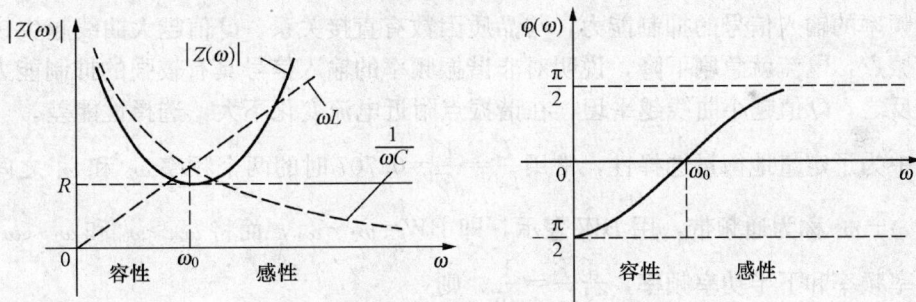

图 5 - 46　频率特性曲线

串联谐振电路对于不同频率的信号具有选择性，为了研究这个问题，分析在电路参数一定的情况下，当频率变化时电流 I 的变化情况。

串联电路中电流有效值为

$$I = \frac{U}{|Z|} = \frac{U}{\sqrt{R^2 + \left(\omega L - \dfrac{1}{\omega C}\right)^2}}$$

$$= \frac{U}{\sqrt{R^2 + R^2\left(\dfrac{\omega}{\omega_0} \cdot \dfrac{\omega_0 L}{R} - \dfrac{\omega_0}{\omega} \cdot \dfrac{1}{\omega_0 CR}\right)^2}}$$

$$= \frac{U}{R \sqrt{1 + Q^2 \left(\frac{\omega}{\omega_0} - \frac{\omega_0}{\omega} \right)^2}}$$

故

$$\frac{I}{I_0} = \frac{1}{\sqrt{1 + Q^2 \left(\frac{\omega}{\omega_0} - \frac{\omega_0}{\omega} \right)^2}} = \frac{1}{\sqrt{1 + Q^2 \left(\eta - \frac{1}{\eta} \right)^2}} \tag{5-53}$$

式中：$I_0 = \dfrac{U}{R}$ 为谐振时的电流；$\dfrac{\omega}{\omega_0} = \eta$ 为外加电压角频率与谐振角频率的比值。

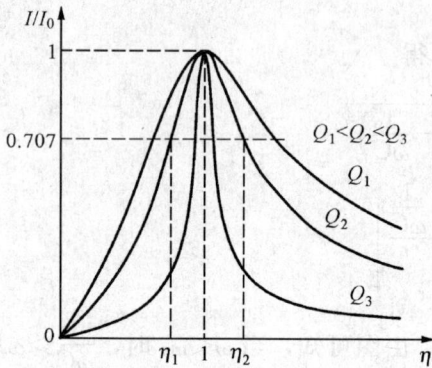

图 5 - 47　串联谐振电路的谐振曲线

根据式（5 - 53），以频率比 $\dfrac{\omega}{\omega_0} = \eta$ 为横坐标，电流比 $\dfrac{I}{I_0}$ 为纵坐标，则可对不同的 Q 值画出一组不同的曲线，如图 5 - 47 所示，此曲线称为串联谐振电路的谐振曲线。当确定一个 Q 值以后，这条谐振曲线对于任何不同参数值的 RLC 串联谐振电路均适用，因此又称为串联谐振电路的通用曲线。从图 5 - 47 可以看出，在 $\eta = 1$（谐振点）时，曲线出现峰值，电流达到了最大值 $I = I_0$。当 $\eta < 1$ 或 $\eta > 1$（偏离谐振点）时，I 逐渐下降，随 $\eta \to 0$ 和 $\eta \to \infty$ 而逐渐趋于 0。只有在谐振点附近的频率范围内，即 $\eta = 1 + \Delta \eta$，I 才有较大的输出幅度。电路的这种性能称为选择性。电路选择性的优劣取决于对非谐振频率的输入信号的抑制能力，与品质因数有直接关系。Q 值越大曲线越尖锐，当稍微偏离谐振点，电流就急剧下降，说明对非谐振频率的输入信号具有较强的抑制能力，选择性能好；反之，Q 值越小曲线越平坦，在谐振点附近电流变化不大，选择性能差。

工程中为了定量地衡量选择性，常用 $\dfrac{I}{I_0} = \dfrac{1}{\sqrt{2}} = 0.707$ 时的两个频率 ω_2 和 ω_1 之间的差加以说明，$\omega_2 - \omega_1$ 称为通频带，用 BW 表示，即 $BW = \omega_2 - \omega_1$，而将 $\omega_2 > \omega_0$ 和 $\omega_1 < \omega_0$ 分别称为上半功率频率和下半功率频率，若 $\dfrac{I}{I_0} = \dfrac{1}{\sqrt{2}}$，则

$$\frac{1}{\sqrt{1 + Q^2 \left(\eta - \frac{1}{\eta} \right)^2}} = \frac{1}{\sqrt{2}}$$

故

$$Q^2 \left(\eta - \frac{1}{\eta} \right)^2 = 1$$

解得

$$\eta_1 = -\frac{1}{2Q} + \sqrt{\frac{1}{4Q^2} + 1}, \quad \eta_2 = \frac{1}{2Q} + \sqrt{\frac{1}{4Q^2} + 1}$$

所以有

$$\eta_2 - \eta_1 = \frac{1}{Q}$$

$$BW = \omega_2 - \omega_1 = \frac{\omega_0}{Q}$$

可见带宽与品质因数 Q 成反比，Q 值越大，通频带越窄，选择性越好。但在工程实际中，谐振电路应有的带宽往往根据信号传输所能容许的失真程度而定，并非越窄越好。因为无线电信号一般是复杂的非正弦信号，它包含着许多不同频率的正弦分量，只有完整地传递信号中的分量，才能使信号不失真，故要求电路有一定的带宽。

【例 5 - 15】 已知 RLC 串联电路中端口电源电压 $U=10\text{mV}$，电路元件的参数为 $R=5\Omega$，$L=20\mu H$，$C=200\text{pF}$，若 PLC 电路产生串联谐振，求电源频率 f_0、回路的特性阻抗 ρ、品质因数 Q 及电容电压 U_C。

解 由已知条件可知

$$f_0 = \frac{1}{2\pi\sqrt{LC}} = \frac{1}{2\times 3.14 \times \sqrt{20\times 10^{-6} \times 200\times 10^{-12}}}$$
$$= 2.52\times 10^6 (\text{Hz})$$

$$\rho = \sqrt{\frac{L}{C}} = \sqrt{\frac{20\times 10^{-6}}{200\times 10^{-12}}} = 316.23(\Omega)$$

$$Q = \frac{\rho}{R} = \frac{316.23}{5} = 63.25$$

$$U_C = QU = 63.25\times 10\times 10^{-3} = 0.63(\text{V})$$

【例 5 - 16】 在 PLC 串联电路中，已知电源电压 $U_S=2\text{mV}$，$f=1.59\text{MHz}$，调整电容 C 使电路达到谐振，此时测得电路电流 $I_0=0.2\text{mA}$，电感电压 $U_{L0}=100\text{mV}$，求电路参数 R、L、C 及电路的品质因数 Q 和通频带 BW。

解 电路串联谐振时，有

$$U_S = U_R = I_0 R$$

$$R = \frac{U_S}{I_0} = \frac{2}{0.2} = 10(\Omega)$$

$$U_{L0} = I_0 \omega_0 L$$

$$L = \frac{U_{L0}}{I_0\omega_0} = \frac{100}{0.2\times 2\pi \times 1.59\times 10^6} = 5.007\times 10^{-5}(\text{H})$$

$$C = \frac{1}{\omega_0^2 L} = \frac{1}{(2\pi\times 1.59\times 10^6)^2 \times 5.007\times 10^{-5}} = 2.003\times 10^{-10}(\text{F})$$

$$Q = \frac{U_{L0}}{U_S} = \frac{100}{2} = 50$$

$$BW = \frac{\omega_0}{Q} = \frac{2\pi\times 1.59\times 10^6}{50} = 199704(\text{rad/s})$$

二、并联谐振

1. 并联谐振产生的条件

图 5 - 48 所示 GLC 并联电路是另外一种典型的谐振电路。当端口电压 $\dot{U}$ 与端口电流 $\dot{I}_S$ 同相时的工作状态称为并联谐振。

由图 5 - 48 可知，电路的导纳为

$$Y = \frac{\dot{I}_S}{\dot{U}} = G + j\left(\omega C - \frac{1}{\omega L}\right)$$

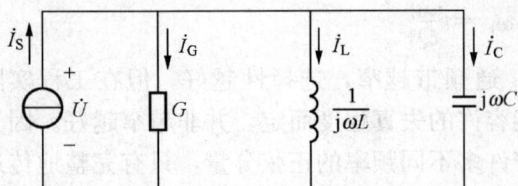

图 5-48 并联谐振电路

根据谐振的定义，当 Y 的虚部为 0 时，即 $\omega C - \dfrac{1}{\omega L} = 0$ 时，电路发生并联谐振。谐振角频率 ω_0 为

$$\omega_0 = \frac{1}{\sqrt{LC}}$$

谐振频率 f_0 为

$$f_0 = \frac{1}{2\pi\sqrt{LC}}$$

2. 并联谐振的特征

（1）理想情况下，并联谐振时的输入导纳模 $|Y| = \sqrt{G^2 + \left(\omega C - \dfrac{1}{\omega L}\right)^2} = G$，达到最小，或者说输入阻抗模 $|Z| = \dfrac{1}{G}$ 最大，电路呈阻性。

（2）在电流 I_s 不变的情况下，并联谐振电压 $U = \dfrac{I_s}{|Y|} = \dfrac{I_s}{G}$ 为最大。这是工程中判断并联电路是否发生谐振的依据。

（3）并联谐振时各元件上的电流相量为

$$\dot{I}_G = G\dot{U} = G\frac{1}{G}\dot{I}_s = \dot{I}_s$$

$$\dot{I}_L = -\mathrm{j}\frac{1}{\omega_0 L}\dot{U} = -\mathrm{j}\frac{1}{\omega_0 L}\frac{1}{G}\dot{I}_s$$

$$\dot{I}_C = \mathrm{j}\omega_0 C\dot{U} = \mathrm{j}\omega_0 C\frac{1}{G}\dot{I}_s$$

$$\dot{I}_L + \dot{I}_C = 0$$

谐振时 $\dot{I}_L$ 与 $\dot{I}_C$ 大小相等，方向相反，相互抵消。从电路结构上看，LC 并联部分相当于开路。电流 $\dot{I}_G$ 等于电源电流 $\dot{I}_s$，故并联谐振也称为电流谐振。

若谐振时 $I_L = I_C \gg I_s$，L、C 中出现远远高于外施电流 I_s 的大电流，这种现象称为并联谐振过电流现象。

并联谐振电路的品质因数为

$$Q = \frac{I_C}{I_s} = \frac{I_L}{I_s} = \frac{\omega_0 C}{G} = \frac{1}{\omega_0 LG} = \frac{1}{G}\sqrt{\frac{C}{L}}$$

（4）谐振时有功功率为

$$P = GU^2$$

由于

$$Q_L = \frac{1}{\omega_0 L}U^2, \quad Q_C = -\omega_0 CU^2$$

故无功功率

$$Q = Q_L + Q_C = 0$$

表明电源与电路之间不发生能量互换，能量的互换只发生在电感线圈与电容器之间。

3. 常见并联谐振电路的特性分析

工程上经常采用电感线圈和电容器组成并联谐振电路。由于线圈有功率损耗，故通常电感线圈用电阻和电感串联表示，而电容器的损耗及漏电流很小，一般可忽略等效电导而视为理想电容元件，这样便得到如图 5-49（a）所示的并联电路。该电路导纳为

$$Y = j\omega C + \frac{1}{R + j\omega L} = \frac{R}{R^2 + \omega^2 L^2} + j\left(\omega C - \frac{\omega L}{R^2 + \omega^2 L^2}\right)$$

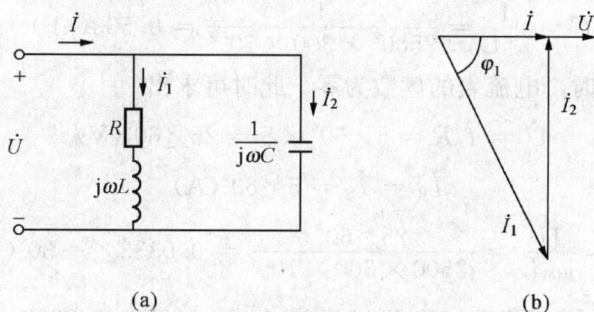

图 5-49 电感线圈与电容器并联谐振

(a) 电路图；(b) 电流相量图

发生谐振时有

$$\omega C - \frac{\omega L}{R^2 + \omega^2 L^2} = 0$$

故谐振角频率为

$$\omega_0 = \frac{1}{\sqrt{LC}} \sqrt{1 - \frac{CR^2}{L}}$$

谐振频率为

$$f_0 = \frac{1}{2\pi \sqrt{LC}} \sqrt{1 - \frac{CR^2}{L}}$$

由上式可见，电路的谐振频率完全由电路参数决定，只有当 $1 - \frac{CR^2}{L} > 0$，即 $R < \sqrt{\frac{L}{C}}$ 时，ω_0 为实数，电路才发生谐振；当 $R > \sqrt{\frac{L}{C}}$ 时，ω_0 为虚数，电路不发生谐振。发生谐振时的电流相量图如图 5-49（b）所示。

并联谐振时的输入导纳模为

$$|Y| = \frac{R}{R^2 + (\omega_0 L)^2} = \frac{CR}{L}$$

这并不是输入导纳模的最小值（即输入阻抗模也不是最大值），所以谐振时端电压不是最大值，并且只有当 $R \ll \sqrt{\frac{L}{C}}$ 时，它发生谐振时的特点才与 GLC 并联谐振电路的特点相近。

【例 5-17】 如图 5-50 所示 RLC 并联电路中，$i_s = 5\sqrt{2}\sin(2500t + 60°)$A，$R = 5\Omega$，$L = 300$mH。问电容 C 取何值时，电流表的读数为零？求此时的 $\dot{U}$、$\dot{I}_R$、$\dot{I}_L$ 及 $\dot{I}_C$。

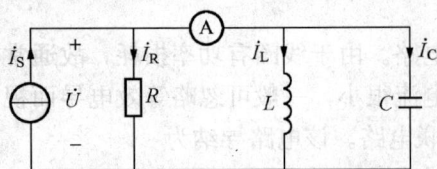

图 5-50 [例 5-17] 图

解 当 RLC 并联电路发生谐振时，LC 并联部分相当于开路，电流表的读数为零。由 RLC 并联谐振条件可知

$$\omega_0 = \frac{1}{\sqrt{LC}}$$

解得

$$C = \frac{1}{\omega_0^2 L} = \frac{1}{2500^2 \times 300 \times 10^{-3}} = 0.533(\mu F)$$

即当 $C = 0.533\mu F$ 时，电流表的读数为零。此时可求出

$$\dot{U} = \dot{I}_S R = 5\angle 60° \times 5 = 25\angle 60°(V)$$

$$\dot{I}_R = \dot{I}_S = 5\angle 60°(A)$$

$$\dot{I}_L = \frac{\dot{U}}{j\omega_0 L} = \frac{25\angle 60°}{j2500 \times 300 \times 10^{-3}} = 0.0333\angle -30°(A)$$

$$\dot{I}_C = j\omega_0 C\dot{U} = j2500 \times 0.533 \times 10^{-6} \times 25\angle 60° = 0.0333\angle 150°(A)$$

【例 5-18】 图 5-51 所示电路能否发生谐振？若能，试求谐振频率。

解 对电路应用 KCL，得

$$\dot{I} = 3\dot{I}_L + \dot{I}_L = 4\dot{I}_L$$

应用 KVL，得

$$\dot{U} = \dot{I}\frac{1}{j\omega C} + j\omega L \dot{I}_L$$

$$= \dot{I}\frac{1}{j\omega C} + j\omega L \frac{\dot{I}}{4}$$

$$= j\left(\frac{\omega L}{4} - \frac{1}{\omega C}\right)\dot{I}$$

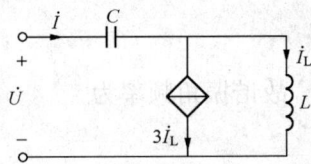

图 5-51 [例 5-18] 图

则该电路的输入阻抗为

$$Z = \frac{\dot{U}}{\dot{I}} = j\left(\frac{\omega L}{4} - \frac{1}{\omega C}\right)$$

要使电路发生谐振，则需

$$\frac{\omega L}{4} - \frac{1}{\omega C} = 0$$

解得

$$\omega_0 = \frac{2}{\sqrt{LC}}, \quad f_0 = \frac{\omega_0}{2\pi} = \frac{1}{\pi\sqrt{LC}}$$

上式即为该电路的谐振频率。

习 题

5-1 正弦交流电压的振幅为 200V，变化一次所需要的时间为 0.001s，初相为 $-60°$。写出电压的瞬时表达式，并画出波形图。

5 - 2 正弦电流的最大值 $I_m=5A$，频率 $f=50Hz$，初相 $\varphi_i=30°$。写出其瞬时值表达式，并分别求出 $t=0$ 和 $t=1/300s$ 时的电流瞬时值。

5 - 3 已知某正弦电流在 $t=0$ 的值 $i(0)=0.5A$，初相 $\varphi_i=45°$。求其有效值，写出其时间函数的表达式并画出波形图。

5 - 4 已知一段电路的电压和电流分别为 $u=311.1\cos(314t+30°)V$，$i=14.1\sin(314t)A$。

(1) 计算它们的周期、频率和有效值。

(2) 画出它们的波形图，求其相位差并说明超前或滞后关系。

5 - 5 求下列三角函数的相量。

(1) $u=150\sqrt{2}\cos(330t-40°)V$。

(2) $i=60\sqrt{2}\sin(1000t+20°)A$。

(3) $i=5\sqrt{2}\cos(\omega t+36.87°)+10\sqrt{2}\cos(\omega t-53.13°)A$。

(4) $u=300\sqrt{2}\cos(200t+45°)-100\sqrt{2}\cos(200t-45°)V$。

5 - 6 写出下面相量的时域形式。

(1) $\dot{I}=220\angle 30°A$。

(2) $\dot{U}=4\angle 0°+3\angle 90°V$。

(3) $\dot{U}=10+j18-30\angle 45°V$。

5 - 7 已知 $u_1=-5\cos(314t-53.13°)V$，$u_2=10\cos(942t-36.87°)V$。

(1) 分别写出其相量形式。

(2) 计算 u_1+u_2。

(3) 能否用相量方法计算 u_1+u_2，为什么？

5 - 8 电路由电压源 $u_s=100\cos(1000t)V$ 及电阻 R 和电感 $L=0.025H$ 串联组成，电感两端电压有效值为 25V。计算电阻 R 的值，写出电流的时域表达式。

5 - 9 已知图 5 - 52 中电流 $I_1=I_2=10A$，求 $\dot{I}$ 和 $\dot{U}$。

5 - 10 电路如图 5 - 53 所示，$\dot{I}_s=2\angle 0°A$，求 $\dot{U}$。

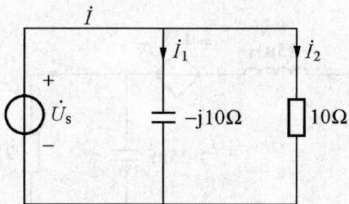

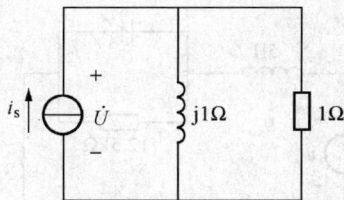

图 5 - 52 题 5 - 9 图   图 5 - 53 题 5 - 10 图

5 - 11 一个由 4 个支路连接的结点，4 个支路的电流 i_1、i_2、i_3、i_4 均流入该结点。已知 $i_1=10\cos(10t+10°)A$，$i_2=10\cos(10t-110°)A$，$i_3=10\cos(10t+130°)A$。求 i_4。

5 - 12 一个由正弦电压源和 R、L、C 串联形成的电路，如图 5 - 54 所示。其中 $R=90\Omega$，$L=32mH$，$C=5\mu F$，电源电压 $u=600\cos(5000t+30°)V$。

(1) 画出其相量形式等效电路。

(2) 用相量法计算电路中稳态电流 i。

5-13 求图 5-55 所示电路正弦稳态工作时的电源频率。已知电压和电流的表达式分别为 $u = 50\cos(\omega t - 45°)\,\text{V}$, $i = 100\sin(\omega t + 81.87°)\,\text{mA}$。

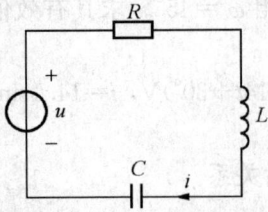

图 5-54 题 5-12 图

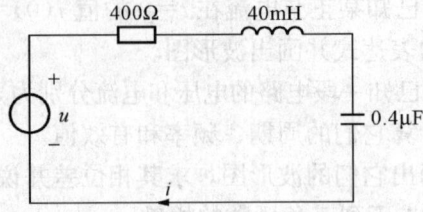

图 5-55 题 5-13 图

5-14 如图 5-56 所示电路中，电流源 $i_s = 8\cos200000t\,\text{A}$ 源，用相量方法计算电流 i_1、i_2、i_3 及电流源的端电压。

5-15 如图 5-57 所示电路中，$u_s = 20\sqrt{2}\cos(5000t - 20°)\,\text{V}$，$R_1 = 20\Omega$，$R_2 = 1\Omega$，$C = 1\mu\text{F}$，$L = 40\mu\text{H}$。求 i。

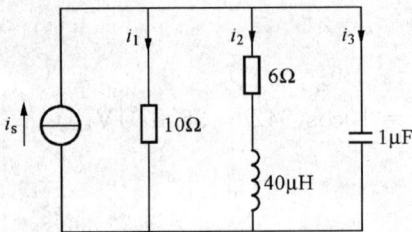

图 5-56 题 5-14 图

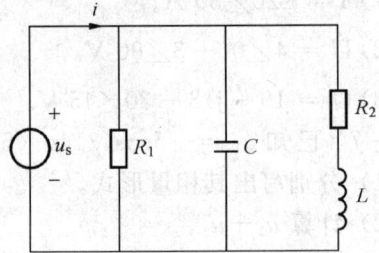

图 5-57 题 5-15 图

5-16 调节图 5-58 中电容 C，可以使电流 $\dot{I}$ 和电压 $\dot{U}$ 同相。已知 $u = 250\cos100t\,\text{V}$，计算电容 C 的值和电流 i 的表达式。

5-17 当如图 5-59 所示电路的工作频率 $\omega = 1600000\,\text{rad/s}$ 时，求端口阻抗 Z_{ab}。

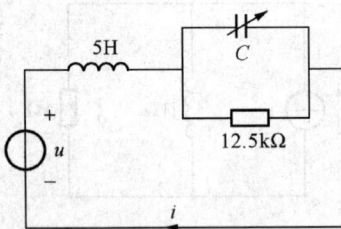

图 5-58 题 5-16 图

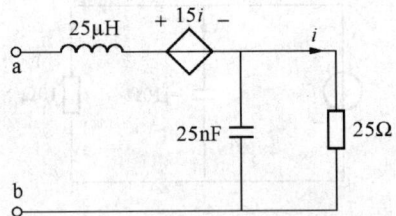

图 5-59 题 5-17 图

5-18 三个并联支路的阻抗分别为 $3 + j4\Omega$，$16 - j12\Omega$，$-j4\Omega$。计算总的等效导纳、等效电导，以及并联一个 $i_s = 8\cos\omega t\,\text{A}$ 电流源时的纯电容上的电压值。

5-19 计算图 5-60 中的导纳 Y_{ab}。

5-20 如图 5-61 所示电路中，通过改变工作频率，可以使电流 $\dot{I}$ 和电压 $\dot{U}$ 同相。试计算 $\dot{I}$、$\dot{U}$ 同相时的 ω 和电压时域表达式 u。

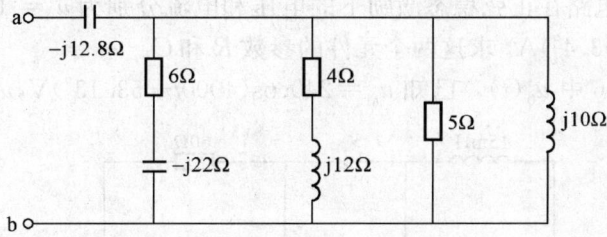

图 5-60 题 5-19 图

5-21 计算图 5-62 所示电路中，电流 $\dot{I}$ 和电压 $\dot{U}$ 同相时的电感 L 的值，已知 $u=96\cos10000t$ V。

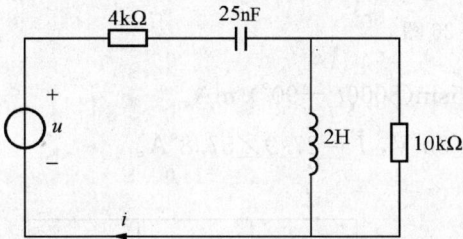

图 5-61 题 5-20 图

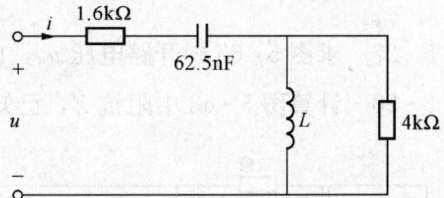

图 5-62 题 5-21 图

5-22 计算图 5-63 中阻抗为纯电阻时电路的频率，并计算此时的电阻值。

5-23 求图 5-64 中分流电流 i_0，已知 $i_s=125\cos500t$ mA。

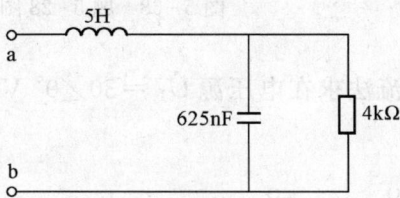

图 5-63 题 5-22 图

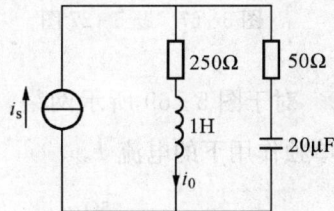

图 5-64 题 5-23 图

5-24 求图 5-65 中的分压 u_0，已知电源电压 $u_s=75\cos5000t$ V。

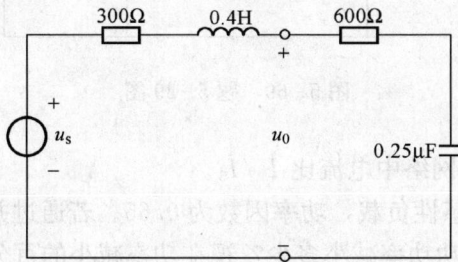

图 5-65 题 5-24 图

5-25 RC 串联电路在正弦稳态激励下的电压和电流分别为 $u = 150\sin(500t + 10°)\,\text{V}$，$i = 13.42\cos(500t - 53.4°)\,\text{A}$。求这两个元件的参数 R 和 C。

5-26 求图 5-66 中 $u_0(t)$，已知 $u_{s1} = 240\cos(4000t + 53.13°)\,\text{V}$，$u_{s2} = 96\sin4000t\,\text{V}$。

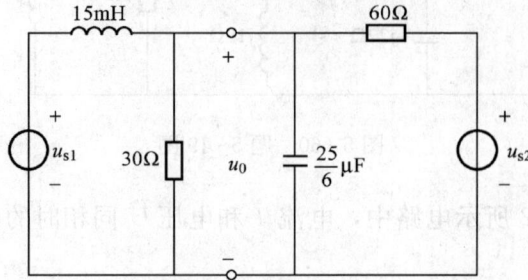

图 5-66 题 5-26 图

5-27 求图 5-67 中开路电压 u_0，已知 $i_s = 15\sin(8000t - 90°)\,\text{mA}$。

5-28 计算图 5-68 中阻抗 Z，已知 $\dot{U} = 50\angle30°\,\text{V}$，$\dot{I} = 27.9\angle57.8°\,\text{A}$。

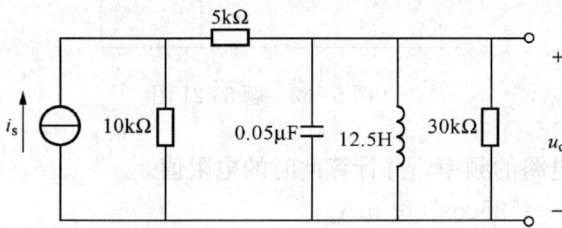

图 5-67 题 5-27 图

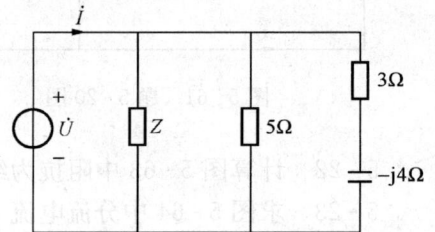

图 5-68 题 5-28 图

5-29 对于图 5-69 所示网络，请用网孔电流法求在电压源 $\dot{U}_1 = 30\angle0°\,\text{V}$ 和 $\dot{U}_2 = 20\angle0°\,\text{V}$ 单独作用下的电流 $\dot{I}$。

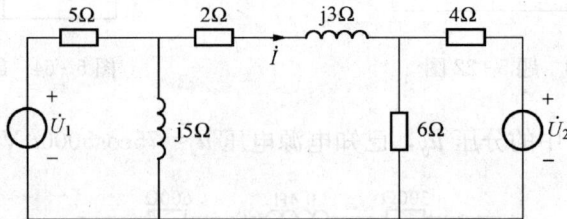

图 5-69 题 5-29 图

5-30 求图 5-70 所示网络中电流比 $\dot{I}_1/\dot{I}_3$。

5-31 一个 300kW 的感性负载，功率因数为 0.65。若通过并联电容使功率因数提高到 0.90，求并联电容能够使无功功率减小多少？视在功率减小的百分比是多少？

5-32 图 5-71 中，$R = 2\,\Omega$，$\omega L = 3\,\Omega$，$\omega C = 2\,\text{S}$，$\dot{U}_C = 10\angle45°\,\text{V}$。求各个元件的电压、电流和电源发出的复功率。

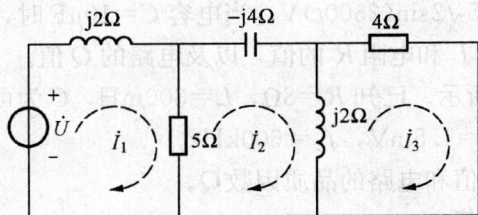

图 5-70 题 5-30 图

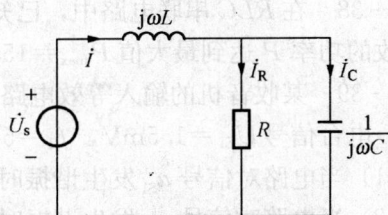

图 5-71 题 5-32 图

5-33　增加 20kvar 的电容器，使一定负载的功率因数提高到 0.9。如果最后视在功率为 185kVA，求增加电容前的复功率。

5-34　图 5-72 中，正弦电压源的有效值 $U=150$ V，周期 $T=200$s，负载中可调电阻 $0{\leqslant}R{\leqslant}20\Omega$，可调电感 $0{\leqslant}L{\leqslant}8$mH。计算：

(1) 在 $R=10\Omega$ 和 $L=6$mH 时负载吸收的功率 P。

(2) 负载获得最大功率时的 R 和 L 值。

5-35　图 5-73 中，$R_1=1\Omega$，$R_2=2\Omega$，$L=0.4$mH，$C=0.001$F，$\dot{U}_S=10\angle45°$V，$\omega=1000$rad/s。求 Z_L 为何值时获得最大功率。

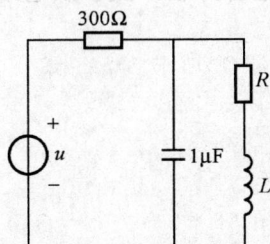

图 5-72 题 5-34 图

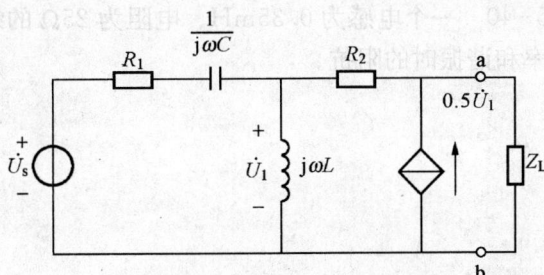

图 5-73 题 5-35 图

5-36　题 5-74 中，$R_1=R_2=100\Omega$，$L_1=L_2=1$H，$C=100\mu$F，$\dot{U}_s=100\angle0°$V，$\omega=100$rad/s。求 Z_L 为何值时获得最大功率。

5-37　一 RLC 串联电路，谐振时测得 $U_R=20$V，$U_C=200$V。求电源电压 U_S 及电路的品质因数 Q。

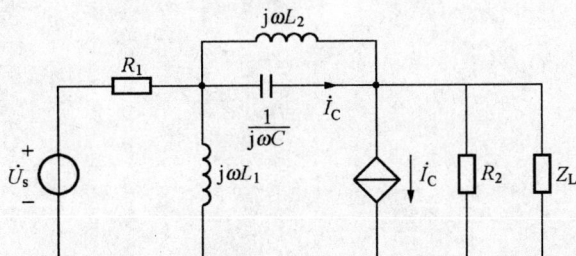

图 5-74 题 5-36 图

5-38　在 RLC 串联电路中，已知端电压 $u=5\sqrt{2}\sin(2500t)\mathrm{V}$，当电容 $C=10\mu\mathrm{F}$ 时，电路吸收的功率 P 达到最大值 $P_{max}=150\mathrm{W}$。求电感 L 和电阻 R 的值，以及电路的 Q 值。

5-39　某收音机的输入等效电路如图 5-75 所示。已知 $R=8\Omega$，$L=300\mathrm{mH}$，C 为可调电容，电台信号 $U_{S1}=1.5\mathrm{mV}$，$f_1=540\mathrm{kHz}$；$U_{S2}=1.5\mathrm{mV}$，$f_2=600\mathrm{kHz}$。

（1）当电路对信号 u_{S1} 发生谐振时，求电容 C 值和电路的品质因数 Q。

（2）当电路对信号 u_{S2} 发生谐振时，求电容 C 值。

（3）当电路对信号 u_{S1} 发生谐振时，分别计算 u_{S1} 和 u_{S2} 在电容中产生的输出电压。

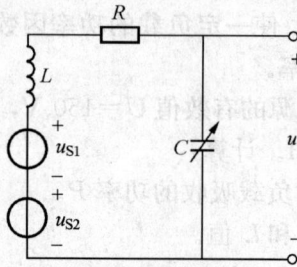

图 5-75　题 5-39 图

5-40　一个电感为 $0.35\mathrm{mH}$、电阻为 25Ω 的线圈与 $86\mathrm{pF}$ 的电容并联，试求该电路的谐振频率和谐振时的阻抗。

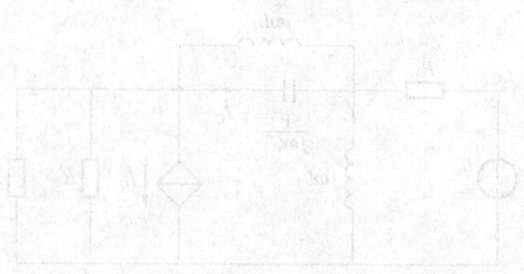

普通高等教育"十二五"规划教材

电路分析基础

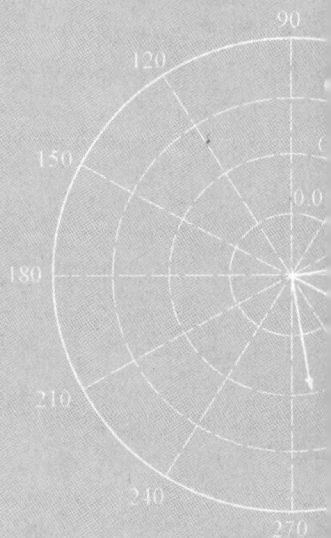

第六章 | 三相交流电路分析

本章主要介绍三相交流电路的分析方法。内容包括：三相交流电路概述；对称三相电路的分析；不对称三相电路的分析；三相电路的功率等。

第一节 三相交流电路概述

三相交流电路是由三相交流电源和三相负载构成的复杂的正弦交流电路。三相交流电源的每一相都是正弦交流电源。在电力系统中，采用三相交流电源供电，主要是从运营的经济性来考虑的。

我们民用或工业用电的供电系统普遍采用三相交流电是因为三相交流电具有以下优点：

(1) 发电方面：比单项电源可提高功率 50%。

(2) 输电方面：比单项输电节省钢材 25%。

(3) 配电方面：三相变压器比单项变压器经济且便于接入负载。

(4) 用电设备：具有结构简单、成本低、运行可靠、维护方便等优点。

研究三相电路要注意其特殊性，即特殊的电源、特殊的负载、特殊的连接、特殊的求解方式。

一、三相交流电源

对称三相交流电源是由三相交流发电机产生的，是三个频率相同、振幅相同、相位彼此相差 120° 的正弦电动势（电源）。这三个电源依次称为 A 相、B 相和 C 相。以 A 相为参考，各相电源的电压瞬时表达式和相量形式表示为

$$u_A(t) = \sqrt{2}U\cos\omega t \text{ 或 } \dot{U}_A = U\angle 0^\circ$$

$$u_B(t) = \sqrt{2}U\cos(\omega t - 120^\circ) \text{ 或 } \dot{U}_B = U\angle -120^\circ$$

$$u_C(t) = \sqrt{2}U\cos(\omega t + 120^\circ) \text{ 或 } \dot{U}_C = U\angle 120^\circ$$

三相电源如图 6-1 所示，其中 A、B、C 称为电源的始端，X、Y、Z 称为电源的末端，其瞬时波形如图 6-2 所示。

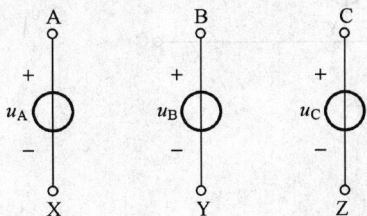

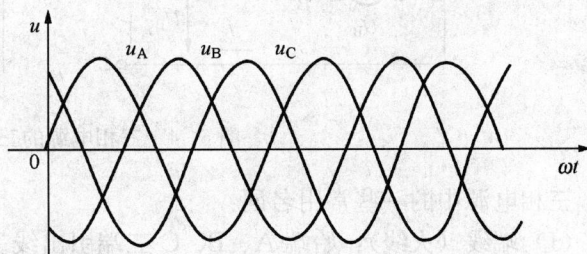

图 6-1　三相电源　　　　　　　　图 6-2　三相电源的瞬时波形

从表达式和相量形式知道对称三相电源具有如下性质：

$$u_A + u_B + u_C = 0$$

$$\dot{U}_A + \dot{U}_B + \dot{U}_C = 0$$

对称三相电源的电压之和为零。

三相电源中各相电源经过同一值（如最大值）的先后顺序称为三相电源的相序。正序（顺序）：A—B—C—A；负序（逆序）：A—C—B—A。之所以规定相序，是因为在实际应

用中，对三相电动机而言，如果按正序连接，电动机正转，相序接反，电动机就会反转。

　　当将三个电源按一定方式连接在一起为电路供电时，称为三相电源，三相电源的连接方式有两种：星形接法，三角形接法。

　　1. 星形连接（Y 连接）

　　三个绕组的末端 X、Y、Z 接在一起，把始端 A、B、C 引出来，X、Y、Z 接在一起的点称为 Y 连接对称三相电源的中性点，用 N 表示，如图 6-3 所示。

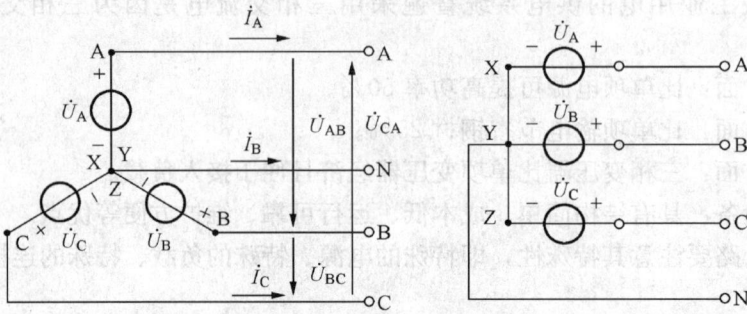

图 6-3　三相电源的星形连接

　　2. 三角形连接（△连接）

　　三个绕组始末端顺序相接。三角形连接的对称三相电源没有中点，三相电源连成的三角形中没有环流电流，如图 6-4 所示。

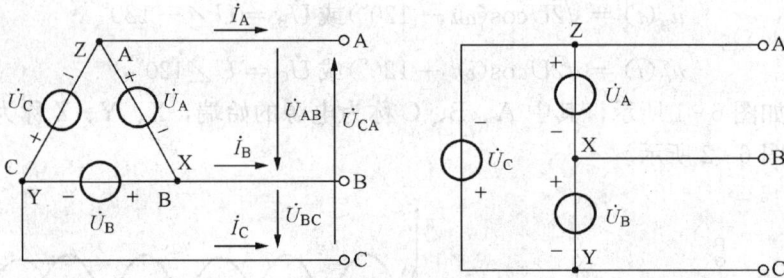

图 6-4　三相电源的三角形连接

　　三相电源中的一些常用名词：

　　（1）端线（火线）：始端 A、B、C 三端引出线。

　　（2）中线：中性点 N 引出线，三角形连接无中线。

　　（3）三相三线制：三相电源只有三条端线，不接中线。

　　（4）三相四线制：三相电源三条端线，加一条中线。

　　（5）线电压：端线与端线之间的电压，如 $\dot{U}_{AB}$、$\dot{U}_{BC}$、$\dot{U}_{CA}$。

　　（6）相电压：每相电源的电压，如 $\dot{U}_A$、$\dot{U}_B$、$\dot{U}_C$。

　　二、三相负载

　　由三相电源供电的负载称为三相负载，负载由三部分组成，其中每一部分叫做一相负载，三相负载也有星形和三角形两种连接方式，如图 6-5 所示。

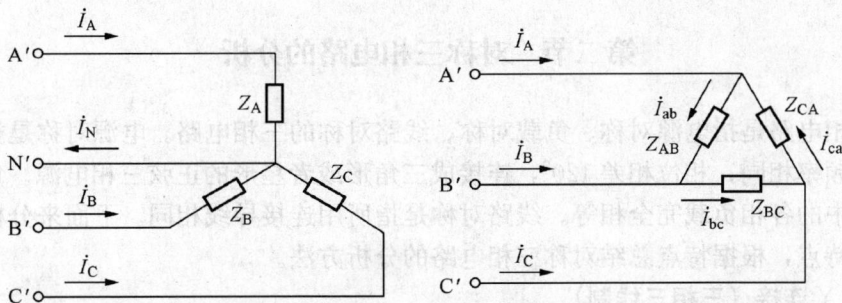

图 6-5 三相负载的连接

若 $Z_A = Z_B = Z_C$，$Z_{AB} = Z_{BC} = Z_{CA}$，称为对称三相负载。每一相负载上的电压称为相电压，如 $\dot{U}_{A'N'}$、$\dot{U}_{B'N'}$、$\dot{U}_{C'N'}$。负载端线间的电压称为线电压，如 $\dot{U}_{A'B'}$、$\dot{U}_{B'C'}$、$\dot{U}_{C'A'}$。流过端线的电流称为线电流，如 $\dot{I}_A$、$\dot{I}_B$、$\dot{I}_C$。流过每一相负载的电流称为相电流，如 $\dot{I}_{ab}$、$\dot{I}_{bc}$、$\dot{I}_{ca}$。

三、三相电路

三相电路就是由对称三相电源和三相负载连接起来所组成的系统。工程上根据实际需要可以组成星—星连接，星—三角连接，三角—星连接，三角—三角连接。

图 6-6（a）所示为三相四线制的星—星连接三相电路，图 6-6（b）所示为三线三相制的星—三角连接三相电路。

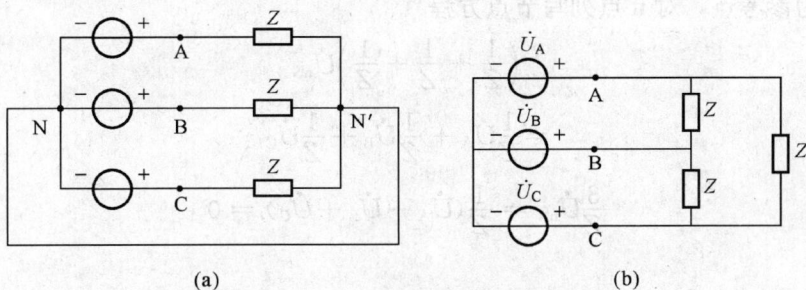

(a)

(b)

图 6-6 三相电路的连接（1）

(a) 星—星连接；(b) 星—三角连接

图 6-7（a）所示为三角—三角连接三相电路，图 6-7（b）所示为三角—星连接三相电路。

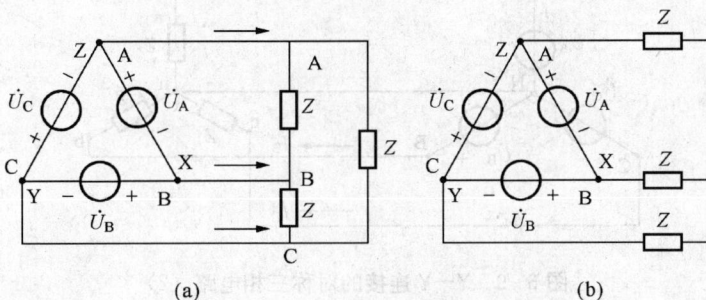

(a)

(b)

图 6-7 三相电路的连接（2）

(a) 三角—三角连接；(b) 三角—星连接

第二节　对称三相电路的分析

对称三相电路是指电源对称、负载对称、线路对称的三相电路。电源对称是指三相电源幅值相等，频率相同，相位相差120°，连接成三角形或者星形的正弦三相电源。负载对称是指三相电路中的各相负载完全相等。线路对称是指所用连接导线相同。下面来分析一下对称三相电路的特点，根据特点总结对称三相电路的分析方法。

一、Y－Y连接（三相三线制）

Y－Y连接的对称三相电路如图6-8所示。

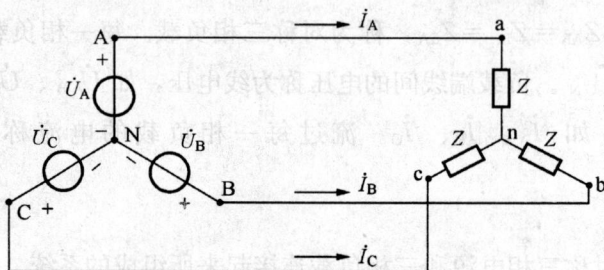

图6-8　Y－Y连接的对称三相电路（1）

设 $\dot{U}_A=U\angle\psi$，$\dot{U}_B=U\angle\psi-120°$，$\dot{U}_C=U\angle\psi+120°$，$Z=|Z|\angle\varphi$

以N点为参考点，对n点列写节点方程

$$\left(\frac{1}{Z}+\frac{1}{Z}+\frac{1}{Z}\right)\dot{U}_{nN}$$
$$=\frac{1}{Z}\dot{U}_A+\frac{1}{Z}\dot{U}_B+\frac{1}{Z}\dot{U}_C \qquad (6-1)$$
$$\frac{3}{Z}\dot{U}_{nN}=\frac{1}{Z}(\dot{U}_A+\dot{U}_B+\dot{U}_C)=0$$

得 $\dot{U}_{nN}=0$

N、n两点等电位，可将其短路，且其中电流为零，如图6-9所示。因此可将三相电路的计算化为三个单相电路的计算。

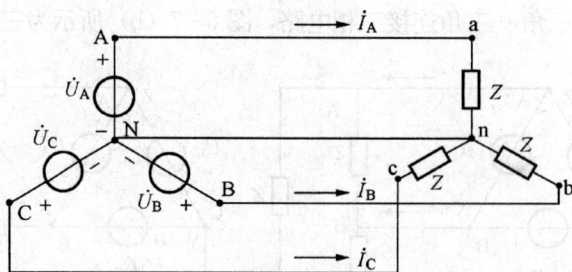

图6-9　Y－Y连接的对称三相电路（2）

A相电路如图6-10所示，这是一个单回路电路，这样的电路计算变得很简单。

分别计算 A、B、C 三个单相电路,可得到负载电压

$$\left.\begin{aligned}\dot{U}_{an} &= \dot{U}_A = U\angle\psi \\ \dot{U}_{bn} &= \dot{U}_B = U\angle\psi-120° \\ \dot{U}_{cn} &= \dot{U}_C = U\angle\psi+120°\end{aligned}\right\} \quad (6-2)$$

图 6-10 A 相电路

负载电压也对称。计算负载电流

$$\left.\begin{aligned}\dot{I}_A &= \frac{\dot{U}_{an}}{Z} = \frac{\dot{U}_A}{Z} = \frac{U}{|Z|}\angle\psi-\varphi \\ \dot{I}_B &= \frac{\dot{U}_{bn}}{Z} = \frac{\dot{U}_B}{Z} = \frac{U}{|Z|}\angle\psi-120°-\varphi \\ \dot{I}_C &= \frac{\dot{U}_{cn}}{Z} = \frac{\dot{U}_C}{Z} = \frac{U}{|Z|}\angle\psi+120°-\varphi\end{aligned}\right\} \quad (6-3)$$

负载电流也对称。

因此 Y—Y 连接的对称三相电路具有以下特征:

(1) $U_{nN}=0$,电源中点与负载中点等电位。有无中线对电路情况没有影响。

(2) 对称情况下,各相电压、电流都是对称的,可采用一相(A 相)等效电路计算。只要计算出一相的电压、电流,则其他两相的电压、电流可按对称关系直接写出。

(3) Y—Y 连接的对称三相负载,其相电压、线电压、相电流、线电流的关系为

$$\dot{U}_{ab} = \sqrt{3}\dot{U}_{an}\angle30°, \dot{I}_A = \dot{I}_{ab}$$

二、Y—△连接

Y—△连接的对称三相电路如图 6-11 所示。

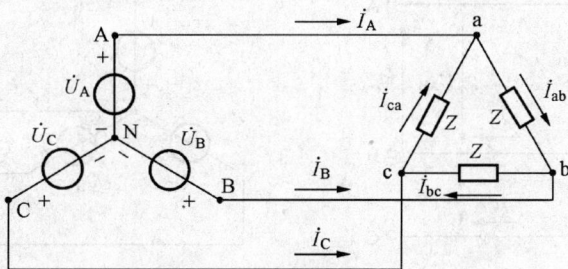

图 6-11 Y—△连接的对称三相电路

设 $\dot{U}_A=U\angle\psi$, $\dot{U}_B=U\angle\psi-120°$, $\dot{U}_C=U\angle\psi+120°$, $Z=|Z|\angle\varphi$

利用负载上的相电压、线电压相等求解,得到

$$\left.\begin{aligned}\dot{U}_{ab} &= \dot{U}_{AB} = \sqrt{3}U\angle\psi+30° \\ \dot{U}_{bc} &= \dot{U}_{BC} = \sqrt{3}U\angle\psi-90° \\ \dot{U}_{ca} &= \dot{U}_{CA} = \sqrt{3}U\angle\psi+150°\end{aligned}\right\} \quad (6-4)$$

负载中的相电流为

$$\dot{I}_{ab} = \frac{\dot{U}_{ab}}{Z} = \frac{\sqrt{3}U}{|Z|} \angle \psi + 30° - \varphi$$

$$\dot{I}_{bc} = \frac{\dot{U}_{bc}}{Z} = \frac{\sqrt{3}U}{|Z|} \angle \psi - 90° - \varphi \qquad (6-5)$$

$$\dot{I}_{ca} = \frac{\dot{U}_{ca}}{Z} = \frac{\sqrt{3}U}{|Z|} \angle \psi + 150° - \varphi$$

线电流为

$$\dot{I}_A = \dot{I}_{ab} - \dot{I}_{ca} = \sqrt{3}\dot{I}_{ab}\angle - 30°$$

$$\dot{I}_B = \dot{I}_{bc} - \dot{I}_{ab} = \sqrt{3}\dot{I}_{bc}\angle - 30° \qquad (6-6)$$

$$\dot{I}_C = \dot{I}_{ca} - \dot{I}_{bc} = \sqrt{3}\dot{I}_{ca}\angle - 30°$$

由以上计算可知 Y—△连接的对称三相电路特征如下：

（1）负载上相电压与线电压相等，且对称。

（2）线电流与相电流也是对称的。线电流大小是相电流的 $\sqrt{3}$ 倍，相位落后相应相电流30°。因此 Y—△连接的对称三相电路也可只计算一相，根据对称性即可得到其余两相结果。

三、电源为△形连接时的对称三相电路

当三相对称电源为△形连接时，根据线电压与相电压的等效关系，可以用等效 Y 形连接的电源替代△形连接的电源，进行分析。图 6-12（a）为△形电源，可用图 6-12（b）的 Y 形电源代替，即可按照 Y 形电源对称三相电路分析。其中对应各相电源如式（6-7）所示。

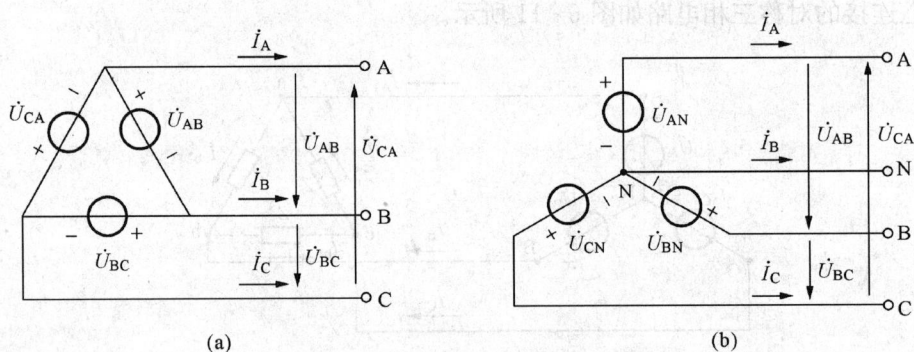

图 6-12 对称三相电源
(a) △形电源；(b) Y形电源

$$\dot{U}_{AN} = \frac{1}{\sqrt{3}}\dot{U}_{AB}\angle - 30°$$

$$\dot{U}_{BN} = \frac{1}{\sqrt{3}}\dot{U}_{BC}\angle - 30° \qquad (6-7)$$

$$\dot{U}_{CN} = \frac{1}{\sqrt{3}}\dot{U}_{CA}\angle - 30°$$

由以上分析得到对称三相电路的计算步骤：

（1）将所有三相电源、负载都化为等值 Y—Y 连接电路。

（2）连接各负载和电源中点，中线上若有阻抗可不计。

（3）画出单相计算电路，求出一相的电压、电流。一相电路中的电压为 Y 连接时的相电压。一相电路中的电流为线电流。

（4）根据△连接、Y 连接时线量、相量之间的关系，求出原电路的电流电压。

（5）由对称性，得出其他两相的电压、电流。

【例6-1】　已知对称三相电源线电压为 380V，$Z=6.4+j4.8\Omega$，$Z_1=6.4+j4.8\Omega$。求负载 Z 的相电压、线电压和电流。

解　（1）画出对称三相电路的电路图，如图 6-13 所示。图 6-13（a）为对称三相负载，图 6-13（b）为 Y—Y 连接的对称三相电路。已知三相电源的线电压为 380V，设 $\dot{U}_{AB}=380\angle0°V$，则 $\dot{U}_{AN}=220\angle-30°V$。

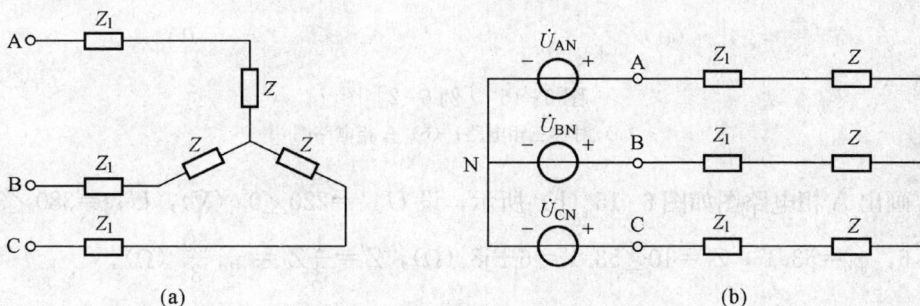

图 6-13　［例6-1］对称三相电路
(a) 对称三相负载；(b) Y—Y 连接

（2）画出单相电路如图 6-14 所示，计算单相电压、电流。

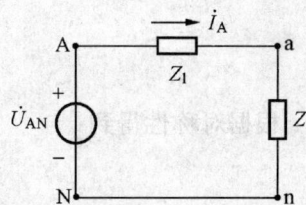

图 6-14　［例6-1］单相电路

A 相电流

$$\dot{I}_A=\frac{\dot{U}_{AN}}{Z+Z_1}=\frac{220\angle-30°}{9.4+j8.8}$$

$$=\frac{220\angle-30°}{12.88\angle43.1°}=17.1\angle-73.1°(A)$$

A 相电压

$$\dot{U}_{an}=\dot{I}_A Z=17.1\angle-73.1°\times8\angle36.9°=136.8\angle-36.2°(V)$$

AB 间的线电压

$$\dot{U}_{ab}=\sqrt{3}\dot{U}_{an}\angle30°=\sqrt{3}\times136.8\angle-6.2°=236.9\angle-6.2°(V)$$

（3）其他两相的电流、电压

$$\dot{I}_B=17.1\angle(-73.1°-120°)=17.1\angle-193.1°(A)$$

$$\dot{I}_c=17.1\angle(-73.1°+120°)=17.1\angle46.9°(A)$$

$$\dot{U}_{bn}=\dot{I}_B Z=17.1\angle-193.1°\times8\angle36.9°=136.8\angle-156.2°(V)$$

$$\dot{U}_{cn}=136.8\angle(-36.2+120)°=136.8\angle83.8°(V)$$

【例 6 - 2】　如图 6 - 15（a）所示对称三相电路，电源线电压为 380V，$|Z_1|=10\Omega$，$\cos\varphi_1=0.6$（感性），$Z_2=-\mathrm{j}50\Omega$，$Z_N=1+\mathrm{j}2\Omega$。求线电流、相电流，并定性画出相量图（以 A 相为例）。

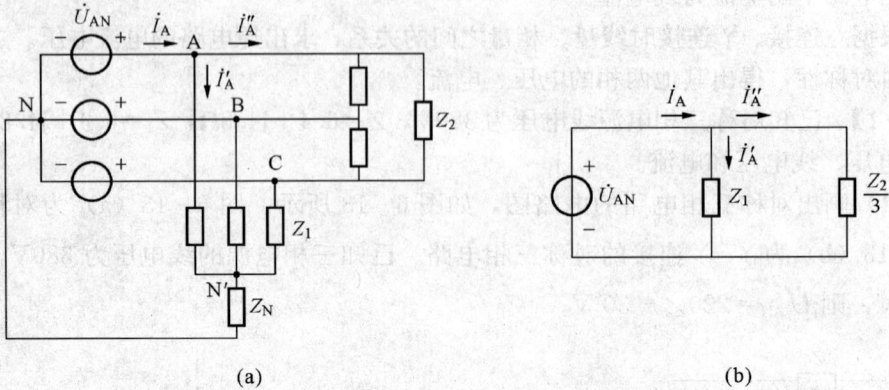

(a)　　　　　　　　　　　　　　　　(b)

图 6 - 15　［例 6 - 2］图
(a) 对称三相电路；(b) A 相电路图

解　画出 A 相电路图如图 6 - 15（b）所示，设 $\dot{U}_{AN}=220\angle 0^\circ$（V），$\dot{U}_{AB}=380\angle 30^\circ$（V），$\cos\varphi_1=0.6$，$\varphi_1=53.1^\circ$，$Z_1=10\angle 53.1^\circ=6+\mathrm{j}8$（Ω），$Z_2'=\dfrac{1}{3}Z_2=-\mathrm{j}\dfrac{50}{3}$（Ω）。

则

$$\dot{I}_A'=\frac{\dot{U}_{AN}}{Z_1}=\frac{220\angle 0^\circ}{10\angle 53.13^\circ}=22\angle -53.13^\circ=13.2-\mathrm{j}17.6(\mathrm{A})$$

$$\dot{I}_A''=\frac{\dot{U}_{AN}}{Z_2'}=\frac{220\angle 0^\circ}{-\mathrm{j}50/3}=\mathrm{j}13.2(\mathrm{A})$$

$$\dot{I}_A=\dot{I}_A'+\dot{I}_A''=13.9\angle -18.4^\circ(\mathrm{A})$$

根据对称性得到

$$\dot{I}_B=13.9\angle -138.4^\circ(\mathrm{A})$$

$$\dot{I}_C=13.9\angle 101.6^\circ(\mathrm{A})$$

第一组负载的三相电源

$$\dot{I}_A'=22\angle -53.1^\circ(\mathrm{A})$$

$$\dot{I}_B'=22\angle -173.1^\circ(\mathrm{A})$$

$$\dot{I}_C'=22\angle 66.9^\circ(\mathrm{A})$$

第二组负载的相电流

$$\dot{I}_{AB2}=\frac{1}{\sqrt{3}}\dot{I}_A'\angle 30^\circ=13.2\angle 120^\circ(\mathrm{A})$$

$$\dot{I}_{BC2}=13.2\angle 0^\circ(\mathrm{A})$$

$$\dot{I}_{CA2}=13.2\angle -120^\circ(\mathrm{A})$$

由此可以画出相量图，如图 6 - 16 所示。

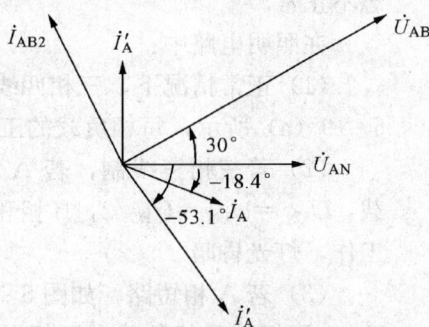

图 6-16 ［例 6-2］相量图

第三节 不对称三相电路的分析

不对称三相电路有两种可能：一是电源不对称，这种情况较少出现，因为发电系统及送变电系统保证了电源的对称性，即使存在不对称，不对称程度也很低。二是负载不对称，这种情况普遍存在，因为用电部门的多样性及所用负载的多样性决定了负载的不对称性。我们讨论的是电源对称、负载不对称的不对称电路。

三相不对称电路如图 6-17 所示。

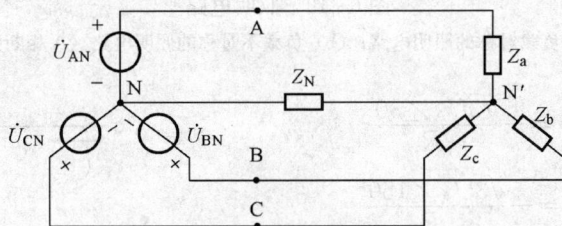

图 6-17 三相不对称电路

图 6-17 中 Z_a、Z_b、Z_c 不相同，则 N 点与 N′ 点电位不相等，得

$$\dot{U}_{N'N} = \frac{\dot{U}_{AN}/Z_a + \dot{U}_{BN}/Z_b + \dot{U}_{CN}/Z_c}{1/Z_a + 1/Z_b + 1/Z_c + 1/Z_N} \neq 0 \tag{6-8}$$

各负载相电压为

$$\left.\begin{array}{l} \dot{U}_{AN'} = \dot{U}_{AN} - \dot{U}_{N'N} \\ \dot{U}_{BN'} = \dot{U}_{BN} - \dot{U}_{N'N} \\ \dot{U}_{CN'} = \dot{U}_{CN} - \dot{U}_{N'N} \end{array}\right\} \tag{6-9}$$

画出各相负载相电压相量图，如图 6-18 所示。

从相量图可以看到负载中性点 N′ 与电源中性点 N 不再重合，这是负载不对称产生的结果，把这种现象叫做中性点位移。在电源对称情况下，可以根据中性点位移的情况来判断负载端不对称的程度。当中性点位移较大时，会造成负载相电压严重不对称，使负载的工作状

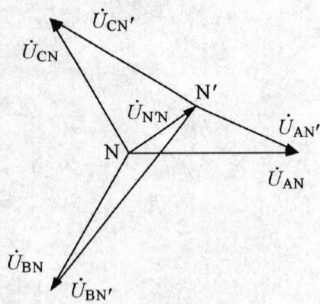

图 6-18　三相不对称电路各相
负载相电压相量图

态不正常。

在照明电路中：

（1）正常情况下，三相四线制，中线阻抗约为零。如图 6-19（a）所示，每相负载的工作相对独立。

（2）若三相三线制，若 A 相断路则形成三相不对称负载，$U_{CN'} = U_{BN'} = U_{BC}/2$，B 相和 C 相的灯泡未在额定电压下工作，灯光昏暗。

（3）若 A 相短路，如图 6-20 所示，$U_{CN'} = U_{BN'} = U_{AB} = U_{AC}$，B 相和 C 相负载电压超过灯泡的额定电压，灯泡可能烧坏。

短路时各相电流如下：

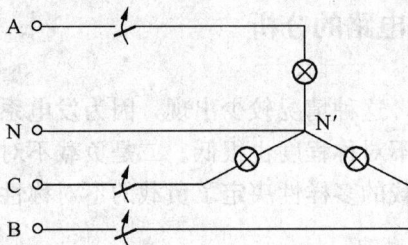
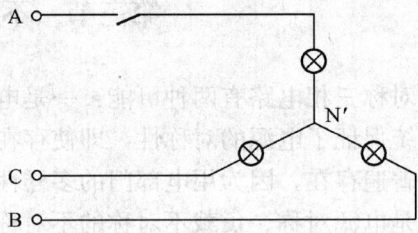

(a)　　　　　　　　　　　(b)

图 6-19　照明电路

(a) 负载对称的照明电路；(b) 负载不对称的照明电路（A 相断路）

$$\dot{I}_B = \frac{\dot{U}_{BA}}{R} = -\frac{\sqrt{3}\dot{U}_A \angle 30°}{R}$$

$$\dot{I}_C = \frac{\dot{U}_{CA}}{R} = -\frac{\sqrt{3}\dot{U}_A \angle 150°}{R}$$

$$\dot{I}_A = -(\dot{I}_B + \dot{I}_C) = -\frac{\sqrt{3}\dot{U}_A}{R}(\angle -30° + \angle 150°)$$

$$= -\frac{\sqrt{3}\dot{U}_A}{R}\left(-\frac{\sqrt{3}}{2} - j\frac{1}{2} - \frac{\sqrt{3}}{2} + j\frac{1}{2}\right) = \frac{3\dot{U}_A}{R}$$

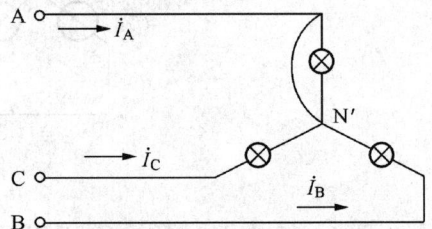

图 6-20　负载不对称的照明电路
（A 相短路）

由计算结果知，短路电流是正常时电流的 3 倍，很显然会烧坏负载。

经以上分析得到以下结论：

（1）负载不对称，电源中性点和负载中性点不等电位，中线中有电流，各相电压、电流不再存在对称关系。

（2）中线不装保险，并且中线较粗。一是减少损耗，二是加强强度，中线一旦断了，负载不能正常工作。

（3）要消除或减少中性点的位移，尽量减少中线阻抗，然而从经济的观点来看，中线不可能做得很粗，应适当调整负载，使其接近对称情况。

【例 6-3】　电路如图 6-21（a）所示，说明此电路测量相序的方法。

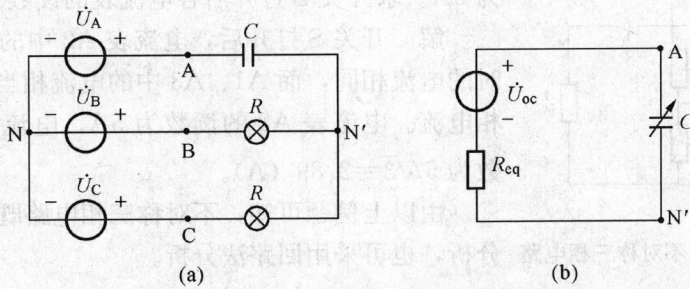

图 6-21　[例6-3] 相序测量电路
(a) 原电路；(b) 等效电路

解　从电路看，$R_1 = R_2$，只有电容 C 可能产生相位差，所以先求以电容 C 为开路端的戴维南等效电路，

求等效电阻：

$$R_{eq} = R/2$$

开路电压：

$$\dot{U}_{oc} = \dot{U}_A - \dot{U}_B + \frac{\dot{U}_B - \dot{U}_C}{2}$$

$$= \dot{U}_A - \frac{1}{2}(\dot{U}_B + \dot{U}_C) = \frac{3}{2}\dot{U}_A$$

等效电路如图 6-21（b）所示。做出电压相量图如图 6-22（a）所示，观察相位关系，当 C 变化时 N′点在以 $\dot{U}_{oc}$ 为直径的半圆上移动。画出三相电源的相量图，如图 6-22（b）所示，当电容断开时，N′ 在 BC 中点上，N′A⇒$\dot{U}_{oc} = \frac{3}{2}\dot{U}_A$，电容变化时，N′ 在半圆上运动，因此总满足 $\dot{U}_{BN'} \geqslant \dot{U}_{CN'}$。

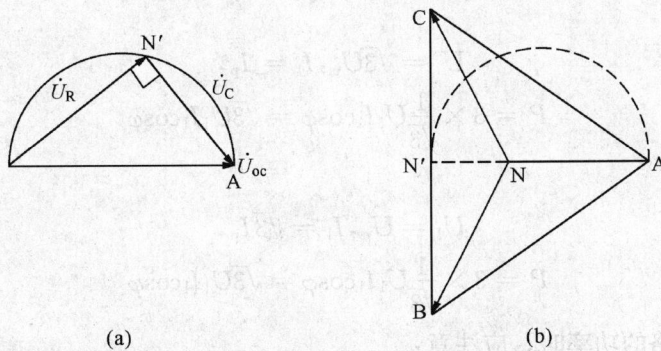

图 6-22　[例6-3] 相量图
(a) 电压相量图；(b) 三相电源相量图

设接电容的一相为 A 相，则 B 相电压比 C 相电压高。B 相灯较亮，C 相灯较暗（正序）。据此可测定三相电源的相序。

【例6-4】　如图 6-23 所示电路中，电源三相对称。当开关 S 闭合时，电流表的读数均

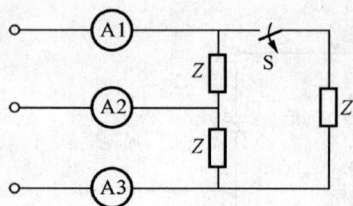

为 5A。求开关 S 打开后各电流表的读数。

解　开关 S 打开后，电流表 A2 中的电流与负载对称时的电流相同，而 A1、A3 中的电流相当于负载对称时的相电流。电流表 A2 的读数为 5A，电流表 A1、A3 的读数为 $5/\sqrt{3}=2.89$（A）。

由以上例题可知，不对称三相电路既可以利用相量图分析，也可采用回路法分析。

图 6-23　[例 6-4] 不对称三相电路

第四节　三相电路的功率

1. 负载上的平均功率

$$P_p = U_p I_p \cos\varphi$$

三相总功率

$$P = 3P_p = 3U_p I_p \cos\varphi$$

三相电路负载连接如图 6-24 所示。

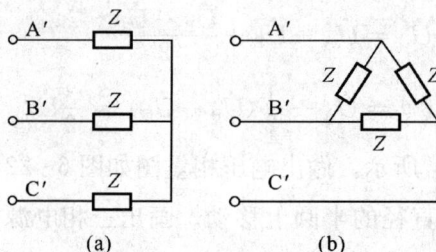

图 6-24　三相电路负载连接

(a) Y 接法；(b) △接法

Y 接法：

$$U_1 = \sqrt{3}U_p, I_1 = I_p,$$
$$P = 3 \times \frac{1}{\sqrt{3}}U_1 I_1 \cos\varphi = \sqrt{3}U_1 I_1 \cos\varphi$$

△接法：

$$U_1 = U_p, I_1 = \sqrt{3}I_p,$$
$$P = 3 \times \frac{1}{\sqrt{3}}U_1 I_1 \cos\varphi = \sqrt{3}U_1 I_1 \cos\varphi$$

在计算三相电路的功率时，应注意：

（1）φ 为相电压与相电流的相位差角（阻抗角），不要误以为是线电压与线电流的相位差。

（2）$\cos\varphi$ 为每相的功率因数，在对称三相制中功率因数：$\cos\varphi_A = \cos\varphi_B = \cos\varphi_C = \cos\varphi$。

（3）公式计算的是电源发出的功率（或负载吸收的功率）。

2. 总的无功功率

$$Q = Q_A + Q_B + Q_C = 3Q_p$$

$$Q = 3U_\mathrm{p}I_\mathrm{p}\sin\varphi = \sqrt{3}U_1I_1\sin\varphi$$

3. 总的视在功率

$$S = \sqrt{P^2 + Q^2} = 3U_\mathrm{p}I_\mathrm{p} = \sqrt{3}U_1I_1$$

功率因数可定义为

$$\cos\varphi = P/S \quad （不对称时 \varphi 无意义）$$

4. 对称三相负载的瞬时功率

设

$$u_\mathrm{A} = \sqrt{2}U\cos\omega t, \quad i_\mathrm{A} = \sqrt{2}I\cos(\omega t - \varphi)$$

则

$$p_\mathrm{A} = u_\mathrm{A}i_\mathrm{A} = 2UI\cos\omega t\cos(\omega t - \varphi) = UI[\cos\varphi + \cos(2\omega t - \varphi)]$$

$$p_\mathrm{B} = u_\mathrm{B}i_\mathrm{B} = UI\cos\varphi + UI\cos[(2\omega t - 240°) - \varphi]$$

$$p_\mathrm{C} = i_\mathrm{C}i_\mathrm{C} = UI\cos\varphi + UI\cos[(2\omega t + 240°) - \varphi]$$

所以

$$p = p_\mathrm{A} + p_\mathrm{B} + p_\mathrm{C} = 3UI\cos\varphi$$

对正弦交流电路而言，单相瞬时功率为正弦脉动功率，而对称三相正弦电路的瞬时功率为一恒定值，其功率波形如图 6-25 所示。当使用三相交流电动机时，电动机的转矩与功率成正比，功率恒定，可以得到均衡的机械力矩，以避免机械振动。

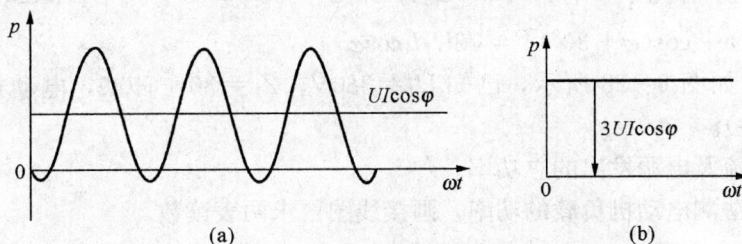

图 6-25　正弦电路功率波形
(a) 单相瞬时功率脉动；(b) 三相瞬时功率恒定

5. 三相功率的测量

（1）三表法测量。测量三相电路的功率，最容易想到的是在每一相上接一个功率表，然后将测量的结果相加，如图 6-26 所示。

测量结果

$$p = u_\mathrm{AN}i_\mathrm{A} + u_\mathrm{BN}i_\mathrm{B} + u_\mathrm{CN}i_\mathrm{C}$$

$$P = P_\mathrm{A} + P_\mathrm{B} + P_\mathrm{C}$$

如果电路严格对称，只需用一块功率表，将得到的结果乘以 3，即可得到总功率。

（2）两表法测量。设负载是 Y 形连接，见图 6-24 (a)，瞬时功率 $p = u_\mathrm{AN}i_\mathrm{A} + u_\mathrm{BN}i_\mathrm{B} + u_\mathrm{CN}i_\mathrm{C}$。

$$i_\mathrm{A} + i_\mathrm{B} + i_\mathrm{C} = 0$$

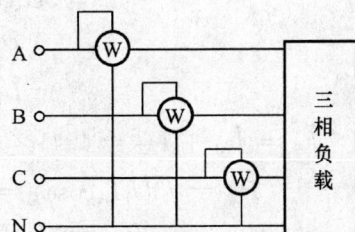

图 6-26　三相四线制三相
电路的功率测量

$$i_C = -(i_A + i_B)$$

则

$$p = (u_{AN} - u_{CN})i_A + (u_{BN} - u_{CN})i_B = u_{AC}i_A + u_{BC}i_B$$
$$P = U_{AC}I_A\cos\varphi_1 + U_{BC}I_B\cos\varphi_2$$

有功功率 φ_1 是 u_{AC} 与 i_A 的相位差，φ_2 是 u_{BC} 与 i_B 的相位差，所以，可以使用两块功率表测量瞬时功率，如图 6-27 所示。

这种测量线路的接法是将两个功率表的电流线圈串到任意两相中，电压线圈的同名端接到

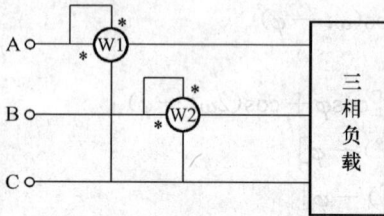

图 6-27 三相电路两表法测量功率

其电流线圈所串的线上，电压线圈的非同名端接到另一相没有串功率表的线上。若 W1 的读数为 P_1，W2 的读数为 P_2，则三相总功率为 $P = P_1 + P_2$。

采用两表法测量功率应注意的事项如下：

(1) 只有在三相三线制条件下，才能用两表法，且不论负载对称与否。

(2) 两块表读数的代数和为三相总功率，每块表单独的读数无意义。

(3) 按正确极性接线时，两表中可能有一个表的读数为负，此时功率表指针反转，将其电流线圈极性反接后，指针指向正数，但此时读数应记为负值。

(4) 两表法测三相功率的接线方式有三种，注意功率表的同名端。

(5) 负载对称情况下，有：$P_1 = U_1I_1\cos(\varphi - 30°)$，$P_2 = U_1I_1\cos(\varphi + 30°)$，$P = U_1I_1[\cos(\varphi - 30°) + \cos(\varphi + 30°)] = \sqrt{3}U_1I_1\cos\varphi$

【例 6-5】 如图 6-28 所示，已知 $U_1 = 380$V，$Z_1 = 30 + j40\Omega$，电动机 $P = 1700$W，$\cos\varphi = 0.8$（感性）。

(1) 求线电流及电源发出的总功率。

(2) 用两表法测电动机负载的功率，画接线图，求两表读数。

解 (1) $\dot{U}_{AN} = 220\angle 0°$ (V)

$$\dot{I}_{A1} = \frac{\dot{U}_{AN}}{Z_1} = \frac{220\angle 0°}{30 + j40} = 4.41\angle -53.1°(A)$$

电动机负载为

$$P = \sqrt{3}U_1I_{A2}\cos\varphi = 1700(W)$$

$$I_{A2} = \frac{P}{\sqrt{3}U_1\cos\varphi} = \frac{P}{\sqrt{3} \times 380 \times 0.8} = 3.23(A)$$

$$\cos\varphi = 0.8, \quad \varphi = 36.9°$$

$$\dot{I}_{A2} = 3.23\angle -36.9°(A)$$

$$\dot{I}_A = \dot{I}_{A1} + \dot{I}_{A2} = 4.41\angle -53.1° + 3.23\angle -36.9° = 7.56\angle -46.2°(A)$$

$$P_总 = \sqrt{3}U_1I_A\cos\varphi_总 = \sqrt{3} \times 380 \times 7.56 \times \cos46.2° = 3.44(kW)$$

$$P_{Z1} = 3I_{A1}^2R_1 = 3 \times 4.41^2 \times 30 = 1.74(kW)$$

(2) 两表法接线如图 6-29 所示。

表 W1 的读数 P_1：

$$P_1 = U_{AC}I_{A2}\cos\varphi_1 = 380 \times 3.23 \times \cos(-30° + 36.9°) = 1218.5(W)$$

表 W2 的读数 P_2：

$$P_2 = U_{BC}I_{B2}\cos\varphi_2 = 380 \times 3.23 \times \cos(-90° + 156.9°) = 481.6(W)$$

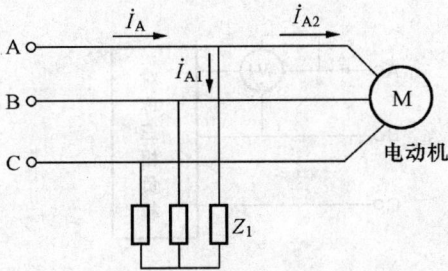

图 6-28 [例 6-5] 图

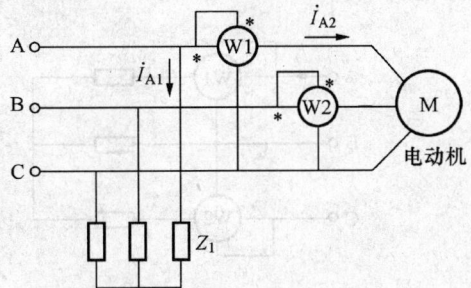

图 6-29 [例 6-5] 两表法接线

习 题

6-1 对称三相电源线电压为 400V，有一星形连接的电阻负载，每项电阻 $R=20\Omega$，经 $R_L=10\Omega$ 的导线接在电源上，试求各相电流和负载端的线电压各为多少（电源内阻忽略不计）？

6-2 对称三相供电系统的线电压为 230V，每相负载为 $Z=12+j16\Omega$。试求：

(1) 负载 Y 形连接时，负载线电流及吸收的总功率。

(2) 负载△形连接时，负载的线电流、相电流及吸收的总功率。

(3) 比较（1）与（2）的结果，得出什么结论？

6-3 图 6-30 中，已知对称三相电路的星形负载 $Z=165+j84\Omega$，端线阻抗 $Z_1=2+j\Omega$，中线阻抗 $Z_N=1+j\Omega$，线电压 $U_l=380V$。求负载电流和线电压，并作出电路的相量图。

6-4 图 6-31 所示对称三相电路，已知负载阻抗 $Z_\triangle=21+j22.5\Omega$，$\dot{U}_A=220\angle0°V$，$\dot{U}_B=220\angle-120°V$，$\dot{U}_C=220\angle120°V$ 求：

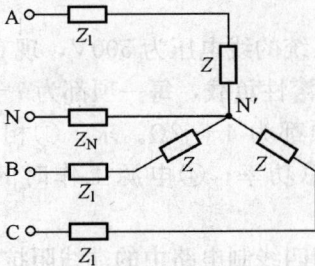

图 6-30 题 6-3 图

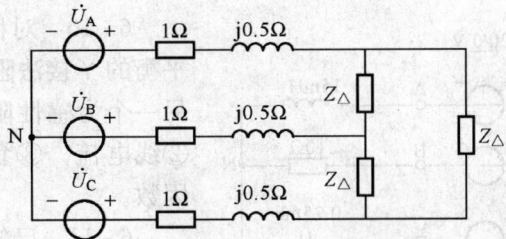

图 6-31 题 6-4 图

(1) 三相电源发出的总功率。

(2) 三角形负载吸收的总功率。

6-5 图 6-32 所示对称三相电路，已知 $\dot{U}_{AB}=380\angle0°V$，$\dot{I}_A=1\angle-60°A$，则功率表

读数各为多少?

6-6 三相对称感性负载接到三相对称电源上,在两线间接一功率表,如图 6-33 所示,电压 U_{AB}=380V,负载功率因数 $\cos\varphi$=0.6,功率表读数 P=275W,求线电流 I_A 及三相负载的总功率。

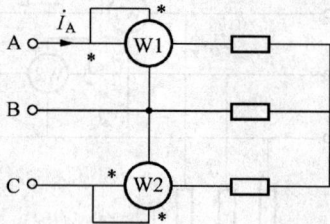

图 6-32 题 6-5 图

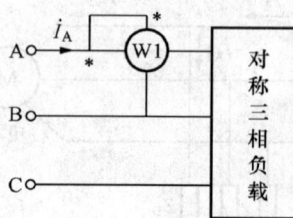

图 6-33 题 6-6 图

6-7 图 6-34 所示电路中,对称三相电源的线电压 U_1=380V,单相电阻负载 R=1Ω,求电流表的读数。

6-8 图 6-35 所示对称三相电路,电源频率为 50Hz,Z=6+j8Ω。在负载端接入三相电容器组后,功率因数提高到 0.9,试求每组电容器的电容值。

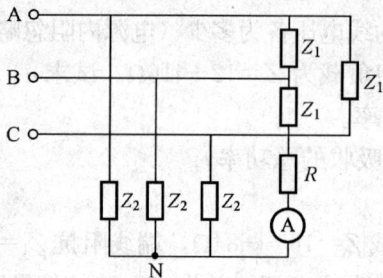

图 6-34 题 6-7 图

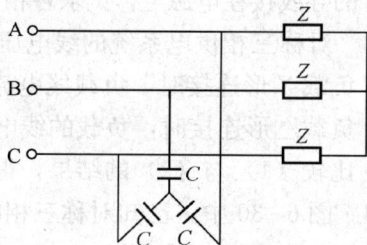

图 6-35 题 6-8 图

6-9 三相电路如图 6-36 所示,电源为对称正相序三相电源,工作频率为 60Hz,求 U_{AN}、U_{BN}、U_{CN}。

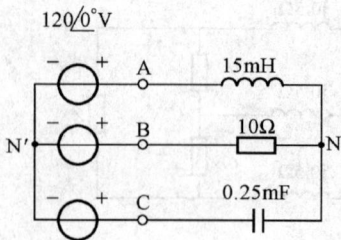

图 6-36 题 6-9 图

6-10 对称三相三线系统的线电压为 500V,现有两个平衡的 Y 接法阻抗:一个是溶性负载,每一项都为 7-j2Ω;另一个为感性阻抗,每一项都为 4+j2Ω。求:①相电压;②线电流;③负载获得的总功率;④电源工作时的功率因数。

6-11 已知不对称三相四线制电路中的端线阻抗为零,对称电源端的线电压 U_1=380V,不对称的星形连接负载分别是 Z_A=3+j2Ω,Z_B=4+j4Ω,Z_C=2+jΩ,求:

(1) 当中线阻抗 Z_N=4+j3Ω 时的中点电压、线电流和负载吸收的总功率。

(2) 当中线阻抗 Z_N=0 且 A 相开路时的线电流。

(3) 当无中线时 (阻抗 Z_N=∞) 的情况。

6-12 （1）求图 6-37 所示电路中两个功率表的读数，设 $u_A = 100 \angle 0° \text{V}$，$u_B = 50 \angle 90°$ V，阻抗 $Z_A = 10 - 10j\Omega$，$Z_B = 8 - 6j\Omega$，$Z_C = 30 + 10j\Omega$。

（2）两个功率表的读数之和等于三个负载获得的总功率吗？

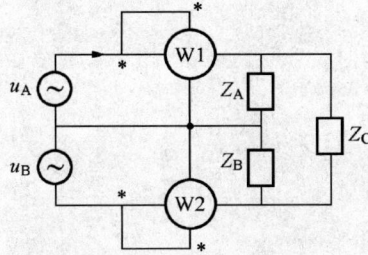

图 6-37 题 6-12 图

普通高等教育"十二五"规划教材

电路分析基础

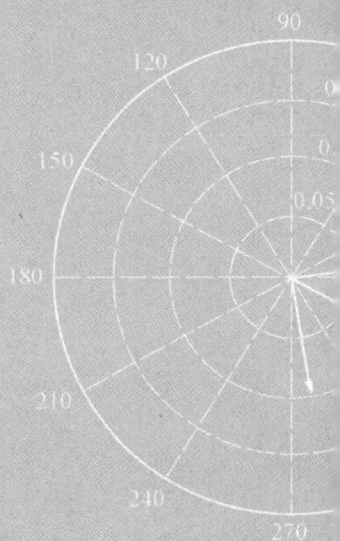

第七章 | 耦合电感和理想变压器

本章主要介绍耦合电感和理想变压器。内容包括：互感；耦合电感的连接及其等效去耦；含有耦合电感电路的计算；空心变压器；理想变压器等。

第一节　互　感

一、互感的概念

无论是交流电流还是直流电流，当它们流过导线的时候，都会在导线周围产生磁场。当第一个线圈产生的交变磁场穿过第二个线圈时，第二个线圈就会感应出电压。第一个线圈上的电压，称为自感电压。由第一个线圈的磁场在第二个线圈中感应出的电压，称为互感电压。

电感元件端口上电压和电流的关系为

$$u(t) = L \frac{\mathrm{d}i(t)}{\mathrm{d}t} \tag{7-1}$$

式中：L 称为电感，也称为自感。

如图 7-1 所示，当两个线圈 L_1 和 L_2 靠得足够近时，流过 L_1 的电流产生的磁通量在电感 L_2 中就建立开路电压，我们用互感来描述 i_1 和 u_2 之间的关系

$$u_2(t) = M_{21} \frac{\mathrm{d}i_1(t)}{\mathrm{d}t} \tag{7-2}$$

式中：M_{21} 称为互感，表示 L_1 中的电流 i_1 在 L_2 中产生的电压响应。

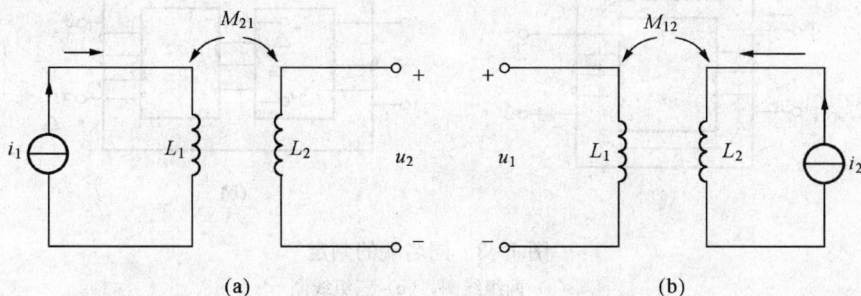

图 7-1　互感电路

（a）流过 L_1 的电流 i_1 在 L_2 中产生的电压 u_2；（b）流过 L_2 的电流 i_2 在 L_1 中产生的电压 u_1

反过来，流过 L_2 的电流产生的磁通量在电感 L_1 中建立开路电压，我们用互感来描述 i_2 和 u_1 之间的关系

$$u_1(t) = M_{12} \frac{\mathrm{d}i_2(t)}{\mathrm{d}t} \tag{7-3}$$

式中：M_{12} 称为互感，表示 L_2 中的电流 i_2 在 L_1 中产生的电压响应。

利用能量关系可以证明 $M_{21} = M_{12} = M$。

自感、互感的单位是亨［利］（H）。

二、同名端的规定

如图 7-2 所示，在同一磁芯上的两个线圈 L_1、L_2，匝数分别为 N_1、N_2，电流分别为 i_1、i_2，电流所产生的磁通链分别为 Ψ_1、Ψ_2，则磁芯中的总磁通链为

$$\Psi = \Psi_1 + \Psi_2 \tag{7-4}$$

设 i_1 为正，且随时间增大，则根据右手螺旋法则，i_1 所产生的磁通链 Ψ_1 从右向左。同

时 i_2 也为正，且随时间增大，i_2 所产生的磁通链 Ψ_2 也从右向左。两个磁通链互相增强。

在同一磁芯中，当两个电流产生的磁场互相增强时，这两个电流的流入端为同名端。即同名端流入的电流可产生相加的磁通。图 7-2 中两个三角形标示的端口为同名端。

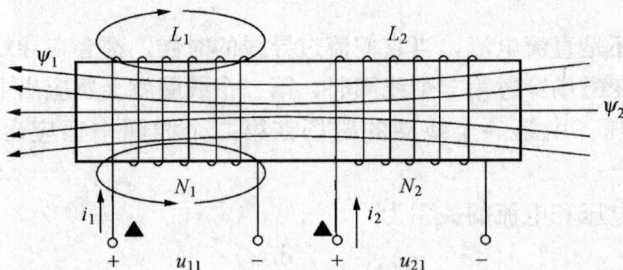

图 7-2   同名端的定义

1. 同名端的判别

图 7-3（a）中有两组线圈，1 端子与 2 端子为同名端。图 7-3（b）中有三组线圈，同名端的判定应两两分别判定，根据右手螺旋法则，1-1′与 2-2′中 1 端子与 2′端子为同名端；1-1′与 3-3′中 1 端子与 3′端子为同名端；2-2′与 3-3′中 2 端子与 3′端子为同名端。

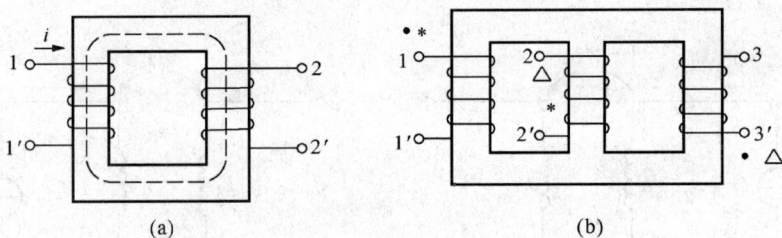

图 7-3   同名端的判定

（a）两组线圈；（b）三组线圈

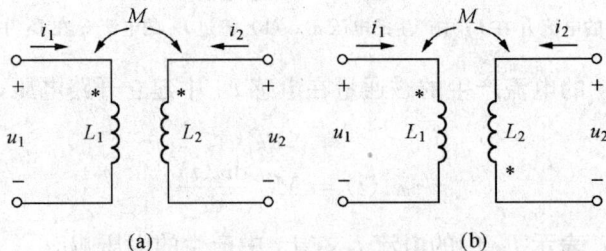

图 7-4   同名端的性质

（a）同名端流入；（b）异名端流入

2. 同名端的性质

图 7-4（a）中，电流 i_1、i_2 从同名端流入，则它们所产生的磁通链相互增强，磁通链应相加。图 7-4（b）中，电流 i_1，i_2 从异名端流入，则它们产生的磁通链相互削弱，磁通链应相减。

三、互感电压和自感电压

当两个线圈靠得很近时，我们不仅要考虑自感电压，还要考虑互感电压。两个线圈的电流都不等于零时，它们在各自的线圈中产生自感电压的同时，还在相对的线圈中产生互感电压。因此，含有交流线圈的电路中，电压由两部分构成：自感电压、互感电压。

图 7-4 中，u_1 由两部分构成，L_1 中电流 i_1 产生的自感电压 u_{11} 和 i_2 在 L_1 中产生的互感电压 u_{12}。

$$u_{11}(t) = L_1 \frac{\mathrm{d}i_1(t)}{\mathrm{d}t} \tag{7-5}$$

$$u_{12}(t) = \pm M \frac{\mathrm{d}i_2(t)}{\mathrm{d}t} \tag{7-6}$$

u_{12} 的正负取决于 i_1、i_2 之间的磁场是相互增强还是相互削弱。当两个磁场相互增强时，取正；相互削弱时，取负。

图 7-4（a）中，电流从同名端流入，磁场相互增强，所以 u_{12} 取正。

$$u_1(t) = L_1 \frac{\mathrm{d}i_1(t)}{\mathrm{d}t} + M \frac{\mathrm{d}i_2(t)}{\mathrm{d}t} \tag{7-7}$$

图 7-4（b）中，电流从异名端流入，磁场相互削弱，所以 u_{12} 取负。

$$u_1(t) = L_1 \frac{\mathrm{d}i_1(t)}{\mathrm{d}t} - M \frac{\mathrm{d}i_2(t)}{\mathrm{d}t} \tag{7-8}$$

图 7-4 中，u_2 同样由两部分构成，L_2 中电流 i_2 产生的自感电压 u_{22} 和 i_1 在 L_2 中产生的互感电压 u_{21}。

$$u_{22}(t) = L_2 \frac{\mathrm{d}i_2(t)}{\mathrm{d}t} \tag{7-9}$$

$$u_{21}(t) = \pm M \frac{\mathrm{d}i_1(t)}{\mathrm{d}t} \tag{7-10}$$

图 7-4（a）中，电流从同名端流入，磁场相互增强，所以 u_{21} 取正。

$$u_2(t) = L_2 \frac{\mathrm{d}i_2(t)}{\mathrm{d}t} + M \frac{\mathrm{d}i_1(t)}{\mathrm{d}t} \tag{7-11}$$

图 7-4（b）中，电流从异名端流入，磁场相互削弱，所以 u_{12} 取负。

$$u_2(t) = L_2 \frac{\mathrm{d}i_2(t)}{\mathrm{d}t} - M \frac{\mathrm{d}i_1(t)}{\mathrm{d}t} \tag{7-12}$$

【例 7-1】 电路如图 7-5（a）所示，$M=9\mathrm{H}$，求 400Ω 电阻上的电压与电源电压的比值，用相量形式表示。

解　（1）明确题目要求。需要求出 u_2 的相量，再除以 u_1 的相量。

（2）收集已知信息。将 1H 和 100H 的电感用相应的阻抗形式 10jΩ、1000jΩ 表示，9H 的电感用阻抗 $\mathrm{j}\omega M=\mathrm{j}90Ω$ 表示，画出电路图对应的相量图，如图 7-5（b）所示。

（3）设计方案。只有两个网孔，可以选网孔法分析，求出 $\dot{I}_2$，即可求出 $\dot{U}_2$。

（4）建立一组合适的方程。图 7-5（b）中左边的网孔，感应电压由 i_1 的自感电压和 i_2 的互感电压构成，i_2 流出同名端，所以互感电压为负。

右边的网孔方程为

$$(1+10\mathrm{j})\dot{I}_1 - 90\mathrm{j}\dot{I}_2 = 10\angle 0° \tag{7-13}$$

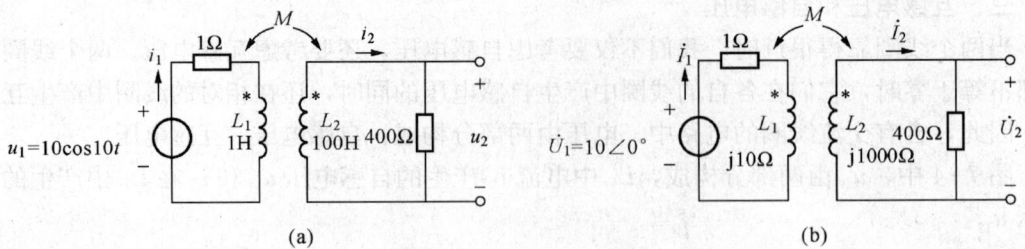

图 7-5 [例 7-1] 图

(a) 电路图；(b) 相量图

$$(400 + 1000\mathrm{j})\dot{I}_2 - 90\mathrm{j}\dot{I}_1 = 0 \tag{7-14}$$

（5）确定是否需要其他信息。两个方程，两个未知数，可以求解。

（6）求解。解方程组得到

$$\dot{I}_2 = 0.172\angle -16.70°(\mathrm{A})$$

所以有

$$\frac{\dot{U}_2}{\dot{U}} = \frac{400 \times (0.172\angle -16.70°)}{10\angle 0°}$$

$$= 6.880\angle -16.7°$$

（7）验证结果。如果 400Ω 电阻被短路，$u_2 = 0$；如果 400Ω 电阻被开路，$i_2 = 0$。因此 $\dot{U}_1 = (1 + \mathrm{j}\omega L_1)\dot{I}_1$，$\dot{U}_2 = \mathrm{j}\omega M\dot{I}_1$，那么 $\dfrac{\dot{U}_2}{\dot{U}_1}$ 最大值为 $8.8955\angle 5.711°$，答案合理。

第二节 耦合电感的连接及其等效去耦

一、耦合电感的串联

1. 耦合电感顺接串联

图 7-6（a）所示为耦合电感的顺接串联电路，可以看到电流从同名端流入，互感相互增强，端口伏安关系为

$$u = R_1 i + L_1 \frac{\mathrm{d}i}{\mathrm{d}t} + M \frac{\mathrm{d}i}{\mathrm{d}t} + L_2 \frac{\mathrm{d}i}{\mathrm{d}t} + M \frac{\mathrm{d}i}{\mathrm{d}t} + R_2 i$$

$$= (R_1 + R_2)i + (L_1 + L_2 + 2M)\frac{\mathrm{d}i}{\mathrm{d}t}$$

$$= Ri + L\frac{\mathrm{d}i}{\mathrm{d}t} \tag{7-15}$$

电路可等效为图 7-6（b）所示电路，其中 $R = R_1 + R_2$，$L = L_1 + L_2 + 2M$。

顺接串联耦合电感等效为两个电感的和再加两倍的互感，即

$$L = L_1 + L_2 + 2M \geqslant 0 \tag{7-16}$$

正弦激励下耦合电感的顺接串联电路的相量图如图 7-7 所示。

$$\dot{U} = (R_1 + R_2)\dot{I} + \mathrm{j}\omega(L_1 + L_2 + 2M)\dot{I} \tag{7-17}$$

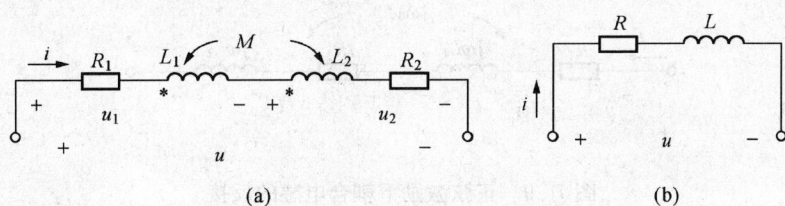

图 7 - 6　耦合电感的顺接串联电路

(a) 原电路；(b) 等效电路

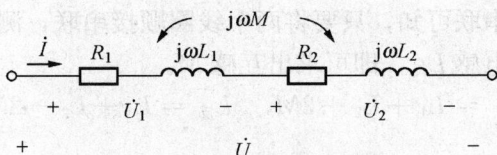

图 7 - 7　正弦激励下耦合电感的顺接

串联电路的相量图

2. 耦合电感反接串联

图 7 - 8 (a) 所示为耦合电感的反接串联电路，可以看到电流从异名端流入，互感相互削弱，端口伏安关系为

$$u = R_1 i + L_1 \frac{\mathrm{d}i}{\mathrm{d}t} - M\frac{\mathrm{d}i}{\mathrm{d}t} + L_2 \frac{\mathrm{d}i}{\mathrm{d}t} - M\frac{\mathrm{d}i}{\mathrm{d}t} + R_2 i$$

$$= (R_1 + R_2)i + (L_1 + L_2 - 2M)\frac{\mathrm{d}i}{\mathrm{d}t}$$

$$= Ri + L\frac{\mathrm{d}i}{\mathrm{d}t} \tag{7 - 18}$$

电路可等效为图 7 - 8 (b) 所示电路，其中 $R = R_1 + R_2$，$L = L_1 + L_2 - 2M$。

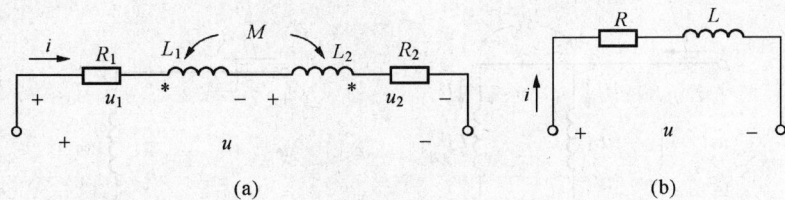

图 7 - 8　耦合电感的反接串联电路

(a) 原电路；(b) 等效电路

反接串联耦合电感等效为两个电感的和再减去两倍的互感，即

$$L = L_1 + L_2 - 2M \geqslant 0 \tag{7 - 19}$$

$$M \leqslant \frac{1}{2}(L_1 + L_2) \tag{7 - 20}$$

注意：互感不大于两个自感的算数平均值。

正弦激励下耦合电感的反接串联电路的相量图如图 7 - 9 所示。

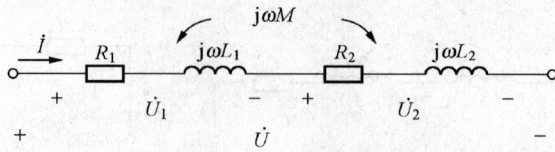

图 7 - 9　正弦激励下耦合电感的反接
串联电路的相量图

$$\dot{U} = (R_1 + R_2)\dot{I} + j\omega(L_1 + L_2 - 2M)\dot{I}$$

3. 互感的测量

由两个线圈的正反向串联可知，只要将两个线圈顺接串联，测量其等效电感 $L_{顺}$，然后反接串联，再测一次等效电感 $L_{反}$，即可求出互感 M。

$$L_{顺} = L_1 + L_2 + 2M, \quad L_{反} = L_1 + L_2 - 2M$$

则有

$$M = \frac{1}{4}(L_{顺} + L_{反}) \tag{7-21}$$

当两个线圈全耦合时

$$M = \sqrt{L_1 L_2} \tag{7-22}$$

$$L = L_1 + L_2 \pm 2M = L_1 + L_2 + 2\sqrt{L_1 L_2}$$
$$= (\sqrt{L_1} \pm \sqrt{L_2})^2 \tag{7-23}$$

当 $L_1 = L_2$，$M = L$ 时

$$L = \begin{cases} 4M & 顺接 \\ 0 & 反接 \end{cases}$$

二、耦合电感的并联

1. 同侧并联

耦合电感并联时，同名端连接在同一个结点上，称为同侧并联，如图 7 - 10 (a) 所示。

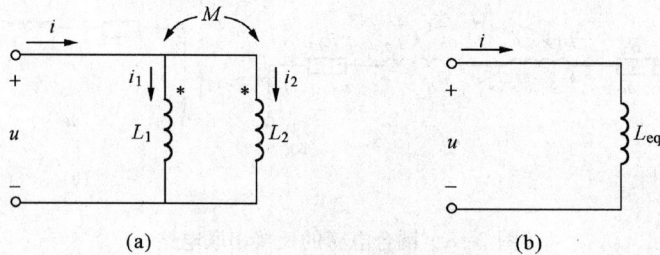

图 7 - 10　耦合电感的同侧并联电路
(a) 原电路；(b) 等效电路

耦合电感同侧并联时，其电压、电流方程为

$$u = L_1 \frac{\mathrm{d}i_1}{\mathrm{d}t} + M \frac{\mathrm{d}i_2}{\mathrm{d}t} \tag{7-24}$$

$$u = L_2 \frac{\mathrm{d}i_2}{\mathrm{d}t} + M \frac{\mathrm{d}i_1}{\mathrm{d}t} \tag{7-25}$$

$$i = i_1 + i_2 \tag{7-26}$$

解方程得

$$u = \frac{(L_1 L_2 - M^2)}{(L_1 + L_2 - 2M)} \cdot \frac{\mathrm{d}i}{\mathrm{d}t} \tag{7-27}$$

等效电感为

$$L_{\mathrm{eq}} = \frac{(L_1 L_2 - M^2)}{L_1 + L_2 - 2M} \geqslant 0 \tag{7-28}$$

其等效电路如图 7-10（b）所示。

若 L_1、L_2 全耦合，则有 $L_1 L_2 = M^2$。

当 $L_1 \neq L_2$ 时，$L_{\mathrm{eq}} = 0$，物理意义不明确；当 $L_1 = L_2 = L$ 时，$L_{\mathrm{eq}} = L$，相当于导线加粗，电感不变。

2. 异侧并联

耦合电感并联时，异名端连接在同一个结点上，称为异侧并联，如图 7-11（a）所示。

耦合电感异侧并联时，其电压、电流方程为

$$u = L_1 \frac{\mathrm{d}i_1}{\mathrm{d}t} - M \frac{\mathrm{d}i_2}{\mathrm{d}t} \tag{7-29}$$

$$u = L_2 \frac{\mathrm{d}i_2}{\mathrm{d}t} - M \frac{\mathrm{d}i_1}{\mathrm{d}t} \tag{7-30}$$

$$i = i_1 + i_2 \tag{7-31}$$

解方程得

$$u = \frac{(L_1 L_2 - M^2)}{(L_1 + L_2 + 2M)} \cdot \frac{\mathrm{d}i}{\mathrm{d}t} \tag{7-32}$$

等效电感为

$$L_{\mathrm{eq}} = \frac{(L_1 L_2 - M^2)}{L_1 + L_2 + 2M} \geqslant 0 \tag{7-33}$$

其等效电路如图 7-11（b）所示。

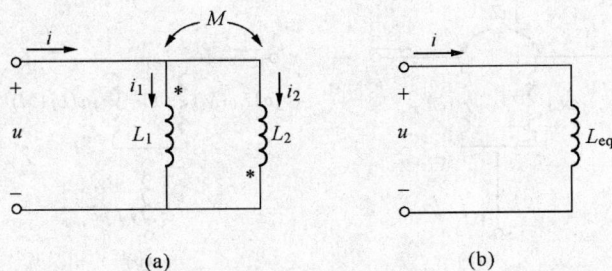

图 7-11 耦合电感的异侧并联电路

(a) 原电路；(b) 等效电路

三、耦合电感的 T 形等效

1. 同名端为公共端的 T 形去耦等效

图 7-12（a）所示是同名端为公共端的 T 形电路，电流 i_1、i_2 从同名端流入，互感取正，可以列出 KVL、KCL 方程如下

$$\dot{U}_{13} = \mathrm{j}\omega L_1 \dot{I}_1 + \mathrm{j}\omega M \dot{I}_2 \tag{7-34}$$

$$\dot{U}_{23} = j\omega L_2 \dot{I}_2 + j\omega M \dot{I}_1 \qquad (7-35)$$

$$\dot{I} = \dot{I}_1 + \dot{I}_2 \qquad (7-36)$$

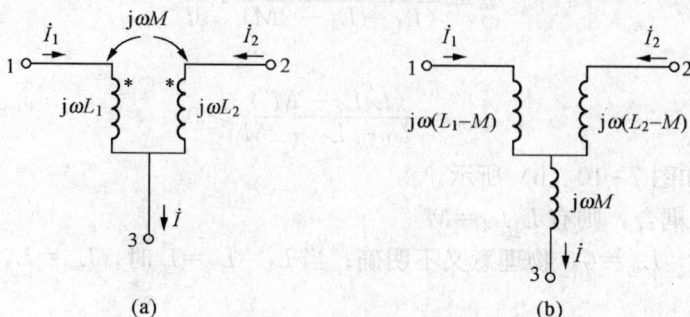

图 7-12 同名端为公共端的 T 形去耦电路
(a) 原电路；(b) 去耦等效电路

整理方程可得到

$$\dot{U}_{13} = j\omega(L_1 - M)\dot{I}_1 + j\omega M \dot{I} \qquad (7-37)$$

$$\dot{U}_{23} = j\omega(L_2 - M)\dot{I}_2 + j\omega M \dot{I} \qquad (7-38)$$

所以，同名端为公共端的 T 形电路去耦之后等效为图 7-12 (b)。

2. 异名端为公共端的 T 形去耦等效

图 7-13 (a) 所示是异名端为公共端的 T 形电路，电流 i_1、i_2 从异名端流入，互感取负，可以列出 KVL、KCL 方程如下

$$\dot{U}_{13} = j\omega L_1 \dot{I}_1 - j\omega M \dot{I}_2 \qquad (7-39)$$

$$\dot{U}_{23} = j\omega L_2 \dot{I}_2 - j\omega M \dot{I}_1 \qquad (7-40)$$

$$\dot{I} = \dot{I}_1 + \dot{I}_2 \qquad (7-41)$$

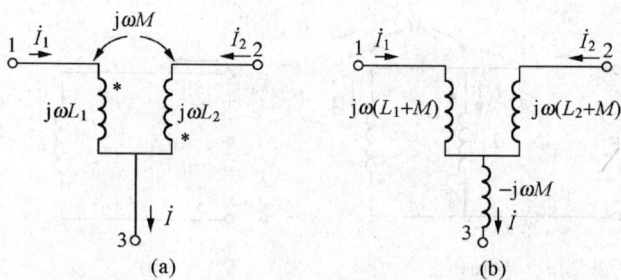

图 7-13 异名端为公共端的 T 形去耦电路
(a) 原电路；(b) 去耦等效电路

整理方程可得到

$$\dot{U}_{13} = j\omega(L_1 + M)\dot{I}_1 - j\omega M \dot{I} \qquad (7-42)$$

$$\dot{U}_{23} = j\omega(L_2 + M)\dot{I}_2 - j\omega M \dot{I} \qquad (7-43)$$

所以，异名端为公共端的 T 形电路去耦之后等效为图 7-13 (b)。

图 7-14 是同名端为公共端的典型 T 形去耦电路。

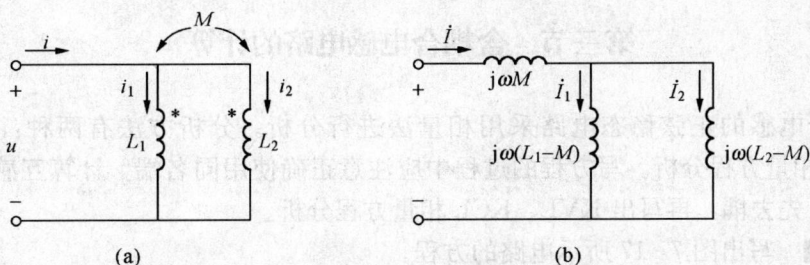

图 7-14　同名端为公共端的典型 T 形去耦电路
(a) 原电路；(b) 去耦等效电路

【例 7-2】　图 7-15 所示为 T 形耦合电路，分别求图（a）、（b）中的等效电感 L_{ab}。

解　图 7-15（a）为异名端为公共端的 T 形电路，注意与 6H 电感线圈并联的导线不能将线圈短路，线圈中存在自感和互感。按照去耦方法，先求耦合线圈的等效电感，再求 L_{ab}。解耦后的电路如图 7-16（a）所示。

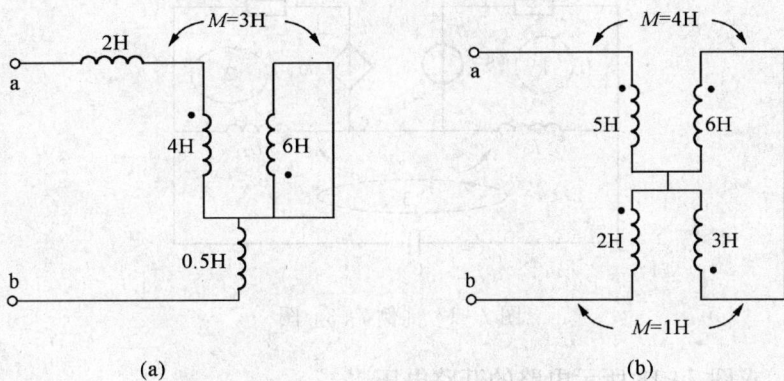

图 7-15　［例 7-2］图

图 7-15（b）为同名端为公共端的 T 形耦合电路，注意有互感的电感线圈不能被导线短路，线圈中存在自感和互感。按照去耦方法，先求耦合线圈的等效电感，再求 L_{ab}。解耦后的电路如图 7-16（b）所示。

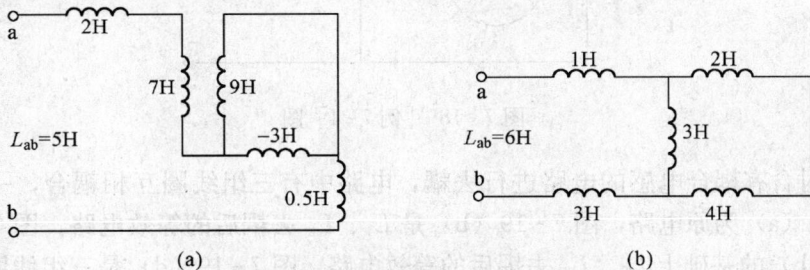

图 7-16　T 形耦合电路的去耦等效电路

第三节　含耦合电感电路的计算

含有耦合电感的正弦稳态电路采用相量法进行分析。分析方法有两种：①直接写出 KVL、KCL 相量方程分析。写方程的过程中应注意正确使用同名端，计算互感电压。②利用去耦规律，先去耦，再写出 KVL、KCL 相量方程分析。

【例 7 - 3】 写出图 7 - 17 所示电路的方程。

解 取网孔电流为顺时针方向，得

$$(R_1 + \mathrm{j}\omega L_1)\dot I_1 - \mathrm{j}\omega L_1 \dot I_3 + \mathrm{j}\omega M(\dot I_2 - \dot I_3) = -\dot U_\mathrm{S} \tag{7-44}$$

$$(R_2 + \mathrm{j}\omega L_2)\dot I_2 - \mathrm{j}\omega L_2 \dot I_3 + \mathrm{j}\omega M(\dot I_1 - \dot I_3) = k\dot I_1 \tag{7-45}$$

$$\left(\mathrm{j}\omega L_1 + \mathrm{j}\omega L_2 - \mathrm{j}\frac{1}{\omega C}\right)\dot I_3 - \mathrm{j}\omega L_1 \dot I_1 - \mathrm{j}\omega L_2 \dot I_2 + \mathrm{j}\omega M(\dot I_3 - \dot I_1) + \mathrm{j}\omega M(\dot I_3 - \dot I_2) = 0$$

$$\tag{7-46}$$

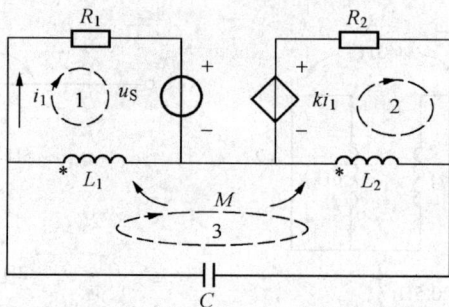

图 7 - 17　[例 7 - 3] 图

【例 7 - 4】 求图 7 - 18 所示电路的开路电压。

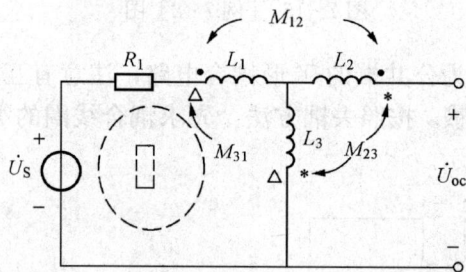

图 7 - 18　[例 7 - 4] 图

解 先对含有耦合电感的电路进行去耦，电路中有三组线圈互相耦合，一组组分别去耦。图 7 - 19（a）为原电路，图 7 - 19（b）是 L_1、L_2 去耦后的等效电路，图 7 - 19（c）是在图 7 - 19（b）的基础上 L_2、L_3 去耦后的等效电路，图 7 - 19（d）是三组线圈全部去耦后的等效电路。

图 7 - 18 去耦后电路的相量图如图 7 - 20 所示，先求 $\dot I_1$，再求 $\dot U_\mathrm{oc}$。

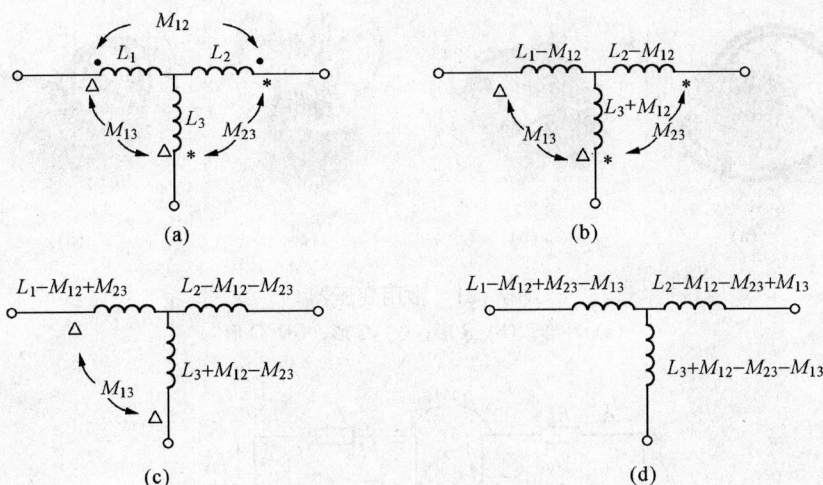

图 7 - 19　［例 7 - 4］图

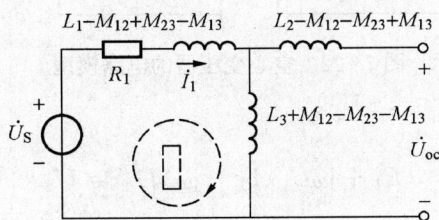

图 7 - 20　相量图

$$\dot{I}_1 = \frac{\dot{U}_S}{R_1 + \mathrm{j}\omega(L_1 + L_3 - 2M_{31})} \qquad (7-47)$$

$$\dot{U}_{oc} = \frac{\mathrm{j}\omega(L_3 + M_{12} - M_{23} - M_{31})\dot{U}_S}{R_1 + \mathrm{j}\omega(L_1 + L_3 - 2M_{31})} \qquad (7-48)$$

$$L_1 - M_{12} + M_{23} - M_{13} \qquad L_2 - M_{12} - M_{23} + M_{13}$$

第四节　空心变压器

　　变压器是利用磁耦合工作的电气设备，它由两个耦合线圈构成，与电源相连的线圈称为原边线圈。原边线圈与电源共同构成的回路，称为初级回路。与负载相连的线圈称为副边线圈。副边线圈与负载共同构成的回路，称为次级回路。变压器通过磁耦合将原边输入传递到副边输出。

　　常用变压器如图 7 - 21 所示。

　　变压器的磁芯由磁性材料构成，通常采用铁合金。空心变压器的磁芯是由非铁磁材料构成的，其电路模型如图 7 - 22 所示。

一、利用方程分析

分别列写原边与副边的回路方程：

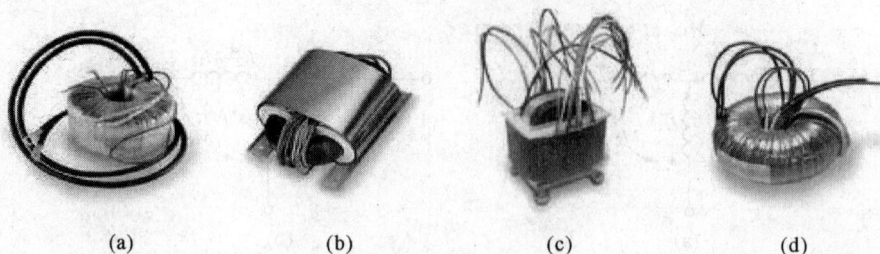

图 7 - 21 常用变压器

(a) 环形；(b) R形；(c) C形；(d) O形

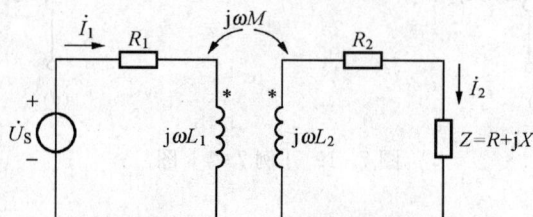

图 7 - 22 空心变压器的电路模型

原边回路方程

$$(R_1 + j\omega L_1)\dot{I}_1 - j\omega M\dot{I}_2 = \dot{U}_S \qquad (7\text{-}49)$$

副边回路方程

$$-j\omega M\dot{I}_1 + (R_2 + j\omega L_2 + Z)\dot{I}_2 = 0 \qquad (7\text{-}50)$$

令

$$Z_{11} = R_1 + j\omega L_1, \quad Z_{22} = R_2 + R + j(\omega L_2 + X)$$

则有

$$Z_{11}\dot{I}_1 - j\omega M\dot{I}_2 = \dot{U}_S \qquad (7\text{-}51)$$

$$-j\omega M\dot{I}_1 + Z_{22}\dot{I}_2 = 0 \qquad (7\text{-}52)$$

解方程得到

$$\dot{I}_1 = \frac{\dot{U}_S}{Z_{11} + \dfrac{(\omega M)^2}{Z_{22}}} \qquad (7\text{-}53)$$

$$Z_{in} = \frac{\dot{U}_S}{\dot{I}_1} = Z_{11} + \frac{(\omega M)^2}{Z_{22}} \qquad (7\text{-}54)$$

$$\dot{I}_2 = \frac{j\omega M\dot{U}_S}{\left[Z_{11} + \dfrac{(\omega M)^2}{Z_{22}}\right]Z_{22}} = \frac{j\omega M\dot{U}_S}{Z_{11}} \cdot \frac{1}{Z_{22} + \dfrac{(\omega M)^2}{Z_{11}}} \qquad (7\text{-}55)$$

二、等效电路法分析

利用式（7-54）得到原边等效电路，利用式（7-55）得到副边等效电路，如图 7-23 所示。

在原边等效电路中，负载为 Z_1，则

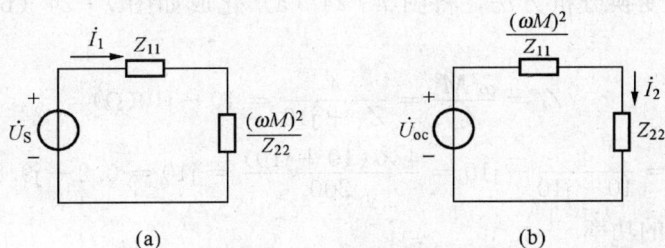

图 7-23　空心变压器的等效电路
(a) 原边等效电路；(b) 副边等效电路

$$Z_1 = \frac{(\omega M)^2}{Z_{22}} = \frac{\omega^2 M^2}{R_{22} + jX_{22}}$$

$$= \frac{\omega^2 M^2 R_{22}}{R_{22}^2 + X_{22}^2} - j\frac{\omega^2 M^2 X_{22}}{R_{22}^2 + X_{22}^2}$$

$$= R_1 + jX_1 \tag{7-56}$$

Z_1 是副边对原边的输入阻抗，R_1 是输入电阻，恒大于零，表示原边供给副边的功率。X_1 是原边输入的电抗。负号表示输入电抗与副边电抗性质相反。

引入阻抗反映了副边回路对原边回路的影响。从物理意义讲，虽然原、副边没有电的联系，但由于互感作用使闭合的副边产生电流，反过来这个电流又影响原边电流、电压。

从能量角度来说，电源发出有功功率：$P = I_1^2(R_1 + R_1)$，$I_1^2 R_1$ 消耗在原边，$I_1^2 R_1$ 消耗在副边，由互感传输。

在副边电路中

$$\dot U_{oc} = \frac{j\omega M \dot U_S}{Z_{11}} = j\omega M \dot I_1 \tag{7-57}$$

$\dot U_{oc}$ 等于副边开路时，原边电流在副边产生的互感电压。

从副边看，$\frac{(\omega M)^2}{Z_{11}}$ 等于副边的输出阻抗。副边等效电路是变压器的戴维南等效电路。

三、去耦等效分析

对含互感的电路进行去耦等效，变为无互感的电路，再进行分析。

【例 7-5】　如图 7-24 (a) 所示电路，已知 $U_S = 20V$，原边引入阻抗 $Z_1 = 10 - j10\Omega$，求 Z_X 及负载获得的有功功率。

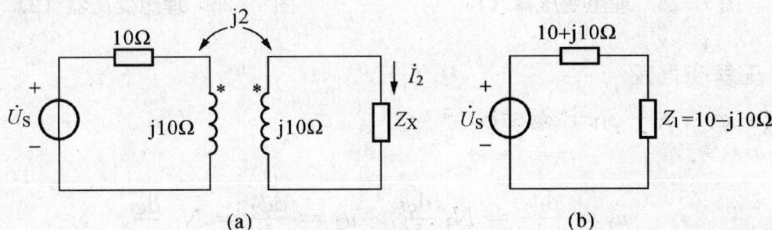

图 7-24　[例 7-5] 图
(a) 原电路；(b) 原边等效电路

解 利用等效变换分析方法，将图 7 - 24（a）化成如图 7 - 24（b）所示的原边等效电路。

$$Z_1 = \frac{\omega^2 M^2}{Z_{22}} = \frac{4}{Z_X + j10} = 10 - j10(\Omega)$$

$$Z_X = \frac{4}{10 - j10} - j10 = \frac{4 \times (10 + j10)}{200} = j10 = 0.2 - j9.8(\Omega)$$

此时负载获得的功率

$$P = \left(\frac{20}{10 + 10}\right)^2 R_1 = 10(\text{W})$$

实际是最佳匹配

$$Z_1 = Z_{11}^*, \quad P = \frac{U_s^2}{4R} = 10(\text{W})$$

第五节 理 想 变 压 器

一、理想变压器的定义

理想变压器是对紧耦合变压器的有用近似，是一种极限状态下的耦合电感。构成理想变压器的三个条件如下：

（1）无损耗。线圈导线无电阻，变压器芯子材料的磁导率无限大。

（2）全耦合。$k = 1 \Rightarrow M = \sqrt{L_1 L_2}$。

（3）参数无限大。L_1，L_2，$M \Rightarrow \infty$，但 $\sqrt{L_1/L_2} = N_1/N_2 = n$。

设计好的铁芯变压器，当频率和端阻抗在一定范围内时很符合理想变压器的特征，可以看做理想变压器。

二、理想变压器的性质

理想变压器如图 7 - 25、图 7 - 26 所示。

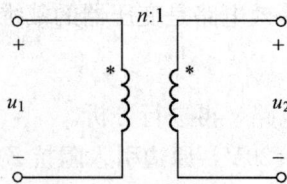

图 7 - 25　理想变压器（1）　　　图 7 - 26　理想变压器（2）

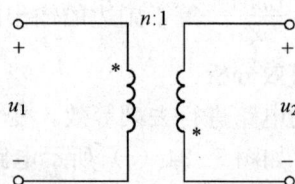

1. 理想变压器变电压

当 $k = 1$ 时，$\varphi_1 = \varphi_2 = \varphi_{11} + \varphi_{22} = \varphi$

则有

$$u_1 = \frac{\mathrm{d}\psi_1}{\mathrm{d}t} = N_1 \frac{\mathrm{d}\varphi}{\mathrm{d}t}, \quad u_2 = \frac{\mathrm{d}\psi_2}{\mathrm{d}t} = N_2 \frac{\mathrm{d}\varphi}{\mathrm{d}t}$$

$$\frac{u_1}{u_2} = \frac{N_1}{N_2} = n \tag{7 - 58}$$

图 7 - 26 所示电路中

$$\frac{u_1}{u_2}=-\frac{N_1}{N_2}=-n \qquad (7-59)$$

2. 理想变压器变电流

$$u_1 = L_1\frac{\mathrm{d}i_1}{\mathrm{d}t}+M\frac{\mathrm{d}i_2}{\mathrm{d}t}$$

$$i_1(t)=\frac{1}{L_1}\int_0^t u_1(\xi)\mathrm{d}\xi-\frac{M}{L_1}i_2(t)$$

考虑到理想化条件：

$$k=1\Rightarrow M=\sqrt{L_1L_2},\quad L_1\Rightarrow\infty,\sqrt{L_1/L_2}=N_1/N_2=n$$

$$\frac{M}{L_1}=\sqrt{\frac{L_2}{L_1}}=\frac{1}{n},\quad i_1(t)=-\frac{M}{L_1}i_2(t)$$

图 7-25 所示电路中：

$$i_1(t)=-\frac{1}{n}i_2(t) \qquad (7-60)$$

图 7-26 所示电路中：

$$i_1(t)=\frac{1}{n}i_2(t) \qquad (7-61)$$

3. 理想变压器变阻抗

理想变压器变阻抗如图 7-27 所示。

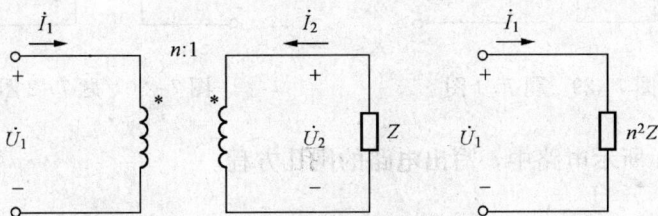

图 7-27　理想变压器变阻抗

理想变压器只改变阻抗的大小，不改变阻抗的性质。

$$\frac{\dot U_1}{\dot I_1}=\frac{n\dot U_2}{-1/n\dot I_2}=n^2\left(-\frac{\dot U_2}{\dot I_2}\right)=n^2Z \qquad (7-62)$$

4. 理想变压器的功率

$$u_1=nu_2,\quad i_1=-\frac{1}{n}i_2$$

$$p=u_1i_1+u_2i_2=u_1i_1+\frac{1}{n}u_1(-ni_1)=0 \qquad (7-63)$$

理想变压器既不储能，也不耗能，在电路中只起传递信号和能量的作用。理想变压器的特性方程为代数关系，因此它是无记忆的多端元件。

【例 7-6】　如图 7-28 所示，已知电源内阻 $R_S=1\mathrm{k}\Omega$，负载电阻 $R_L=10\Omega$。为使 R_L 上获得最大功率，求理想变压器的变比 n。

解　应用阻抗匹配性质，当 $n^2R_L=R_S$ 时匹配，$10n^2=1000$，所以 $n=10$。

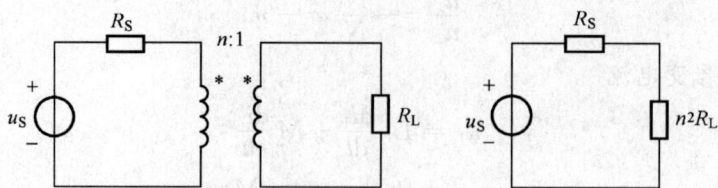

图 7-28 ［例 7-6］图

习　　题

7-1　如图 7-29 所示，$i_1(t) = 400\cos120\pi t\text{A}$，$u_2(t)$ 的最大值为 100V，则 L_1 和 L_2 之间的互感为多少？

7-2　如题图 7-30 所示，$u_1(t) = 115\sqrt{2}\cos(120\pi t - 16°)\text{A}$，测得电流 $i_2(t)$ 的峰值为 45A，求 L_1 和 L_2 之间的互感。

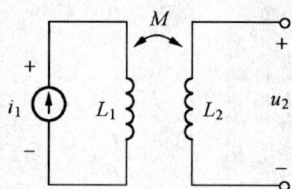

图 7-29　题 7-1 图

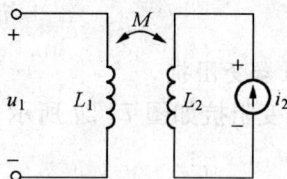

图 7-30　题 7-2 图

7-3　图 7-31 所示电路中，写出电路的网孔方程。

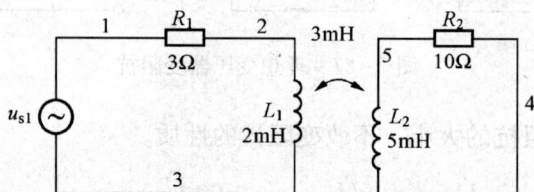

图 7-31　题 7-3 图

7-4　求图 7-32 所示二端电路的戴维南等效电路。

7-5　如图 7-33 所示电路，求每个电路从 1-1′端口看进去的等效电感，设输入信号角频率为 ω。

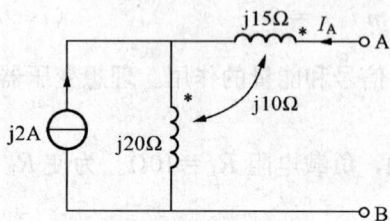

图 7-32　题 7-4 图

7-6　图 7-34 所示电路中，已知 $i_s = \sqrt{2}\cos t\text{A}$，求 u_2。

7-7　求图 7-35 所示电路中的 $u_1(t)$、$u_2(t)$，已知 $L_1 = 1\text{H}$，$L_2 = 0.25\text{H}$，$M = 0.25\text{H}$。

7-8　图 7-36 所示电路中，已知 $i_s = 5\sqrt{2}\cos2t\text{A}$，求稳态开路电压。

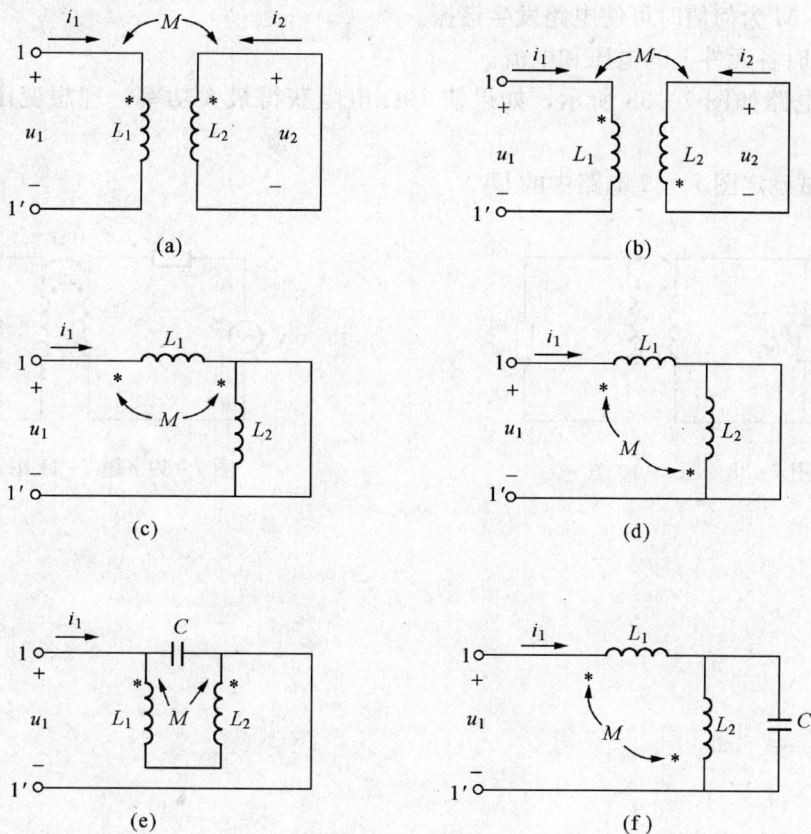

图 7-33 题 7-5 图

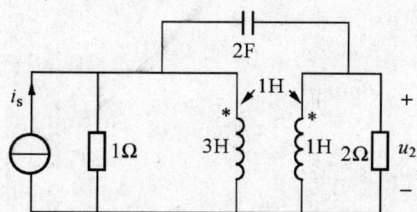

图 7-34 题 7-6 图

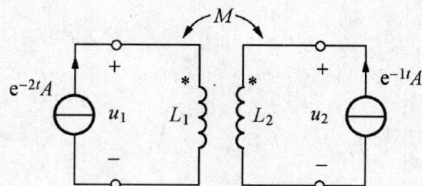

图 7-35 题 7-7 图

7-9 图 7-37 所示电路中，已知正弦电压 u_s 的有效值为 2.2V，$\omega = 10^4 \mathrm{rad/s}$，求：

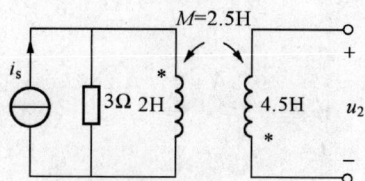

图 7-36 题 7-8 图

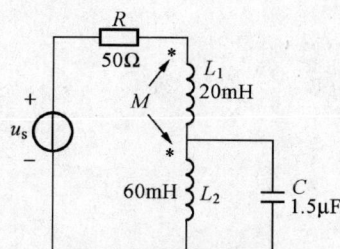

图 7-37 题 7-9 图

（1）互感 M 为何值时可使电路发生谐振。

（2）谐振时各元件上的电压和电流。

7-10　电路如图 7-38 所示，如果使 10Ω 电阻获得最大功率，理想变压器的变比 n 是多少？

7-11　试确定图 7-39 电路中的 U_2。

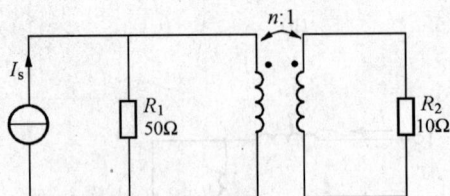

图 7-38　题 7-10 图

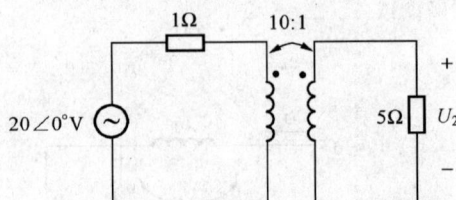

图 7-39　题 7-11 图

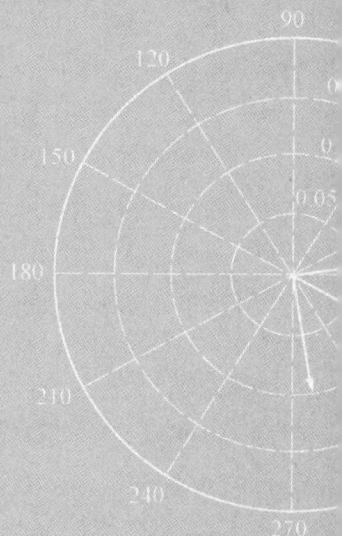

第八章 | 非正弦周期电路的分析

我们前面讨论了线性电路、正弦周期电路的分析方法，但生产实际中不完全是线性电路和正弦周期电路，经常会遇到非正弦周期电流电路、非周期信号电路。在电子技术、自动控制、通信技术、计算机和无线电技术等方面，电压和电流往往都是周期性的非正弦波形或非周期波形。在这一章我们将讨论非正弦周期电路的分析方法。

第一节　非正弦周期信号及其傅里叶分解

一、非正弦周期信号

非正弦电流可分为周期和非周期两种，我们主要讨论周期非正弦电流。因为实际交流发电机受电磁干扰，发出的电流并非严格正弦波，而通信系统中传输的也不是严格正弦波，但这些信号都具有周期性。

非正弦周期信号不是正弦信号，但按周期性规律变化。例如方波、锯齿波或者发生畸变的正弦波，如图 8-1 所示。

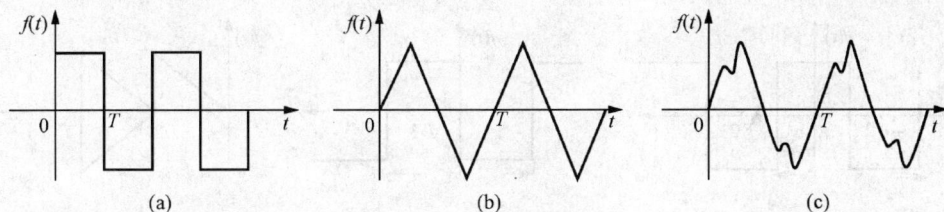

图 8-1　非正弦周期信号

（a）方波；（b）锯齿波；（c）发生畸变的正弦波

非正弦周期信号表示为

$$f(t) = f(t+T)$$

二、非正弦周期信号的傅里叶分解

傅里叶定理指出凡是满足狄里赫利条件的周期函数都可以展开为一系列频率成整数倍的正弦函数之和。

狄里赫利条件：① $f(t)$ 是单值的。②对任意 t_0，积分 $f(t) = f(t+T)\int_{t_0}^{t_0+T} |f(t)|\,dt$ 都存在。③对任意周期 $f(t)$ 只有有限个不连续点。④在任意周期内 $f(t)$ 只有有限个极值。

电路研究的是电压和电流信号，真正能产生的电压和电流信号，都满足这些条件。根据傅里叶定理，非正弦周期电流、电压信号可以用无穷级数表示

$$f(t) = A_0 + A_{1m}\cos(\omega_1 t + \varphi_1) + A_{2m}\cos(2\omega_1 t + \varphi_2) + \cdots + A_{nm}\cos(n\omega_1 t + \varphi_n) \quad (8-1)$$

式中：A_0 是直流分量；$A_{1m}\cos(\omega_1 t + \varphi_1)$ 是 $f(t)$ 的基波，其频率（周期）与 $f(t)$ 相同；$A_{2m}\cos(2\omega_s t + \phi_2)$ 是 $f(t)$ 的二次谐波，其频率是原周期函数的频率的两倍；其他各项是 $f(t)$ 的高次谐波。

$f(t)$ 周期函数可表示为

$$f(t) = A_0 + \sum_{k=1}^{\infty}(A_k \cos k\omega t + B_k \sin k\omega t) \quad (8-2)$$

各项系数表示为

$$A_0 = a_0$$
$$A_{km} = \sqrt{a_k^2 + b_k^2}$$
$$a_k = A_{km}\cos\varphi_k$$
$$b_k = -A_{km}\sin\varphi_k$$

$$\varphi_k = \arctan \frac{-b_k}{a_k}$$

计算系数使用如下公式

$$A_0 = a_0 = \frac{1}{T}\int_0^T f(t)\,\mathrm{d}t$$

$$a_k = \frac{1}{\pi}\int_0^{2\pi} f(t)\cos k\omega_1 t\,\mathrm{d}(\omega_1 t)$$

$$b_k = \frac{1}{\pi}\int_0^{2\pi} f(t)\sin k\omega_1 t\,\mathrm{d}(\omega_1 t)$$

利用函数的对称性可使系数的确定简化：

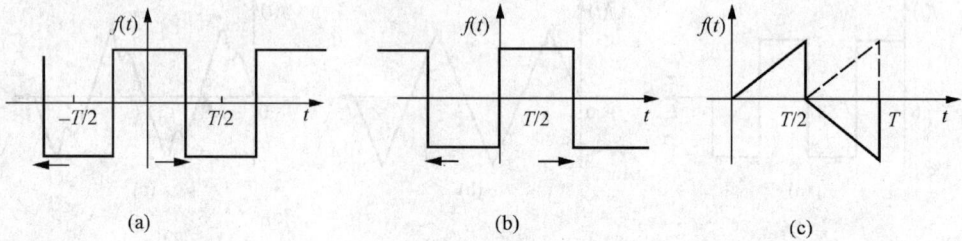

图 8-2 周期函数
(a) 偶函数；(b) 奇函数；(c) 半波对称函数

（1）$f(t)$ 为偶函数。$f(t) = f(-t)$，$f(t)$ 关于纵轴对称，如图 8-2（a）所示。

$$b_k = 0, \quad f(t) = a_0 + \sum_{k=1}^{\infty} a_k \cos k\omega t$$

傅里叶级数展开式中只含有偶函数项和直流分量。其中

$$a_0 = \frac{2}{T}\int_0^{\frac{T}{2}} f(t)\,\mathrm{d}t, \quad a_k = \frac{4}{T}\int_0^{\frac{T}{2}} f(t)\cos k\omega t\,\mathrm{d}t$$

（2）$f(t)$ 为奇函数。$f(-t) = -f(t)$，$f(t)$ 关于原点对称，如图 8-2（b）所示。

$$a_k = 0, \quad a_0 = 0, \quad f(t) = \sum_{k=1}^{\infty} b_k \sin k\omega t$$

傅里叶级数展开式中只含有奇函数项。其中

$$b_k = \frac{4}{T}\int_0^{\frac{T}{2}} f(t)\sin k\omega t\,\mathrm{d}t$$

（3）半波对称（镜对称）函数。$f(t) = -f(t+T/2)$，波形移动半周后与原波形关于横轴对称，如图 8-2（c）所示。

$a_0 = 0$，$a_k = 0$（k 为偶数），$b_k = 0$（k 为偶数）

$$a_k = \frac{4}{T}\int_0^{\frac{T}{2}} f(t)\cos k\omega t\,\mathrm{d}t\,(k \text{ 为奇数})$$

$$b_k = \frac{4}{T}\int_0^{\frac{T}{2}} f(t)\sin k\omega t\,\mathrm{d}t\,(k \text{ 为奇数})$$

半波对称（镜对称）函数的傅里叶级数展开式中只含有奇次谐波分量，故半波对称函数也称为奇谐波函数。

【例 8-1】 分解如图 8-3 所示的周期性方波信号。

解 图 8-3 所示方波信号在一个周期内的表达式为

$$i_S(t) = \begin{cases} I_m & \left(0 < t < \dfrac{T}{2}\right) \\ 0 & \left(\dfrac{T}{2} < t < T\right) \end{cases}$$

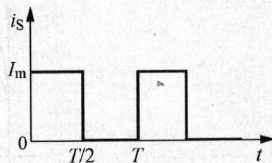

图 8-3 周期性方波信号

直流分量：

$$I_0 = \frac{1}{T}\int_0^T i_S(t)\,\mathrm{d}t = \frac{1}{T}\int_0^{T/2} I_m\,\mathrm{d}t = \frac{I_m}{2}$$

谐波分量：

$$b_k = \frac{1}{\pi}\int_0^{2\pi} i_S(\omega t)\sin k\omega t\,\mathrm{d}(\omega t) = \frac{I_m}{\pi}\left(-\frac{1}{k}\cos k\omega t\right)\Big|_0^{\pi} = \begin{cases} 0 & (k\ \text{为偶数}) \\ \dfrac{2I_m}{k\pi} & (k\ \text{为奇数}) \end{cases}$$

$$a_k = \frac{2}{\pi}\int_0^{2\pi} i_S(\omega t)\cos k\omega t\,\mathrm{d}(\omega t) = \frac{2I_m}{\pi}\cdot\frac{1}{k}\sin k\omega t\,\Big|_0^{\pi} = 0$$

$$A_k = \sqrt{b_k^2 + a_k^2} = b_k = \frac{2I_m}{k\pi}(k\ \text{为奇数})$$

$$\psi_k = \arctan\frac{a_k}{b_k} = 0$$

I_S 的展开式为

$$i_S = \frac{I_m}{2} + \frac{2I_m}{\pi}\left(\sin\omega t + \frac{1}{3}\sin 3\omega t + \frac{1}{5}\sin 5\omega t + \cdots\right)$$

各次谐波如图 8-4 所示。

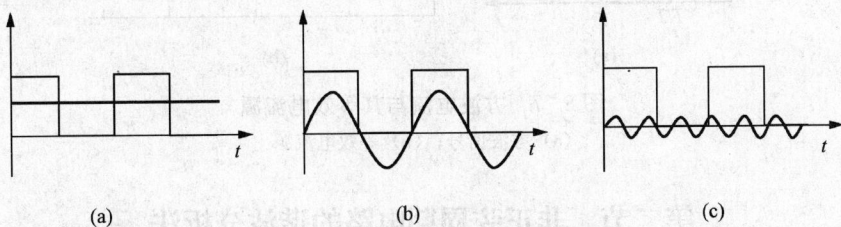

图 8-4 [例 8-1] 的各次谐波

(a) 直流分量；(b) 基波；(c) 三次谐波

从图 8-5 可以看到直流分量加基波可以获得正弦波，在此基础上再叠加上三次谐波，见图 8-6，可以看出已基本接近方波，叠加的高次谐波越多效果越好，但高次谐波的频率越高其在整个信号中占得比例越小，对信号的影响越小。

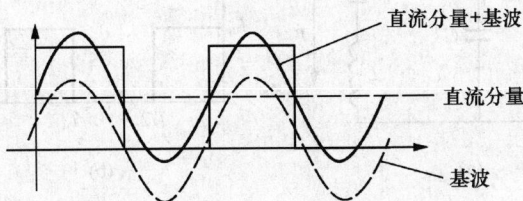

图 8-5 [例 8-1] 的直流分量加基波

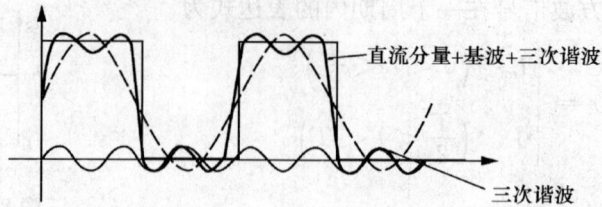

图 8-6 ［例 8-1］的直流分量加基波加三次谐波

因此，具有周期性的方波电流作用在电路中相当于多个不同频率的正弦周期电流同时作用于电路中。同理，任意非正弦周期信号在一定条件下，都可以分解成不同频率正弦信号的叠加。

设电流源为图 8-7（a）所示方波信号。

方波的傅里叶分解为

$$i_S = \frac{I_m}{2} + \frac{2I_m}{\pi}\left(\sin\omega t + \frac{1}{3}\sin 3\omega t + \frac{1}{5}\sin 5\omega t + \cdots\right)$$

$$i_{S0} = \frac{I_m}{2}, \quad i_{S1} = \frac{2I_m}{\pi}\sin\omega t, \quad i_{S3} = \frac{2I_m}{\pi}\frac{1}{3}\sin 3\omega t, \quad i_{S5} = \frac{2I_m}{\pi}\frac{1}{5}\sin 5\omega t$$

通过傅里叶分解可以用图 8-7（b）所示等效电流源组合替代，线性电路中有多个电源共同作用时，可以利用叠加定理分析。

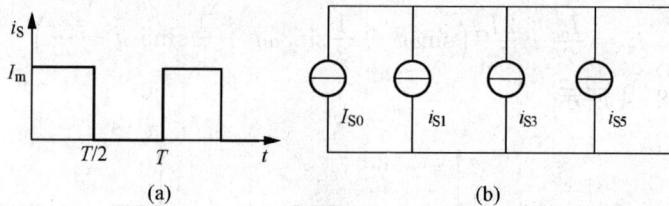

(a)   (b)

图 8-7 方波电流与其等效电流源
(a) 方波信号；(b) 等效电流源

第二节　非正弦周期电路的谐波分析法

我们通过实例来讨论非正弦周期电路的分析方法。

【例 8-2】 方波信号激励的电路如图 8-8 所示，求 u。已知 $R=20\Omega$，$L=1\text{mH}$，$C=1000\text{pF}$，$I_m=157\mu\text{F}$，$T=6.28\mu\text{s}$。

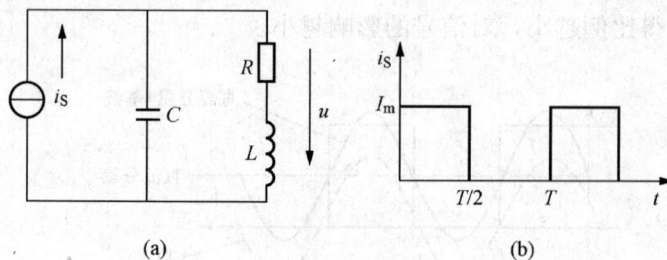

(a)   (b)

图 8-8 ［例 8-2］图
(a) 电路；(b) 电源信号波形

解 （1）将已知方波信号展开为

$$i_S = \frac{I_m}{2} + \frac{2I_m}{\pi}\left(\sin\omega t + \frac{1}{3}\sin3\omega t + \frac{1}{5}\sin5\omega t + \cdots\right)$$

带入已知数据：

$$I_m = 157\mu A, \quad T = 6.28\mu s$$

直流分量：

$$I_0 = \frac{I_m}{2} = \frac{157}{2} = 78.5(\mu A)$$

基波最大值：

$$I_{1m} = \frac{2I_m}{\pi} = \frac{2 \times 1.57}{3.14} = 100(\mu A)$$

三次谐波最大值：

$$I_{3m} = \frac{1}{3}I_{1m} = 33.3(\mu A)$$

五次谐波最大值：

$$I_{5m} = \frac{1}{5}I_{1m} = 20(\mu A)$$

角频率：

$$\omega = \frac{2\pi}{T} = \frac{2 \times 3.14}{6.28 \times 10^{-6}} = 10^6(\text{rad/s})$$

$$I_{S0} = 78.5(\mu A), \quad i_{S1} = 100\sin10^6 t(\mu A),$$

$$i_{S3} = \frac{100}{3}\sin3 \times 10^6 t(\mu A), \quad i_{S5} = \frac{100}{5}\sin5 \times 10^6 t(\mu A)$$

（2）对各种频率的谐波分量单独计算。

直流分量 I_{S0} 作用：电容断路，电感短路

$$U_0 = RI_{S0} = 20 \times 78.5 \times 10^{-6} = 1.57(\text{mV})$$

基波作用：

$$\frac{1}{\omega_1 C} = \frac{1}{10^6 \times 1000 \times 10^{-12}} = 1(\text{k}\Omega)$$

$$\omega_1 L = 10^6 \times 10^{-3} = 1(\text{k}\Omega)$$

$$Z(\omega_1) = \frac{(R + jX_L)(-jX_C)}{R + j(X_L - X_C)} \approx \frac{X_L X_C}{R} = \frac{L}{RC} = 50(\text{k}\Omega)$$

$$\dot{U}_1 = \dot{I}Z(\omega_1) = \frac{100 \times 10^{-6}}{\sqrt{2}} \times 50 = \frac{5000}{\sqrt{2}}(\text{mV})$$

三次谐波作用：

$$\frac{1}{3\omega_1 C} = \frac{1}{3 \times 10^6 \times 1000 \times 10^{-12}} = 0.33(\text{k}\Omega)$$

$$3\omega_1 L = 3 \times 10^6 \times 10^{-3} = 3(\text{k}\Omega)$$

$$Z(3\omega_1) = \frac{(R + jX_{L3})(-jX_{C3})}{R + j(X_{L3} - X_{C3})} = 374.5\angle -89.19°(\Omega)$$

$$\dot{U}_3 = \dot{I}_{S3}Z(3\omega_1) = 33.3 \times \frac{10^{-6}}{\sqrt{2}} \times 374.5\angle -89.19° = \frac{12.47}{\sqrt{2}}\angle -89.2°(\text{mV})$$

五次谐波作用：

$$\frac{1}{5\omega_1 C} = \frac{1}{5\times 10^6 \times 1000 \times 10^{-12}} = 0.2(\text{k}\Omega)$$

$$5\omega_1 L = 5\times 10^6 \times 10^{-3} = 5(\text{k}\Omega)$$

$$Z(5\omega_1) = \frac{(R+jX_{L5})(-jX_{C5})}{R+j(X_{L5}-X_{C5})} = 208.3\angle -89.53°(\Omega)$$

$$\dot{U}_5 = \dot{I}_{5S}Z(5\omega_1) = 20\times\frac{10^{-6}}{\sqrt{2}}\times 208.3\angle -89.53° = \frac{4.166}{\sqrt{2}}\angle -89.53°(\text{mV})$$

（3）各谐波分量计算结果瞬时值叠加

$$u = U_0 + u_1 + u_3 + u_5$$

$$\approx 1.57 + 5000\sin\omega t + 12.47\sin(3\omega t - 89.2°) + 4.166\sin(5\omega t - 89.53°)(\text{mV})$$

【例 8-3】 电路如图 8-9 所示，已知 $i_S = 5 + 20\cos 1000t + 10\cos 3000t$ A，C_1 中只有基波电流，$L=0.1$H，$C_3 = 1\mu$F，其中只有三次谐波电流，求 C_1、C_3 和各支路电流。

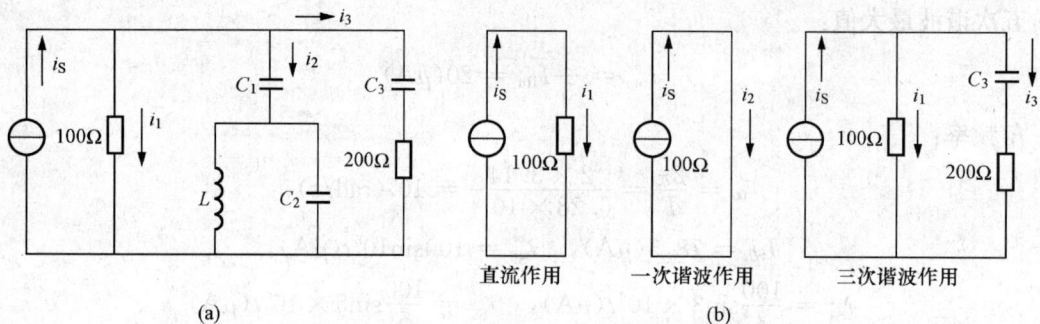

图 8-9 ［例 8-3］图
（a）电路；（b）各个电流源作用效果

解 C_1 中只有基波电流，说明 L 和 C_2 对三次谐波发生并联谐振，即

$$C_2 = \frac{1}{\omega^2 L} = \frac{1}{9\times 10^5}(\text{F})$$

C_3 中只有三次谐波电流，说明 L、C_1、C_2 对一次谐波发生串联谐振，即

$$\frac{1}{j\omega C_1} + \frac{-L/C_2}{j(\omega L - 1/\omega C_2)} = 0$$

$$C_1 = \frac{8}{9\times 10^5}(\text{F})$$

各个电流源作用效果如图 8-9（b）所示。

$$\dot{I}_{3(3)} = \frac{100\times 10}{100+200-j10^3/3} = \frac{30}{9-j10} = 2.23\angle 48°(\text{A})$$

$$\dot{I}_{1(3)} = \dot{I}_S - \dot{I}_{3(3)} = 10 - \frac{30}{9-j10} = 8.67\angle -11°(\text{A})$$

$$i_1(t) = 5 + 8.67\cos(3000t - 11°)(\text{A}), \quad i_2(t) = 20\cos 1000t(\text{A})$$

$$i_3(t) = 2.23\cos(3000t + 48°)(\text{A})$$

结果：C_1 中的电流为 i_2，C_3 中的电流为 i_3。

【**例 8 - 4**】 图 8 - 10（a）所示电路中，已知 $u = 30 + 120\cos 1000t + 60\cos\left(2000t + \dfrac{\pi}{4}\right)$V。求电流 i。

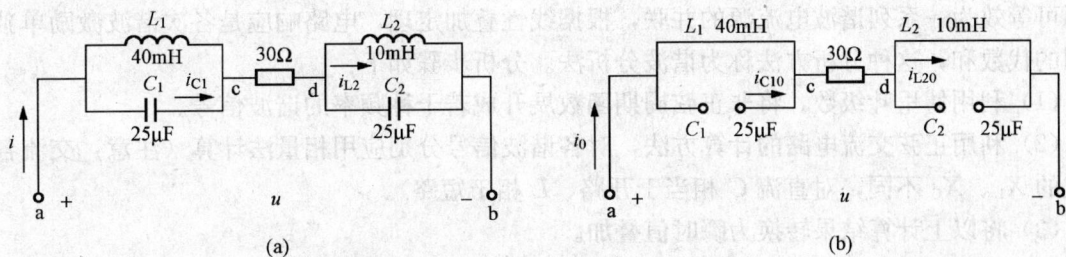

图 8 - 10 ［例 8 - 4］图（1）

解 各个电压源单独作用时，不作用的电压源电压为零，相当于短路，因此分解后的电压源串联连接。

（1）$u_0 = 30$V 作用于电路，L_1、L_2 短路，C_1、C_2 开路，如图 8 - 10（b）所示。

$$i_0 = i_{L20} = u_0 / R = 30/30 = 1(\text{A})$$

（2）$u_1 = 120\cos 1000t$ V 作用于电路。

$$\omega L_1 = 1000 \times 40 \times 10^{-3} = 40(\Omega)$$
$$\omega L_2 = 1000 \times 10 \times 10^{-3} = 10(\Omega)$$
$$\frac{1}{\omega C_1} = \frac{1}{\omega C_2} = \frac{1}{1000 \times 25 \times 10^{-6}} = 40(\Omega)$$

L_1、C_1 发生并联谐振，相当于开路，如图 8 - 11（a）所示。

$$\dot{U}_1 = 120\angle 0°(\text{V}), \quad \dot{I}_1 = \dot{I}_{L21} = 0, \quad \dot{U}_{cb1} = 0$$

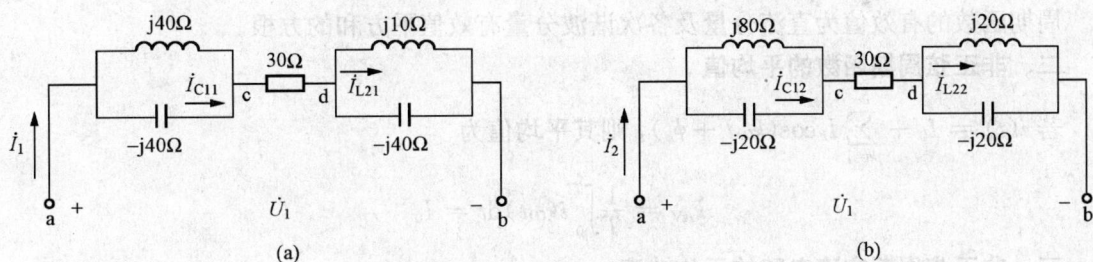

图 8 - 11 ［例 8 - 4］图（2）

（3）$u_2 = 60\cos(2000t + \pi/4)$V 作用于电路。

$$2\omega L_1 = 2000 \times 40 \times 10^{-3} = 80(\Omega)$$
$$2\omega L_2 = 2000 \times 10 \times 10^{-3} = 20(\Omega)$$
$$\frac{1}{2\omega C_1} = \frac{1}{2\omega C_2} = \frac{1}{2000 \times 25 \times 10^{-6}} = 20(\Omega)$$

L_2、C_2 发生并联谐振，如图 8 - 11（b）所示。

$$\dot{U}_2 = 60\angle 45°(\text{V}), \quad \dot{I}_2 = \dot{I}_{C12} = 0$$

结果：

$$i = i_0 + i_1 + i_2 = 1(\text{A})$$

当非正弦周期激励作用于线性电路时，电压源可以等效为一系列谐波电压源的串联，电流源可等效为一系列谐波电流源的并联，根据线性叠加定理，电路响应是各次谐波激励单独作用的代数和，这种分析方法称为谐波分析法。分析步骤如下：

（1）利用傅里叶级数，将非正弦周期函数展开成若干种频率的谐波信号。

（2）利用正弦交流电路的计算方法，对各谐波信号分别应用相量法计算（注意：交流各谐波的 X_L、X_C 不同，对直流 C 相当于开路、L 相于短路）。

（3）将以上计算结果转换为瞬时值叠加。

第三节　非正弦周期信号的有效值及电路中的平均功率

非正弦周期电流、电压在电路中的效果用有效值、平均值和平均功率描述。

一、非正弦周期函数的有效值

若 $i(t) = I_0 + \sum_{k=1}^{\infty} I_{km}\cos(k\omega t + \phi_k)$，则有效值定义为

$$I = \sqrt{\frac{1}{T}\int_0^T i^2\omega t\, \mathrm{d}t}\ \sqrt{b^2 - 4ac} = \sqrt{\frac{1}{T}\int_0^T \Big[I_0 + \sum_{k=1}^{\infty} I_{km}\cos(k\omega t + \phi_k) \Big]^2 \mathrm{d}t}$$

利用三角函数的正交性得

$$I = \sqrt{I_0^2 + \sum_{k=1}^{\infty} \frac{I_{km}^2}{2}}$$

$$I = \sqrt{I_0^2 + I_1^2 + I_2^2 + \cdots}$$

周期函数的有效值为直流分量及各次谐波分量有效值平方和的方根。

二、非正弦周期函数的平均值

若 $i(t) = I_0 + \sum_{k=1}^{\infty} I_k\cos(k\omega t + \phi_k)$，则其平均值为

$$I_{\text{AV}} = \frac{1}{T}\int_0^T i(\omega t)\, \mathrm{d}t = I_0$$

三、非正弦周期交流电路的平均功率

$$u(t) = U_0 + \sum_{k=1}^{\infty} U_{km}\cos(k\omega t + \phi_{uk})$$

$$i(t) = I_0 + \sum_{k=1}^{\infty} I_{km}\cos(k\omega t + \phi_{ik})$$

$$P = \frac{1}{T}\int_0^T ui\, \mathrm{d}t$$

$$P = U_0 I_0 + \sum_{k=1}^{\infty} U_k I_k \cos\phi_k = P_0 + P_1 + P_2 + \cdots (\phi_k = \phi_{uk} - \phi_{ik})$$

$$P = U_0 I_0 + U_1 I_1 \cos\phi_1 + U_2 I_2 \cos\phi_2 + \cdots$$

平均功率＝直流分量的功率＋各次谐波的平均功率

习 题

8-1 求图 8-12 所示波形的傅里叶级数，并指出函数的奇偶性和对称性。

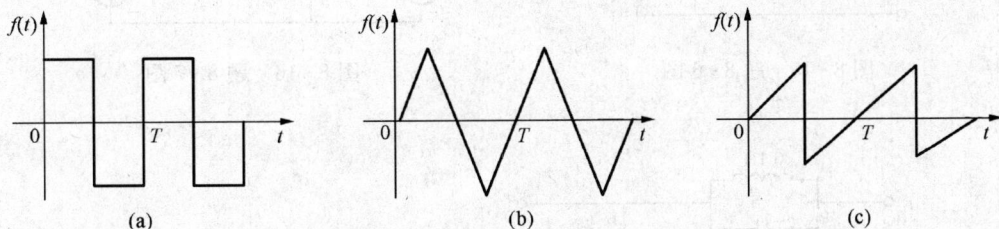

(a) (b) (c)

图 8-12 题 8-1 图

8-2 求图 8-13 所示波形的傅里叶展开式，画出前两项之和的波形，计算前四项和的有效值。

8-3 已知下列个条件，求 $u = u_1 + u_2$ 的有效值。

(1) $u_1 = 100\text{V}$，$u_2 = 100\sqrt{2}\cos\omega t\,\text{V}$

(2) $u_1 = 100 + 100\sqrt{2}\cos(\omega t - 45°)\text{V}$，$u_2 = 100\sqrt{2}\cos\omega t\,\text{V}$

8-4 RLC 串联电路，u、i 取关联参考方向。求电流 i、有效值 I 及电路消耗的有功功率 P。已知 $u = [5\cos\omega_1 t + 25\cos(3\omega_1 t + 60°)]\text{V}$，基波频率的输入阻抗 $Z(j\omega_1) = R + j\left(\omega L - \dfrac{1}{\omega C}\right) = 8 + j(2 - 8)$。

8-5 电路如图 8-14 所示，求 i 及其有效值 I。

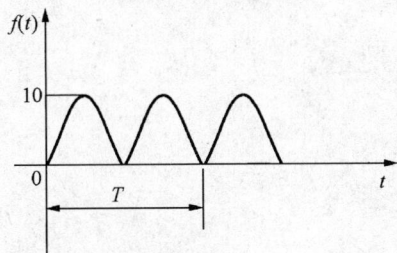

图 8-13 题 8-2 图

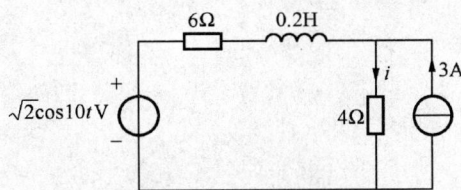

图 8-14 题 8-5 图

8-6 电路如图 8-15 所示，已知 $R = 250\Omega$，$\dfrac{1}{\omega_1 C_1} = 1200\Omega$，$\omega_1 L = 300\Omega$，$\dfrac{1}{\omega_1 C_2} = 400\Omega$，$u(t) = (750 + 500\cos\omega_1 t + 180\cos 2\omega_1 t)\text{V}$。求 $i(t)$，$i_L(t)$，I，I_L。

8-7 在图 8-16 所示电路中，$i_S = 3 + \cos 4t\,\text{A}$，$u_S = \cos(t + 60°)\text{V}$，求电流 i。

8-8 在图 8-17 所示电路中，u_S 是非正弦周期电压，其中含有 $2\omega_1$、$4\omega_1$、$6\omega_1$ 等谐波分量，若使输出 u_o 不含 $2\omega_1$、$4\omega_1$ 谐波分量，如何选取 C、L。

8-9 在图 8-18 所示电路中，设 $u_S = 90 + 200\cos 20t + 20\cos 40_1 t + 13.24\cos(60t + 71°)$ V，$i = \cos(20t - 60°) + \sqrt{2}\cos(40t - 45°)\text{A}$，求平均功率 P。

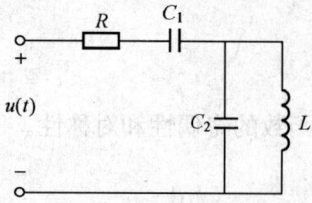

图 8-15 题 8-6 图

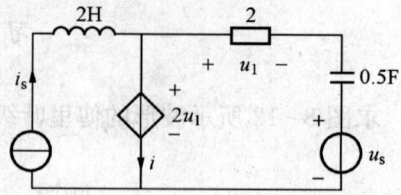

图 8-16 题 8-7 图

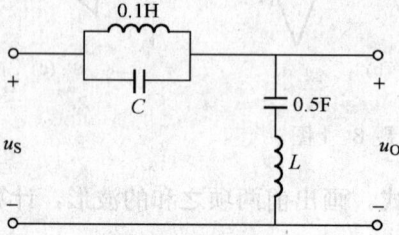

图 8-17 题 8-8 图

图 8-18 题 8-9 图

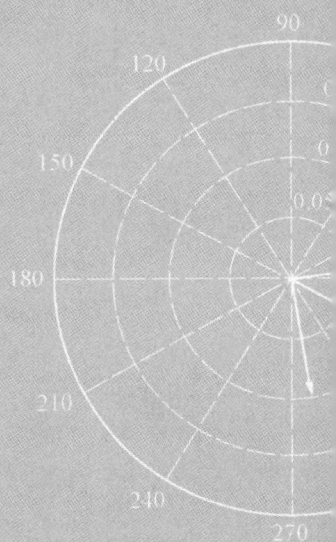

第九章 | 动态电路的时域分析

本章将在时域中分析动态电路的响应随时间的变化规律。主要介绍动态电路的基本概念,一阶电路的零输入响应、零状态响应、全响应、阶跃响应、冲激响应及一阶电路的三要素法,最后简单介绍二阶电路的响应。

第一节 动态电路基本概念

一、动态电路的过渡过程

在前面章节中，所研究的电路都是假定在稳定状态下进行的。电路中的电流和电压在给定的条件下已到达某一稳定值（对交流讲是指它的幅值到达稳定），电路的这种工作状态，称为稳定状态，简称稳态。但是，在含有电容元件或电感元件的电路中，当刚接通电源或断开电源，或电路中的元件参数突然发生变化时，各支路中的电流和电压，可能发生与稳态完全不同的随时间变化的过渡过程。

例如，RC 串联电路在接通直流电源之前，电容 u_C 未充电，它两极板上没有电荷，电容电压为零。当电路接通直流电源时，电容开始充电，电容器两极板上的电压从零逐渐增长到稳态值。用示波器来观察，在荧光屏上显示如图 9-1 所示电容电压随时间变化的波形图。从图中可见，电容的充电过程不能瞬时完成，而需要经历一个过程。这个过程就是电容从原来未充电状态过渡到充满电荷稳定状态的一种中间过程。一般而言，电路从一个稳定状态过渡到另一个稳定状态，所经历随时间变化的电磁过程，称为过渡过程，或称暂态过程，简称暂态。

含有储能元件如电容、电感元件的电路，称为动态电路。动态电路发生换路后，就会引起过渡过程。换路是指电路结构和元件参数的突然改变，如电路的接通、断开、短接、改接、元件参数的突然改变等各种运行操作，以及电路突然发生的短路、断线等各种故障情况。换路是电路发生过渡过程必要的前提条件，而电路中含有储能元件则是发生过渡过程的内在条件。换路后会发生过渡

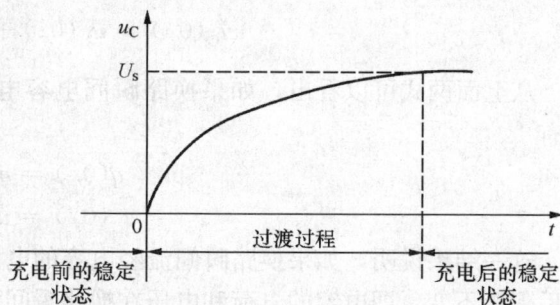

图 9-1 电容充电过程

过程，其根本原因是由于电路中储能元件能量不能跃变的缘故。否则，如果元件中的能量发生跃变的话，那么能量变化的速率 $\dfrac{\mathrm{d}W}{\mathrm{d}t}$，即功率 P 就需无穷大，一般情况下，这是不可能的。由于电路中储能元件能量的储存与释放不能跃变，而是连续变化，需要经历一定时间，因此，必然导致电路中发生过渡过程。

电路过渡过程的特性广泛地应用于通信、计算机、自动控制等工程实际中。同时，在电路的过渡过程中由于储能元件状态发生变化而使电路中可能会出现过电压、过电流等特殊现象，在设计电气设备时必须予以考虑，以确保其安全运行。因此，研究电路过渡过程的目的，就是在于认识和掌握电路产生过渡过程的规律，以便在工程技术中充分利用过渡过程的特性，同时采取措施防止过渡过程所带来的危害。

分析动态电路过渡过程的方法之一是根据电路的 KCL、KVL 和元件的 VCR 建立描述电路的微分方程。对于线性时不变电路，建立的方程是以时间为自变量的线性常微分方程，求解此常微分方程，即可得到所求电路变量在过渡过程中的变化规律，这种方法称为经典

法。因为它是在时间域中进行分析的，所以又称为时域分析法。时域分析法的优点在于分析步骤清晰、物理概念和求解过程规律性强。所以，在学习时域法求解电路的过渡过程时，要注重物理概念的理解和过渡过程规律的掌握，以及注意与工程实际的联系。

二、换路定则

用时域法求解常微分方程时，必须给定初始条件才能确定通解中的积分常数。假设电路在 $t=0$ 时换路，为了叙述方便，将换路前的最终时刻记为 $t=0_-$，把换路后的最初时刻记为 $t=0_+$，而从 0_- 到 0_+ 的时间记为换路时间。电路变量在 $t=0_-$ 时刻的值一般都是给定的，或者可由换路前的稳态电路求得，而在换路的瞬间即从 $t=0_-$ 到 $t=0_+$，有些变量是连续变化的，有些变量则会发生跃变。

对线性电容，在任意时刻 t，它的电荷 q、电压 u_C 与电流 i_C 在关联参考方向下的关系为

$$q(t) = q(t_0) + \int_{t_0}^{t} i_C(\xi)\,\mathrm{d}\xi$$

$$u_C(t) = u_C(t_0) + \frac{1}{C}\int_{t_0}^{t} i_C(\xi)\,\mathrm{d}\xi$$

设 $t=0$ 时刻换路，令 $t_0=0_-$，$t=0_+$，则有

$$q(0_+) = q(0_-) + \int_{0_-}^{0_+} i_C(\xi)\,\mathrm{d}\xi$$

$$u_C(0_+) = u_C(0_-) + \frac{1}{C}\int_{0_-}^{0_+} i_C(\xi)\,\mathrm{d}\xi$$

从上面两式可以看出，如果换路瞬间电容电流 $i_C(t)$ 为有限值，则积分项将为零，于是有

$$q(0_+) = q(0_-) \tag{9-1}$$
$$u_C(0_+) = u_C(0_-) \tag{9-2}$$

这一结果说明，如果换路瞬间流经电容的电流为有限值，则电容上的电荷和电压在换路前后保持不变，即电容的电荷和电压在换路瞬间不发生跃变。

对线性电感可做类似的分析。在任意时刻 t，它的磁链 ψ_L、电压 u_L 与电流 i_L 在关联参考方向下的关系为

$$\psi_L(t) = \psi_L(t_0) + \int_{t_0}^{t} u_L(\xi)\,\mathrm{d}\xi$$

$$i_L(t) = i_L(t_0) + \frac{1}{L}\int_{t_0}^{t} u_L(\xi)\,\mathrm{d}\xi$$

设 $t=0$ 时刻换路，令 $t_0=0_-$，$t=0_+$，则有

$$\psi_L(0_+) = \psi_L(0_-) + \int_{0_-}^{0_+} u_L(\xi)\,\mathrm{d}\xi$$

$$i_L(0_+) = i_L(0_-) + \frac{1}{L}\int_{0_-}^{0_+} u_L(\xi)\,\mathrm{d}\xi$$

从上面两式可以看出，如果换路瞬间电感电压 $u_L(t)$ 为有限值，则积分项将为零，于是有

$$\psi_L(0_+) = \psi_L(0_-) \tag{9-3}$$
$$i_L(0_+) = i_L(0_-) \tag{9-4}$$

这一结果说明，如果换路瞬间电感电压为有限值，则电感中的磁链和电感电流在换路瞬间不发生跃变。

式（9-1）、式（9-2）和式（9-3）、式（9-4）分别说明在换路前后电容电流和电感电压为有限值的条件下，换路后的瞬间电容电压和电感电流保持连续而不发生跃变。通常将上述关系称为换路定则。

换路定则只反映电路在换路瞬间电容电压和电感电流不能发生跃变，而此时刻电感电压、电容电流与电阻中的电流与电压却可以发生跃变。也就是说，电路中电感电压、电容电流和电阻电流与电压，在换路前后瞬间的数值，可以是不相等的。

三、初始条件的确定

微分方程初始条件的确定，是求解动态电路的重点和难点。确定动态电路初始条件的一般步骤为：

（1）根据换路前的电路确定 $u_C(0_-)$ 和 $i_L(0_-)$。

（2）根据换路定则确定 $u_C(0_+)$ 和 $i_L(0_+)$。

（3）根据已经确定的 $u_C(0_+)$ 和 $i_L(0_+)$ 画出 $t=0_+$ 时的等效电路。将电容等效为电压为 $u_C(0_+)$ 的电压源，将电感等效为电流为 $i_L(0_+)$ 的电流源。显然等效变换后的 $t=0_+$ 时刻的电路为一个纯电阻电路，很容易根据基尔霍夫定律和欧姆定律确定其他电压和电流的初始值。

在应用换路定则计算电路中电压或电流的初始值时，换路前电路已处于稳态。如果是直流电源激励的电路，在 $t=0_-$ 时刻，电路处于直流稳态，这时电容电流为零，电容相当于开路；电感电压也为零，电感相当于短路，这是直流稳态电路的重要特征。

【例9-1】　电路如图9-2（a）所示，换路前电路已处于稳态。$t=0$ 时开关 S 动作，试求电路在 $t=0_+$ 时的电压、电流的初始值。

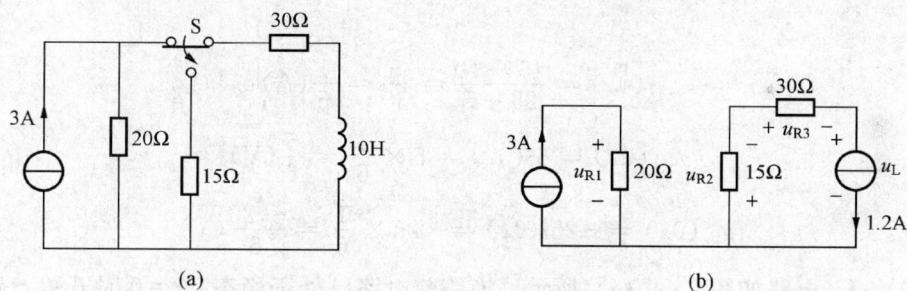

图 9-2　[例9-1]图

(a) 电路；(b) $t=0_+$ 等效电路

解　换路前电路处于稳定状态，电感看做短路，根据分流关系有

$$i_L(0_-) = \frac{3 \times 20}{20 + 30} = 1.2(\text{A})$$

根据换路时电感电流不能跃变，得

$$i_L(0_+) = i_L(0_-) = 1.2(\text{A})$$

画出 $t=0_+$ 时的等效电路，此时电感相当于一个 1.2A 的电流源，如图9-2（b）所示。由图可知

$$u_{R1}(0_+) = 20 \times 3 = 60(\text{V})$$

$$u_{R2}(0_+) = 1.2 \times 15 = 18(\text{V})$$

$$u_{R3}(0_+) = 30 \times 1.2 = 36(V)$$
$$u_L(0_+) = -u_{R2}(0_+) - u_{R3}(0_+) = -(18 + 36) = -54(V)$$

【例 9 - 2】 电路如图 9 - 3（a）所示，换路前电路已处于稳态。$t = 0$ 时开关 S 动作，试求电路在 $t = 0_+$ 时刻电压、电流的初始值。

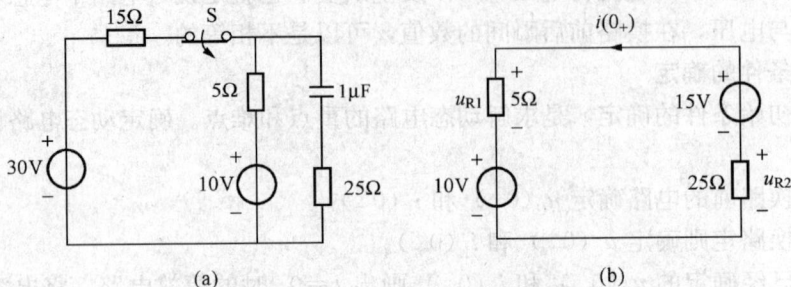

图 9 - 3　[例 9 - 2] 图

(a) 电路；(b) $t = 0_+$ 等效电路

解　换路前电路处于稳定状态，电容看做开路，根据 KVL 得

$$u_C(0_-) = \frac{30 - 10}{15 + 5} \times 5 + 10 = 15(V)$$

根据换路时电容电压不能跃变，得

$$u_C(0_+) = u_C(0_-) = 15(V)$$

画出 $t = 0_+$ 时的等效电路，此时电容相当于一个 15V 的电压源，如图 9 - 3（b）所示。由图可知

$$i(0_+) = \frac{15 - 10}{25 + 5} = \frac{5}{30} = \frac{1}{6}(A)$$

$$u_{R1}(0_+) = 5i(0_+) = 5 \times \frac{1}{6} = \frac{5}{6}(V)$$

$$u_{R2}(0_+) = -25i(0_+) = -25 \times \frac{1}{6} = \frac{-25}{6}(V)$$

【例 9 - 3】 电路如图 9 - 4（a）所示，换路前电路已处于稳态。$t = 0$ 时开关 S 动作，求 $i(0_+)$ 及 $u(0_+)$。

解　换路前电路处于稳定状态，电容看做开路，电感看做短路，得

$$i_L(0_-) = \frac{2}{2 + 3} \times 6 = 2.4(A)$$

$$u_C(0_-) = i_L(0_-) \times 3 = 2.4 \times 3 = 7.2(V)$$

根据换路定则可得

$$i_L(0_+) = i_L(0_-) = 2.4(A)$$
$$u_C(0_+) = u_C(0_-) = 7.2(V)$$

画出 $t = 0_+$ 时的等效电路，此时电容相当于一个 7.2V 的电压源，电感相当于一个 2.4A 的电流源，如图 9 - 4（b）所示。利用叠加定理得

$$i(0_+) = -\frac{7.2}{2 + 1} - \frac{2}{2 + 1} \times 2.4 = -4(A)$$

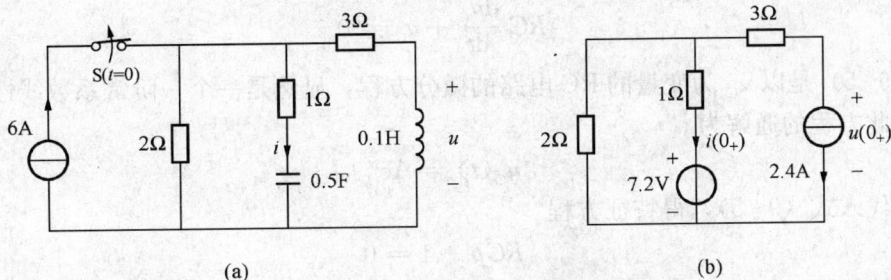

图 9-4　［例 9-3］图

(a) 电路；(b) $t=0_+$ 等效电路

$$u(0_+) = 7.2 - 3 \times 2.4 + 1 \times (-4) = -4(\text{V})$$

第二节　一阶电路零输入响应

可用一阶微分方程描述的电路称为一阶电路。对只含一个储能元件或可等效成一个储能元件的线性电路，都可用一阶微分方程描述，因此是一阶电路。

含有储能元件的电路与电阻性电路不同，电阻性电路中如果没有外施激励就没有响应；含有储能元件的电路即使没有外施激励，只要储能元件具有初始储能，就能引起响应。由于在这种情况下，电路中并没有外施激励，即输入为零，因此在电路中所引起的响应称为零输入响应。

一、RC 电路的零输入响应

电路如图 9-5（a）所示，当 $t<0$ 时，开关 S 掷向 1，电源对电容充电，达到稳态时，其电压 $u_C=U_0$。开关 S 掷向 2 后，电容储存的能量将通过电阻以热能的形式释放出来。由于电阻是耗能元件，且电路在零输入状态下无任何激励源对电容充电，故电容电压将逐渐下降，放电电流也逐渐减小，最后电路中的电压和电流均趋近于零。现在以开关动作的时间为计时起点（$t=0$）。开关掷向 2 后（$t \geqslant 0$），等效电路如图 9-5（b）所示，根据 KVL 可得

$$u_R - u_C = 0$$

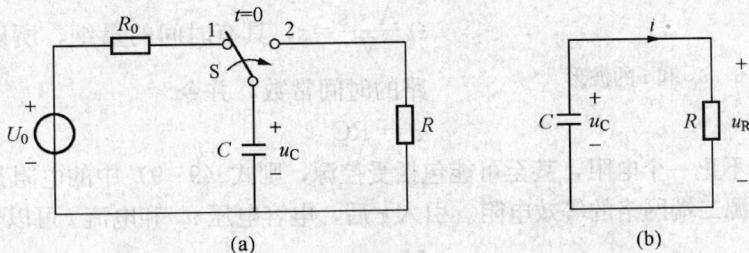

图 9-5　RC 电路的零输入响应

(a) 电路；(b) $t \geqslant 0$ 时等效电路

将 $u_R=Ri$，$i=-C\dfrac{\mathrm{d}u_C}{\mathrm{d}t}$ 代入上式，有

$$RC \frac{\mathrm{d}u_\mathrm{C}}{\mathrm{d}t} + u_\mathrm{C} = 0 \qquad\qquad\qquad (9-5)$$

式（9-5）是以 u_C 为变量的 RC 电路的微分方程，显然是一个一阶常系数线性齐次微分方程。令此方程的通解为

$$u_\mathrm{C}(t) = Ae^{pt}$$

将其代入式（9-5），得特征方程

$$RCp + 1 = 0$$

解得特征根

$$p = -\frac{1}{RC}$$

所以
$$u_\mathrm{C}(t) = Ae^{-\frac{t}{RC}} \quad (t \geqslant 0) \qquad\qquad (9-6)$$

积分常数 A 由电路的初始条件确定。开关 S 掷向 1 时，电容端电压等于电源电压，故有 $u_\mathrm{C}(0_-) = U_0$。根据换路定则，可以确定式（9-5）的初始条件为

$$u_\mathrm{C}(0_+) = u_\mathrm{C}(0_-) = U_0$$

将其代入式（9-6）得

$$A = U_0$$

所以，满足初始条件的微分方程的解为

$$u_\mathrm{C}(t) = Ae^{pt} = U_0 e^{-\frac{t}{RC}} \quad (t \geqslant 0) \qquad\qquad (9-7)$$

这就是电容放电过程中电容电压 u_C 的表达式。根据 VCR，电路中的电流为

$$i(t) = -C \frac{\mathrm{d}u_\mathrm{C}}{\mathrm{d}t} = -C \frac{\mathrm{d}}{\mathrm{d}t}(U_0 e^{-\frac{t}{RC}}) = \frac{U_0}{R} e^{-\frac{t}{RC}} \quad (t \geqslant 0) \qquad (9-8)$$

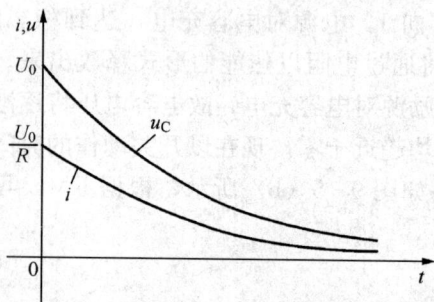

图 9-6 u_C 和 i 的波形

式（9-7）、式（9-8）就是 RC 电路的零输入响应。特别指出的是，u_C 和 i 都是按相同的指数规律衰减而逐渐趋近于零，其波形如图 9-6 所示。

由式（9-7）、式（9-8）可以看出，u_C 和 i 衰减的快慢程度取决于 RC 的大小。当电阻 R 的单位为 Ω、电容 C 的单位为 F 时，则有 $\Omega F = \Omega \frac{C}{V} = \Omega \frac{A \cdot s}{V} = s$，具有时间的量纲，所以 RC 被称为电路的时间常数，并令

$$\tau = RC \qquad\qquad\qquad (9-9)$$

如果电路中不止一个电阻，甚至可能包括受控源，则式（9-9）中的电阻是指从电容元件两端看进去的无源二端网络的等效电阻。引入 τ 后，电容电压 u_C 和电流 i 可以分别表示为

$$u_\mathrm{C}(t) = U_0 e^{-\frac{t}{\tau}} \quad (t \geqslant 0) \qquad\qquad (9-10)$$

$$i(t) = \frac{U_0}{R} e^{-\frac{t}{\tau}} \quad (t \geqslant 0) \qquad\qquad (9-11)$$

τ 的大小表征一阶电路过渡过程的进展速度，它是反应过渡过程特性的一个重要参数。通过以下计算来说明时间常数在过渡过程中的作用。

$$t = 0 \text{ 时}, u_\mathrm{C}(0) = U_0$$

$$t = \tau \text{ 时}, \quad u_C(\tau) = U_0 e^{-1} = 0.368U_0$$

零输入响应在任意时刻 t_0 的值，经过一个时间常数 τ 可以表示为

$$u_C(t_0 + \tau) = U_0 e^{-\frac{t_0+\tau}{\tau}} = U_0 e^{-1} e^{-\frac{t_0}{\tau}} = 0.368u_C(t_0)$$

可见，经过一个时间常数 τ 后，电容电压 u_C 衰减了 63.2%，或成为原值的 36.8%。现将 $t=\tau$，$t=2\tau$，$t=3\tau$，$t=4\tau\cdots$时刻的电容电压列于表 9-1 中。

表 9-1　　　　　　　　　　　　　　　　　　u_C 随时间的变化规律

t	0	τ	2τ	3τ	4τ	5τ	...	∞
$u_C(t)$	U_0	$0.368U_0$	$0.135U_0$	$0.05U_0$	$0.018U_0$	$0.0067U_0$	...	0

从表 9-1 可以看出，理论上讲，RC 放电电路要经过无限长的时间后，u_C 才能衰减到零。然而经过 5τ 的时间，u_C 衰减到初始值的 1% 以下，在实际工程中，就可以认为过渡过程已经结束。

图 9-7 表示不同时间常数 τ 情况下 u_C 的波形。由图可知，时间常数 τ 越小，过渡过程越快，曲线越陡峭；反之，τ 越大，过渡过程越慢，曲线越平缓。这点不难理解，这是由于电阻 R 越大，放电电流就越小，电容储存的能量需要较长时间才能被电阻消耗掉，因此放电电压的衰减也就越慢，从而过渡过程就越长。当电容 C 较大时，在同样的初始电压 U_0 的条件下，电容储存的能量也越多，从而这些能量需要较长时间才能被电阻消耗掉，因此放电电压的衰减就变慢，过渡过程也就越长。

时间常数 τ 的大小，除了用代数方法可以计算外，还可以由几何方法来求解。如图 9-8 所示，取电容电压 u_C 的曲线上任意一点 A，过 A 点作曲线的切线，与时间轴交于 C 点，A 点在时间轴上的射影为 B，则图中的次切距 BC 为

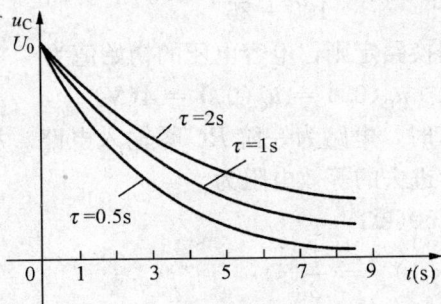

图 9-7　不同 τ 对应的 u_C 波形　　　　　图 9-8　时间常数 τ 的几何意义

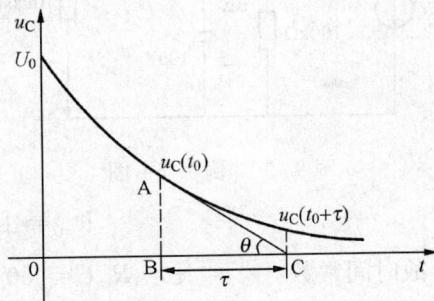

$$BC = \frac{AB}{\tan\theta} = \frac{u_C(t_0)}{-\left.\dfrac{du_C}{dt}\right|_{t=t_0}} = \frac{U_0 e^{-\frac{t_0}{\tau}}}{\dfrac{1}{\tau}U_0 e^{-\frac{t_0}{\tau}}} = \tau$$

由此可以看出在时间坐标上次切距的长度等于时间常数 τ。这说明曲线上任意一点，如果以该点的斜率为固定变化率衰减，则经过 τ 时间为零值。

在放电过程中，电容不断地放出能量，电阻则不断地消耗能量，最后储存在电容中的电场能量全部被电阻吸收转换成热能，即

$$W_R = \int_0^\infty i^2(t)R dt = \int_0^\infty \left(\frac{U_0}{R}e^{-\frac{t}{RC}}\right)^2 R dt = \frac{U_0^2}{R}\int_0^\infty e^{-\frac{2t}{RC}}dt = \frac{1}{2}CU_0^2 = W_C$$

【例 9-4】 一组 $C=40\mu F$ 的电容器从 $5.77kV$ 的高压电网上切除，其等效电路如图 9-5 所示。切除后，电容器经自身漏电电阻 R 放电。现测得 $R=100M\Omega$，试求电容器电压下降到 $1kV$ 所需的时间。

解　设 $t=0$ 时电容器从电网上切除，故有

$$u_C(0_+)=u_C(0_-)=5.77(kV)$$

电路的时间常数为

$$\tau=RC=100\times10^6\times40\times10^{-6}=4000(s)$$

$t\geqslant0$ 时电容电压的表达式为

$$u_C=u_C(0_+)e^{-\frac{t}{\tau}}=5.77e^{-\frac{t}{4000}}(kV)$$

设 $t=t_1$ 时电容电压下降到 $1kV$，则有

$$5.77e^{-\frac{t_1}{4000}}=1$$

解得

$$t_1=4000\ln5.77\approx7011(s)\approx1.95(h)$$

由上面的计算结果可知，电容器与电网断开 1.95h 后还保持高达 $1kV$ 的电压。因此在检修具有大电容的电力设备之前，必须采取措施使设备充分地放电，以保证工作人员的人身安全。

【例 9-5】 电路如图 9-9 所示，换路前电路已处于稳态。$t=0$ 时开关 S 动作，试求电路在 $t>0$ 时电压 $u_C(t)$ 和电流 $i(t)$。

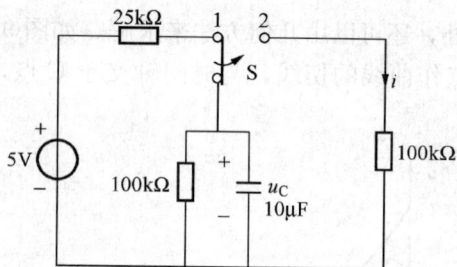

图 9-9 ［例 9-5］图

解　换路前电路处于稳态，电容看做开路，因此有

$$u_C(0_-)=\frac{5}{100+25}\times100=4(V)$$

根据换路定则，电容电压的初始值为

$$u_C(0_+)=u_C(0_-)=4(V)$$

$t>0$ 时，电路为一阶 RC 零输入电路。从电容两端看进去的等效电阻为

$$R_{eq}=100\;//\;100=50(k\Omega)$$

故时间常数

$$\tau=R_{eq}C=50\times10^3\times10\times10^{-6}=\frac{1}{2}(s)$$

电容电压

$$u_C(t)=u_C(0_+)e^{-\frac{t}{\tau}}=4e^{-2t}(V)\quad(t\geqslant0)$$

电流

$$i(t)=\frac{u_C(t)}{100}=0.04e^{-2t}(mA)\quad(t\geqslant0)$$

二、RL 电路的零输入响应

电路如图 9-10 （a）所示，换路前电路已经达到稳定状态，电感 L 中的电流为 I_0。当 $t=0$ 时将开关 S 断开，电路简化成如图 9-10 （b）所示的 RL 电路。这时电感 L 将通过电阻 R 释放换路前所储存的能量，在电路中将产生电流和电压。该电路中产生的响应是由电感 L 的初始储能产生的，因此也是零输入响应。在 $t\geqslant0$ 时，根据 KVL，有

$$u_L+u_R=0$$

又因为 $u_L=L\dfrac{di}{dt}$，$u_R=Ri$，代入上式可得电路的微分方程为

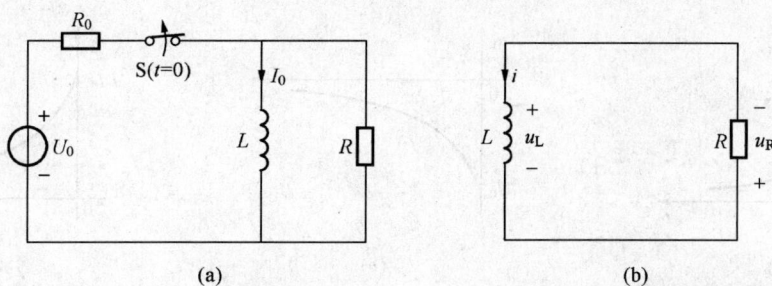

图 9-10 RL 电路的零输入响应

(a) 电路；(b) $t \geqslant 0$ 的等效电路

$$L \frac{\mathrm{d}i}{\mathrm{d}t} + Ri = 0 \tag{9-12}$$

这也是一个一阶常系数线性齐次微分方程。令此方程的通解为

$$i(t) = A\mathrm{e}^{pt}$$

将其代入式（9-12），得特征方程

$$Lp + R = 0$$

解得特征根

$$p = -\frac{R}{L}$$

所以

$$i(t) = A\mathrm{e}^{-\frac{R}{L}t} \quad (t \geqslant 0) \tag{9-13}$$

由开关 S 断开前的电路分析可知，$i(0_-) = I_0$，根据换路定则，可以确定式（9-12）的初始条件为

$$i(0_+) = i(0_-) = I_0$$

将其代入式（9-13）得

$$A = I_0$$

所以微分方程的解为

$$i(t) = I_0 \mathrm{e}^{-\frac{R}{L}t} \quad (t \geqslant 0)$$

这就是电感放电过程中电流的表达式。根据 VCR，电感和电阻上的电压可分别表示为

$$u_\mathrm{L}(t) = L \frac{\mathrm{d}i}{\mathrm{d}t} = -RI_0 \mathrm{e}^{-\frac{R}{L}t} \quad (t \geqslant 0)$$

$$u_\mathrm{R}(t) = Ri = RI_0 \mathrm{e}^{-\frac{R}{L}t} \quad (t \geqslant 0)$$

图 9-11 所示的曲线分别表示 i、u_L 和 u_R 随时间的变化规律。

与 RC 电路类似，定义 RL 电路的时间常数为 $\tau = \frac{L}{R}$。当电阻 R 的单位为 Ω、电感 L 的单位为 H 时，τ 的单位为 $\frac{\mathrm{H}}{\Omega} = \frac{\Omega \cdot \mathrm{s}}{\Omega} = \mathrm{s}$。引入 τ 以后，则有

$$i(t) = I_0 \mathrm{e}^{-\frac{t}{\tau}} \quad (t \geqslant 0) \tag{9-14}$$

$$u_\mathrm{L}(t) = -RI_0 \mathrm{e}^{-\frac{t}{\tau}} \quad (t \geqslant 0)$$

$$u_\mathrm{R}(t) = RI_0 \mathrm{e}^{-\frac{t}{\tau}} \quad (t \geqslant 0)$$

RL 电路的零输入响应衰减的快慢程度同样可用时间常数 τ 来反映。τ 与电路的 L 成正

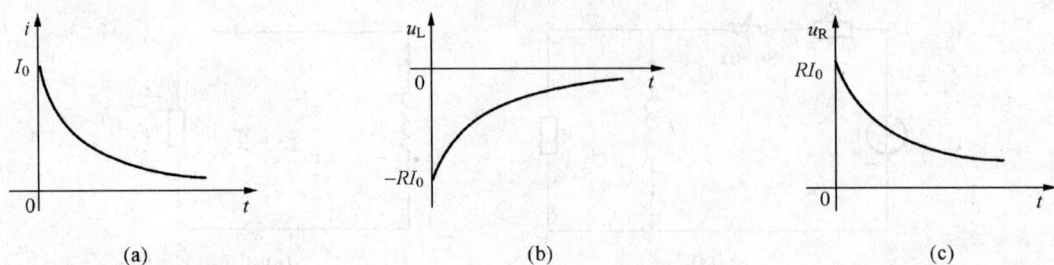

图 9-11 RL 电路的零输入响应曲线

(a) i 的变化规律；(b) u_L 的变化规律；(c) u_R 的变化规律

比，与 R 成反比。在相同的初始电流 I_0 下，L 越大，则电感储存的磁场能量也就越多，释放储能所需时间越长，因此 τ 与 L 成正比。同样 I_0 及 L 一定的情况下，R 越大，消耗能量越快，放电所需时间越短，所以 τ 与 R 成反比。

值得注意的是，在整个过渡过程中，电阻消耗的能量等于电感的初始储能。容易证明，电阻消耗的总能量为

$$W_R = \int_0^\infty i^2(t)R\mathrm{d}t = \int_0^\infty (I_0 \mathrm{e}^{-\frac{R}{L}t})^2 R\mathrm{d}t = I_0^2 R \int_0^\infty \mathrm{e}^{-2\frac{R}{L}t} \mathrm{d}t = \frac{1}{2}LI_0^2 = W_L$$

将 RC 电路和 RL 电路的零输入响应式（9-10）与式（9-14）进行对照，可以看到它们之间存在着对应关系。若令 $f(t)$ 表示零输入响应 $u_C(t)$ 或 $i_L(t)$，$f(0_+)$ 表示电容或电感的初始值 $u_C(0_+)$ 或 $i_L(0_+)$，τ 为时间常数 RC 或 L/R，则零输入响应的通解表达式为

$$f(t) = f(0_+)\mathrm{e}^{-\frac{t}{\tau}} \quad (t \geqslant 0) \tag{9-15}$$

可见，一阶电路的零输入响应是与初始值成线性关系的。此外，式（9-15）不仅适用于本节所示电路 u_C、i_L 的零输入响应的计算，而且适用于任何一阶电路任意变量的零输入响应的计算。

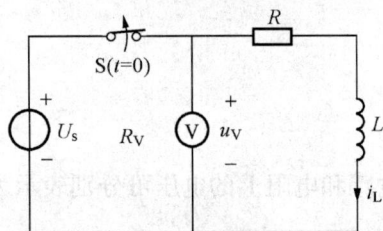

图 9-12 [例 9-6] 图

【例 9-6】 图 9-12 所示电路中，$U_S = 30\mathrm{V}$，$R = 4\Omega$，电压表内阻 $R_v = 5\mathrm{k}\Omega$，$L = 0.4\mathrm{H}$。求 $t > 0$ 时的电感电流 i_L 及电压表两端的电压 u_V。

解 开关 S 打开前电路为直流稳态，电感看做短路，忽略电压表中的分流，有

$$i_L(0_-) = \frac{U_S}{R} = \frac{30}{4} = 7.5(\mathrm{A})$$

根据换路时电感电流不能跃变，有

$$i_L(0_+) = i_L(0_-) = 7.5(\mathrm{A})$$

时间常数

$$\tau = \frac{L}{R + R_v} = \frac{0.4}{4 + 5 \times 10^3} \approx 8 \times 10^{-5}(\mathrm{s})$$

由式（9-15），可写出 $t > 0$ 时的电感电流 i_L 为

$$i_L(t) = i_L(0_+)\mathrm{e}^{-\frac{t}{\tau}} = 7.5\mathrm{e}^{-1.25 \times 10^4 t}(\mathrm{A})$$

电压表两端的电压 u_V 为

$$u_V(t) = -R_v i_L(t) = -5 \times 10^3 \times 7.5\mathrm{e}^{-1.25 \times 10^4 t} = -3.75 \times 10^4 \mathrm{e}^{-1.25 \times 10^4 t}(\mathrm{V})$$

由上式可得

$$|u_V(0_+)| = 3.75 \times 10^4 (V)$$

由以上分析可见，换路瞬间电压表要承受很高的电压，有可能会损坏电压表。此外，在打开开关的瞬间，这样高的电压会在开关两端造成空气击穿，引起强烈的电弧。因此，在切断大电感负载时必须采取必要的措施，避免高电压的出现。

【例 9-7】 电路如图 9-13（a）所示，换路前电路已处于稳态。$t=0$ 时开关 S 动作，试求电路在 $t>0$ 时电流 $i(t)$。

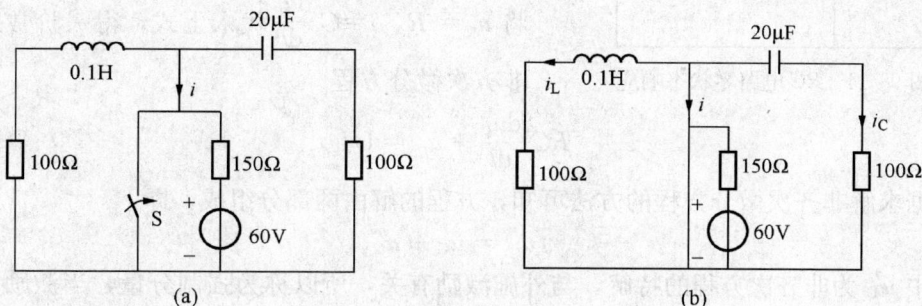

图 9-13　[例 9-7] 图
(a) 电路；(b) $t>0$ 等效电路

解　换路前电路处于稳定状态,电容看做开路，电感看做短路，由此得

$$i_L(0_-) = \frac{60}{100+150} = 0.24(A)$$

$$u_C(0_-) = 100 \times i_L(0_-) = 100 \times 0.24 = 24(V)$$

换路时，由于电容电压和电感电流不能跃变，因此有

$$i_L(0_+) = i_L(0_-) = 0.24(A)$$

$$u_C(0_+) = u_C(0_-) = 24(V)$$

$t>0$ 后，短路线把电路分成了三个相互独立的回路，如图 9-13（b）所示。

由 RL 串联回路可得

$$i_L(t) = i_L(0_+)e^{-\frac{R}{L}t} = 0.24e^{-\frac{100}{0.1}t} = 0.24e^{-1000t}(A)$$

由 RC 串联回路可得

$$u_C(t) = u_C(0_+)e^{-\frac{t}{RC}} = 24e^{-\frac{t}{100\times20\times10^{-6}}} = 24e^{-500t}(V)$$

$$i_C(t) = -\frac{u_C(t)}{100} = \frac{-24e^{-500t}}{100} = -0.24e^{-500t}(A)$$

根据 KCL 可得

$$i(t) = -[i_L(t) + i_C(t)] = -0.24(e^{-1000t} - e^{-500t})(A)$$

第三节　一阶电路零状态响应

若换路前电路中的储能元件的初始状态为零，则称电路处于零初始状态，电路在零初始状态下的响应叫做零状态响应。此时储能元件的初始储能为零，响应单纯由外加电源激励，因此该过渡过程即为能量的建立过程。

一、*RC* 电路的零状态响应

电路如图 9-14 所示，$t<0$ 时，开关 S 掷向 A 端，电容未充电，即电容的初始状态 $u_C(0_-)=0$。在 $t=0$ 时刻，开关 S 由 A 掷向 B，电路接入直流电压源 U_S。U_S 通过电阻 R 向电容充电。

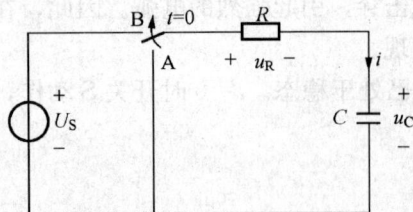

图 9-14　*RC* 电路零状态响应

在 $t>0$ 时，根据 KVL，有

$$u_R + u_C = U_S$$

将 $u_R=iR$，$i=C\dfrac{du_C}{dt}$ 代入上式，得一阶常系数线性非齐次微分方程

$$RC\frac{du_C}{dt}+u_C=U_S \tag{9-16}$$

根据求解非齐次微分方程的方法可知，方程的解由两部分组成，即

$$u_C=u_C'+u_C''$$

其中 u_C' 为非齐次方程的特解，与外施激励有关，所以称为强制分量，当激励为直流量或正弦量时，此情况下的强制分量称为稳态分量；u_C'' 为对应的齐次方程的通解，u_C'' 的变化规律与外施激励无关，所以称为自由分量，自由分量最终趋于零，因此又称为瞬态分量。

很容易确定特解为

$$u_C'=U_S$$

令式（9-16）所对应的齐次微分方程 $RC\dfrac{du_C}{dt}+u_C=0$ 的通解为

$$u_C''=Ae^{-\frac{t}{\tau}}$$

其中 $\tau=RC$。所以式（9-16）的全解为

$$u_C(t)=U_S+Ae^{-\frac{t}{\tau}}$$

由于开关 S 掷向 A 时，电容电压 $u_C(0_-)=0$，根据换路定则可知，式（9-16）的初始条件为

$$u_C(0_+)=u_C(0_-)=0$$

将初始条件代入上式得

$$A=-U_S$$

所以，式（9-16）的解为

$$u_C(t)=U_S-U_Se^{-\frac{t}{\tau}}=U_S(1-e^{-\frac{t}{\tau}})\quad(t\geqslant0) \tag{9-17}$$

这就是电容充电过程中电压的表达式。根据 VCR，充电电流可表示为

$$i(t)=C\frac{du_C}{dt}=\frac{U_S}{R}e^{-\frac{t}{\tau}}\quad(t\geqslant0)$$

u_C 和 i 的波形如图 9-15 所示，图中还表示了 u_C 的两个分量 u_C' 和 u_C''。

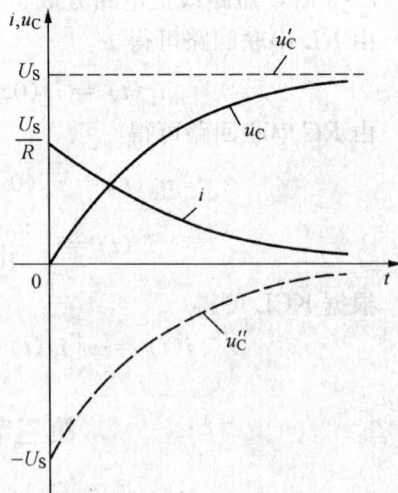

图 9-15　u_C 和 i 的波形

充电过程中，电容电压 u_C 由零按照指数规律逐渐增大，最终接近于稳定值 U_S，而充电电流在换路瞬间由零跃变到 $\dfrac{U_S}{R}$，$t>0$ 后再逐渐按指数规律衰减到零。在此过程中，电容不断充电，最终储存的电场能量为

$$W_C = \frac{1}{2}CU_S^2$$

电阻则不断地消耗能量

$$W_R = \int_0^\infty i^2(t)R\mathrm{d}t = \int_0^\infty \left(\frac{U_S}{R}\mathrm{e}^{-\frac{t}{RC}}\right)^2 R\mathrm{d}t = \frac{U_S^2}{R}\int_0^\infty \mathrm{e}^{\frac{-2t}{RC}}\mathrm{d}t = \frac{1}{2}CU_S^2 = W_C$$

可见，不论电容 C 和电阻 R 的数值为多少，充电过程中电源提供的能量只有一半转变为电场能量储存在电容中，故其充电效率只有 50%。

二、RL 电路的零状态响应

电路如图 9-16 所示，设开关 S 原来处于断开位置，且电感电流 $i_L(0_-)=0$。在 $t=0$ 时，将开关 S 闭合，电路的响应为零状态响应。根据 KVL 列方程，有

$$u_R + u_L = U_S$$

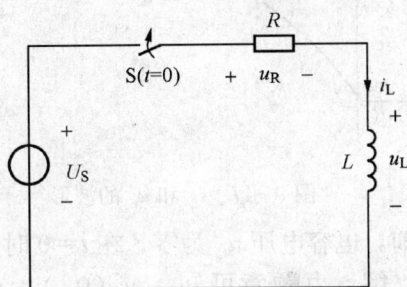

图 9-16　RL 电路的零状态响应

将 $u_R=Ri_L$，$u_L=L\dfrac{\mathrm{d}i_L}{\mathrm{d}t}$ 代入上式，得一阶常系数线性非齐次微分方程

$$L\frac{\mathrm{d}i_L}{\mathrm{d}t} + Ri_L = U_S$$

即

$$\frac{L}{R}\frac{\mathrm{d}i_L}{\mathrm{d}t} + i_L = \frac{U_S}{R} \tag{9-18}$$

令式（9-18）的全解为 $i_L=i_L'+i_L''$，显然特解 $i_L'=\dfrac{U_S}{R}$，令通解 $i_L''=A\mathrm{e}^{-\frac{t}{\tau}}$，则

$$i_L(t) = \frac{U_S}{R} + A\mathrm{e}^{-\frac{t}{\tau}}$$

根据初始条件 $i_L(0_+)=i_L(0_-)=0$，很容易确定积分常数 $A=-\dfrac{U_S}{R}$。所以有

$$i_L(t) = \frac{U_S}{R}\left(1-\mathrm{e}^{-\frac{t}{\tau}}\right) \quad (t\geqslant 0) \tag{9-19}$$

$$u_L(t) = L\frac{\mathrm{d}i_L}{\mathrm{d}t} = U_S\mathrm{e}^{-\frac{t}{\tau}} \quad (t\geqslant 0)$$

$$u_R(t) = Ri_L = U_S\left(1-\mathrm{e}^{-\frac{t}{\tau}}\right) \quad (t\geqslant 0)$$

其中 $\tau=\dfrac{L}{R}$ 为 RL 电路的时间常数。i_L 和 u_L 的波形如图 9-17 所示，图中还表示了 i_L 的两个分量 i_L' 和 i_L''。

电感电流 i_L 由零按照指数规律逐渐增大，最终接近于稳定值 $\dfrac{U_S}{R}$。电感电压 u_L 在换路瞬间由零跃变到 U_S，以后逐渐按指数规律衰减到零。电路达到新的稳态后，电感的磁场储能

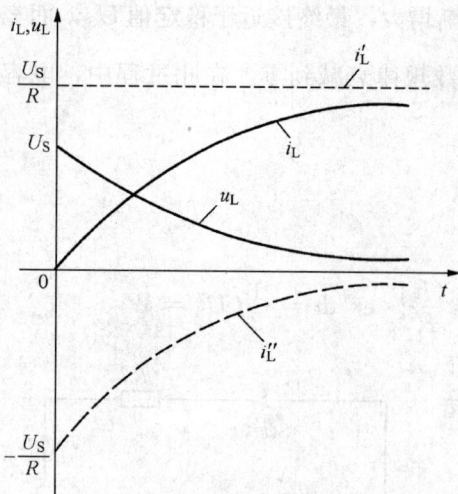

图 9-17 i_L 和 u_L 的波形

为 $\frac{1}{2}L\left(\dfrac{U_S}{R}\right)^2$。

将 RC 电路和 RL 电路的零状态响应式（9-17）与式（9-19）进行对照，可以看到它们之间存在着对应关系。若令 $f(t)$ 表示零状态响应 $u_C(t)$ 或 $i_L(t)$，$f(\infty)$ 表示变量的稳态值 $u_C(\infty)=U_S$ 或 $i_L(\infty)=U_S/R$，τ 为时间常数 RC 或 L/R，则零状态响应的通解表达式为

$$f(t) = f(\infty)(1 - e^{-\frac{t}{\tau}}) \quad (t \geqslant 0)$$

$$(9-20)$$

可见，一阶电路的零状态响应是与稳态值成线性关系的。此外，式（9-20）适用于任意变量的一阶电路零状态响应的计算。

【例 9-8】 电路如图 9-18 所示，开关 S 闭合前，电容电压 u_C 为零。在 $t=0$ 时 S 闭合，求 $t>0$ 时的 $u_C(t)$ 和 $i_C(t)$。

解 由题意可知，$u_C(0_+)=u_C(0_-)=0$，这是一个求 RC 零状态响应的问题。换路后，当 $t\to\infty$ 时电容看做开路，换路后电容电压的稳态值为

$$u_C(\infty) = \frac{20}{10+10} \times 10 = 10\,(\mathrm{V})$$

等效电阻 $R_{eq} = (10 \ /\!/ \ 10) + 5 = 10\,(\mathrm{k\Omega})$

所以时间常数

$$\tau = R_{eq}C = 10 \times 10^3 \times 10 \times 10^{-6} = \frac{1}{10}\,(\mathrm{s})$$

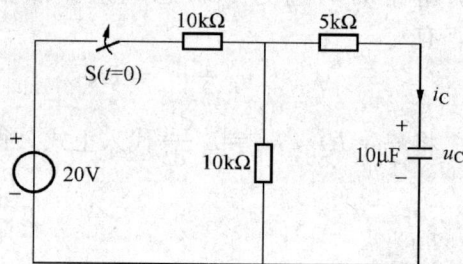

图 9-18 ［例 9-8］图

$t>0$ 时，电容电压 $\quad u_C(t) = u_C(\infty)(1 - e^{-\frac{t}{\tau}}) = 10(1 - e^{-10t})\,(\mathrm{V})$

电容电流 $\qquad\qquad i_C(t) = C\dfrac{du_C}{dt} = e^{-10t}\,(\mathrm{mA})$

【例 9-9】 电路如图 9-19（a）所示，开关 S 闭合前电容无初始储能。$t=0$ 时开关 S 闭合，求 $t>0$ 时的电容电压 $u_C(t)$。

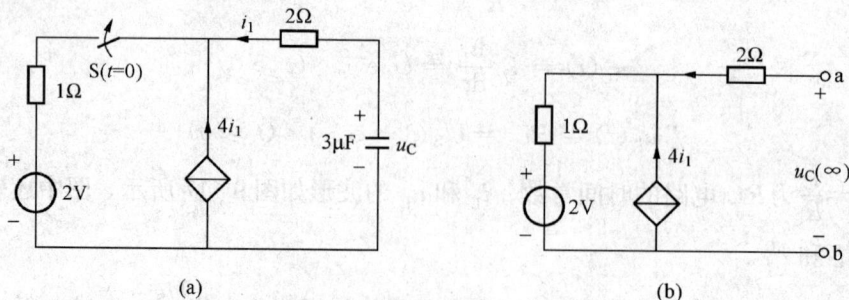

(a)

(b)

图 9-19 ［例 9-9］图

(a) 电路；(b) $t\to\infty$ 电路

解　由题意可知，$u_C(0_+) = u_C(0_-) = 0$，这是一个求 RC 零状态响应的问题。当 $t \to \infty$ 时，电容看做开路，如图 9-19（b）所示。由于电流 $i_1 = 0$，因此受控电流源的电流为零，故电容电压的稳态值

$$u_C(\infty) = 2(\text{V})$$

求 a、b 端口的等效电阻。由于有受控源，故可用开路短路法。把 a、b 端子短路，利用 KVL 有

$$2i_1 + (4i_1 + i_1) \times 1 + 2 = 0$$

解得短路电流　　　　　　　　　$i_{SC} = -i_1 = \dfrac{2}{7}(\text{A})$

则等效电阻　　　　　　　　　$R_{eq} = \dfrac{u_C(\infty)}{i_{SC}} = \dfrac{2}{\left(\dfrac{2}{7}\right)} = 7(\Omega)$

故时间常数　　　　$\tau = R_{eq}C = 7 \times 3 \times 10^{-6} = 21 \times 10^{-6}(\text{s})$

所以 $t > 0$ 后，电容电压　　$u_C(t) = u_C(\infty)(1 - e^{-\frac{t}{\tau}}) = 2(1 - e^{-\frac{10^6 t}{21}})(\text{V})$

【例 9-10】　电路如图 9-20 所示，开关 S 打开前电路已处于稳定状态。$t = 0$ 时开关 S 打开，求 $t > 0$ 时的 $u_L(t)$ 和电压源发出的功率。

解　开关 S 打开前，电感支路被短路，故有 $i_L(0_+) = i_L(0_-) = 0$，这是一个求 RL 电路零状态响应的问题。开关 S 打开后，当 $t \to \infty$ 时，电感看做短路，应用叠加定理可求得稳态值 $i_L(\infty)$ 为

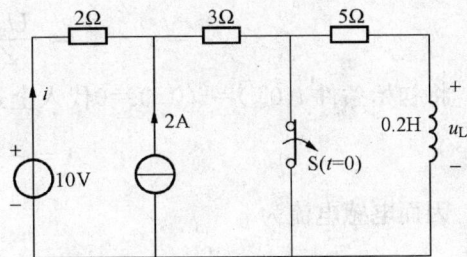

图 9-20　　［例 9-10］图

$$i_L(\infty) = \frac{10}{2+3+5} + \frac{2 \times 2}{2+3+5} = 1.4(\text{A})$$

从电感两端看进去的等效电阻　　　$R_{eq} = 2 + 3 + 5 = 10(\Omega)$

则时间常数　　　　　　　　　$\tau = \dfrac{L}{R_{eq}} = \dfrac{0.2}{10} = \dfrac{1}{50}(\text{s})$

故 $t > 0$ 后的电感电流　　　$i_L(t) = i_L(\infty)(1 - e^{-\frac{t}{\tau}}) = 1.4(1 - e^{-50t})(\text{A})$

电感电压　　　　　　$u_L(t) = L\dfrac{di_L}{dt} = 14e^{-50t}(\text{V})$

10V 电压源中的电流　　　$i(t) = i_L(t) - 2 = -0.6 - 1.4e^{-50t}(\text{A})$

电压源发出的功率为

$$P = -10 \times i(t) = 6 + 14e^{-50t}(\text{W}) > 0$$

所以电压源实际为吸收功率。

三、RL 电路在正弦激励下的零状态响应

电路如图 9-21 所示，外施激励为正弦电压 $u_S(t) = U_m\sin(\omega t + \psi)$，其中 ψ 为接通时电压源的初相角，它与开关 S 闭合的时刻有关，所以称为接入相位角或合闸角。设开关 S 原来处于断开位置，且电感电流 $i(0_-) = 0$。接通 S 后，根据 KVL 列方程，有

$$L\frac{di}{dt} + Ri = U_m\sin(\omega t + \psi) \tag{9-21}$$

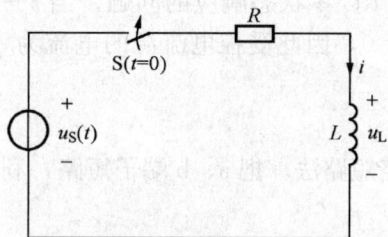

图 9-21　正弦激励下的 RL 电路

式 (9-21) 的解仍由两部分组成

$$i = i' + i''$$

其中稳态分量 i' 可按正弦交流电路计算。图 9-21 所示电路的阻抗为

$$Z = R + j\omega L$$
$$= \sqrt{R^2 + (\omega L)^2} \angle \arctan\left(\frac{\omega L}{R}\right)$$
$$= |Z| \angle \varphi$$

于是稳态分量为

$$i' = \frac{U_m}{|Z|}\sin(\omega t + \psi - \varphi)$$

其瞬态分量为

$$i'' = A e^{-\frac{t}{\tau}}$$

所以方程的全解为

$$i = i' + i'' = \frac{U_m}{|Z|}\sin(\omega t + \psi - \varphi) + A e^{-\frac{t}{\tau}}$$

将初始条件 $i(0_+) = i(0_-) = 0$ 代入上式,有

$$A = -\frac{U_m}{|Z|}\sin(\psi - \varphi)$$

因而电感电流为

$$i(t) = \frac{U_m}{|Z|}\sin(\omega t + \psi - \varphi) - \frac{U_m}{|Z|}\sin(\psi - \varphi)e^{-\frac{t}{\tau}} \quad (t \geqslant 0)$$

电感电压为

$$u_L(t) = L\frac{di}{dt} = \frac{\omega L U_m}{|Z|}\sin\left(\omega t + \psi - \varphi + \frac{\pi}{2}\right) + \frac{R U_m}{|Z|}\sin(\psi - \varphi)e^{-\frac{t}{\tau}} \quad (t \geqslant 0)$$

电阻上的电压为

$$u_R(t) = Ri = \frac{R U_m}{|Z|}\sin(\omega t + \psi - \varphi) - \frac{R U_m}{|Z|}\sin(\psi - \varphi)e^{-\frac{t}{\tau}} \quad (t \geqslant 0)$$

由上述分析可知,在正弦激励作用下的 RL 电路的零状态响应中的稳态分量是与电源同频率且按正弦规律变化的函数,而瞬态分量则按指数规律衰减并趋于零,最终只剩下稳态分量。瞬态分量的大小与换路时正弦电压源电压的初相角 ψ 有关,有以下两种特殊情况。

(1) 当开关 S 闭合时,若 $\psi = \varphi$,则有

$$i = i' = \frac{U_m}{|Z|}\sin\omega t \quad (t \geqslant 0)$$

故开关 S 闭合后,电路不经历过渡过程而直接进入稳定状态,i 的波形如图 9-22 (a) 所示。

(2) 当开关 S 闭合时,若 $\psi = \varphi + \frac{\pi}{2}$,则有

$$i = \frac{U_m}{|Z|}\sin\left(\omega t + \frac{\pi}{2}\right) - \frac{U_m}{|Z|}e^{-\frac{t}{\tau}} \quad (t \geqslant 0)$$

在所有不同的初相角 ψ 中,这一情况下电流的瞬态分量的起始值最大,等于稳态最大值

$I_{\mathrm{m}} = \dfrac{U_{\mathrm{m}}}{|Z|}$。电流的波形如图 9 - 22（b）所示，从波形图可以看出，若电路的时间常数很大，则 i'' 衰减极其缓慢。这种情况下接通电路后，大约经过半个周期的时间，电流的最大瞬时值的绝对值将接近稳态电流振幅的两倍。

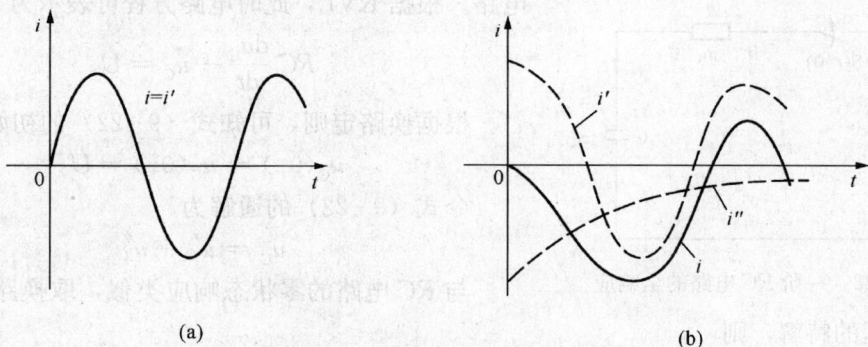

(a)　　　　　　　　　　　　　　　(b)

图 9 - 22　正弦激励下 i 的波形

（a）$\psi = \varphi$ 时电流波形；（b）$\psi = \varphi + \dfrac{\pi}{2}$ 时电流波形

【例 9 - 11】　电路如图 9 - 21 所示，已知 $u_{\mathrm{s}}(t) = 220\sqrt{2}\sin(314t + 10°)\mathrm{V}$，$R = 17.4\Omega$，$L = 0.302\mathrm{H}$，求接通电源后电流 i。

解： 电路阻抗为

$$Z = R + \mathrm{j}\omega L = \sqrt{R^2 + (\omega L)^2}\angle\arctan\left(\frac{\omega L}{R}\right) = |Z|\angle\varphi$$

$$= \sqrt{17.4^2 + (314 \times 0.302)^2}\angle\arctan\left(\frac{314 \times 0.302}{17.4}\right) = 96.5\angle 79.6°(\Omega)$$

稳态分量为　　　$i' = \dfrac{U_{\mathrm{m}}}{|Z|}\sin(314t + \psi - \varphi)$

$$= \frac{220\sqrt{2}}{96.5}\sin(314t + 10° - 79.6°) = 3.22\sin(314t - 69.6°)(\mathrm{A})$$

瞬态分量为　　　　　　　　　　$i'' = A\mathrm{e}^{-\frac{t}{\tau}}$

而　　　　　　　　　　　$\tau = \dfrac{L}{R} = \dfrac{0.302}{17.4} = 0.0173(\mathrm{s})$

所以零状态响应为　$i = i' + i''$

$$= 3.22\sin(314t - 69.6°) + A\mathrm{e}^{-\frac{t}{0.0173}}(\mathrm{A})$$

代入初始条件 $i(0_+) = i(0_-) = 0$，得

$$A = -3.22\sin(-69.6°) = 3.02(\mathrm{A})$$

所以　　　　$i = i' + i'' = 3.22\sin(314t - 69.6°) + 3.02\mathrm{e}^{-57.8t}(\mathrm{A})$

第四节　一阶电路的全响应与三要素法

在上两节中分别研究了一阶电路的零输入响应和零状态响应。本节将讨论既有非零初始

状态又有外施激励共同作用的一阶电路的响应，称为一阶电路的全响应。

一、RC 电路的全响应

下面以 RC 电路为例说明全响应的计算方法。电路如图 9 - 23 所示，开关 S 闭合前，电容已经充电且电容电压 $u_C(0_-)=U_0$，在 $t=0$ 时将开关 S 闭合，直流电压源 U_s 作用于 RC 电路。根据 KVL，此时电路方程可表示为

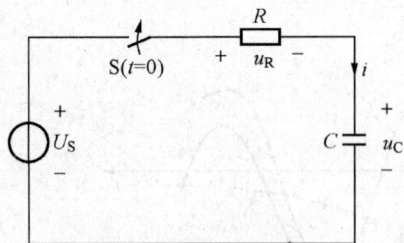

$$RC\frac{\mathrm{d}u_C}{\mathrm{d}t}+u_C=U_s \qquad (9\text{-}22)$$

根据换路定则，可知式（9 - 22）的初始条件为

$$u_C(0_+)=u_C(0_-)=U_0$$

令式（9 - 22）的通解为

$$u_C=u_C'+u_C''$$

图 9 - 23 一阶 RC 电路的全响应

与 RC 电路的零状态响应类似，取换路后的稳定状态为方程的特解，则

$$u_C'=U_s$$

同样令式（9 - 22）对应的齐次微分方程的通解为 $u_C''=Ae^{-\frac{t}{\tau}}$。其中 $\tau=RC$ 为电路的时间常数，所以有

$$u_C=U_s+Ae^{-\frac{t}{\tau}}$$

将初始条件代入上式，得积分常数为

$$A=U_0-U_s$$

所以电容电压可表示为

$$u_C(t)=U_s+(U_0-U_s)e^{-\frac{t}{\tau}} \quad (t\geqslant 0) \qquad (9\text{-}23)$$

电容充电电流为

$$i(t)=C\frac{\mathrm{d}u_C}{\mathrm{d}t}=\frac{U_s-U_0}{R}e^{-\frac{t}{\tau}} \quad (t\geqslant 0)$$

这就是一阶 RC 电路的全响应。图 9 - 24 分别描述了 $U_s>U_0$、$U_s=U_0$、$U_s<U_0$ 三种情况下 u_C 和 i 的波形。

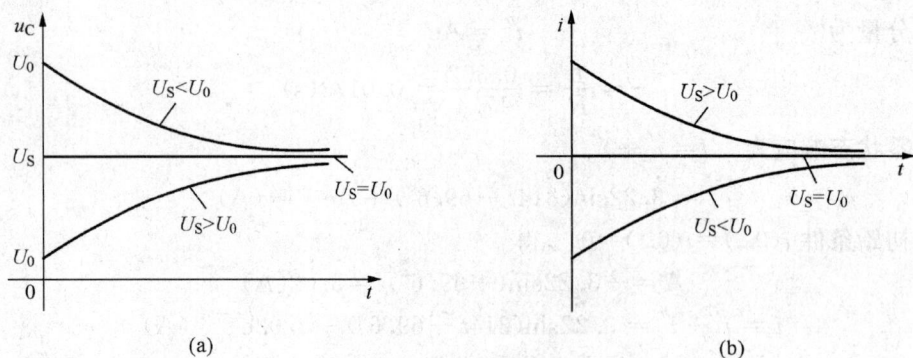

图 9 - 24 u_C 和 i 的波形图

(a) u_C 的波形；(b) i 的波形

下面以 u_C 为例，介绍对任何线性一阶电路的全响应都适用的两种分解方法。

（1）式（9-23）中 u_C 由两个分量组成，其中第一个分量为强制分量（稳态分量），第二个分量为自由分量（瞬态分量），两个分量的变换规律不同。稳态分量只与外加激励源有关，若输入的是直流量，稳态分量也是恒定不变的，若输入的是正弦量，稳态分量也是同频率的正弦量。瞬态分量的变化规律与外加激励源无关，仅由电路参数决定。实际上，瞬态分量可以认为在 $t=5\tau$ 时消失，此后电路的响应全由稳态分量决定，电路进入了稳态。在瞬态分量还存在的这段时间即为过渡过程。

（2）式（9-23）也可写成

$$u_C(t) = U_0 e^{-\frac{t}{\tau}} + U_s(1 - e^{-\frac{t}{\tau}}) \qquad (9-24)$$

从式（9-24）可以看出，其中第一个分量正是电路的零输入响应，第二分量则是电路的零状态响应。可见电路的全响应等于零输入响应与零状态响应的叠加。这体现了线性电路的叠加性。

把全响应分解为稳态分量和瞬态分量，能较明显地反映电路的工作阶段，便于分析过渡过程的特点。把全响应分解为零输入响应和零状态响应，明显反映了响应与激励的因果关系，并且便于分析计算。这两种分解的概念都很重要。

二、一阶电路的三要素法

三要素法是对一阶电路的求解法及其响应形式进行归纳后得出的一个有用的通用法则。由该法则能够迅速地获得一阶电路的全响应。

（1）同一个一阶电路中的各响应的时间常数 τ 都是相同的。对只有一个电容元件的电路，$\tau=R_{eq}C$；对只有一个电感元件的电路，$\tau=L/R_{eq}$，R_{eq} 为换路后该电容元件或电感元件所接二端电阻性网络除源后的等效电阻。

（2）先考虑在直流激励下的一阶电路，其全响应是稳态分量和瞬态分量之和。稳态分量用符号 $f(\infty)$ 表示，它可从换路后的稳态电路求得（将电容看做开路，将电感看做短路，按纯电阻性网络计算）。瞬态分量为 $Ae^{-\frac{t}{\tau}}$，所以一阶电路的全响应为

$$f(t) = f(\infty) + Ae^{-\frac{t}{\tau}} \qquad (t \geqslant 0)$$

若响应 $f(t)$ 的初始值为 $f(0_+)$，将其代入上式可确定 A，$A=f(0_+)-f(\infty)$，从而得

$$f(t) = f(\infty) + [f(0_+) - f(\infty)]e^{-\frac{t}{\tau}} \qquad (t \geqslant 0) \qquad (9-25)$$

式（9-25）中包含了三个重要的基本量：响应的初始值 $f(0_+)$、响应的稳态值 $f(\infty)$ 及电路的时间常数 τ。通常把这三个量称为三要素。只要获得这三个要素，用式（9-25）即可直接写出直流激励下响应的表达式，或描绘其波形。式（9-25）便是一阶电路在直流激励下的三要素公式。

（3）当外施激励为正弦量时，其响应也为稳态分量与瞬态分量之和。稳态分量是同频率的正弦量，用符号 $f_\infty(t)$ 表示，它可从换路后的电路用相量法求得。瞬态分量仍为 $Ae^{-\frac{t}{\tau}}$，所以一阶电路的全响应为

$$f(t) = f_\infty(t) + Ae^{-\frac{t}{\tau}} \qquad (t \geqslant 0)$$

若响应 $f(t)$ 的初始值为 $f(0_+)$，稳态分量初始值为 $f_\infty(0_+)$，将其代入上式可确定 A，$A=f(0_+)-f_\infty(0_+)$，从而得

$$f(t) = f_\infty(t) + [f(0_+) - f_\infty(0_+)]e^{-\frac{t}{\tau}} \qquad (t \geqslant 0) \qquad (9-26)$$

这便是一阶电路在正弦激励下的三要素公式，获得了响应的初始值 $f(0_+)$、响应的稳态值 $f_\infty(t)$ 及电路的时间常数 τ 三个要素后，从式（9-26）即可直接写出响应的表达式。

三要素法是按照全响应等于稳态分量与暂态分量之和的观点归纳出来的，但也可用于计算零输入响应和零状态响应。表9-2为直流激励下各种响应的时域分析法与三要素法求解一阶电路的比较表。

表9-2　　　　　　　　　　　　时域分析法与三要素法求解一阶电路比较表

名　称	微分方程之解	三要素表示法
RC 电路的零输入响应	$u_C(t) = U_0 e^{-\frac{t}{\tau}}$　$(\tau = RC)$ $i(t) = \dfrac{U_0}{R} e^{-\frac{t}{\tau}}$	$f(t) = f(0_+) e^{-\frac{t}{\tau}}$
RL 电路的零输入响应	$i_L(t) = I_0 e^{-\frac{t}{\tau}}\left(\tau = \dfrac{L}{R}\right)$ $u_L(t) = -RI_0 e^{-\frac{t}{\tau}}$	$f(t) = f(0_+) e^{-\frac{t}{\tau}}$
RC 电路的零状态响应	$u_C(t) = U_S(1 - e^{-\frac{t}{\tau}})$ $i(t) = \dfrac{U_S}{R} e^{-\frac{t}{\tau}}$	$f(t) = f(\infty)(1 - e^{-\frac{t}{\tau}})$
RL 电路的零状态响应	$i_L(t) = \dfrac{U_S}{R}(1 - e^{-\frac{t}{\tau}})$ $u_L(t) = U_S e^{-\frac{t}{\tau}}$	$f(t) = f(\infty)(1 - e^{-\frac{t}{\tau}})$
一阶 RC 电路的全响应	$u_C(t) = U_S + (U_0 - U_S)e^{-\frac{t}{\tau}}$ $i(t) = \dfrac{(U_S - U_0)}{R} e^{-\frac{t}{\tau}}$	$f(t) = f(\infty) + [f(0_+) - f(\infty)]e^{-\frac{t}{\tau}}$

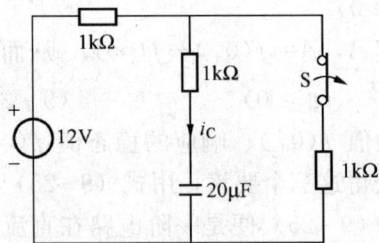

图9-25　[例9-12] 图

【例9-12】 电路如图9-25所示，在开关 S 动作前，电路已达稳态。$t=0$ 时开关 S 打开，求 $t \geqslant 0$ 时的 $u_C(t)$、$i_C(t)$。

解　换路前电路处于稳态，电容看做开路，则

$$u_C(0_-) = \frac{12 \times 1}{1+1} = 6(\text{V})$$

根据换路时电容电压不能跃变，得

$$u_C(0_+) = u_C(0_-) = 6(\text{V})$$

换路后，当 $t \to \infty$ 时，电容看做开路，电压 u_C 的稳态值为

$$u_C(\infty) = 12(\text{V})$$

换路后电路的时间常数为

$$\tau = R_{eq}C = (1+1) \times 10^3 \times 20 \times 10^{-6} = 0.04(\text{s})$$

利用三要素公式得电容电压为

$$u_C(t) = u_C(\infty) + [u_C(0_+) - u_C(\infty)]e^{-\frac{t}{\tau}}$$

$$= 12 + (6 - 12)e^{-\frac{t}{0.04}} = 12 - 6e^{-25t}(V) \quad (t \geqslant 0)$$

则电容电流为

$$i_C(t) = C\frac{du_C}{dt} = 3e^{-25t}(mA) \quad (t \geqslant 0)$$

【例 9-13】　电路如图 9-26 所示，在开关 S 动作前，电路已达稳态。$t=0$ 时开关 S 闭合。求 $t \geqslant 0$ 时的 $i_L(t)$。

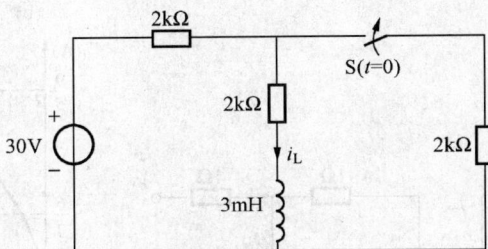

图 9-26　[例 9-13] 图

解　换路前电路处于稳态，电感看做短路，则

$$i_L(0_-) = \frac{30}{2+2} = 7.5(mA)$$

故得出电感电流的初始值为

$$i_L(0_+) = i_L(0_-) = 7.5(mA)$$

换路后，当 $t \to \infty$ 时，电感相当于短路，则电流 i_L 的稳态值为

$$i_L(\infty) = \frac{30}{2+\frac{2\times2}{2+2}} \times \frac{2}{2+2} = 5(mA)$$

换路后电感两端断开后电路的等效电阻为

$$R_{eq} = 2 + 2 /\!/ 2 = 3(k\Omega)$$

换路后的时间常数为

$$\tau = \frac{L}{R_{eq}} = \frac{3\times10^{-3}}{3\times10^3} = 10^{-6}(s)$$

根据三要素公式可得

$$i_L(t) = i_L(\infty) + [i_L(0_+) - i_L(\infty)]e^{-\frac{t}{\tau}}$$
$$= 5 + (7.5 - 5)e^{-10^6 t} = 5 + 2.5e^{-10^6 t}(mA) \quad (t \geqslant 0)$$

【例 9-14】　电路如图 9-27 (a) 所示，开关 S 闭合于 a 位置，电路处于稳态。当 $t=0$ 时刻开关动作，S 由 a 接于 b 位置。试求 $t \geqslant 0$ 时电流 $i(t)$ 和 $i_L(t)$。

解　1. 计算初始值 $i(0_+)$ 和 $i_L(0_+)$

开关 S 动作前电路处于稳态，电感看做短路，则

$$i_L(0_-) = \frac{-3}{1+\frac{1\times2}{1+2}} \times \frac{2}{1+2} = -\frac{6}{5}(A)$$

故得出电感电流的初始值为

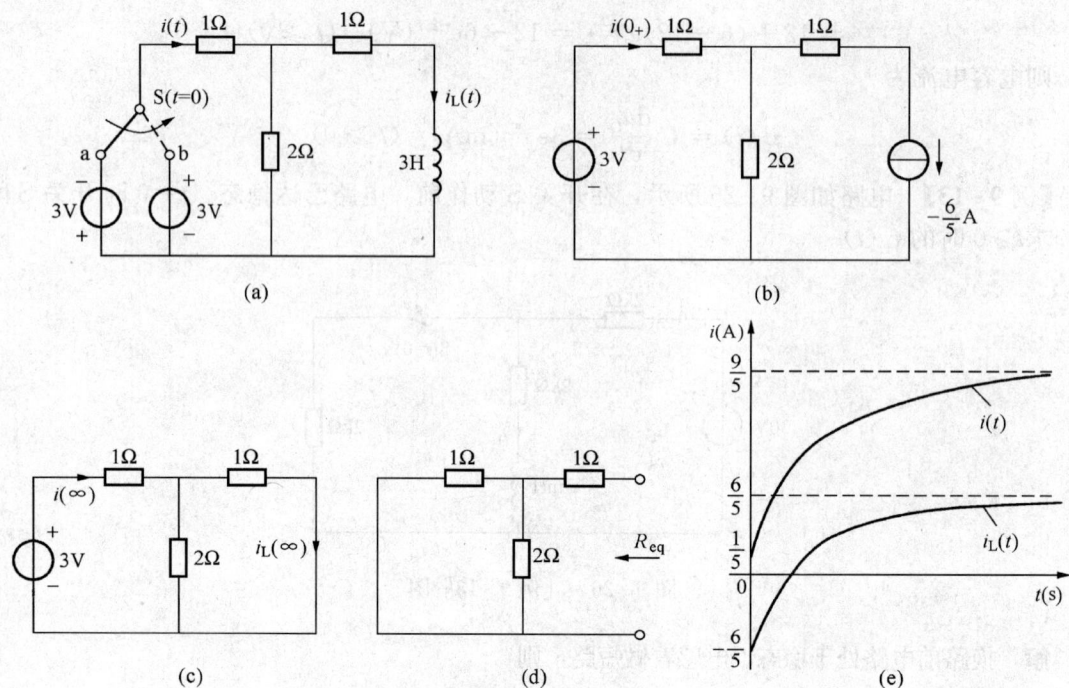

图 9 - 27 ［例 9 - 14］图

(a) 电路图；(b) $t=0_+$ 电路；(c) $t \to \infty$ 电路；(d) 求等效电阻；(e) $i(t)$ 和 $i_L(t)$ 的波形

$$i_L(0_+) = i_L(0_-) = -\frac{6}{5}(A)$$

计算 $i(0_+)$ 需作出 $t=0_+$ 电路，这时电感相当于一个 $-\dfrac{6}{5}$ A 电流源，电路如图 9 - 27 （b）所示。应用 KVL 于左侧网孔，有

$$1 \times i(0_+) + 2 \times \left[i(0_+) + \frac{6}{5} \right] = 3$$

解得

$$i(0_+) = \frac{1}{5}(A)$$

2. 计算稳态值 $i(\infty)$ 和 $i_L(\infty)$

作 $t \to \infty$ 电路如图 9 - 27 （c）所示，则稳态电流分别为

$$i(\infty) = \frac{3}{1 + \dfrac{2 \times 1}{2 + 1}} = \frac{9}{5}(A)$$

$$i_L(\infty) = \frac{2}{2 + 1} \times \frac{9}{5} = \frac{6}{5}(A)$$

3. 计算时间常数 τ

求电感两端断开后电路的等效电阻，如图 9 - 27 （d）所示，则

$$R_{eq} = 1 + \frac{2 \times 1}{2 + 1} = \frac{5}{3}(\Omega)$$

故电路的时间常数为

$$\tau = \frac{L}{R_{eq}} = \frac{9}{5}(s)$$

4. 根据三要素公式，便可得出电路的电流响应

$$i(t) = i(\infty) + [i(0_+) - i(\infty)]e^{-\frac{t}{\tau}}$$

$$= \frac{9}{5} + \left(\frac{1}{5} - \frac{9}{5}\right)e^{-\frac{5}{9}t} = \frac{9}{5} - \frac{8}{5}e^{-\frac{5}{9}t}(A) \quad (t \geqslant 0)$$

$$i_L(t) = i_L(\infty) + [i_L(0_+) - i_L(\infty)]e^{-\frac{t}{\tau}}$$

$$= \frac{6}{5} + \left(-\frac{6}{5} - \frac{6}{5}\right)e^{-\frac{5}{9}t} = \frac{6}{5} - \frac{12}{5}e^{-\frac{5}{9}t}(A) \quad (t \geqslant 0)$$

根据 $i(t)$ 和 $i_L(t)$ 的数值表达式，作出它们的波形图，如图 9-27（e）所示。由本例可以看出，三要素法可用于求解电路换路后任一处电流或电压的全响应。

【例 9-15】 电路如图 9-28（a）所示，已知 N 为线性电阻网络，$u_S(t) = 1V$，$C = 2F$，其零状态响应为

$$u_2(t) = \left(\frac{1}{2} + \frac{1}{8}e^{-0.25t}\right)V \qquad\qquad (t \geqslant 0)$$

如果用 $L = 2H$ 的电感代替电容 C[见图 9-28（b）]，试求 $t \geqslant 0$ 时的零状态响应 $u_2(t)$。

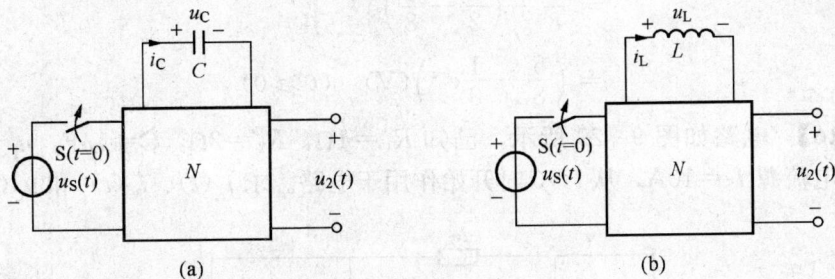

图 9-28　[例 9-15] 图
(a) 电路图；(b) 电感代替电容

解 由题给条件可得图 9-28（a）的时间常数为

$$\tau_C = R_{eq}C = \frac{1}{0.25} = 4(s)$$

所以电路的等效电阻为

$$R_{eq} = \frac{\tau_C}{C} = \frac{4}{2} = 2(\Omega)$$

则图 9-28（b）的时间常数为

$$\tau_L = \frac{L}{R_{eq}} = \frac{2}{2} = 1(s)$$

由图 9-28（a）的零状态响应 $u_2(t) = \left(\frac{1}{2} + \frac{1}{8}e^{-0.25t}\right)V$，可知图 9-28（a）中

$$u_2(\infty) = \frac{1}{2}(V), \quad u_2(0_+) - u_2(\infty) = \frac{1}{8}(V)$$

则

$$u_2(0_+) = \left(\frac{1}{8} + \frac{1}{2}\right) = \frac{5}{8}(V)$$

$t=0_+$ 时，图 9-28（a）中 $u_C(0_+)=u_C(0_-)=0$，电容为短路状态。$t\to\infty$ 时，图 9-28（b）中 $u_L(\infty)=0$，电感也为短路状态。也就是说，图 9-28（a）0_+ 时的状态与图 9-28（b）∞ 时的状态完全相同，由此可求出图 9-28（b）中的 $u_2(\infty)$ 等于图 9-28（a）中的 $u_2(0_+)=\dfrac{5}{8}$V，即

$$u_2(\infty)=\frac{5}{8}(\text{V})$$

$t\to\infty$ 时，图 9-28（a）中的电容为开路状态。$t=0_+$ 时，图 9-28（b）中 $i_L(0_+)=i_L(0_-)=0$，电感也为开路状态。也就是说，图 9-28（a）∞ 时的状态与图 9-28（b）0_+ 时的状态完全相同，由此可求出图 9-28（b）中的 $u_2(0_+)$ 等于图 9-28（a）中的 $u_2(\infty)=\dfrac{1}{2}$V，即

$$u_2(0_+)=\frac{1}{2}(\text{V})$$

由三要素公式求得图 9-28（b）中的 $u_2(t)$ 为

$$
\begin{aligned}
u_2(t) &= u_2(\infty)+[u_2(0_+)-u_2(\infty)]\mathrm{e}^{-\frac{t}{\tau_L}} \\
&= \frac{5}{8}+\left(\frac{1}{2}-\frac{5}{8}\right)\mathrm{e}^{-t} \\
&= \left(\frac{5}{8}-\frac{1}{8}\mathrm{e}^{-t}\right)(\text{V}) \quad (t\geqslant 0)
\end{aligned}
$$

【例 9-16】 电路如图 9-29 所示，已知 $R_1=1\Omega$，$R_2=2\Omega$，$C=1\mu\text{F}$，$u_C(0_-)=2\text{V}$，$g=0.25\text{S}$，电流源 $I_S=10\text{A}$，从 $t=0$ 时开始作用于电路。求 $i_1(t)$、$i_C(t)$ 和 $u_C(t)$。

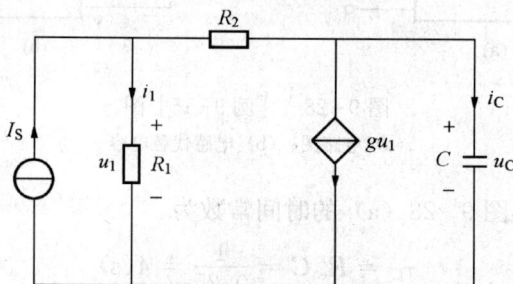

图 9-29 ［例 9-16］图

解 把电容断开，如图 9-30（a）所示，先求 $t>0$ 一端口电路的戴维南等效电路。由 KVL 得

$$u_{OC}=u_1-R_2gu_1$$

由 KCL 得

$$\frac{u_1}{R_1}+gu_1=I_S$$

联立求解以上两方程，解得

$$u_{OC}=(1-R_2g)\frac{I_SR_1}{1+R_1g}$$

$$= (1 - 2 \times 0.25) \times \frac{10 \times 1}{1 + 1 \times 0.25} = 4(\text{V})$$

把端口短路，得短路电流

$$i_{\text{SC}} = \frac{R_1}{R_1 + R_2} I_{\text{S}} - g u_1 = \frac{R_1 I_{\text{S}}}{R_1 + R_2}(1 - g R_2) = \frac{1 \times 10}{1 + 2} \times (1 - 0.25 \times 2) = \frac{5}{3}(\text{A})$$

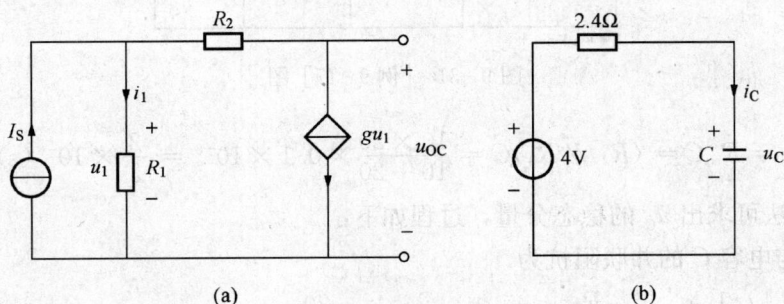

图 9-30 ［例 9-16］电路图

(a) $t \to \infty$ 电路；(b) 等效电路

故等效电阻

$$R_{\text{eq}} = \frac{u_{\text{OC}}}{i_{\text{SC}}} = \frac{4}{\frac{5}{3}} = \frac{12}{5} = 2.4(\Omega)$$

等效电路如图 9-30（b）所示。显然电路的三个要素为

$$u_{\text{C}}(0_+) = u_{\text{C}}(0_-) = 2(\text{V})$$
$$u_{\text{C}}(\infty) = u_{\text{OC}} = 4(\text{V})$$
$$\tau = R_{\text{eq}} C = 2.4 \times 1 \times 10^{-6} = 2.4 \times 10^{-6}(\text{s})$$

代入三要素公式中，得电容电压为

$$u_{\text{C}}(t) = 4 + (2 - 4)\text{e}^{-\frac{10^6 t}{2.4}} = 4 - 2\text{e}^{-4.17 \times 10^5 t}(\text{V})$$

电容电流为

$$i_{\text{C}}(t) = C \frac{\text{d}u_{\text{C}}}{\text{d}t} = 0.833\text{e}^{-4.17 \times 10^5 t}(\text{A})$$

应用 KCL 于原电路，有

$$i_1 + g u_1 + i_{\text{C}} = I_{\text{S}}$$

把 $u_1 = R_1 i_1$ 代入，解得电流

$$i_1(t) = \frac{I_{\text{S}} - i_{\text{C}}}{1 + R_1 g} = \frac{10 - 0.833\text{e}^{-4.17 \times 10^5 t}}{1 + 0.25} = 8 - 0.667\text{e}^{-4.17 \times 10^5 t}(\text{A})$$

【例 9-17】 电路如图 9-31 所示，已知 $e(t) = 220\sqrt{2}\sin(314t + 50°)$ V，$R_1 = 6\Omega$，$R_2 = 10\Omega$，$R_3 = 20\Omega$，$C = 0.1\mu\text{F}$，$I_{\text{S}} = 10\text{A}$。开关 S 在 $t = 0$ 时由 1 位置合到 2 位置，设开关 S 动作前电路已处于稳态，求 u_{C}。

解 电容电压初始值为

$$u_{\text{C}}(0_+) = u_{\text{C}}(0_-) = I_{\text{S}} R_1 = 10 \times 6 = 60(\text{V})$$

换路后电路的时间常数为

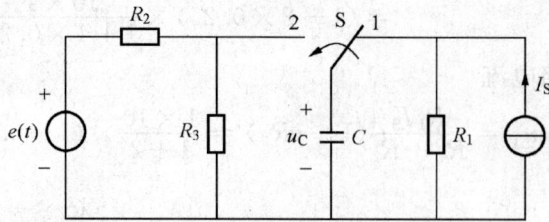

图 9-31 [例 9-17] 图

$$\tau = R_{eq}C = (R_2 \mathbin{/\mkern-5mu/} R_3)C = \frac{10 \times 20}{10 + 20} \times 0.1 \times 10^{-6} = \frac{2}{3} \times 10^{-6}(\text{s})$$

应用相量法可求出 u_C 的稳态分量，过程如下：

电阻 R_3 与电容 C 的并联阻抗为

$$Z_{R_3C} = R_3 \left\| \left(\frac{1}{j\omega C} \right) \right. = \frac{R_3}{j\omega CR_3 + 1} = \frac{20}{1 + j20 \times 314 \times 0.1 \times 10^{-6}} = 20\angle -0.036°(\Omega)$$

换路后总阻抗为

$$Z = R_2 + Z_{R_3C} = 10 + 20\angle -0.036° = 30\angle -0.024°(\Omega)$$

换路后电容电压稳态分量的有效值相量为

$$\dot{U}_{C\infty} = \frac{\dot{E}Z_{R_3C}}{Z} = \frac{220\angle 50° \times 20\angle -0.036°}{30\angle -0.024°} = 146.667\angle 49.988°(\text{V})$$

则稳态电压为

$$u_{C\infty}(t) = 146.667\sqrt{2}\sin(314t + 49.988°)(\text{V})$$

其初始值为

$$u_{C\infty}(0_+) = 146.667\sqrt{2}\sin(49.988°) = 158.864(\text{V})$$

由三要素公式得

$$u_C(t) = u_{C\infty}(t) + [u_C(0_+) - u_{C\infty}(0_+)]e^{-\frac{t}{\tau}}$$

$$= 146.667\sqrt{2}\sin(314t + 49.988°) + (60 - 158.864)e^{-1.5 \times 10^6 t}$$

$$= 207.418\sin(314t + 49.988°) - 98.864e^{-1.5 \times 10^6 t}(\text{V})$$

第五节　一阶电路的阶跃响应

奇异函数也叫开关函数，在电路分析中非常有用。当电路有开关动作时，就会产生开关信号，奇异函数是开关信号最接近的理想模型，它对进一步分析一阶电路响应非常重要。常见的奇异函数有阶跃函数和冲激函数，本节和下一节将分别讨论这两种函数的定义、性质及作用于动态电路时引起的响应。

一、单位阶跃函数

单位阶跃函数是一种奇异函数，其数学表达式为

$$\varepsilon(t) = \begin{cases} 0 & (t < 0) \\ 1 & (t > 0) \end{cases}$$

　　该函数在 $t=0$ 处发生跃变，并且跃变的幅度为 1，其波形如图 9-32（a）所示。将单位阶跃函数 $\varepsilon(t)$ 乘以常量 k，便可成为一般的阶跃函数 $k\varepsilon(t)$，它在 $t=0$ 处跃变的幅度为 k。

　　假如单位阶跃函数的跃变发生在 $t=t_0(t_0>0)$ 时刻，则函数可表示为

$$\varepsilon(t-t_0)=\begin{cases} 0 & (t<t_0) \\ 1 & (t>t_0) \end{cases}$$

　　其波形如图 9-32（b）所示，由图可知 $\varepsilon(t-t_0)$ 起作用的时间比 $\varepsilon(t)$ 滞后了 t_0，因此称为延迟的单位阶跃函数。与此对应，提前的单位阶跃函数可表示为 $\varepsilon(t+t_0)$，其波形如图 9-32（c）所示。

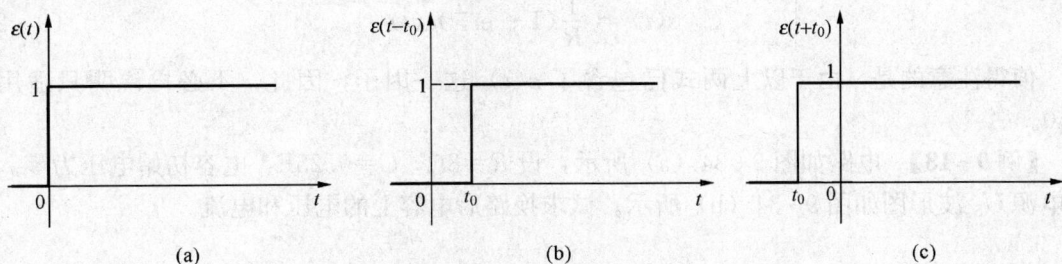

图 9-32　单位阶跃函数
（a）单位阶跃函数；（b）延迟的单位阶跃函数；（c）提前的单位跃函数

　　单位阶跃函数可用来"起始"任意一个函数 $f(t)$。假设 $f(t)$ 是定义在任意 $(-\infty,+\infty)$ 区间的函数，如果只想截取其在 $(t_0,+\infty)$ 区间的值，则乘以一个延迟的单位阶跃函数即可，即

$$f(t)\varepsilon(t-t_0)=\begin{cases} 0 & (t<t_0) \\ f(t) & (t>t_0) \end{cases}$$

　　所以，单位阶跃函数也称为开关函数，即它可以表示一个开关的动作，这一点在动态电路中特别有用。例如，某激励 $u_S(t)$ 在 $t=0$ 时刻作用于电路，可以表示为 $u_S(t)\varepsilon(t)$，如果在 t_0 时刻作用于电路，则可表示为 $u_S(t)\varepsilon(t-t_0)$。

　　单位阶跃函数可以表示脉冲函数，如图 9-33（a）所示的脉冲函数 $p(t)$ 可以分解为图 9-33（b）、图 9-33（c）所示两个波形的合成，而这两个波形可以分别用单位阶跃函数和延迟的单位阶跃函数表示，所以有

$$p(t)=\varepsilon(t)-\varepsilon(t-t_0)$$

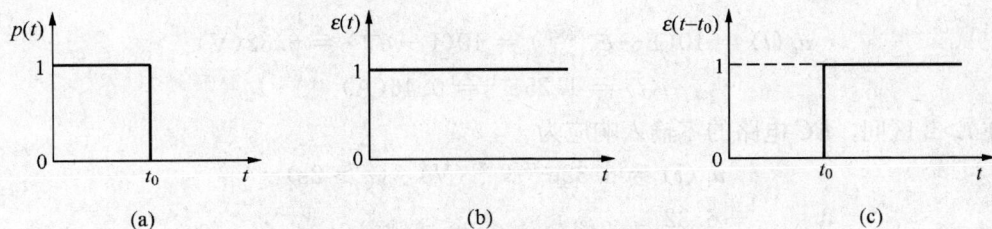

图 9-33　由阶跃函数组成的脉冲函数
（a）脉冲函数；（b）单位阶跃函数；（c）延迟的单位阶跃函数

二、一阶电路的阶跃响应

电路在单位阶跃函数激励源作用下产生的零状态响应称为单位阶跃响应。由此可见，实际上阶跃响应是零状态响应的一个特例，即其输入是一个单位阶跃函数。对本章第三节中分析过的 RC 电路而言，外施激励由直流电压源换为阶跃函数 $\varepsilon(t)$，则 RC 电路中的电容电压的单位阶跃响应为

$$s(t) = (1 - e^{-\frac{t}{\tau}})\varepsilon(t) \tag{9-27}$$

对于简单的 RL 电路来说，当激励源为阶跃函数 $\varepsilon(t)$ 时，电路中的电感电流的单位阶跃响应为

$$s(t) = \frac{1}{R}(1 - e^{-\frac{t}{\tau}})\varepsilon(t) \tag{9-28}$$

值得注意的是，由于以上两式已包含了 $\varepsilon(t)$ 这一因子，因此，不必再说明只适用于 $t \geqslant 0$。

【例 9-18】 电路如图 9-34（a）所示，设 $R=8\Omega$，$C=0.25$F，电容初始电压为零。外加电源 U_S 波形图如图 9-34（b）所示。试求换路后电容上的电压和电流。

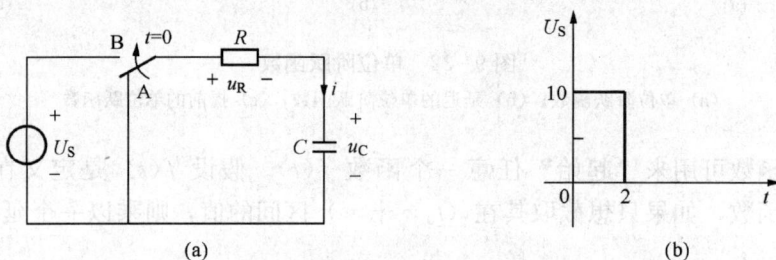

图 9-34 ［例 9-18］图
(a) 电路图；(b) 电源波形图

解 此题可用两种方法求解。

方法一：分段求解。

在 $0 \leqslant t \leqslant 2$ 区间，RC 电路的零状态响应为

$$u_C(t) = 10(1 - e^{-\frac{t}{8 \times 0.25}}) = 10(1 - e^{-0.5t})(V)$$

$$i(t) = \frac{10}{8}e^{-0.5t} = 1.25e^{-0.5t}(A)$$

$t=2$s 时

$$u_C(t) = 10(1 - e^{-0.5 \times 2}) = 10(1 - e^{-1}) = 6.32(V)$$

$$i(t) = 1.25e^{-1} = 0.46(A)$$

在 $t>2$ 区间，RC 电路的零输入响应为

$$u_C(t) = 6.32e^{-0.5(t-2)}(V) \quad (t>2s)$$

$$i(t) = \frac{-6.32}{8}e^{-0.5(t-2)} = -0.79e^{-0.5(t-2)}(A) \quad (t>2s)$$

负号说明电流方向与参考方向相反。电容上电压、电流变化曲线如图 9-35 所示。

方法二：利用阶跃函数表示激励，求阶跃响应。

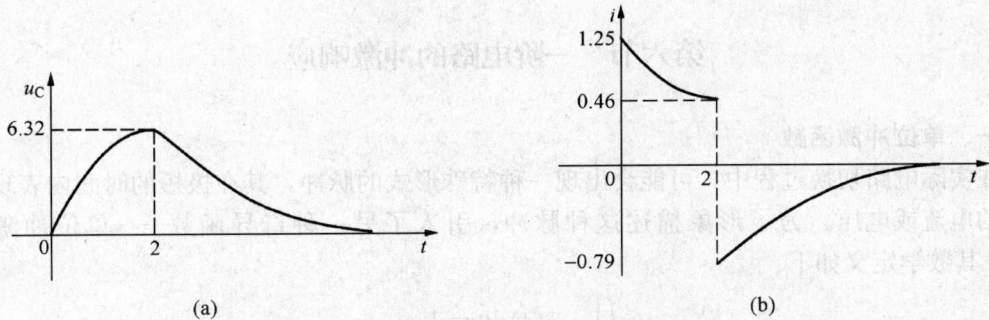

图 9-35 电容上电压、电流变化曲线
(a) 电压变化曲线；(b) 电流变化曲线

电源 U_S 用阶跃函数表示为

$$u_S(t) = 10\varepsilon(t) - 10\varepsilon(t-2)$$

RC 电路的单位阶跃响应为

$$s(t) = (1 - e^{-\frac{t}{RC}})\varepsilon(t) = (1 - e^{-0.5t})\varepsilon(t)$$

故

$$u_C(t) = 10s(t) - 10s(t-2) = 10(1 - e^{-0.5t})\varepsilon(t) - 10[1 - e^{-0.5(t-2)}]\varepsilon(t-2)$$

【例 9-19】 设 RL 电路由如图 9-36 (a) 所示波形的电压源 $u_S(t)$ 激励，试求零状态响应 $i(t)$。

解 根据阶跃函数的定义，输入电压可表示成如下形式

$$u_S(t) = U_1\varepsilon(t-t_0) + (U_2 - U_1)\varepsilon(t-t_1) - U_2\varepsilon(t-t_2)$$

电路的时间常数 $\tau = \dfrac{L}{R}$，而 RL 串联电路的单位阶跃响应为

$$s(t) = \frac{1}{R}(1 - e^{-\frac{t}{\tau}})\varepsilon(t)$$

由叠加原理即可得到所要求的响应为

$$i(t) = \frac{U_1}{R}(1 - e^{-\frac{t-t_0}{\tau}})\varepsilon(t-t_0) + \frac{U_2 - U_1}{R}(1 - e^{-\frac{t-t_1}{\tau}})\varepsilon(t-t_1)$$
$$- \frac{U_2}{R}(1 - e^{-\frac{t-t_2}{\tau}})\varepsilon(t-t_2)$$

其波形如图 9-36 (b) 所示。

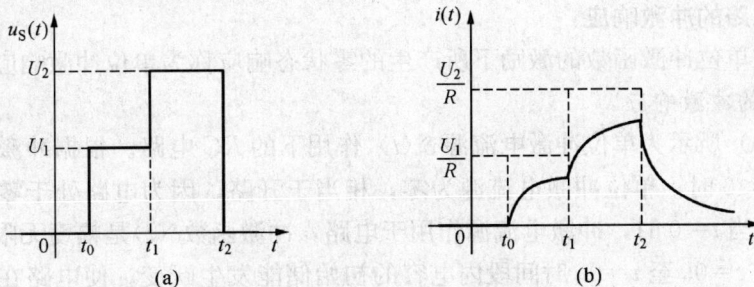

图 9-36 [例 9-19] 波形图
(a) u_S 波形图；(b) i 波形图

第六节　一阶电路的冲激响应

一、单位冲激函数

在实际电路切换过程中，可能会出现一种特殊形式的脉冲，其在极短的时间内表现为非常大的电流或电压。为了形象描述这种脉冲，引入了另一种奇异函数——单位冲激函数 $\delta(t)$，其数学定义如下：

$$\begin{cases} \int_{-\infty}^{\infty} \delta(t)\,\mathrm{d}t = 1 \\ \delta(t) = 0 \quad (t \neq 0) \end{cases}$$

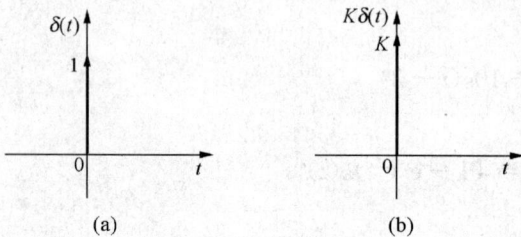

单位冲激函数又叫 δ 函数，其波形如图 9-37（a）所示，图 9-37（b）表示强度为 K 的冲激函数。

与阶跃函数一样，冲激函数存在时间滞后或提前的情况。例如发生在 $t=t_0$ 时刻的单位冲激函数可写为 $\delta(t-t_0)$，发生在 $t=-t_0$ 且强度为 K 的冲激函数可表示为 $K\delta(t+t_0)$。

值得注意的是，冲激函数有两个非常重要的性质：

图 9-37　冲激函数

（a）单位冲激函数；（b）强度为 K 的冲激函数

（1）单位冲激函数 $\delta(t)$ 对时间 t 的积分等于单位阶跃函数 $\varepsilon(t)$，即

$$\int_{-\infty}^{t} \delta(\xi)\,\mathrm{d}\xi = \varepsilon(t) \tag{9-29}$$

反之，阶跃函数 $\varepsilon(t)$ 对时间的一阶导数等于冲激函数 $\delta(t)$，即

$$\frac{\mathrm{d}\varepsilon(t)}{\mathrm{d}t} = \delta(t) \tag{9-30}$$

（2）单位冲激函数的"筛分"性质。

设 $f(t)$ 是一个定义域为 $t \in (-\infty, \infty)$，且在 $t=t_0$ 时连续的函数，则

$$\int_{-\infty}^{\infty} f(t)\delta(t-t_0)\,\mathrm{d}t = f(t_0) \tag{9-31}$$

由此可见，冲激函数能够将一个函数在某一个时刻的值 $f(t_0)$ 筛选出来，称之为"筛分"性质，又称为取样性质。

二、一阶电路的冲激响应

一阶电路在单位冲激函数的激励下所产生的零状态响应称为单位冲激响应。

1. RC 电路的冲激响应

图 9-38（a）所示为单位冲激电流源 $\delta_i(t)$ 作用下的 RC 电路。根据冲激函数的定义和特性可知，在 $t<0$ 时，单位冲激电流源为零，相当于开路，因为电路处于零初始状态，所以 $u_C(0_-)=0$。当 $t=0$ 时，冲激电流源作用于电路，冲激函数 $\delta(t)$ 是幅度无限大、持续时间极短的信号。在 $t=0_-$ 至 $t=0_+$ 时间段内电容的初始储能发生跃变，使电路在无限短的时间内建立了初始状态 $u_C(0_+)$。在 $t>0$ 时，单位冲激电流源为零，电路中的响应为电容电压 u_C 在 $t=0_+$ 时建立的初始状态所引起的零输入响应。从以上分析可知，问题的关键是计算在

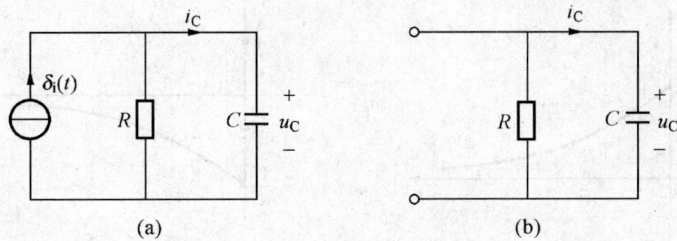

图 9-38 RC 电路的冲激响应

(a) 冲激函数激励下的 RC 电路; (b) $t > 0$ 时的等效电路

$\delta_i(t)$ 作用下的电容电压的初始值 $u_C(0_+)$。

根据 KCL 有

$$i_C + i_R = \delta_i(t) \qquad (9-32)$$

将 $i_C = C\dfrac{\mathrm{d}u_C}{\mathrm{d}t}$ 和 $i_R = \dfrac{u_C}{R}$ 代入上式得

$$C\frac{\mathrm{d}u_C}{\mathrm{d}t} + \frac{u_C}{R} = \delta_i(t)$$

将上式从 0_- 到 0_+ 时间间隔内积分,有

$$\int_{0_-}^{0_+} C\frac{\mathrm{d}u_C}{\mathrm{d}t}\mathrm{d}t + \int_{0_-}^{0_+} \frac{u_C}{R}\mathrm{d}t = \int_{0_-}^{0_+} \delta_i(t)\,\mathrm{d}t$$

如果 u_C 为冲激函数,则 $i_R = \dfrac{u_C}{R}$ 也为冲激函数,而 $i_C = C\dfrac{\mathrm{d}u_C}{\mathrm{d}t}$ 将为冲激函数的一阶导数,则式(9-32)不能成立,故 u_C 不可能为冲激函数。因此上式中第二项积分为零,这样可积分得到

$$C[u_C(0_+) - u_C(0_-)] = 1$$

将 $u_C(0_-) = 0$ 代入,得

$$u_C(0_+) = \frac{1}{C}$$

当 $t > 0$ 时,冲激电流源相当于开路,如图 9-38(b)所示,电路成为零输入响应。电容电压可表示为

$$u_C(t) = u_C(0_+)\mathrm{e}^{-\frac{t}{\tau}}\varepsilon(t) = \frac{1}{C}\mathrm{e}^{-\frac{t}{\tau}}\varepsilon(t)$$

电阻电流为

$$i_R(t) = \frac{u_C(t)}{R} = \frac{1}{RC}\mathrm{e}^{-\frac{t}{\tau}}\varepsilon(t)$$

电容电流为

$$i_C(t) = \delta_i(t) - \frac{1}{RC}\mathrm{e}^{-\frac{t}{\tau}}\varepsilon(t)$$

其中 $\tau = RC$ 为时间常数。

电容电流在 $t = 0_+$ 时刻是一个冲激电流,就是这个冲激电流迫使电容电压在极短的时间内发生了跃变。电容电压 u_C 和电流 i_C 的波形如图 9-39 所示。

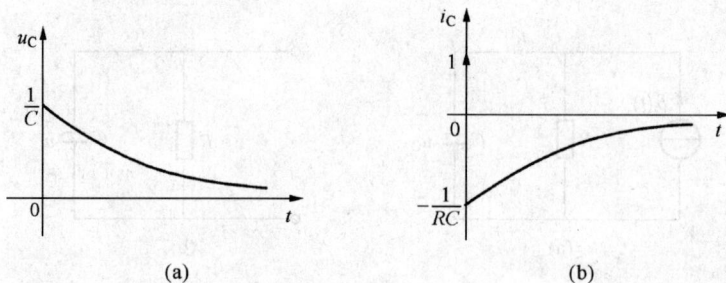

图 9 - 39 u_C 和 i_C 的波形图

(a) u_C 的波形图；(b) i_C 的波形图

从以上分析不难看出，当 $t=0_-$ 时 $u_C(0_-)=0$，而当 $t=0_+$ 时 $u_C(0_+)=\dfrac{1}{C}$，电容电压发生了跃变，不符合换路定则。这是因为在本章第一节讨论换路定则时，已指出该定则是在"电容电流有界"的前提下提出的，而现在电容电流是一个冲激电流，这个前提并不存在。

2. RL 电路的冲激响应

如图 9 - 40（a）所示的 RL 电路中，激励源用单位冲激函数 $\delta_u(t)$ 来描述。在 $t<0$ 时，单位冲激电压源为零，相当于短路，因为电路处于零初始状态，所以 $i_L(0_-)=0$。在 $t=0$ 时，冲激电压源作用于电路，在 $t=0_-$ 至 $t=0_+$ 极短时间内使电感电流发生跃变，建立了初始状态 $i_L(0_+)$。在 $t>0$ 时，单位冲激电压源为零，电路中的响应为电感电流 i_L 在 $t=0_+$ 时建立的初始状态所引起的零输入响应。

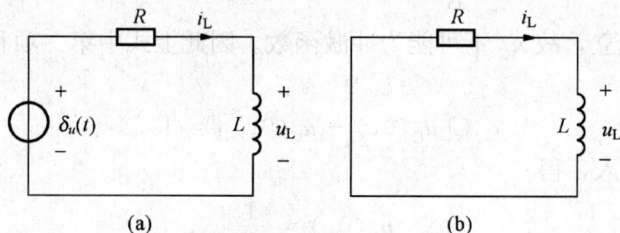

图 9 - 40 RL 电路的冲激响应

(a) 冲激函数激励下的 RL 电路；(b) $t>0$ 时的等效电路

根据 KVL 有

$$u_L + u_R = \delta_u(t) \qquad (9 - 33)$$

将 $u_L=L\dfrac{di_L}{dt}$ 和 $u_R=Ri_L$ 代入上式得

$$L\frac{di_L}{dt} + Ri_L = \delta_u(t)$$

将上式从 0_- 到 0_+ 时间间隔内积分，有

$$\int_{0_-}^{0_+} L\frac{di_L}{dt}dt + \int_{0_-}^{0_+} Ri_L\,dt = \int_{0_-}^{0_+} \delta_u(t)\,dt$$

电感电流 i_L 虽发生跃变但仍为有限值，因为若 i_L 为冲激函数，则 $u_L=L\dfrac{di_L}{dt}$ 就为冲激函

数的一阶导数，则式（9-33）不能成立，故 i_L 不可能为冲激函数，所以上式中第二项积分为零，于是可积分得到

$$L[i_L(0_+) - i_L(0_-)] = 1$$

将 $i_L(0_-) = 0$ 代入上式，得

$$i_L(0_+) = \frac{1}{L}$$

而当 $t > 0$ 时，冲激电压源相当于短路，如图 9-40（b）所示，电路成为零输入状态，则电感电流可表示为

$$i_L(t) = i_L(0_+)e^{-\frac{t}{\tau}}\varepsilon(t) = \frac{1}{L}e^{-\frac{t}{\tau}}\varepsilon(t)$$

电阻电压为

$$u_R(t) = Ri_L(t) = \frac{R}{L}e^{-\frac{t}{\tau}}\varepsilon(t)$$

电感电压为

$$u_L(t) = \delta_u(t) - u_R(t) = \delta_u(t) - \frac{R}{L}e^{-\frac{t}{\tau}}\varepsilon(t)$$

其中 $\tau = \frac{L}{R}$ 为时间常数。

电感电压在 $t = 0_+$ 时刻的冲激迫使电感电流在极短时间内由零跃变到 $\frac{1}{L}$。电感电流 i_L 和电感电压 u_L 的波形如图 9-41 所示。

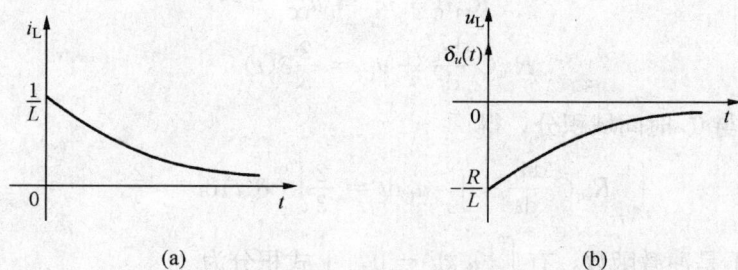

图 9-41 i_L 和 u_L 的波形图
(a) i_L 的波形图；(b) u_L 的波形图

三、冲激响应与阶跃响应之间的关系

由于阶跃函数和冲激函数之间满足式（9-30）的关系，因此，线性电路中阶跃响应与冲激响应之间也具有一个重要关系。如果以 $s(t)$ 表示某一电路的阶跃响应，而 $h(t)$ 为同一电路的冲激响应，则两者之间存在下列数学关系

$$h(t) = \frac{\mathrm{d}s(t)}{\mathrm{d}t}$$

$$s(t) = \int h(t)\mathrm{d}t$$

由此可以看出，冲激响应是阶跃响应的一阶导数，因此，冲激响应可以按阶跃响应的一阶导数求得。

【例 9 - 20】 电路如图 9 - 42 (a) 所示，已知 $u_C(0_-)=0$，$R_1=3\text{k}\Omega$，$R_2=6\text{k}\Omega$，$C=2.5\mu\text{F}$。试求电路的冲激响应 i_C、i_1 和 u_C。

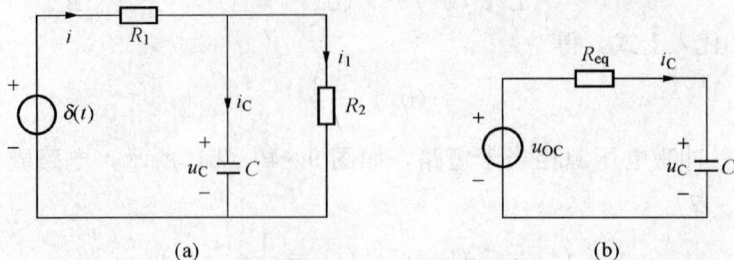

图 9 - 42 ［例 9 - 20］图
(a) 电路；(b) 等效电路

解 应用戴维南定理把原电路化为图 9 - 42 (b) 所示的电路。其中

$$u_{OC} = \frac{R_2\delta(t)}{R_1+R_2} = \frac{2}{3}\delta(t)(\text{V})$$

$$R_{eq} = \frac{R_1R_2}{R_1+R_2} = 2(\text{k}\Omega)$$

方法一： 由于激励为冲激函数，因此在 $t>0$ 时，虽然 $\delta(t)=0$，但电容电压 $u_C(0_+)\neq u_C(0_-)$，电路中有由 $u_C(0_+)$ 引起的零输入响应。先求 $u_C(0_+)$，根据 KVL 可知电路的方程为

$$R_{eq}i_C + u_C = u_{OC}$$

即

$$R_{eq}C\frac{du_C}{dt} + u_C = \frac{2}{3}\delta(t)$$

把上式在 0_- 与 0_+ 时间域积分，得

$$\int_{0_-}^{0_+} R_{eq}C\frac{du_C}{dt} + \int_{0_-}^{0_+} u_C dt = \frac{2}{3}\int_{0_-}^{0_+}\delta(t)dt = \frac{2}{3}$$

由于 $u_C(t)$ 不是冲激函数，有 $\int_{0_-}^{0_+} u_C dt = 0$，上式积分为

$$R_{eq}C[u_C(0_+) - u_C(0_-)] = \frac{2}{3}$$

把 $u_C(0_-)=0$ 代入，得

$$u_C(0_+) = \frac{2}{3}\times\frac{1}{R_{eq}C} = \frac{2}{3}\times\frac{1}{2\times10^3\times2.5\times10^{-6}} = \frac{400}{3}(\text{V})$$

当 $t>0$ 时，$\delta(t)=0$，即 u_{OC} 相当于短路，电路为零输入响应，则电容电压为

$$u_C(t) = u_C(0_+)e^{-\frac{t}{\tau}} = \frac{400}{3}e^{-\frac{t}{R_{eq}C}} = 133.33e^{-200t}(\text{V})$$

图 9 - 42 (a) 中的电流为

$$i_1(t) = \frac{u_C(t)}{R_2} = \frac{400}{3\times6\times10^3}e^{-200t} = 22.22\times10^{-3}e^{-200t}(\text{A}) = 22.22e^{-200t}(\text{mA})$$

$$i(t) = \frac{\delta(t) - u_C(t)}{R_1} = \frac{1}{3}\times10^{-3}\delta(t) - \frac{0.4}{9}e^{-200t}(\text{A})$$

$$= 0.333\delta(t) - 44.44\mathrm{e}^{-200t}(\mathrm{mA})$$

$$i_{\mathrm{C}}(t) = i(t) - i_1(t) = 0.333\delta(t) - 66.66\mathrm{e}^{-200t}(\mathrm{mA})$$

方法二：利用阶跃响应求冲激响应。

由于阶跃函数 $\varepsilon(t)$ 和冲激函数 $\delta(t)$ 之间满足关系

$$\frac{\mathrm{d}\varepsilon(t)}{\mathrm{d}t} = \delta(t)$$

因此线性电路中阶跃响应 $s(t)$ 与冲激响应 $h(t)$ 满足关系

$$h(t) = \frac{\mathrm{d}s(t)}{\mathrm{d}t}$$

设图 9-42（b）中电路的电压源 $u_{\mathrm{OC}} = \frac{2}{3}\varepsilon(t)$，其阶跃响应为

$$s_{u_{\mathrm{C}}}(t) = \frac{2}{3}(1 - \mathrm{e}^{-\frac{t}{R_{\mathrm{eq}}C}})\varepsilon(t) = \frac{2}{3}(1 - \mathrm{e}^{-200t})\varepsilon(t)(\mathrm{V})$$

则冲激响应为

$$u_{\mathrm{C}}(t) = \frac{\mathrm{d}s_{u_{\mathrm{C}}}(t)}{\mathrm{d}t} = -\frac{2}{3}\mathrm{e}^{-200t} \times (-200)\varepsilon(t) = \frac{400}{3}\mathrm{e}^{-200t}\varepsilon(t)(\mathrm{V})$$

第七节 一阶动态电路的应用

本节我们从微分电路和积分电路着手，运用上面几节所讲述的一阶动态电路的分析方法来分析微分电路和积分电路中的输出电压波形和输入电压波形之间的特定（微分或积分）关系。

一、微分电路

如图 9-43 所示的 RC 电路中（设电路处于零状态），输入信号 u_1 是矩形脉冲电压，其脉冲幅度为 U，脉冲宽度为 t_{P}（如图 9-44 所示），输出信号 u_2 为电阻 R 两端的电压。输出电压 u_2 的波形与电路的时间常数 τ 和脉冲宽度 t_{P} 的大小有关。当 t_{P} 一定时，改变 τ 的值，电容元件充放电的快慢就不同，输出电压 u_2 的波形也就不同。

当 $\tau \gg t_{\mathrm{P}}$ 时，电容充放电的速度很慢，在经过一个脉冲宽度 t_{P} 时，电容上只充到很小的电压，而剩下的电压加在电阻两端，这时，输出电压 u_2 与输入电压 u_1 的波形很接近，电路就成为一般的阻容耦合电路。这种电路常用在多级放大电路中，将前一级放大器的输出信号经由该电路加到后一级的输入端，作为前后两级放大器的耦合电路，而且，由于电容有隔断直流的性质，使前后两级的直流工作点互相独立，便于调整。

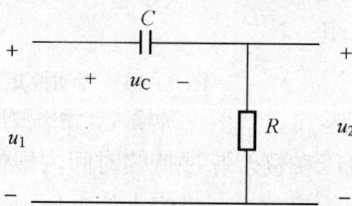

图 9-43 微分电路图　　　　　图 9-44 矩形脉冲电压

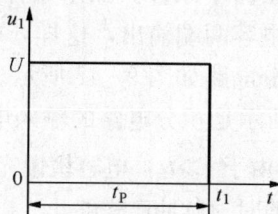

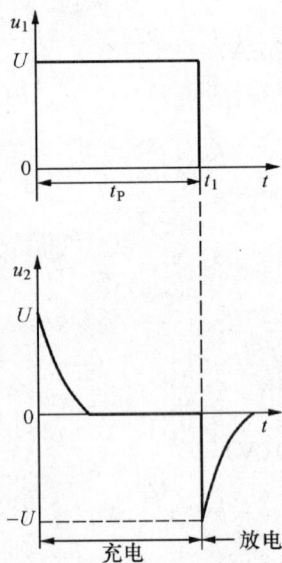

图 9-45 u_1 和 u_2 的波形

当 $\tau \ll t_P$ 时，电容充放电速度大大加快。在 $t=0$ 时输入信号 u_1 从 0 跃至 U，开始对电容进行充电。由于电容两端的电压不能跃变，在这瞬间 $u_C(0_+) = u_C(0_-) = 0$，此时充电电流最大，输出电压 $u_2 = U$。因为 $\tau \ll t_P$，相对于 t_P 而言，电容充电很快，u_C 很快增长 U 到值，与此同时，u_2 很快衰减到零值。这样，在电阻两端就输出一个正尖脉冲。在 $t=t_1$ 时，u_1 突然下降到零（这时输入端不是开路，而是短路），也由于 u_C 不能跃变，因此在这瞬间，$u_2 = -U$，极性与以前相反。而后电容元件经电阻很快放电，u_2 很快衰减到零。这样就输出一个负尖脉冲，其波形如图 9-45 所示。可见输出电压 u_2 与输入电压 u_1 近似于微分关系。这种输出尖脉冲反映了输入矩形脉冲的跃变部分，是对矩形脉冲微分的结果。因此这种电路称为微分电路。

上述的微分关系也可以从下面的数学推导得出。

由于 $\tau \ll t_P$，电容充放电速度很快，除了电容刚开始充电或放电的一段极短的时间之外，$u_1 = u_C + u_2 \approx u_C \gg u_2$，因而

$$u_2 = iR = RC \frac{\mathrm{d}u_C}{\mathrm{d}t} \approx RC \frac{\mathrm{d}u_1}{\mathrm{d}t}$$

上式表明，输出电压近似地与输入电压对时间的微分成正比。

如果输入的是周期性矩形脉冲，则输出的是周期性正负尖脉冲，其波形如图 9-46 所示。

在电子技术中，常用微分电路把矩形波变换成尖脉冲，作为触发器的触发信号，或用来触发可控硅（晶闸管），因此用途非常广泛。

应该注意的是，在矩形脉冲信号作用下，RC 微分电路必须满足两个条件：① $\tau \ll t_P$；②从电阻两端取输出电压 u_2，才能把矩形脉冲变换成尖脉冲。

二、积分电路

微分和积分是两个矛盾的方面，同样，微分电路和积分电路也是矛盾的两个方面。虽然它们都是 RC 串联电路，但是，当条件不同时，所得的结果也就相反。如上面所述，微分电路必须具有 $\tau \ll t_P$ 和输出信号从电阻端输出两个条件。如果条件变为：① $\tau \gg t_P$；②输出信号从电容两端输出，这样，电路就转化为积分电路了。积分电路如图 9-47 所示。

图 9-48 所示是积分电路的输入电压 u_1 和输出电

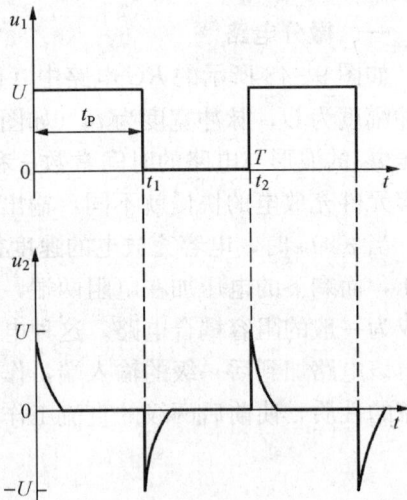

图 9-46 周期性矩形脉冲输入、输出波形

压 u_2 的波形。由于 $\tau \gg t_P$，电容缓慢充电，其上的电压在整个脉冲持续时间内缓慢增长，当还未增长到稳定值时，脉冲已告终止。以后电容经电阻缓慢放电，电容上的电压也缓慢衰减，在输出端输出一个锯齿波电压。时间常数 τ 越大，电容充放电越缓慢，锯齿波电压的线性也就越好。

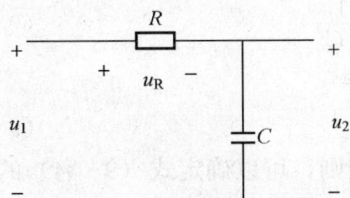

图 9-47　积分电路

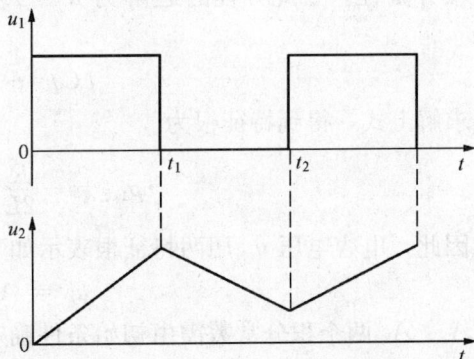

图 9-48　输入电压 u_1 和输出电压 u_2 波形

从图 9-48 所示的波形来看，u_2 是对 u_1 积分的结果。从数学上看，由于 $\tau \gg t_P$，电容充放电很缓慢，即 u_C 增长和衰减很缓慢。充电时 $u_2 = u_C \ll u_R$，因此

$$u_1 = u_R + u_2 \approx u_R = Ri$$

所以输出电压为

$$u_2 = u_C = \frac{1}{C}\int i\,\mathrm{d}t \approx \frac{1}{RC}\int u_1\,\mathrm{d}t$$

由此可以看出，输出电压 u_2 与输入电压 u_1 近似成积分关系，因此这种电路称为积分电路。

在脉冲电路中，常用积分电路把矩形脉冲变换为锯齿波电压，用作扫描等。

第八节　二　阶　电　路

当电路中含有两个独立的动态元件时，描述电路的方程是二阶微分方程，该电路称为二阶电路。在二阶电路中，两个初始条件均由储能元件的初始值来决定。本节以 RLC 串联电路为例，简单介绍二阶电路的响应。

一、二阶电路的零输入响应

如图 9-49 所示为 RLC 串联电路的零输入响应。开关 S 闭合前，电容已经充电，且初始电压为 $u_C(0_-)=U_0$，电感中储存有电场能，且初始电流为 $i(0_-)=I_0$。当 $t=0$ 时，开关 S 闭合，此电路的放电过程为二阶电路的零输入响应。由图 9-49 所示参考方向，根据 KVL 可得

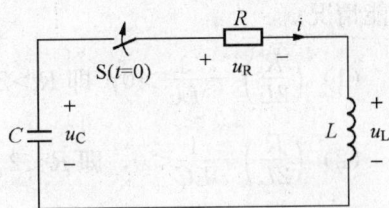

图 9-49　RLC 串联电路的
零输入响应

$$u_R + u_L - u_C = 0$$

且有 $i = -C\dfrac{\mathrm{d}u_C}{\mathrm{d}t}$，$u_R = Ri = -RC\dfrac{\mathrm{d}u_C}{\mathrm{d}t}$，$u_L = L\dfrac{\mathrm{d}i}{\mathrm{d}t} = -LC\dfrac{\mathrm{d}^2 u_C}{\mathrm{d}t^2}$。将其代入上式得

$$LC\frac{\mathrm{d}^2 u_C}{\mathrm{d}t^2} + RC\frac{\mathrm{d}u_C}{\mathrm{d}t} + u_C = 0 \tag{9-34}$$

式（9-34）是以 u_C 为变量的 RLC 串联电路的微分方程，显然是一个二阶常系数线性

齐次微分方程。令此方程的通解为 $u_C = A e^{pt}$，并代入式（9-34），得到其对应的特征方程为

$$LCp^2 + RCp + 1 = 0$$

求解上式，得到特征根为

$$p_{1,2} = -\frac{R}{2L} \pm \sqrt{\left(\frac{R}{2L}\right)^2 - \frac{1}{LC}} \tag{9-35}$$

因此，电容电压 u_C 用两特征根表示如下

$$u_C = A_1 e^{p_1 t} + A_2 e^{p_2 t} \tag{9-36}$$

A_1、A_2 两个积分常数需由初始条件确定。根据换路定则，可以确定式（9-34）的初始条件为

$$u_C(0_+) = u_C(0_-) = U_0$$
$$i(0_+) = i(0_-) = I_0$$

又因为

$$i = -C\frac{\mathrm{d}u_C}{\mathrm{d}t} = -C(p_1 A_1 e^{p_1 t} + p_2 A_2 e^{p_2 t}) \tag{9-37}$$

将初始条件代入式（9-36）、式（9-37）得

$$\left. \begin{array}{l} A_1 + A_2 = U_0 \\ p_1 A_1 + p_2 A_2 = -\dfrac{I_0}{C} \end{array} \right\} \tag{9-38}$$

联立求解式（9-38）就可求得积分常数 A_1、A_2。下面讨论已经充电的电容对电阻、电感放电的情况，即 $U_0 \neq 0$ 而 $I_0 = 0$。此时有

$$\left. \begin{array}{l} A_1 = \dfrac{p_2 U_0}{p_2 - p_1} \\ A_2 = \dfrac{-p_1 U_0}{p_2 - p_1} \end{array} \right\} \tag{9-39}$$

将 A_1、A_2 的表达式代入式（9-36）即可得到 RLC 串联电路的零输入响应。由于特征根 p_1、p_2 与电路的参数 R、L、C 有关，根据二次方程根的判别式可知 p_1、p_2 有以下三种可能情况：

(1) $\left(\dfrac{R}{2L}\right)^2 - \dfrac{1}{LC} > 0$，即 $R > 2\sqrt{\dfrac{L}{C}}$ 时，p_1 和 p_2 为两个不等的负实根。

(2) $\left(\dfrac{R}{2L}\right) - \dfrac{1}{LC} < 0$，即 $R < 2\sqrt{\dfrac{L}{C}}$ 时，p_1 和 p_2 为一对共轭复根。

(3) $\left(\dfrac{R}{2L}\right)^2 - \dfrac{1}{LC} = 0$，即 $R = 2\sqrt{\dfrac{L}{C}}$ 时，p_1 和 p_2 为两个相等的负实根。

下面对这三种情况分别进行讨论。

1. $R > 2\sqrt{\dfrac{L}{C}}$，非振荡放电过程

在此情况下，p_1、p_2 为两个不相等的负实根，电容电压可表示为

$$u_C(t) = \frac{U_0}{p_2 - p_1}(p_2 e^{p_1 t} - p_1 e^{p_2 t}) \quad (t \geqslant 0) \tag{9-40}$$

根据电压、电流的关系，可以求出电路的其他响应为

$$i(t) = -C\frac{\mathrm{d}u_C(t)}{\mathrm{d}t} = -\frac{CU_0 p_1 p_2}{p_2 - p_1}(\mathrm{e}^{p_1 t} - \mathrm{e}^{p_2 t})$$

$$= -\frac{U_0}{L(p_2 - p_1)}(\mathrm{e}^{p_1 t} - \mathrm{e}^{p_2 t}) \quad (t \geqslant 0) \tag{9-41}$$

$$u_L(t) = L\frac{\mathrm{d}i(t)}{\mathrm{d}t} = -\frac{U_0}{p_2 - p_1}(p_1 \mathrm{e}^{p_1 t} - p_2 \mathrm{e}^{p_2 t}) \quad (t \geqslant 0) \tag{9-42}$$

上面的推导中，利用了 $p_1 p_2 = \dfrac{1}{LC}$ 的关系。

u_C、i、u_L 的波形如图 9-50 所示。从图中可以看出，u_C、i 始终不改变方向，而且恒为正。这说明在过渡过程中电容一直处于放电状态，其电压单调地下降到零。电容中的电场不断地释放储存的电能，从而不存在电场与磁场之间能量的交换，也就不能形成振荡，因此在 $R > 2\sqrt{\dfrac{L}{C}}$ 时，电路为非振荡放电。

当 $t = 0_+$ 时，$i(0_+) = 0$，当 $t \to \infty$ 时，$i(\infty) = 0$，这表明 $i(t)$ 将出现极值。电流达到最大值的时刻 $t_{\max}$ 可由 $\dfrac{\mathrm{d}i(t)}{\mathrm{d}t} = 0$ 得到，即

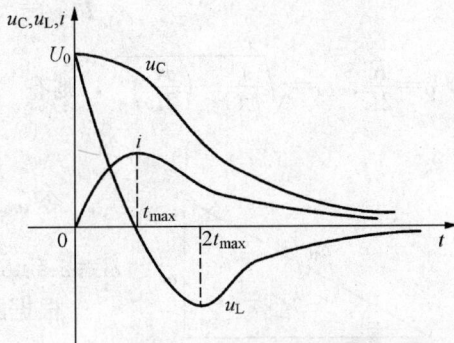

图 9-50　非振荡放电过程中 u_C、i、u_L 的波形

$$\frac{\mathrm{d}i(t)}{\mathrm{d}t} = p_1 \mathrm{e}^{p_1 t} - p_2 \mathrm{e}^{p_2 t} = 0$$

故

$$t_{\max} = \frac{1}{p_1 - p_2}\left(\ln\frac{p_2}{p_1}\right) \tag{9-43}$$

非振荡放电过程中，电容一直在释放其电场储能。当 $t < t_{\max}$ 时，电流增加，电容释放的电场储能除为电阻所消耗外，还有一部分转变为电感的磁场储能；当 $t > t_{\max}$ 时，电流减小，电感也释放其磁场储能，直到电场储能和磁场储能耗尽，放电结束。

【例 9-21】　在图 9-49 所示电路中，已知 $R = 500\Omega$，$L = 0.5\mathrm{H}$，$C = 12.5\mu\mathrm{F}$，$u_C(0_-) = 6\mathrm{V}$，$i(0_-) = 0$。$t = 0$ 时换路，试求换路后的 u_C、i、$t_{\max}$。

解　已知 $R = 500\Omega$，而 $2\sqrt{\dfrac{L}{C}} = 2\sqrt{\dfrac{0.5}{12.5 \times 10^{-6}}} = 400\ (\Omega)$，所以 $R > 2\sqrt{\dfrac{L}{C}}$，故构成非振荡放电。

将各参数的量值代入式（9-35），可得特征方程的根为

$$p_{1,2} = -\frac{500}{2 \times 0.5} \pm \sqrt{\left(\frac{500}{2 \times 0.5}\right)^2 - \left(\frac{1}{0.5 \times 12.5 \times 10^{-6}}\right)} = -500 \pm 300$$

$$p_1 = -200, \quad p_2 = -800$$

根据式（9-40）、式（9-41）、式（9-43）可得

$$u_C(t) = \frac{6}{-800 + 200}(-800\mathrm{e}^{-200t} + 200\mathrm{e}^{-800t}) = (8\mathrm{e}^{-200t} - 2\mathrm{e}^{-800t})(\mathrm{V})$$

$$i(t) = -\frac{6}{0.5(-800+200)}(\mathrm{e}^{-200t} - \mathrm{e}^{-800t}) = 0.02(\mathrm{e}^{-200t} - \mathrm{e}^{-800t})(\mathrm{A})$$

$$t_{\max} = \frac{1}{-200+800}\left(\ln\frac{-800}{-200}\right) = 2.31(\mathrm{ms})$$

2. $R < 2\sqrt{\dfrac{L}{C}}$，振荡放电过程

在这种情况下，特征根 p_1、p_2 是一对共轭复数，由式（9-35）可得

$$p_{1,2} = -\frac{R}{2L} \pm \mathrm{j}\sqrt{\frac{1}{LC} - \left(\frac{R}{2L}\right)^2} \tag{9-44}$$

令 $\delta = \dfrac{R}{2L}$，$\omega = \sqrt{\dfrac{1}{LC} - \left(\dfrac{R}{2L}\right)^2}$，则有

$$p_{1,2} = -\delta \pm \mathrm{j}\omega$$

令 $\omega_0 = \sqrt{\delta^2 + \omega^2} = \dfrac{1}{\sqrt{LC}}$，$\beta = \arctan\dfrac{\omega}{\delta}$，则有 $\delta = \omega_0\cos\beta$，$\omega = \omega_0\sin\beta$，它们之间的关系如图 9-51 所示。

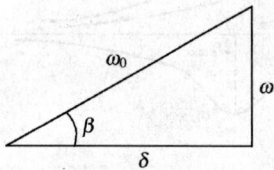

根据欧拉公式

$$\begin{cases} \mathrm{e}^{\mathrm{j}\beta} = \cos\beta + \mathrm{j}\sin\beta \\ \mathrm{e}^{-\mathrm{j}\beta} = \cos\beta - \mathrm{j}\sin\beta \end{cases}$$

图 9-51 δ、β、ω、ω_0 之间的关系

可得

$$p_1 = -\omega_0\mathrm{e}^{-\mathrm{j}\beta}, \quad p_2 = -\omega_0\mathrm{e}^{\mathrm{j}\beta}$$

所以有

$$\begin{aligned} u_C(t) &= \frac{U_0}{p_2 - p_1}(p_2\mathrm{e}^{p_1 t} - p_1\mathrm{e}^{p_2 t}) \\ &= \frac{U_0}{-\mathrm{j}2\omega}\left[-\omega_0\mathrm{e}^{\mathrm{j}\beta}\mathrm{e}^{(-\delta+\mathrm{j}\omega)t} + \omega_0\mathrm{e}^{-\mathrm{j}\beta}\mathrm{e}^{(-\delta-\mathrm{j}\omega)t}\right] \\ &= \frac{U_0\omega_0}{\omega}\mathrm{e}^{-\delta t}\left[\frac{\mathrm{e}^{\mathrm{j}(\omega t+\beta)} - \mathrm{e}^{-\mathrm{j}(\omega t+\beta)}}{\mathrm{j}2}\right] \\ &= \frac{U_0\omega_0}{\omega}\mathrm{e}^{-\delta t}\sin(\omega t + \beta) \end{aligned} \tag{9-45}$$

根据 $i = -C\dfrac{\mathrm{d}u_C}{\mathrm{d}t}$ 可得

$$i(t) = \frac{U_0}{\omega L}\mathrm{e}^{-\delta t}\sin(\omega t) \tag{9-46}$$

根据 $u_L = L\dfrac{\mathrm{d}i}{\mathrm{d}t}$ 可得

$$u_L = -\frac{U_0\omega_0}{\omega}\mathrm{e}^{-\delta t}\sin(\omega t - \beta) \tag{9-47}$$

u_C、i、u_L 随时间变化的规律如图 9-52 所示。可以看出，u_C、i、u_L 的波形呈振荡衰减状态，因此这种放电过程称为振荡放电。

振荡放电的物理过程如下：在 $0 < t < t_1$ 期间，u_C 减小，i 增大，电容释放的储能除为电阻消耗外，一部分转换为电感的磁场储能；在 $t_1 < t < t_2$ 期间，u_C 及 i 都在减小，电容和电感都释放其储能。但是，当 $t = t_2$ 时，这时的 u_C 为零，而 i 不为零且继续减小，电容的初始

储能已完全释放，但电感则还有储能并继续释放。于是，在 $t_2 < t < t_3$ 期间，u_C 绝对值增大，i 减小，电感释放的储能中，除为电阻消耗外，一部分使电容反向充电而转换为电容的电场储能。到 $t = t_3$ 时，i 为零，充电停止，磁场储能已放尽。以后电容又开始反向放电，其过程与上述相同。由于电阻不断在消耗能量，因此电路中所储能量逐渐减少，直到能量已基本耗尽，电路中各电压和电流已衰减到零，电路中的过渡过程也就结束了。

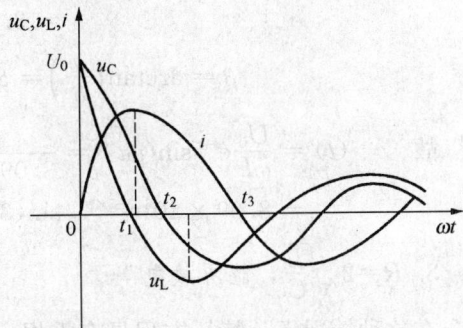

图 9-52　振荡放电情况下 u_C、i、u_L 的波形

当在 $R = 0$ 的理想情况下，特征根 p_1、p_2 为一对共轭虚数，此时

$$\delta = \frac{R}{2L} = 0$$

$$\omega = \frac{1}{\sqrt{LC}} = \omega_0$$

$$\beta = \arctan \frac{\omega}{\delta} = \frac{\pi}{2}$$

代入式（9-45）～式（9-47）可得

$$u_C(t) = U_0 \sin\left(\omega_0 t + \frac{\pi}{2}\right) \tag{9-48}$$

$$i(t) = \frac{U_0}{\omega_0 L} \sin(\omega_0 t) = U_0 \sqrt{\frac{C}{L}} \sin(\omega_0 t) \tag{9-49}$$

$$u_L(t) = U_0 \sin\left(\omega_0 t + \frac{\pi}{2}\right) = u_C(t) \tag{9-50}$$

由此可见，u_C、i、u_L 各量都是正弦函数，随时间推移其振幅并不衰减，是一种等幅振荡的放电过程。电路中这种振荡放电的产生，实质上是由于电容的电场储能在放电时转变成电感中的磁场储能，而当电流减小时，电感中的磁场储能又向电容充电而又转变为电容中的电场储能，如此反复而无能量损耗，因此在电路中形成等幅振荡。

实际的振荡电路中电阻总是存在的，电阻要消耗能量，振荡因而逐渐衰减，最后势必停振。因此在振荡过程中要不断从外面补充相应的能量，以维持等幅振荡。

【例 9-22】　在受控热核研究中，需要强大的脉冲磁场，它是靠强大的脉冲电流产生的。这种强大的脉冲电流可以由 RLC 放电电路产生。已知 $U_0 = 15\text{kV}$，$C = 1700\mu\text{F}$，$R = 6 \times 10^{-4}\Omega$，$L = 6 \times 10^{-9}\text{H}$，试求 $i(t)$。

解　已知 $R = 6 \times 10^{-4}\,\Omega$，而 $2\sqrt{\dfrac{L}{C}} = 2\sqrt{\dfrac{6 \times 10^{-9}}{1.7 \times 10^{-3}}} = 3.75 \times 10^{-3}$（$\Omega$），所以 $R <$

$2\sqrt{\dfrac{L}{C}}$，故电路构成振荡放电。根据已知参数有：

$$\delta = \frac{R}{2L} = \frac{6 \times 10^{-4}}{2 \times 6 \times 10^{-9}} = 5 \times 10^4\,(\text{Hz})$$

$$\omega = \sqrt{\frac{1}{LC} - \left(\frac{R}{2L}\right)^2} = \sqrt{\frac{1}{6 \times 10^{-9} \times 1.7 \times 10^{-3}} - \left(\frac{6 \times 10^{-3}}{2 \times 6 \times 10^{-9}}\right)^2}$$

$$= 3.09 \times 10^5 (\mathrm{rad/s})$$

$$\beta = \arctan\left(\frac{\omega}{\delta}\right) = \arctan \frac{3.09 \times 10^5}{5 \times 10^4} = 1.41 (\mathrm{rad})$$

故　　$i(t) = \dfrac{U_0}{\omega L} \mathrm{e}^{-\delta t} \sin(\omega t) = \dfrac{1.5 \times 10^4}{3.09 \times 10^5 \times 6 \times 10^{-9}} \mathrm{e}^{-5 \times 10^4 t} \sin(3.09 \times 10^5 t)$

$$= 8.09 \times 10^6 \mathrm{e}^{-5 \times 10^4 t} \sin(3.09 \times 10^5 t)(\mathrm{A})$$

3. $R = 2\sqrt{\dfrac{L}{C}}$，临界放电

在这种情况下，特征方程具有重根，即

$$p_{1,2} = -\frac{R}{2L} = -\delta$$

微分方程式（9-34）的通解为

$$u_\mathrm{C} = (A_1 + A_2 t) \mathrm{e}^{-\delta t}$$

根据初始条件可得

$$A_1 = U_0$$
$$A_2 = \delta U_0$$

所以，很容易得到

$$u_\mathrm{C}(t) = U_0 (1 + \delta t) \mathrm{e}^{-\delta t}$$

$$i(t) = -C \frac{\mathrm{d} u_\mathrm{C}(t)}{\mathrm{d}t} = \frac{U_0}{L} t \mathrm{e}^{-\delta t}$$

$$u_\mathrm{L}(t) = L \frac{\mathrm{d} i(t)}{\mathrm{d}t} = U_0 \mathrm{e}^{-\delta t} (1 - \delta t)$$

可以看出，u_C、i、u_L 不作振荡变化，随着时间的推移逐渐衰减为零，其衰减过程的波形与图 9-50 类似，不另画出。

从以上的讨论可以看出，当电阻值大于或等于 $2\sqrt{\dfrac{L}{C}}$ 时，电路中产生的过程是非振荡性质的；当电阻值小于此值时，便是振荡性质的。因此，$R = 2\sqrt{\dfrac{L}{C}}$ 称为临界电阻。通常又把 $R < 2\sqrt{\dfrac{L}{C}}$ 的情况称为欠阻尼情况，把 $R > 2\sqrt{\dfrac{L}{C}}$ 的情况称为过阻尼情况，把 $R = 2\sqrt{\dfrac{L}{C}}$ 的情况称为临界阻尼情况。

二、二阶电路的零状态响应

如果二阶电路中动态元件的储能均为零时，其响应仅由外施激励产生，称为二阶电路的零输入响应。

RLC 串联电路的零状态响应如图 9-53 所示，开关 S 闭合前，电容电压和电感电流均为零。$t = 0$ 时，开关 S 闭合。根据 KVL 可得

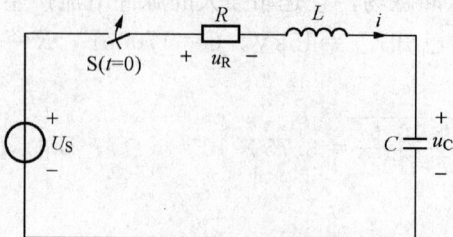

图 9-53　RLC 串联电路的零状态响应

$$u_\mathrm{R} + u_\mathrm{L} + u_\mathrm{C} = U_\mathrm{S}$$

且有 $i=C\dfrac{\mathrm{d}u_C}{\mathrm{d}t}$，$u_R=Ri=RC\dfrac{\mathrm{d}u_C}{\mathrm{d}t}$，$u_L=L\dfrac{\mathrm{d}i}{\mathrm{d}t}=LC\dfrac{\mathrm{d}^2u_C}{\mathrm{d}t^2}$。将其代入上式得

$$LC\frac{\mathrm{d}^2u_C}{\mathrm{d}t^2}+RC\frac{\mathrm{d}u_C}{\mathrm{d}t}+u_C=U_S \tag{9-51}$$

式（9-51）为二阶常系数非齐次微分方程，其解由两部分组成，一部分为非齐次方程的特解 u_C'，另一部分为对应齐次方程的通解 u_C''。取 $u_C'=U_S$ 为特解，通解 u_C'' 与零输入响应形式完全相同，再根据初始条件确定积分常数，从而得到全解。

【例 9-23】　电路如图 9-53 所示，已知 $C=\dfrac{1}{5}\mathrm{F}$，$R=4\Omega$，$L=1\mathrm{H}$，试求电路的零状态响应 $u_C(t)$。已知电源 $U_S=1\mathrm{V}$。

解　特征根为

$$p_{1,2}=-\frac{R}{2L}\pm\sqrt{\left(\frac{R}{2L}\right)^2-\frac{1}{LC}}=-\delta\pm\mathrm{j}\omega=-2\pm\mathrm{j}1$$

由于 p_1、p_2 是一对共轭复数，电路的过渡过程为振荡过程。其微分方程的解的形式为
$$u_C=u_C'+u_C''$$

其中 u_C' 为特解　　　　　　　$u_C'=1$(稳态解)

u_C'' 为对应的齐次方程的解　$u_C''=A\mathrm{e}^{-\alpha}\sin(\omega t+\beta)=A\mathrm{e}^{-2t}\sin(t+\beta)$

所以　　　　　　$u_C=u_C'+u_C''=1+A\mathrm{e}^{-2t}\sin(t+\beta)$

而　　$i=C\dfrac{\mathrm{d}u_C}{\mathrm{d}t}=\dfrac{1}{5}A[-2\mathrm{e}^{-2t}\sin(t+\beta)+\mathrm{e}^{-2t}\cos(t+\beta)]$

利用初始值 $u_C(0_+)=0$ 和 $i_C(0_+)=0$ 确定待定系数 A、β。

代入初始值可求得

$$\begin{cases}A\sin\beta+1=0\\-2A\sin\beta+A\cos\beta=0\end{cases}$$

解得
$$\begin{cases}A=-\sqrt{5}\\\beta=26°\end{cases}$$

所以电路的零状态响应为

$$u_C(t)=1-\sqrt{5}\mathrm{e}^{-2t}\sin(t+26°)(\mathrm{V})$$

三、二阶电路的全响应

如果二阶电路既有初始储能又接入了外施激励，则电路的响应称为二阶电路的全响应。分析一阶电路的全响应的方法在二阶电路中同样适用，一般用零输入响应与零状态响应叠加来计算全响应。

【例 9-24】　电路如图 9-54 所示，已知 $u_C(0_-)=0$，$i_L(0_-)=0.5\mathrm{A}$，$t=0$ 时开关 S 闭合，求开关闭合后电感中的电流 $i_L(t)$。

解　开关 S 闭合前，电感中的电流 $i_L(0_-)=0.5\mathrm{A}$，具有初始储能；开关 S 闭合后，直流激励源作用于电路，故为二阶电路的全响应。

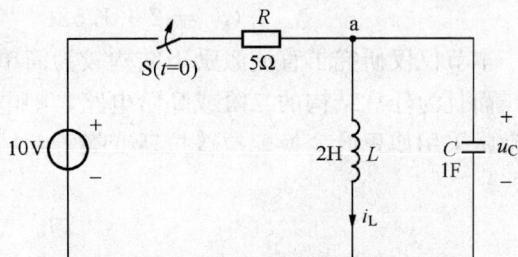

图 9-54　[例 9-24] 图

（1）列出开关闭合后的电路微分方程，对结点 a 列 KCL 方程有

$$\frac{10 - L \dfrac{\mathrm{d} i_{\mathrm{L}}}{\mathrm{d} t}}{R} = i_{\mathrm{L}} + LC \frac{\mathrm{d}^2 i_{\mathrm{L}}}{\mathrm{d} t^2}$$

即

$$RLC \frac{\mathrm{d}^2 i_{\mathrm{L}}}{\mathrm{d} t^2} + L \frac{\mathrm{d} i_{\mathrm{L}}}{\mathrm{d} t} + R i_{\mathrm{L}} = 10$$

将参数代入得

$$\frac{\mathrm{d}^2 i_{\mathrm{L}}}{\mathrm{d} t^2} + \frac{1}{5} \frac{\mathrm{d} i_{\mathrm{L}}}{\mathrm{d} t} + \frac{1}{2} i_{\mathrm{L}} = 1$$

设电路全响应为

$$i_{\mathrm{L}}(t) = i'_{\mathrm{L}} + i''_{\mathrm{L}}$$

（2）根据强制分量计算出特解为

$$i'_{\mathrm{L}} = \frac{10}{5} = 2 (\mathrm{A})$$

（3）为确定通解，首先列出特征方程为

$$p^2 + \frac{1}{5} p + \frac{1}{2} = 0$$

特征根为

$$p_1 = -0.1 + \mathrm{j} 0.7$$
$$p_2 = -0.1 - \mathrm{j} 0.7$$

特征根 p_1、p_2 是一对共轭复根，所以换路后暂态过程的性质为欠阻尼性质，即

$$i''_{\mathrm{L}} = A \mathrm{e}^{-0.1t} \sin(0.7t + \beta)(\mathrm{A})$$

（4）全响应为

$$i_{\mathrm{L}}(t) = i'_{\mathrm{L}} + i''_{\mathrm{L}}$$
$$= 2 + A \mathrm{e}^{-0.1t} \sin(0.7t + \beta)(\mathrm{A})$$

又因为初始条件为

$$i_{\mathrm{L}}(0_+) = i_{\mathrm{L}}(0_-) = 0.5 (\mathrm{A})$$

$$\frac{\mathrm{d} i_{\mathrm{L}}}{\mathrm{d} t} \Big|_{t=0_+} = \frac{u_{\mathrm{C}}(0_-)}{L} = 0$$

所以有

$$\begin{cases} 2 + A\sin\beta = 0.5 \\ 0.7 A\cos\beta - 0.1 A\sin\beta = 0 \end{cases}$$

解得

$$A = 1.52, \quad \beta = 261.9°$$

所以电流 i_{L} 的全响应为

$$i_{\mathrm{L}}(t) = 2 + 1.52 \mathrm{e}^{-0.1t} \sin(0.7t + 261.9°)(\mathrm{A})$$

本节仅仅研究了直流激励下结构较为简单的二阶电路的响应。如果电路的激励是其他函数，而且为任意结构的二阶或高阶电路，则电路的分析就变得复杂了。解决此类问题，工程中常常采用傅里叶变换、拉普拉斯变换等频域分析方法，这些在后续课程中将会介绍。

习　　题

9-1　图 9-55（a）、图 9-55（b）所示电路中，开关 S 在 $t=0$ 时动作，试求电路在 $t=$

0_+ 在时刻电压、电流的初始值。

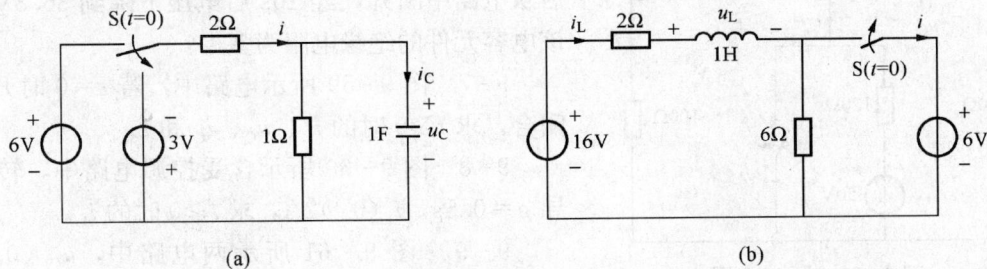

图 9-55　题 9-1 图

9-2　图 9-56 (a)、图 9-56 (b) 所示电路中，开关 S 在 $t=0$ 时动作，试求图中所标电压、电流在 $t=0_+$ 时刻的值。已知图 9-56 (b) 中的 $e(t)=20\sin(\omega t+30°)$ V。

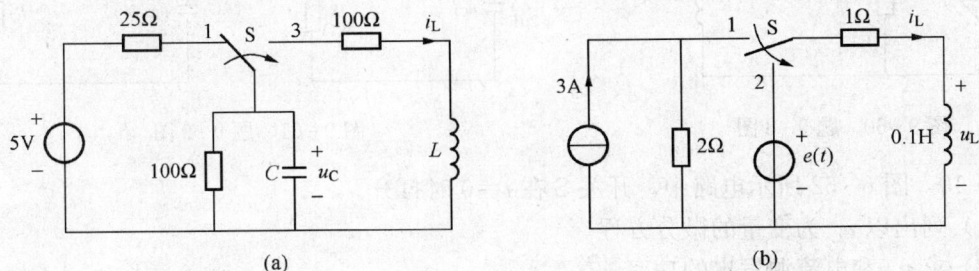

图 9-56　题 9-2 图

9-3　图 9-57 所示电路中，求 $t\geqslant0$ 时的 u_C 和 i。

9-4　图 9-58 所示电路中，求 $t\geqslant0$ 时的 i_L 及 u_L。

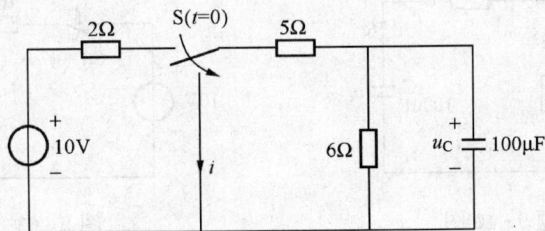

图 9-57　题 9-3 图

9-5　RC 放电电路，经 0.1s 电容电压变为原来值的 20%，求时间常数。

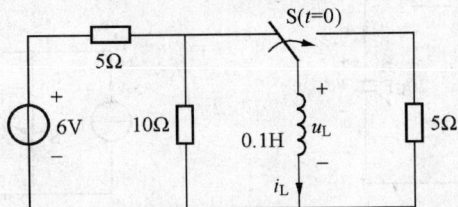

图 9-58　题 9-4 图

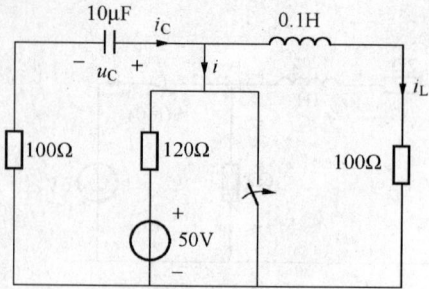

图 9-59　题 9-7 图

9-6　现有 $100\mu F$ 的电容元件，充电到 100V 后从电路中断开，经 10s 后电压下降到 36.8V，则该电容元件的绝缘电阻为多少？

9-7　图 9-59 所示电路中，若 $t=0$ 时开关 S 闭合，求 $t\geqslant 0$ 时的 i_L、u_C、i_C 和 i。

9-8　图 9-60 所示含受控源电路中，转移电导 $g=0.5s$，$i_L(0_-)2A$，求 $t\geqslant 0$ 时的 i_L。

9-9　图 9-61 所示两电路中，$u_{C1}(0_-)=u_{C2}(0_-)$。欲使 $i_2(t)=6i_1(t)$，$t>0$，求 R_2 和 C_2。

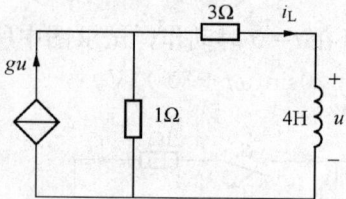

图 9-60　题 9-8 图

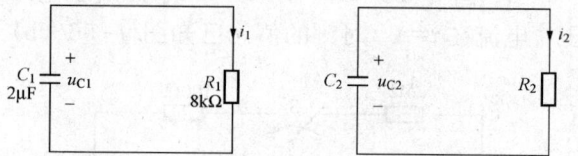

图 9-61　题 9-9 图

9-10　图 6-62 所示电路中，开关 S 在 $t=0$ 时打开。

(1) 列出以 u_C 为变量的微分方程。

(2) 求 u_C 和电流源发出的功率。

9-11　图 9-63 所示电路中，开关 S 在 $t=0$ 时闭合。

(1) 列出以 i_L 为变量的微分方程。

(2) 求 i_L 及电压源发出的功率。

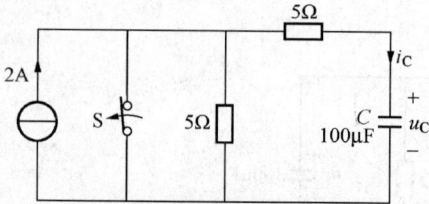

图 9-62　题 9-10 图

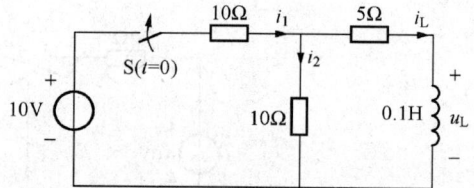

图 9-63　题 9-11 图

9-12　图 9-64 所示电路中，开关 S 在 $t=0$ 时闭合，求 $t\geqslant 0$ 时的 u_C 及 i_1。

9-13　图 9-65 所示电路中，$t=0$ 时开关 S 打开，求 $t\geqslant 0$ 时的 i_L 及 u。

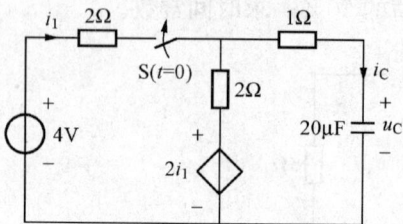

图 9-64　题 9-12 图

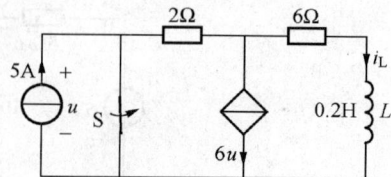

图 9-65　题 9-13 图

9-14　图 9-66 所示电路中，$e(t)=100\sqrt{2}\sin(314t+30°)\text{V}$，$t=0$ 时开关 S 闭合，$u_C(0_-)=0$，求 u_C。

9-15　图 9-67 所示电路中，$i(t)=10\sqrt{2}\sin(314t+60°)\text{A}$，$t=0$ 时开关 S 打开，求 i_L。

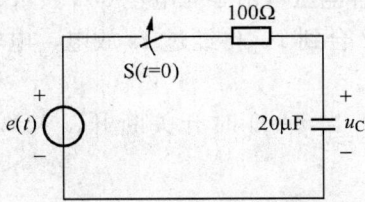

图 9-66　题 9-14 图

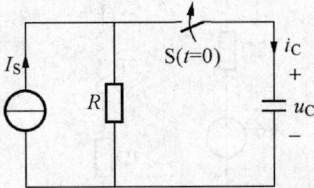

图 9-67　题 9-15 图

9-16　图 9-68 所示电路中，$U_s=5\text{V}$，在 $t=0$ 时开始作用于电路，求 $t\geqslant0$ 时 i_L 及 u_L。

9-17　图 9-69 所示电路中，已知 $I_S=5\text{A}$，$R=4\Omega$，$C=1\text{F}$，$t=0$ 时闭合开关 S，在下列两种情况下求 u_C、i_C 以及电流源发出的功率：

(1)　$u_C(0_-)=15\text{V}$。

(2)　$u_C(0_-)=25\text{V}$。

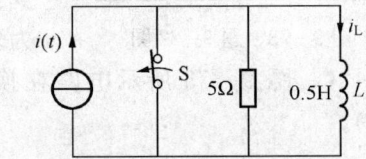

图 9-68　题 9-16 图

9-18　图 9-70 所示电路中，已知 $U_S=12\text{V}$，$R_1=100\Omega$，$C=0.1\mu\text{F}$，$R_2=10\Omega$，$I_S=2\text{A}$，开关 S 在 $t=0$ 时由 1 合到 2，设开关动作前电路已处于稳态。求 u_C 和电流源发出的功率。

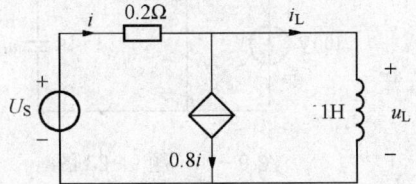

图 9-69　题 9-17 图

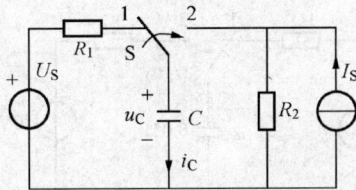

图 9-70　题 9-18 图

9-19　在题 9-18 中，若开关 S 原合在 2 位置且已处于稳态，$t=0$ 时由 2 合到 1，求 u_C 及电压源发出的功率。

9-20　图 9-71 所示电路中，开关 S 在 $t=0$ 时闭合，在 $i_L(0_-)$ 分别为 2A 和 5A 两种情况下求 i_L。已知 $U_S=8\text{V}$，$R_1=1\Omega$，$R_2=R_3=3\Omega$，$L=150\text{mH}$。

9-21　图 9-72 所示电路中，$U_S=16\text{V}$，$R_1=6\Omega$，$R_2=10\Omega$，$R_3=5\Omega$，$L=1\text{H}$，开关 S 在 $t=0$ 时闭合，求 i_L 及 i_3。设开关 S 闭合前电路已处于稳态。

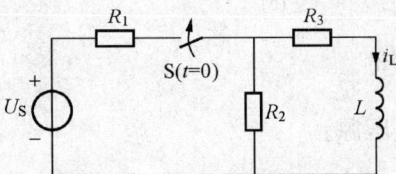

图 9-71　题 9-20 图

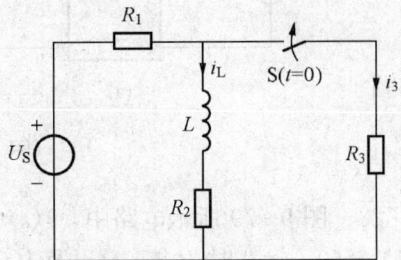

图 9-72　题 9-21 图

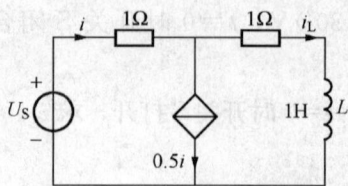

图 9-73 题 9-22 图

9-22 在图 9-73 所示电路中，已知 $U_s=20$V，$i_L(0_-)=-1$A，求 $t\geq0$ 时的 i_L。

9-23 图 9-74 所示电路中，$t=0$ 时开关 S 由 1 合到 2，经过 $t=1$s 时，电容电压可由零充电至 60V，求 R 为多少？若此时开关再由 2 合到 1，再经过 1s 放电，电容电压为多少？

9-24 图 9-75 所示电路在换路前已处于稳态，当 $t=0$ 时开关断开，求 $t\geq0$ 时的 $u_C(t)$。

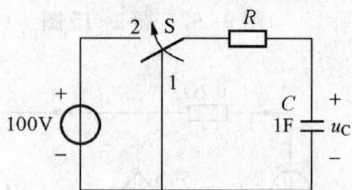

图 9-74 题 9-23 图

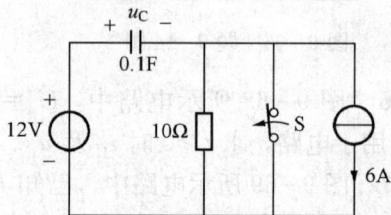

图 9-75 题 9-24 图

9-25 图 9-76 所示电路在换路前已达稳态，求 $t\geq0$ 时全响应 $u_C(t)$，并把 $u_C(t)$ 的稳态分量、暂态分量、零输入响应分量和零状态响应分量分别写出来。

9-26 图 9-77 所示电路中，$i_L(0)=1$A，求 $t\geq0$ 时的 $i_L(t)$。

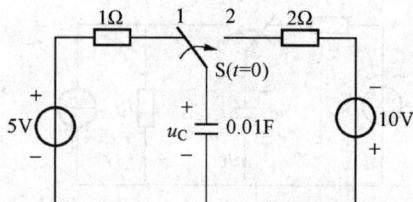

图 9-76 题 9-25 图

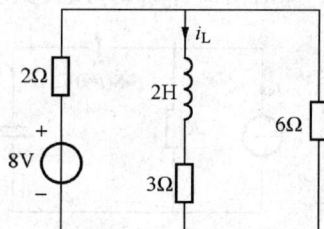

图 9-77 题 9-26 图

9-27 图 9-78（a）所示电路中，$u_C(0)=1$V，开关 S 在 $t=0$ 时闭合，求得 $u_C(t)=(6-5e^{-\frac{1}{2}t})$V。若将电容换成 1H 的电感，见图 9-78（b），且知 $i_L(0)=1$A，求 $i_L(t)$。

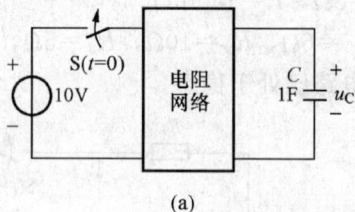

(a)

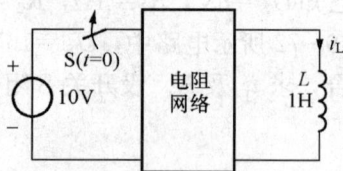

(b)

图 9-78 题 9-27 图

9-28 图 9-79 所示电路中，$\varepsilon(t)$ 为单位阶跃电压源。

(1) $i_L(0_-)=0$ 时，求 $i_L(t)$ 及 $i(t)$。

(2) $i_L(0_-)=2A$ 时，求 $i_L(t)$ 及 $i(t)$。

9-29　图9-80所示电路中，在 $u_C(0_-)=0$ 和 $u_C(0_-)=5V$ 两种情况下，求响应 u_C。

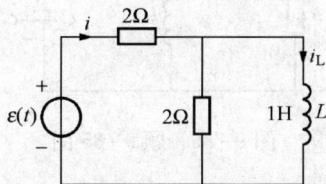

图9-79　题9-28图　　　　　　　　　　图9-80　题9-29图

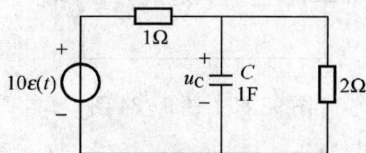

9-30　图9-81（a）所示电路中，电压源 $u_s(t)$ 的波形如图9-81（b）所示。试求电流 $i_L(t)$。

9-31　已知RC电路对单位阶跃电流的零状态响应为 $s(t)=2(1-e^{-t})\varepsilon(t)$，求该电路对图9-82所示输入电流的零状态响应。

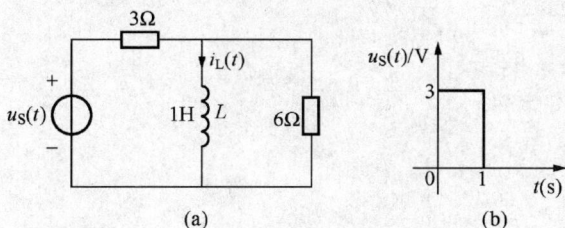

图9-81　题9-30图
（a）电路；（b）电压源 $u_s(t)$ 的波形

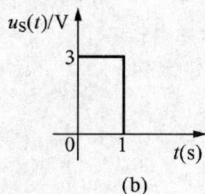

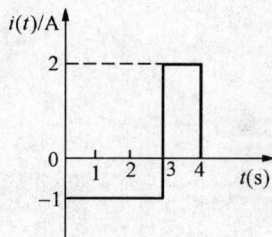

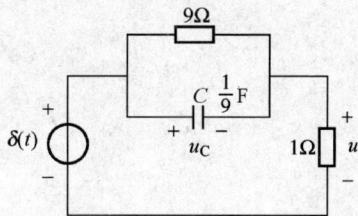

图9-82　题9-31图

9-32　电路如图9-83所示，试求 $t\geqslant0$ 时的 $i(t)$。

9-33　电路如图9-84所示，求单位冲激响应 $u_C(t)$ 和 $u(t)$。若 $u_C(0_-)=2V$，再求 $u_C(t)$ 和 $u(t)$。

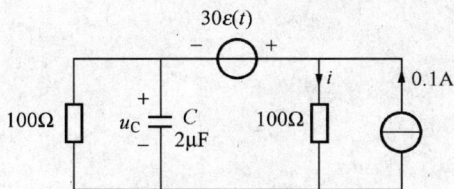

图9-83　题9-32图　　　　　　　　　　图9-84　题9-31图

9-34　图9-85所示电路中，已知 $C=1\mu F$，$L=1H$，$u_C(0_-)=10V$，$i_L(0_-)=2A$，开关S在 $t=0$ 时闭合。在①$R=4000\Omega$；②$R=2000\Omega$；③$R=1000\Omega$ 三种情况下，求 $t\geqslant0$ 时的 u_C、i 及 u_L。

9-35　图9-86所示电路中，已知 $C=1\mu F$，$L=1H$，$i_L(0_-)=2A$，$u_C(0_-)=10V$。在①$R=250\Omega$；②$R=500\Omega$；③$R=1000\Omega$ 三种情况下，求 $t\geqslant0$ 时的 u_C、i_L 及 i_R。

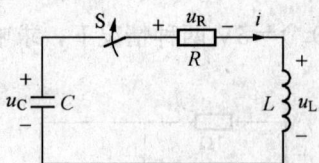

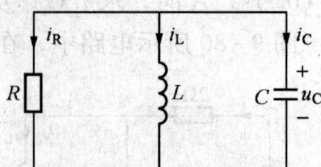

图 9-85　题 9-34 图　　　　　　　　图 9-86　题 9-35 图

电路分析基础

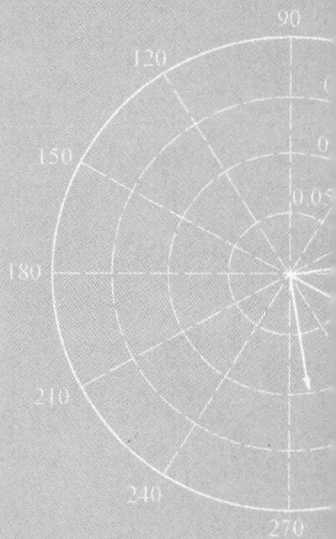

第十章 | 二端口网络

本章介绍二端口网络的特性及其分析方法，二端口网络的 Z、Y、$T(A)$、H 参数矩阵以及参数之间的相互关系，二端口网络的连接和等效及二端口网络的应用。一般电路中总是包含电源和负载。电源一端流出能量或信号，另一端流回，这种元件称为二端元件，从外部看进去，是一个端口，也称为单端口元件。同理，负载也是单端口元件。电子系统、通信系统、自动控制系统等工程应用中,在信号源与负载之间总存在一个重要的中间网络，这个网络一端连接信号源端口，另一端连接负载端口。此网络包含4个端子构成的两个端口，称为二端口网络。二端口网络在系统中完成信号的传输、放大、补偿、控制、运算等功能。

第一节 二端口网络的描述

一、二端口网络的定义

一个网络，不论其复杂与否，如果有 n 个端子可以与外电路连接，则称为 n 端网络，如图 10-1（a）所示。信号一端进入网络，另一端离开网络，这两端就构成一个端口。如果有 n 对端子（即有 $2n$ 个端子）可以与外电路连接，且满足端口条件，则称为 n 端口网络，如图 10-1（b）所示。仅有一个端口的网络称为一端口网络或单端口网络，如图 10-1（c）所示。只有两个端口的网络称为二端口网络或双端口网络，如图 10-1（d）所示。

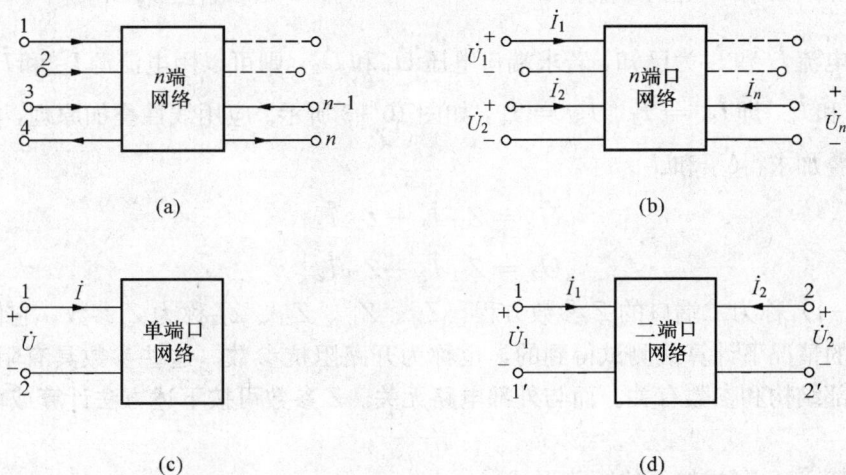

图 10-1 网络端口框图

(a) n 端网络；(b) n 端品网络；(c) 单端口网络；(d) 二端口网络

二端口网络内部可以含独立电源、受控电源及各种电路元件。对于网络中既无独立电源、又无受控源，只含有线性电阻、电感和电容元件组成的网络称为无源线性二端口网络，否则称为有源二端口网络。

本章研究的是含有线性电阻、电感、电容和线性受控源，不包含独立电源，且动态元件的初始状态为零的二端口网络。

无论二端口网络简单或复杂，其内部结构及元件的特性不一定能够完全知道，有时难以确定。二端口网络的二端口电压、电流及相互之间的关系可以通过一些参数表示，这些参数只取决于构成二端口本身的元件及其连接方式，与外部所接电路无关。一旦确定二端口的参数，当一个端口的电压、电流发生变化时，就能较容易得到另一个端口的电压、电流的变化。同时，还可以利用这些参数比较不同的二端口网络在传递电能和信号方面的性能，评价其质量。

二端口的 VCR 关系称为二端口的外特性。外特性用端口电压、电流间的关系反映，二端口网络工作过程中，总是其中一个端口连接输入信号，另一个端口提供输出信号，如图 10-2 所示，端口共有 4 个变量，用这 4 个变量就可以描述端口的性质。

二、二端口网络的 Z 方程和 Z 参数描述

图 10-3 所示为线性二端口网络，在分析中按正弦稳态情况考虑，并应用相量法。输入端口 1 和输出端口 2 的电压和电流分别表示为 $\dot{U}_1$、$\dot{U}_2$、$\dot{I}_1$、$\dot{I}_2$，并规定电压和电流为关联参考方向。

图 10-2 二端口网络的外特性   图 10-3 线性二端口网络

设端口电流 $\dot{I}_1$ 和 $\dot{I}_2$ 为已知，若求端口电压 $\dot{U}_1$ 和 $\dot{U}_2$，则可以用电流源 $\dot{I}_{S1}$ 和 $\dot{I}_{S2}$ 分别代替端口电流 $\dot{I}_1$ 和 $\dot{I}_2$，即 $\dot{I}_{S1} = \dot{I}_1$、$\dot{I}_{S2} = \dot{I}_2$，如图 10-3 所示。应用线性叠加原理，由两个电流源分别作用叠加求得 $\dot{U}_1$ 和 $\dot{U}_2$。

$$\left.\begin{array}{l} \dot{U}_1 = Z_{11}\dot{I}_1 + Z_{12}\dot{I}_2 \\ \dot{U}_2 = Z_{21}\dot{I}_2 + Z_{22}\dot{I}_2 \end{array}\right\} \tag{10-1}$$

式（10-1）称为二端口的 Z 参数方程，Z_{11}、Z_{12}、Z_{21}、Z_{22} 称为 Z 参数，它们都是在一个端口开路的情况下计算或测试得到的，也称为开路阻抗参数。这些参数具有阻抗的性质，只与网络内部结构和参数有关。而与外部电路无关。Z 参数可按下述方法计算或由实验测量求得。

将式（10-1）写成如下的矩阵形式：

$$\begin{bmatrix} \dot{U}_1 \\ \dot{U}_2 \end{bmatrix} = \begin{bmatrix} Z_{11} & Z_{12} \\ Z_{21} & Z_{22} \end{bmatrix} \begin{bmatrix} \dot{I}_1 \\ \dot{I}_2 \end{bmatrix} = [Z] \begin{bmatrix} \dot{I}_1 \\ \dot{I}_2 \end{bmatrix} \tag{10-2}$$

其中

$$\mathbf{Z} = [Z] \begin{bmatrix} Z_{11} & Z_{12} \\ Z_{21} & Z_{22} \end{bmatrix} \tag{10-3}$$

式（10-3）称为二端口的 Z 参数矩阵，也称为开路阻抗矩阵。

$Z_{11} = \dfrac{\dot{U}_1}{\dot{I}_1}\bigg|_{\dot{I}_2=0}$，$Z_{11}$ 是输出端口开路时，输入端口的输入端阻抗；

$Z_{21} = \dfrac{\dot{U}_2}{\dot{I}_1}\bigg|_{\dot{I}_2=0}$，$Z_{21}$ 是输出端口开路时，输出端口电压对输入端电流的转移阻抗；

$Z_{12} = \dfrac{\dot{U}_1}{\dot{I}_2}\bigg|_{\dot{I}_1=0}$，$Z_{12}$ 是输入端口开路时，输入端口电压对输出端口电流的转移阻抗；

$Z_{22} = \dfrac{\dot{U}_2}{\dot{I}_2}\bigg|_{\dot{I}_1=0}$，$Z_{22}$ 是输入端口开路时，输出端口的输入端阻抗。

利用图 10-3，按照定义，可以进行 Z 参数测定。

【例 10-1】 图 10-4 所示为电阻网络，求该二端口网络的 Z 参数矩阵。

解 根据定义可求得 Z 参数如下：

$$Z_{11} = \frac{\dot{U}_1}{\dot{I}_1}\bigg|_{\dot{I}_2=0} = \frac{4\dot{I}_1}{\dot{I}_1} = 4(\Omega)$$

$$Z_{12} = \frac{\dot{U}_1}{\dot{I}_2}\bigg|_{\dot{I}_1=0} = \frac{2\dot{I}_2}{\dot{I}_2} = 2(\Omega)$$

$$Z_{22} = \frac{\dot{U}_2}{\dot{I}_2}\bigg|_{\dot{I}_1=0} = \frac{4\dot{I}_2}{\dot{I}_2} = 4(\Omega)$$

$$Z_{21} = \frac{\dot{U}_2}{\dot{I}_1}\bigg|_{\dot{I}_2=0} = \frac{2\dot{I}_1}{\dot{I}_1} = 2(\Omega)$$

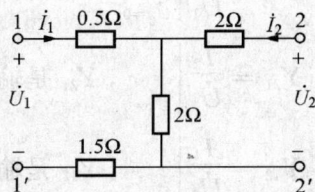

图 10 - 4 ［例 10 - 1］图

Z 参数矩阵

$$\mathbf{Z} = \begin{bmatrix} 4 & 2 \\ 2 & 4 \end{bmatrix} \quad (\Omega)$$

当二端口不含受控源时，有 $Z_{12}=Z_{21}$，这种端口称为互易端口。

三、二端口网络的 Y 方程和 Y 参数描述

设两个端口电压 $\dot{U}_1$ 和 $\dot{U}_2$ 为已知，若求端口电流 $\dot{I}_1$ 和 $\dot{I}_2$，则可以用独立电压源 $\dot{U}_{S1}$ 和 $\dot{U}_{S2}$ 分别代替端口电压 $\dot{U}_1$ 和 $\dot{U}_2$，即 $\dot{U}_{S1}=\dot{U}_1$ 和 $\dot{U}_{S2}=\dot{U}_2$，如图 10 - 5(a) 所示。应用线性叠加原理，由两个电压源分别作用叠加求得电流 $\dot{I}_1$ 和 $\dot{I}_2$，如图 10 - 5 （b）、图 10 - 5 （c）所示，则有

$$\left.\begin{array}{l} \dot{I}_1 = Y_{11}\dot{U}_1 + Y_{12}\dot{U}_2 \\ \dot{I}_2 = Y_{21}\dot{U}_1 + Y_{22}\dot{U}_2 \end{array}\right\} \tag{10 - 4}$$

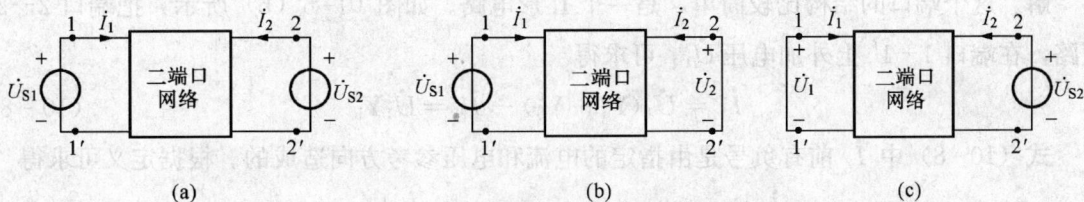

图 10 - 5 Y 参数方程的电路图

式 （10 - 4）称为 Y 参数方程，式中 Y_{11}、Y_{12}、Y_{21}、Y_{22} 称为 Y 参数。Y 参数是在一个端口短路的情况下计算或测试得到的，具有导纳的性质，所以称其为短路导纳参数，它们是与网络内部结构和参数有关而与外部电路无关的一组参数。Y 参数可按下述方法计算或用实验测量求得，其矩阵形式为

$$\begin{bmatrix} \dot{I}_1 \\ \dot{I}_2 \end{bmatrix} = \begin{bmatrix} Y_{11} & Y_{12} \\ Y_{21} & Y_{22} \end{bmatrix} \begin{bmatrix} \dot{U}_1 \\ \dot{U}_2 \end{bmatrix} = [Y]\begin{bmatrix} \dot{U}_1 \\ \dot{U}_2 \end{bmatrix} \tag{10 - 5}$$

其中

$$\mathbf{Y} = [Y]\begin{bmatrix} Y_{11} & Y_{12} \\ Y_{21} & Y_{22} \end{bmatrix} \tag{10 - 6}$$

式 （10 - 6）称为二端口的 Y 参数矩阵，也称为短路导纳矩阵。

$Y_{11} = \dfrac{\dot{I}_1}{\dot{U}_1}\bigg|_{\dot{U}_2=0}$，$Y_{11}$ 是输出端口短路时，输入端口的输入端导纳；

$Y_{21} = \dfrac{\dot{I}_2}{\dot{U}_1}\bigg|_{\dot{U}_2=0}$，$Y_{21}$ 是输出端口短路时，输出端口电流对输入端口电压的转移导纳；

$Y_{12} = \dfrac{\dot{I}_1}{\dot{U}_2}\bigg|_{\dot{U}_1=0}$，$Y_{12}$ 是输入端口短路时，输入端口电流对输出端口电压的转移导纳；

$Y_{22} = \dfrac{\dot{I}_2}{\dot{U}_2}\bigg|_{\dot{U}_2=0}$，$Y_{22}$ 是输入端口短路时，输出端口的输入端导纳。

对于同一个二端口网络，Z 参数矩阵和 Y 参数矩阵的关系互为逆关系，即

$$[Z] = [Y]^{-1}$$
$$[Y] = [Z]^{-1} \tag{10-7}$$

对任意二端口，Y 参数和 Z 参数不一定同时存在。

【例 10-2】　求图 10-6（a）所示二端口的 Y 参数矩阵。

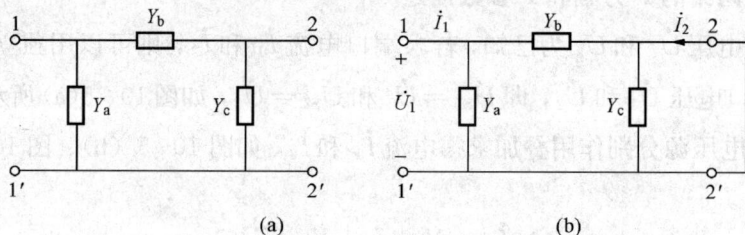

图 10-6　［例 10-2］图

解　这个端口的结构比较简单，是一个 Ⅱ 形电路。如图 10-6（b）所示，把端口 2—2′ 短路，在端口 1—1′ 上外加电压 $\dot{U}_1$，可求得

$$\dot{I}_1 = \dot{U}_1(Y_a + Y_b) - \dot{I}_2 = \dot{U}_1 Y_b \tag{10-8}$$

式（10-8）中 $\dot{I}_2$ 前有负号是由指定的电流和电压参考方向造成的。根据定义可求得

$$Y_{11} = \dfrac{\dot{I}_1}{\dot{U}_1}\bigg|_{\dot{U}_2=0} = Y_a + Y_b, \quad Y_{21} = \dfrac{\dot{I}_2}{\dot{U}_1}\bigg|_{\dot{U}_2=0} = -Y_b$$

同理，把端口 1—1′ 短路，并在端口 2—2′ 上外施电压 $\dot{U}_2$，则可得到

$$Y_{12} = -Y_b, \quad Y_{22} = Y_b + Y_c$$

可以看出 $Y_{12} = Y_{21}$，不含受控源的二端口是互易端口。

则

$$\boldsymbol{Y} = \begin{bmatrix} Y_a + Y_b & -Y_b \\ -Y_b & Y_b + Y_c \end{bmatrix}$$

【例 10-3】　求图 10-7 所示的二端口的 Y 参数矩阵。

解　把端口 2—2′ 短路，在端口 1—1′ 上外加电压 $\dot{U}_1$，这时可求得

$$\dot{I}_1 = \dot{U}_1(Y_a + Y_b)$$
$$\dot{I}_2 = -\dot{U}_1 Y_b - gU_1$$

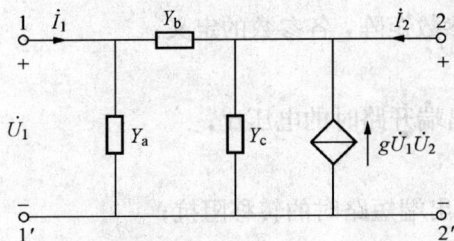

图 10 - 7 ［例 10 - 3］图

则有
$$Y_{11} = \frac{\dot{I}_1}{\dot{U}_1}\bigg|_{\dot{U}_2=0} = Y_a + Y_b$$

$$Y_{21} = \frac{\dot{I}_2}{\dot{U}_1}\bigg|_{\dot{U}_2=0} = -Y_b - g$$

同理，把端口 $1-1'$ 短路，即令 $\dot{U}_1 = 0$，这时受控源的电流也等于零，故得

$$Y_{12} = \frac{\dot{I}_1}{\dot{U}_2} = -Y_b$$

$$Y_{22} = \frac{\dot{I}_2}{\dot{U}_2} = Y_b + Y$$

可见，在这种情况下，$Y_{12} \neq Y_{21}$。故含源二端口中，$Y_{12} \neq Y_{21}$，$Z_{12} \neq Z_{21}$。

四、二端口网络的 T 方程和 T 参数描述

当研究信号从输入端口到输出端口传输的有关问题时，通常以输出端 $\dot{U}_2$ 和 $\dot{I}_2$ 为自变量，以输入端 $\dot{U}_1$ 和 $\dot{I}_1$ 为因变量比较方便，如图 10 - 8 所示。由 Z 参数方程可得

$$\dot{U}_1 = \frac{Z_{11}}{Z_{21}}\dot{U}_2 + \frac{|Z|}{Z_{21}}(-\dot{I}_2)$$

$$\dot{I}_1 = \frac{1}{Z_{21}}\dot{U}_2 + \frac{Z_{22}}{Z_{21}}(-\dot{I}_2)$$

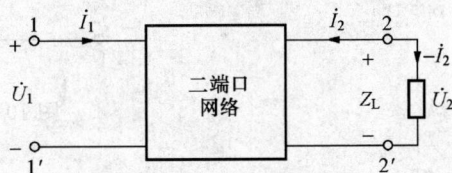

图 10 - 8 T 参数描述图

$|Z| = Z_{11}Z_{22} - Z_{12}Z_{21}$，将上式中的各系数分别用 A、B、C、D 来表示，则有一般描述形式

$$\left.\begin{array}{l}\dot{U}_1 = A\dot{U}_2 + B(-\dot{I}_2)\\I_1 = C\dot{U}_2 + D(-\dot{I}_2)\end{array}\right\} \tag{10 - 9}$$

式（10 - 9）称为二端口网络的 T 参数方程，又称为传输参数方程或 A 参数方程。T 参数方程中之所以写成 $-\dot{I}_2$，是因为 $\dot{I}_2$ 的参考方向规定为流入网络，而在用 T 参数方程分析问题时，以流出网络较为方便。

其矩阵形式为

$$\begin{bmatrix}\dot{U}_1\\\dot{I}_1\end{bmatrix} = \begin{bmatrix}A & B\\C & D\end{bmatrix}\begin{bmatrix}\dot{U}_2\\-\dot{I}_2\end{bmatrix} = \boldsymbol{T}\begin{bmatrix}\dot{U}_2\\-\dot{I}_2\end{bmatrix} \tag{10 - 10}$$

$T = \begin{bmatrix} A & B \\ C & D \end{bmatrix}$ 称为传输参数矩阵，各参数的定义：

$A = \dfrac{\dot{U}_1}{\dot{U}_2}\bigg|_{\dot{I}_2=0}$，$A$ 是输出端开路时的电压比；

$B = -\dfrac{\dot{U}_1}{\dot{I}_2}\bigg|_{\dot{U}_2=0}$，$B$ 是输出端短路时的转移阻抗；

$C = \dfrac{\dot{I}_1}{\dot{U}_2}\bigg|_{\dot{I}_2=0}$，$C$ 是输出端开路时的转移导纳；

$D = -\dfrac{\dot{I}_1}{\dot{I}_2}\bigg|_{\dot{U}_2=0}$，$D$ 是输出端短路时的电流比。

如图已知 $1-1'$ 端口的 $\dot{U}_1$、$\dot{I}_1$，求 $2-2'$ 端口的 $\dot{U}_2$、$(-\dot{I}_2)$，则有

$$\begin{bmatrix} \dot{U}_2 \\ -\dot{I}_2 \end{bmatrix} = \begin{bmatrix} A' & B' \\ C' & D' \end{bmatrix} \begin{bmatrix} \dot{U}_1 \\ \dot{I}_1 \end{bmatrix} = T' \begin{bmatrix} \dot{U}_1 \\ \dot{I}_1 \end{bmatrix}$$

$T' = \begin{bmatrix} A' & B' \\ C' & D' \end{bmatrix}$ 称为逆传输参数矩阵，有 $T' = T^{-1}$。

【例 10-4】 图 10-9 所示为 RC 网络，试求其 T 矩阵。

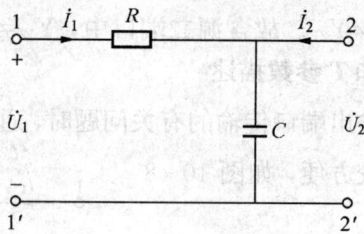

图 10-9　[例 10-4] 图

解

$$A = \dfrac{\dot{U}_1}{\dot{U}_2}\bigg|_{\dot{I}_2=0} = \dfrac{R + \dfrac{1}{j\omega C}}{\dfrac{1}{j\omega C}} = 1 + j\omega CR, \quad B = \dfrac{\dot{U}_1}{-\dot{I}_2}\bigg|_{\dot{U}_2=0} = \dfrac{R\dot{I}_1}{\dot{I}_1} = R$$

$$C = \dfrac{\dot{I}_1}{\dot{U}_2}\bigg|_{\dot{I}_2=0} = \dfrac{\dot{I}_1}{\dfrac{1}{j\omega C}\dot{I}_1} = j\omega C, \quad D = \dfrac{\dot{I}_1}{-\dot{I}_2}\bigg|_{\dot{U}_2=0} = \dfrac{\dot{I}_1}{\dot{I}_1} = 1$$

则

$$T = \begin{bmatrix} 1 + j\omega CR & R \\ j\omega C & 1 \end{bmatrix}$$

五、二端口网络的 H 方程和 H 参数描述

测量二端口网络的某些参数时，如开路阻抗参数 Z_{12}，在晶体管放大电路中，由于输出阻抗非常大，很难做到输出端开路，而短路电流很容易获得。因此可以将阻抗参数和导纳参

数混合使用。

如图 10-10 所示，设已知二端口网络的 $\dot{I}_1$ 和 $\dot{U}_2$，求 $\dot{I}_2$ 和 $\dot{U}_1$ 时，则二端口网络的特征方程为

$$\dot{U}_1 = H_{11} \dot{I}_1 + H_{12} \dot{U}_2$$
$$\dot{I}_1 = H_{21} \dot{I}_1 + H_{22} \dot{U}_2 \qquad (10\text{-}11)$$

式（10-11）称为二端口网络的 H 参数方程。系数 H_{11}、H_{12}、H_{21}、H_{22} 称为二端口网络的 H 参数，其中 H_{12}、H_{21} 无量纲；H_{11} 具有阻抗性质，单位为 Ω；H_{22} 具有导纳的性质，单位为 S，所以 H 参数称为混合参数。

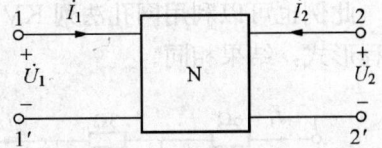

图 10-10　H 参数电路

H 参数可以通过二端口网络的出口短路和入口开路进行分析计算或测量来确定。

$$H_{11} = \frac{\dot{U}_1}{\dot{I}_1}\bigg|_{\dot{U}_2=0},\ H_{11} \text{ 是输出端短路时，输入端的输入阻抗，在晶体管电路中称为晶体}$$

管的输入电阻；

$$H_{12} = \frac{\dot{U}_1}{\dot{U}_2}\bigg|_{\dot{I}_1=0},\ H_{12} \text{ 是输入端开路时，输入与输出端的电压之比，在晶体管电路中称}$$

为晶体管的内部电压反馈系数或反向电压传输比；

$$H_{12} = \frac{\dot{I}_2}{\dot{I}_1}\bigg|_{\dot{U}_2=0},\ H_{21} \text{ 是输出端短路时，输出端与输入端的电流之比，在晶体管电路中称}$$

为晶体管的电流放大倍数或电流增益；

$$H_{22} = \frac{\dot{I}_2}{\dot{U}_2}\bigg|_{\dot{I}_1=0},\ H_{22} \text{ 是输入端开路时，输出端的输入导纳，在晶体管电路中称为晶体}$$

管的输出电导。

其矩阵形式为

$$\begin{bmatrix} \dot{U}_1 \\ \dot{I}_2 \end{bmatrix} = \begin{bmatrix} H_{11} & H_{12} \\ H_{21} & H_{22} \end{bmatrix} \begin{bmatrix} \dot{I}_1 \\ \dot{U}_2 \end{bmatrix} = \boldsymbol{H} \begin{bmatrix} \dot{I}_1 \\ \dot{U}_2 \end{bmatrix} \qquad (10\text{-}12)$$

$$\boldsymbol{H} = \begin{bmatrix} H_{11} & H_{12} \\ H_{21} & H_{22} \end{bmatrix} \text{ 称为混合参数矩阵。}$$

如果已知二端口网络的 $\dot{I}_2$ 和 $\dot{U}_1$，求 $\dot{I}_1$ 和 $\dot{U}_2$ 时，则二端口网络的特征方程为

$$\begin{bmatrix} \dot{I}_1 \\ \dot{U}_2 \end{bmatrix} = \begin{bmatrix} H'_{11} & H'_{12} \\ H'_{21} & H'_{22} \end{bmatrix} \begin{bmatrix} \dot{U}_1 \\ \dot{I}_2 \end{bmatrix} = \boldsymbol{H}' \begin{bmatrix} \dot{U}_1 \\ \dot{I}_2 \end{bmatrix}$$

$$\boldsymbol{H}' = \begin{bmatrix} H'_{11} & H'_{12} \\ H'_{21} & H'_{22} \end{bmatrix} \text{ 称为逆混合参数矩阵。}$$

【例 10-5】　求图 10-11（a）所示二端口网络的 H 参数。

解　在输入端口加电压，输出端口短接，如图 10-11（b）所示，则有

$$H_{11} = \frac{\dot{U}_1}{\dot{I}_1}\bigg|_{\dot{U}_2=0} = \frac{\dot{U}_1}{\dot{U}_1/9\Omega} = 9(\Omega), \quad H_{21} = \frac{\dot{I}_2}{\dot{I}_1}\bigg|_{\dot{U}_2=0} = \frac{-\frac{1}{4}\dot{I}_1}{\dot{I}_1} = -\frac{1}{4}$$

$$H_{12} = \frac{\dot{U}_1}{\dot{U}_2}\bigg|_{\dot{I}_1=0} = \frac{1}{4}, \quad H_{22} = \frac{\dot{I}_2}{\dot{U}_2}\bigg|_{\dot{I}_1=0} = \frac{5}{48}(\mathrm{S}), \quad \boldsymbol{H} = \begin{bmatrix} 9 & \dfrac{1}{4} \\ -\dfrac{1}{4} & \dfrac{5}{48} \end{bmatrix}$$

此例也可以利用网孔法列 KVL 方程，或用节点法列电流方程，最后整理成 H 参数基本方程形式，结果相同。

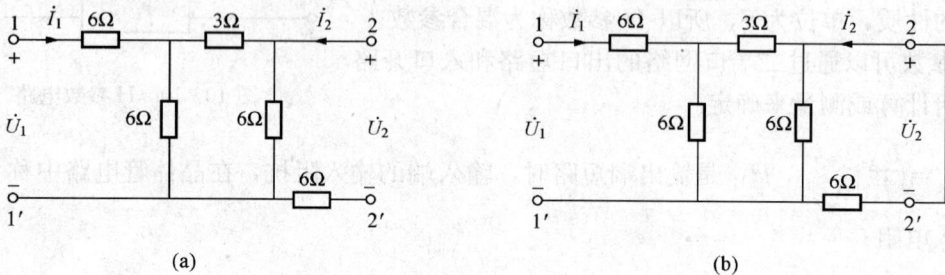

(a)

(b)

图 10-11 ［例 10-5］图

【例 10-6】 图 10-12 所示为一晶体管在小信号条件工作下的 H 参数等效电路，求其 H 参数。

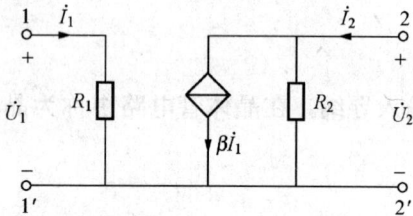

图 10-12 ［例 10-6］图

解 根据 H 参数的定义，求得

$$H_{11} = \frac{\dot{U}_1}{\dot{I}_1}\bigg|_{\dot{U}_2=0} = R_1, \quad H_{12} = \frac{\dot{U}_1}{\dot{U}_2}\bigg|_{\dot{I}_1=0} = 0$$

$$H_{21} = \frac{\dot{I}_2}{\dot{I}_1}\bigg|_{\dot{U}_2=0} = \beta, \quad H_{22} = \frac{\dot{I}_2}{\dot{U}_2}\bigg|_{\dot{I}_1=0} = \frac{1}{R_2}$$

R_1 相当于晶体管的输入电阻 r_{be}，β 是晶体管的电流放大倍数，这是晶体管常用的两个重要参数。

同一个二端口网络可以用不同参数矩阵来表示其端口的特征。具体采用哪种矩阵参数进行分析和计算要根据实际需要而定，如在电子技术领域中通常用 H 参数矩阵来表示晶体管的输入输出特性，测试也非常方便；而电力与电信领域中通常用 T 参数矩阵来表示输入、输出端口电压、电流等。二端口网络的参数矩阵转换关系见表 10-1。

表 10-1   **Y、Z、H、T 参数之间的转换关系**

参数	Y	Z	H	T
Y	$\begin{bmatrix} Y_{11} & Y_{12} \\ Y_{21} & Y_{22} \end{bmatrix}$	$\begin{bmatrix} \dfrac{Z_{22}}{\Delta Z} & \dfrac{-Z_{12}}{\Delta Z} \\ \dfrac{-Z_{21}}{\Delta Z} & \dfrac{Z_{22}}{\Delta Z} \end{bmatrix}$	$\begin{bmatrix} \dfrac{1}{H_{11}} & \dfrac{-H_{12}}{H_{11}} \\ \dfrac{H_{21}}{H_{11}} & \dfrac{\Delta H}{H_{11}} \end{bmatrix}$	$\begin{bmatrix} \dfrac{T_{22}}{T_{12}} & \dfrac{-\Delta T}{T_{12}} \\ \dfrac{-1}{T_{12}} & \dfrac{T_{11}}{T_{12}} \end{bmatrix}$

续表

参数	Y	Z	H	T
Z	$\begin{bmatrix} \dfrac{Y_{22}}{\Delta Y} & \dfrac{-Y_{12}}{\Delta Y} \\ \dfrac{-Y_{21}}{\Delta Y} & \dfrac{Y_{11}}{\Delta Y} \end{bmatrix}$	$\begin{bmatrix} Z_{11} & Z_{12} \\ Z_{21} & Z_{22} \end{bmatrix}$	$\begin{bmatrix} \dfrac{\Delta H}{H_{22}} & \dfrac{H_{12}}{H_{22}} \\ \dfrac{-H_{21}}{H_{22}} & \dfrac{1}{H_{22}} \end{bmatrix}$	$\begin{bmatrix} \dfrac{T_{11}}{T_{21}} & \dfrac{\Delta T}{T_{21}} \\ \dfrac{1}{T_{21}} & \dfrac{T_{22}}{T_{21}} \end{bmatrix}$
H	$\begin{bmatrix} \dfrac{1}{Y_{11}} & \dfrac{-Y_{12}}{Y_{11}} \\ \dfrac{Y_{21}}{Y_{11}} & \dfrac{\Delta Y}{Y_{11}} \end{bmatrix}$	$\begin{bmatrix} \dfrac{\Delta Z}{Z_{22}} & \dfrac{Z_{12}}{Z_{22}} \\ \dfrac{-Z_{21}}{Z_{22}} & \dfrac{1}{Z_{22}} \end{bmatrix}$	$\begin{bmatrix} H_{11} & H_{12} \\ H_{21} & H_{22} \end{bmatrix}$	$\begin{bmatrix} \dfrac{T_{12}}{T_{22}} & \dfrac{\Delta T}{T_{22}} \\ \dfrac{-1}{T_{22}} & \dfrac{T_{21}}{T_{22}} \end{bmatrix}$
T	$\begin{bmatrix} \dfrac{-Y_{22}}{Y_{21}} & \dfrac{-1}{Y_{21}} \\ \dfrac{-\Delta Y}{Y_{21}} & \dfrac{-Y_{11}}{Y_{21}} \end{bmatrix}$	$\begin{bmatrix} \dfrac{Z_{11}}{Z_{21}} & \dfrac{\Delta Z}{Z_{21}} \\ \dfrac{1}{Z_{21}} & \dfrac{Z_{22}}{Z_{21}} \end{bmatrix}$	$\begin{bmatrix} \dfrac{-\Delta H}{H_{21}} & \dfrac{-H_{11}}{H_{21}} \\ \dfrac{-H_{22}}{H_{21}} & \dfrac{-1}{H_2} \end{bmatrix}$	$\begin{bmatrix} T_{11} & T_{12} \\ T_{21} & T_{22} \end{bmatrix}$

所有的双向二端口网络，都具有互易性，若网络中只含有 R、L、C、M 等线性元件而不含有受控源，则网络为双向网络，存在 $Y_{12}=Y_{21}$，$Z_{12}=Z_{21}$，$\Delta T=AD-BC=1$，$H_{12}=-H_{21}$，$Z_{11}=Z_{22}$，$Y_{11}=Y_{22}$，$A=D$。

第二节 二端口网络的连接与等效

如果把一个复杂的二端口分解为若干个简单的二端口，并按某种方式连接，可以使电路得到简化。在设计和实现一个复杂的二端口时，也可以用简单的二端口作为"积木块"，按一定方式连接成具有所需特性的二端口。设计简单的电路并加以连接要比直接设计一个复杂的整体电路容易。因此讨论二端口的连接问题具有重要意义。

一、二端口网络的连接

二端口网络的连接方式有串联、并联和级联。

1. 二端口网络的串联

两个二端口网络的输入端口串联，输出端口也串联。二端口网络 P_1 和 P_2 串联后的复合网络如图 10-13 所示，根据两者的 Z 参数方程，可得

$$\dot U_1' = Z_{11}'\dot I_1' + Z_{12}'I_2', \quad \dot U_2' = Z_{21}'\dot I_1' + Z_{22}'I_2'$$

$$\dot U_1'' = Z_{11}''\dot I_1'' + Z_{12}''I_2'', \quad \dot U_2'' = Z_{21}''\dot I_1'' + Z_{22}''I_2''$$

又根据串联的特点 $\dot I_1' = \dot I_1'' = \dot I_1$，$\dot I_2' = \dot I_2'' = \dot I_2$，有

$$\dot U_1 = \dot U_1' + \dot U_1'' = (Z_{11}'+Z_{11}'')\dot I_1 + (Z_{12}'+Z_{12}'')\dot I_2$$

$$\dot U_2 = \dot U_2' + \dot U_2'' = (Z_{21}'+Z_{21}'')\dot I_1 + (Z_{22}'+Z_{22}'')\dot I_2$$

$Z_{11} = Z_{11}'+Z''$，$Z_{21} = Z_{21}'+Z_{21}''$，$Z_{12} = Z_{12}'+Z_{12}''$，$Z_{22} = Z_{22}'+Z_{22}''$

串联二端口网络的 Z 参数为

$$[Z] = [Z'] + [Z''] \tag{10-13}$$

2. 二端口网络的并联

两个二端口网络的输入端口并联，输出端口也并联。二端口网络并联电路如图 10-14

所示。两个二端口对应的输入、输出电压相同，即 $\dot{U}'_1 = \dot{U}''_2 = \dot{U}_1$，$\dot{U}'_2 = \dot{U}''_2 = \dot{U}_2$，并联后的复合网络总端口的电流等于分端口的电流之和，即 $\dot{I}_1 = \dot{I}'_1 + \dot{I}''_1$，$\dot{I}_2 = \dot{I}'_2 + \dot{I}''_2$。

若设 P_1 和 P_2 的 Y 参数矩阵分别为

$$\boldsymbol{Y}' = \begin{bmatrix} Y'_{11} & Y'_{12} \\ Y'_{21} & Y'_{22} \end{bmatrix}, \quad \boldsymbol{Y}'' = \begin{bmatrix} Y''_{11} & Y''_{12} \\ Y''_{21} & Y''_{22} \end{bmatrix}$$

$$\begin{bmatrix} \dot{I}_1 \\ \dot{I}_2 \end{bmatrix} = \begin{bmatrix} \dot{I}'_1 \\ \dot{I}'_2 \end{bmatrix} + \begin{bmatrix} \dot{I}''_1 \\ \dot{I}'' \end{bmatrix} = \boldsymbol{Y}' \begin{bmatrix} \dot{U}'_1 \\ \dot{U}'_2 \end{bmatrix} + \boldsymbol{Y}'' \begin{bmatrix} U''_1 \\ U''_2 \end{bmatrix} = [\boldsymbol{Y}' + \boldsymbol{Y}''] \begin{bmatrix} \dot{U}_1 \\ \dot{U}_2 \end{bmatrix} = \boldsymbol{Y} \begin{bmatrix} \dot{U}_1 \\ \dot{U}_2 \end{bmatrix}$$

其中 Y 为两个二端口并联后总的参数矩阵，Y 参数矩阵的关系为 $\boldsymbol{Y} = \boldsymbol{Y}' + \boldsymbol{Y}''$。

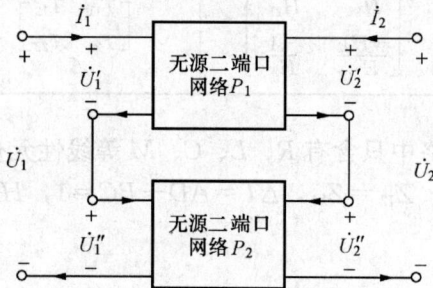

图 10-13 二端口网络的串联

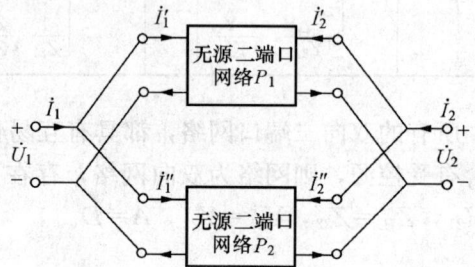

图 10-14 二端口网络的并联

并联二端口网络的 Y 参数为

$$[Y] = [Y'] + [Y''] \tag{10-14}$$

3. 二端口网络的级联

一个二端口网络的输出端与另一个网络的输入端相连。级联后的复合网络如图 10-15 所示。

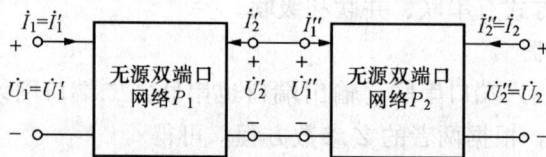

图 10-15 二端口网络的级联

设二端口网络的 T 参数矩阵分别为

$$\boldsymbol{T}' = \begin{bmatrix} A' & B' \\ C' & D' \end{bmatrix}, \quad \boldsymbol{T}'' = \begin{bmatrix} A'' & B'' \\ C'' & D'' \end{bmatrix}$$

则二端口网络的 T 参数矩阵为

$$\boldsymbol{T} = \begin{bmatrix} A'A'' + B'C'' & A'B'' + B'D'' \\ C'A'' + D'C'' & C'B'' + D'D'' \end{bmatrix}$$

则

$$\begin{bmatrix} \dot{U}'_1 \\ \dot{I}'_1 \end{bmatrix} = \boldsymbol{T}' \begin{bmatrix} \dot{U}'_2 \\ -\dot{I}'_2 \end{bmatrix} \quad \begin{bmatrix} \dot{U}''_1 \\ \dot{I}''_1 \end{bmatrix} = \boldsymbol{T}'' \begin{bmatrix} \dot{U}''_2 \\ -\dot{I}''_2 \end{bmatrix}$$

根据级联的特点有 $\dot{U}_1 = \dot{U}_1'$，$\dot{U}_2' = \dot{U}_1''$，$\dot{U}_2'' = \dot{U}_2$，$\dot{I}_1 = \dot{I}_1'$，$\dot{I}_2' = -\dot{I}_1''$，$\dot{I}_2'' = \dot{I}_2$。

则

$$\begin{bmatrix} \dot{I}_1 \\ \dot{I}_2 \end{bmatrix} = \begin{bmatrix} \dot{I}_1' \\ \dot{I}_2' \end{bmatrix} + \begin{bmatrix} \dot{I}_1'' \\ \dot{I}_1'' \end{bmatrix} = \boldsymbol{Y}' \begin{bmatrix} \dot{U}_1' \\ \dot{U}_2' \end{bmatrix} + \boldsymbol{Y}'' \begin{bmatrix} \dot{U}_1'' \\ \dot{U}_2'' \end{bmatrix} = \begin{bmatrix} + \boldsymbol{Y}'' \end{bmatrix} \begin{bmatrix} \dot{U}_1 \\ \dot{U}_2 \end{bmatrix} = \boldsymbol{Y} \begin{bmatrix} \dot{U}_1 \\ \dot{U}_2 \end{bmatrix}$$

级联后二端口网络的 T 参数为

$$\boldsymbol{T} = \boldsymbol{T}' \boldsymbol{T}'' \tag{10-15}$$

回转器是一种典型的级联的二端口元件，其电路符号如图 10-16 所示。

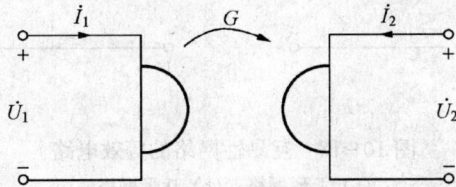

图 10-16　回转器

其定义为

$$\dot{U}_1 = \frac{1}{G} \dot{I}_2$$

$$\dot{I}_1 = G \dot{U}_2$$

其中 G 为回转电导，其 T 参数矩阵为 $\boldsymbol{T} = \begin{bmatrix} 0 & \dfrac{1}{G} \\ G & 0 \end{bmatrix}$。

回转器的用途很多，例如用回转器实现的浮地电感。在图 10-17 中，可以将电路看成两个回转器和一个电容的级联，3 个元件的 T 参数矩阵连乘，即可得到整个网络的 T 矩阵。

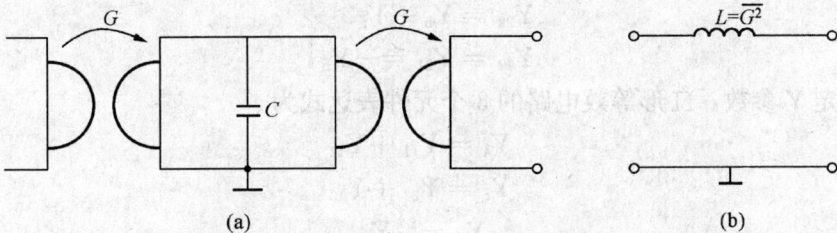

图 10-17　用回转器实现的浮地电感

根据级联关系，图 10-17（a）的 T 矩阵为

$$\boldsymbol{T} = \begin{bmatrix} 0 & \dfrac{1}{G} \\ G & 0 \end{bmatrix} \begin{bmatrix} 1 & 0 \\ \mathrm{j}\omega C & 1 \end{bmatrix} \begin{bmatrix} 0 & \dfrac{1}{G} \\ G & 0 \end{bmatrix} \begin{bmatrix} 1 & \mathrm{j}\omega \dfrac{C}{G^2} \\ 0 & 1 \end{bmatrix}$$

浮地电感的 T 矩阵与上式相同，所以满足等效关系。

二、二端口网络的等效

若两个二端口网络有相同的外特性，即相同的方程和参数，则这两个网络是等效的。因此可用简单的等效电路替代任意一个二端口网络。

1. 互易性网络的等效

对于不含受控源的互易网络，其外特性由 3 个独立参数所决定，其最简等效电路有两种形式：T 形电路或 Π 形电路，如图 10-18 所示。

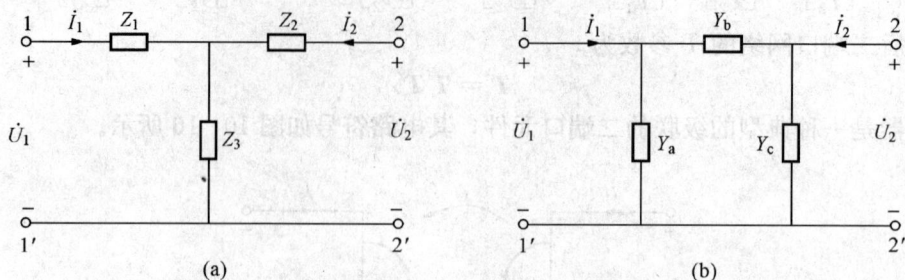

图 10-18 互易性网络的等效电路

(a) T 形网络；(b) Π 形网络

(1) T 形网络，其 Z 参数为

$$\left.\begin{array}{l} Z_{11} = Z_1 + Z_3 \\ Z_{22} = Z_2 + Z_3 \\ Z_{12} = Z_{21} + Z_3 \end{array}\right\} \tag{10-16}$$

如果给定 Z 参数，由上述关系式便可推出 T 形等效电路的 3 个元件表达式

$$Z_1 = Z_{11} - Z_{12}$$
$$Z_2 = Z_{22} - Z_{12}$$
$$Z_3 = Z_{12}$$

(2) Π 形网络，其 Y 参数为

$$\left.\begin{array}{l} Y_{11} = Y_a + Y_b \\ Y_{22} = Y_b + Y_c \\ Y_{12} = Y_{21} = -Y_b \end{array}\right\} \tag{10-17}$$

如果给定 Y 参数，Π 形等效电路的 3 个元件表达式为

$$Y_a = Y_{11} + Y_{12}$$
$$Y_c = Y_{22} + Y_{12}$$
$$Y_b = -Y_{12}$$

Z 参数和 Y 参数可以相互转换，所以，T 形网络和 Π 形网络也可以相互转换。在二端口电路设计及应用中，如果给定其他形式的参数，可以先转换成 Z 参数或 Y 参数，再等效成 T 形电路或 Π 形电路。阻抗的星形（Y）连接和三角形（△）连接之间的相互转换就是典型的 Z 参数和 Y 参数之间的相互转换。

2. 非互易性网络的等效

含有受控源的二端口网络一般不具有互易性，其 4 个参数是独立的，其等效电路形式较多，一般用一个互易网络和一个受控源来表示。

(1) 图 10-19 所示的含源二端口网络的 Z 参数方程为

$$\dot{U}_1 = Z_{11} \dot{I}_1 + Z_{12} \dot{I}_2$$

$$\dot{U}_2 = Z_{21}\dot{I}_1 + Z_{22}\dot{I}_2$$

含源二端口网络可以用一个互易的 T 形网络和一个电流控制电压源的组合来等效。T 形网络部分参数的确定与互易网络相同，受控源部分为 $(Z_{21}-Z_{12})\dot{I}_1$，如图 10-20 所示。

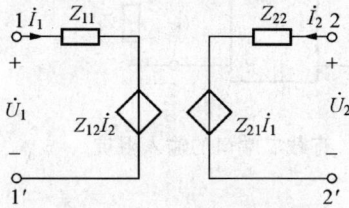

图 10-19 含源二端口网络

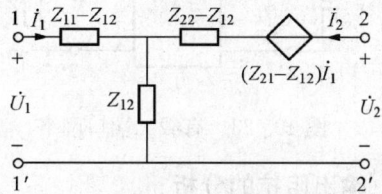

图 10-20 含源二端口网络的 Z 参数等效

（2）图 10-21 所示的含源二端口网络的 Y 参数方程为

$$\dot{I}_1 = Y_{11}\dot{U}_1 + Y_{12}\dot{U}_2$$
$$\dot{I}_2 = Y_{21}\dot{U}_1 + Y_{22}\dot{U}_2$$

含源二端口网络用一个互易的 Π 形网络和一个电压控制电流源的组合来等效。Π 形网络部分参数的确定与互易网络相同，受控源部分为 $(Y_{21}-Y_{12})\dot{U}_1$，如图 10-22 所示。

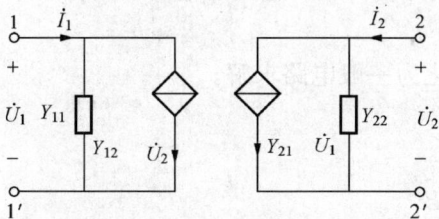

图 10-21 含源二端口网络

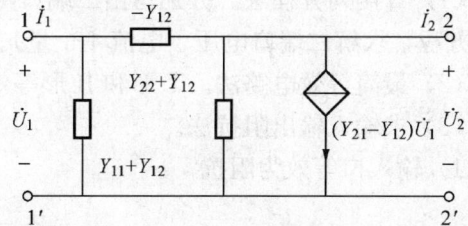

图 10-22 含源二端口网络的 Y 参数等效

第三节 二端口网络的分析

在工程实际中大量使用二端口网络，如放大器、滤波器等，这些二端口网络的输入端接有电信号（电源），输出端接有负载，即所谓的有载二端口网络，如图 10-23 所示。

分析有载二端口网络是为了了解二端口网络对其前端电源（信号源）的影响，以及对其后端负载的影响，所以要求出输入阻抗、输出阻抗。

一、输入阻抗的分析

有载二端口网络若从输入端看进去，则为无源一端口网络，如图 10-24 所示，可等效为一阻抗，用 T 参数表示，二端口网络的方程为

$$\left.\begin{aligned} \dot{U}_1 &= A\dot{U}_2 + B(-\dot{I}_2) \\ \dot{I}_1 &= C\dot{U}_2 + D(-\dot{I}_2) \\ \dot{U}_2 &= -Z_L\dot{I}_2 \end{aligned}\right\} \tag{10-18}$$

$$Z_i = \frac{\dot{U}_1}{\dot{I}_1} = \frac{AZ_L + B}{CZ_L + D}$$

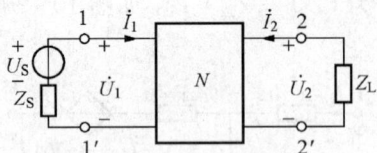

图 10-23 有载二端口网络

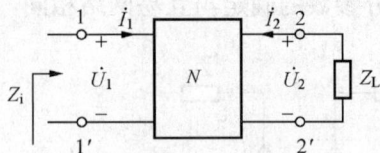

图 10-24 有载二端口的输入阻抗

二、输出阻抗的分析

二端口网络若从输出端看进去，则为有源一端口网络，如图 10-25 所示，可等效为一有伴电压源，则

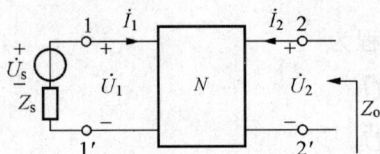

图 10-25 有载二端口的输出阻抗

$$Z_o = \frac{DZ_s + B}{CZ_s + A} \qquad (10-19)$$

$$\dot{U}_{OC} = \frac{\dot{U}_s}{A + CZ_s} \qquad (10-20)$$

三、二端口网络的基本分析方法

二端口网络的一般分析方法如下：

（1）直接列方程法。分别写出二端口网络的参数方程 2 个，输入、输出回路各 1 个（共 4 个方程，求解二端口电压、电流 4 个量）。

（2）最简等效电路法。T 形和 Π 形等效变换，化为一般电路求解。

（3）求输入输出阻抗法。

1）输入口等效为阻抗

$$Z_i = \frac{AZ_L + B}{CZ_L + D}$$

2）输出口戴维南等效电路

$$Z_o = \frac{DZ_s + B}{CZ_s + A}$$

$$\dot{U}_{OC} = \frac{\dot{U}_s}{A + CZ_s}$$

总之，二端口网络是实际电路应用中非常重要的组成部分，常用的二端口网络有运算放大器、变压器、回转器、复阻抗变换器、滤波器等。分析二端口网络要根据具体电路的要求，采用不同的方法，不要拘泥于以上所提的思路。

习　题

10-1　求图 10-26 所示二端口网络的 Z 参数。

10-2　如图 10-27 所示线性网络：

（1）求 U_1，假设 $Z = \begin{bmatrix} 4.7 & 2.2 \\ 2.2 & 3.3 \end{bmatrix}$ （kΩ），$I = \begin{bmatrix} 1.5 \\ -2.5 \end{bmatrix}$ （mA）。

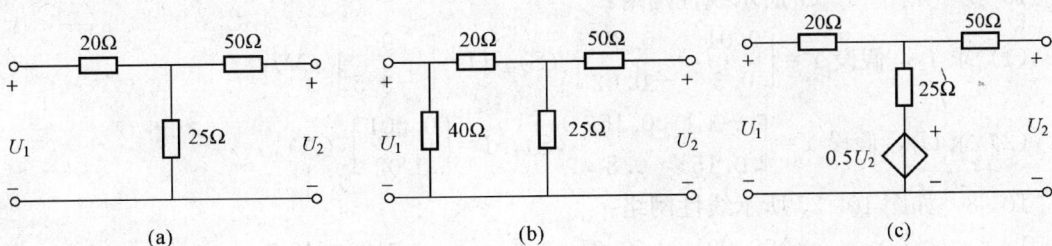

图 10-26 题 10-1 图

(2) 求 I_2，假设 $Z=\begin{bmatrix} -10 & 15 \\ 15 & 6 \end{bmatrix}$ (kΩ)，$U=\begin{bmatrix} 1 \\ -2 \end{bmatrix}$ (V)。

10-3 如图 10-27 所示线性网络：

(1) 求 U_2，假设 $Z=\begin{bmatrix} 5 & j \\ j & -2j \end{bmatrix}$ (Ω)，$I=\begin{bmatrix} 2\angle 20° \\ 2\angle 0° \end{bmatrix}$ (A)。

(2) 求 I_1，假设 $Z=\begin{bmatrix} -j & 2 \\ 4 & j4 \end{bmatrix}$ (Ω)，$U=\begin{bmatrix} 137\angle 30° \\ 105\angle 45° \end{bmatrix}$ (V)。

10-4 如图 10-28 所示网络：

(1) 求网络 Z 参数。

(2) 如果 $I_1=I_2=1$A，求电压增益 G_u。

图 10-27 题 10-2 图

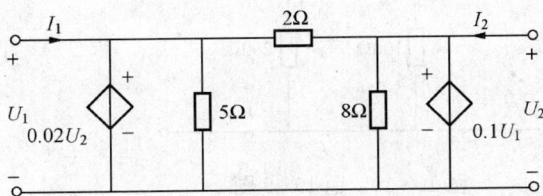

图 10-28 题 10-4 图

10-5 一个 Z 参数为 $\begin{bmatrix} 20 & 2 \\ 40 & 10 \end{bmatrix}$ (Ω) 的二端口网络由电源 $U_s=100\angle 0°$V 和 5Ω 电阻串联组合驱动，其输出端接有 25Ω 电阻。求从 25Ω 电阻看进去的戴维南等效电路。

10-6 求图 10-29 所示二端口网络的 Y 参数。

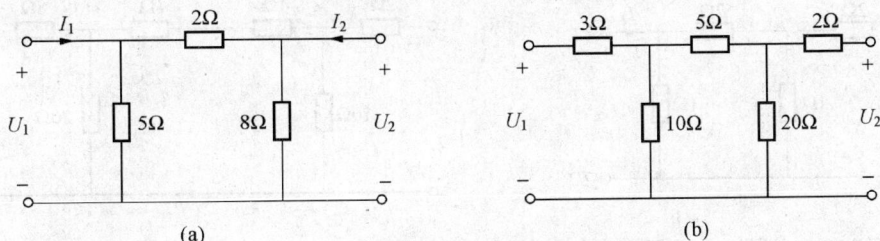

图 10-29 题 10-6 图

10-7　如图 10-27 所示线性网络：

(1) 求 I_2，假设 $Y=\begin{bmatrix} 0.01 & 0.3 \\ 0.3 & -0.02 \end{bmatrix}$ (S)，$U=\begin{bmatrix} 9 \\ -3.5 \end{bmatrix}$ (V)。

(2) 求 U_1，假设 $Y=\begin{bmatrix} -0.1 & 0.15 \\ 0.15 & 0.8 \end{bmatrix}$ (S)，$I=\begin{bmatrix} 0.001 \\ 0.02 \end{bmatrix}$ (A)。

10-8　如图 10-27 所示线性网络：

(1) 求 I_2，假设 $Y=\begin{bmatrix} 0.001 & j0.01 \\ j0.01 & -j0.005 \end{bmatrix}$ (S)，$U=\begin{bmatrix} 120\angle43° \\ 2\angle0° \end{bmatrix}$ (V)。

(2) 求 U_2，假设 $Y=\begin{bmatrix} -j5 & 10 \\ 4 & j10 \end{bmatrix}$ (S)，$I=\begin{bmatrix} 120\angle30° \\ 88\angle45° \end{bmatrix}$ (A)。

10-9　求图 10-30 所示二端口网络的 Y 参数。

10-10　如图 10-31 所示二端口网络，Y 参数 $Y=\begin{bmatrix} 0.1 & -0.0025 \\ -8 & 0.05 \end{bmatrix}$ (S)。

(1) 求 $\dfrac{U_2}{U_1}$，$\dfrac{I_2}{I_1}$，$\dfrac{U_1}{I_1}$。

(2) 移去 5Ω 电阻，并将 1V 电源置零，求 $\dfrac{U_2}{I_1}$。

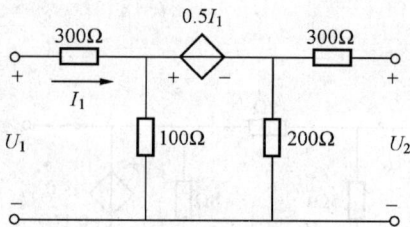

图 10-30　题 10-9 图

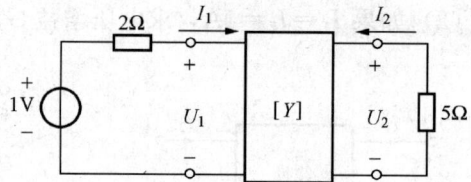

图 10-31　题 10-10 图

10-11　如图 10-32 所示二端口网络，试求：

(1) T 参数。

(2) T 形等效电路。

(3) 当 2—2′ 端口加电压 10V，1—1′ 端口接 2Ω 负载时，负载所吸收的功率。

10-12　求图 10-33 所示二端口网络的 T 参数。

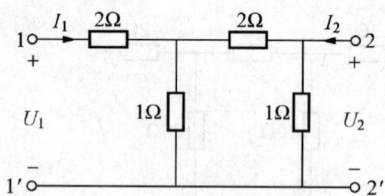

图 10-32　题 10-11 图

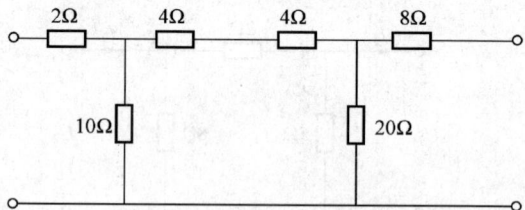

图 10-33　题 10-12 图

10-13　(1) 求图 10-34 所示单个电阻 2Ω 构成的二端口网络的 T 参数。

(2) 证明单个电阻 10Ω 组成的网络 T 参数等于 $t_a{}^5$。

10-14 求图 10-35 所示网络的 T 参数。

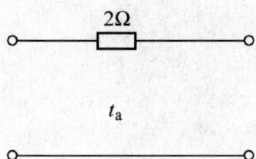

图 10-34 题 10-13 图

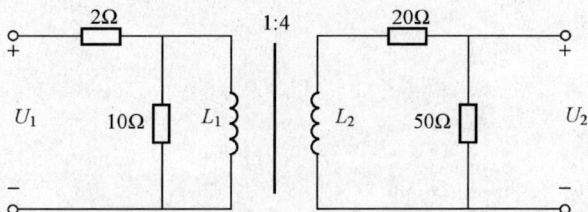

图 10-35 题 10-14 图

10-15 求图 10-36 所示二端口网络的 H 参数矩阵。

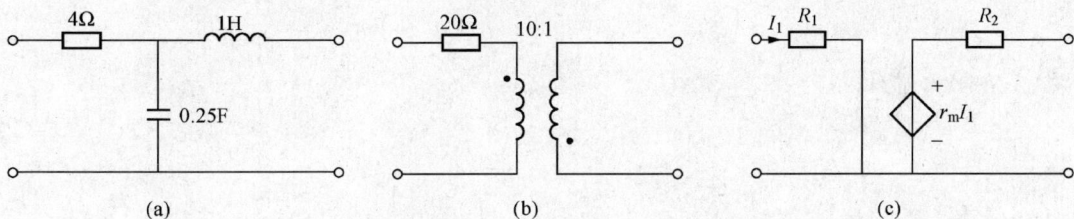

(a)　　　　(b)　　　　(c)

图 10-36 题 10-15 图

10-16 一个二端口网络的 H 参数矩阵为 $H = \begin{bmatrix} 9\Omega & -2 \\ 20 & 0.2S \end{bmatrix}$，求将一个 1Ω 电阻分别串联到下列位置后的 H 参数：①输入端；②输出端。

10-17 二端口网络如图 10-37 所示，设 $H_{11}=1k\Omega$，$H_{12}=-1$，$H_{21}=4$，$H_{22}=500\mu S$，求传输给下列元件的平均功率：①$R_S=200\Omega$；②$R_L=1k\Omega$；③整个二端口网络。

10-18 求图 10-38 所示二端口网络的 Z、Y、H 参数。

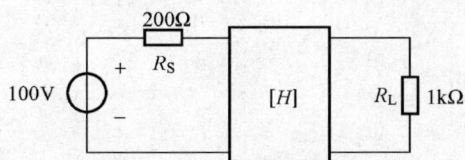

图 10-37 题 10-17 图

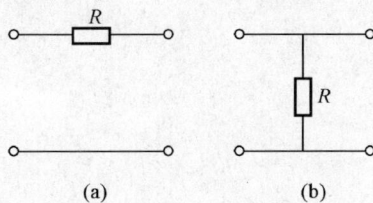

(a)　　　　(b)

图 10-38 题 10-18 图

10-19 如图 10-39 所示二端口网络，选择四种参数中最容易确定的一种，写出参数矩阵。

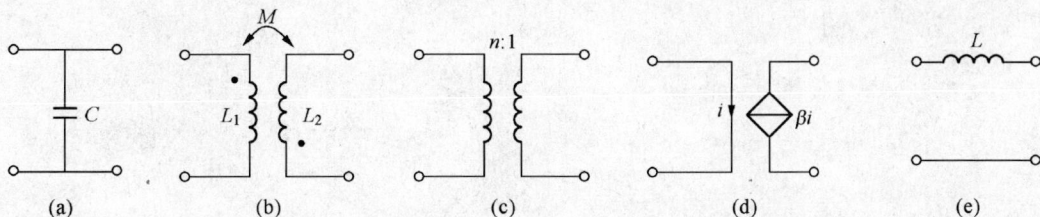

(a)　　(b)　　(c)　　(d)　　(e)

图 10-39 题 10-19 图

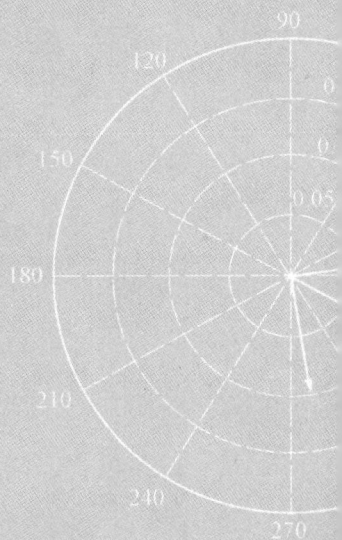

第十一章 | **计算机辅助电路分析**

随着多数据多通道控制系统、通信系统和信息处理系统的发展，电路的复杂程度越来越高，分析求解电路所需要的方程个数急剧增多，一方面，计算量增大，给手工分析带来巨大困难；另一方面，计算机的普及，各种软件的开发使科学计算变得既快速又简单。在电路分析中，使用计算机辅助计算及仿真的条件已经成熟，计算机已成为电路分析的必备工具。

第一节 Matlab 工具在电路分析中的应用

Matlab 是研究矩阵理论的工具，具有功能强大的工具箱，可以实现矩阵的各种计算，其符号计算工具箱 Symbolic Math Toolbox 可完成多项式的计算、多项式的求导、线性方程组的求解、非线性方程组的求解等。电路分析，无非是依据电路方程，进行各类方程的求解过程。因此，二者的结合可以说是水到渠成。本章所有程序都是基于 Matlab7.0 编写并在此环境下调试。

一、Matlab 电路分析的步骤

（1）根据电路定理列出电路方程。

（2）写出方程矩阵。

（3）编写 Matlab 程序。

（4）运行程序，查看结果。

二、电阻电路的分析

电阻电路是只含有电源与电阻元件的电路，本书第一～三章所介绍的电路都是电阻电路。电阻电路的分析方法有：①依据 KCL、KVL、VCR 直接列方程分析。②利用各种经验技巧列方程分析，如支路电流法、回路电流法、节点电压法。③利用电路定理分析，如戴维南—诺顿定理等。无论采用何种方法，都是列方程求解各电流、电压、功率、能量。因此，完全可以使用 Matlab 分析。下面用实例来说明。

【例 11-1】 在如图 11-1 所示电路中，求各支路电流。

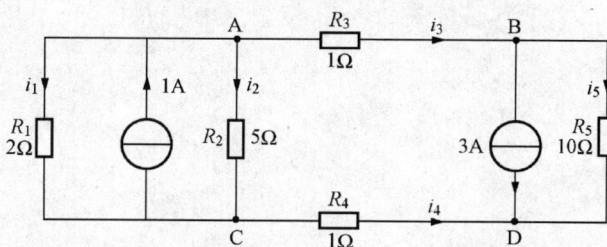

图 11-1 ［例 11-1］图

解 （1）观察电路含有 4 个节点，4 个回路，用节点电压法分析。以 D 点为参考节点，列 A、B、C 节点的节点电压方程如下

$$\begin{cases} \left(\dfrac{1}{R_1}+\dfrac{1}{R_2}+\dfrac{1}{R_3}\right)u_A - \dfrac{1}{R_3}u_B - \left(\dfrac{1}{R_1}+\dfrac{1}{R_2}\right)u_C = i_{s1} \\ -\left(\dfrac{1}{R_3}\right)u_A + \left(\dfrac{1}{R_3}+\dfrac{1}{R_5}\right)u_B = -i_{s2} \\ -\left(\dfrac{1}{R_1}+\dfrac{1}{R_2}\right)u_A + \left(\dfrac{1}{R_1}+\dfrac{1}{R_2}+\dfrac{1}{R_4}\right)u_C = -i_{s1} \end{cases}$$

（2）写出方程矩阵形式：

$$\begin{bmatrix} \dfrac{1}{R_1}+\dfrac{1}{R_2}+\dfrac{1}{R_3} & -\dfrac{1}{R_3} & -\left(\dfrac{1}{R_1}+\dfrac{1}{R_2}\right) \\[2ex] -\dfrac{1}{R_3} & \dfrac{1}{R_3}+\dfrac{1}{R_5} & 0 \\[2ex] -\left(\dfrac{1}{R_1}+\dfrac{1}{R_2}\right) & 0 & \dfrac{1}{R_1}+\dfrac{1}{R_2}+\dfrac{1}{R_4} \end{bmatrix} \begin{bmatrix} u_A \\ u_B \\ u_C \end{bmatrix}=\begin{bmatrix} i_{s1} \\ -i_{s2} \\ -i_{s1} \end{bmatrix}$$

可以写成 $\qquad\qquad AU=B,\ U=A^{-1}B$

用支路电压表示支路电流

$$i_1=\frac{u_A-u_C}{R_1},\quad i_2=\frac{u_A-u_C}{R_2},\quad i_3=\frac{u_A-u_B}{R_3},\quad i_4=\frac{u_C}{R_4},\quad i_5=\frac{u_B}{R_5}$$

（3）编写 Matlab 程序如下：

```
R1 = 2;R2 = 5;R3 = 1;R4 = 1;R5 = 10;is1 = 1;is2 = 3;
a11 = 1/R1 + 1/R2 + 1/R3;a12 = - 1/R3;a13 = - (1/R1 + 1/R2);
a21 = - 1/R3;a22 = 1/R3 + 1/R5;a23 = 0;
a31 = - (1/R1 + 1/R2);a32 = 0;a33 = 1/R1 + 1/R2 + 1/R4;
A = [a11,a12,a13,a21,a22,a23,a31,a32,a33];
B = [is1 ; - is2 ; - is1];
C = inv(A);
U = C * B;
uA = U(1);
uB = U(2);
uC = U(3);
i1 = (uA - uC)/R1;
i2 = (uA - uC)/R2;
i3 = (uA - uB)/R3;
i4 = uC/R4;
i5 = uC/R5;
```

运行结果：

```
A =   1.7000   - 1.0000   - 0.7000
    - 1.0000     1.1000          0
    - 0.7000          0     1.7000
B = [1   - 3     - 1]ᵀ
C = 1.9894   1.8085   0.8191
    1.8085   2.5532   0.7447
    0.8191   0.7447   0.9255
U = [- 4.2553   - 6.5957   - 2.3404]ᵀ
uA = - 4.2553   uB = - 6.5957   uC = - 2.3404
i1 = - 0.9574   i2 = - 0.3830   i3 = 2.3404   i4 = - 2.3404   i5 = - 0.2340
```

【例 11 - 2】 电路如图 11 - 2 所示，求解各节点电压。

解 （1）观察电路有 4 个节点，5 个网孔路，用节点电压法分析。选定参考节点，列 A、B、C 节点的节点电压方程如下

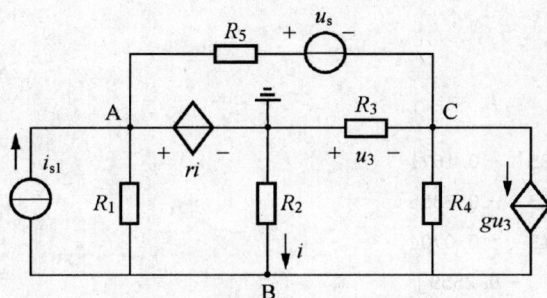

图 11 - 2　[例 11 - 2] 图

$$\begin{cases} u_A = ri \\ -\dfrac{1}{R}u_A + \left(\dfrac{1}{R_1} + \dfrac{1}{R_2} + \dfrac{1}{R_4}\right)u_B - \dfrac{1}{R_4}u_C = -i_{s1} + gu_3 \\ -\dfrac{1}{R_5}u_A - \dfrac{1}{R_4}u_B + \left(\dfrac{1}{R_4} + \dfrac{1}{R_3} + \dfrac{1}{R_5}\right)u_C = -gu_3 - \dfrac{u_s}{R_5} \end{cases}$$

$$u_3 = -u_C \quad i = -u_B/R_2$$

将变量移至等式左端，得到如下方程

$$\begin{cases} u_A + \dfrac{u_B}{R_2} = 0 \\ -\dfrac{1}{R_1}u_A + \left(\dfrac{1}{R_1} + \dfrac{1}{R_2} + \dfrac{1}{R_4}\right)u_B - \left(\dfrac{1}{R_4} - g\right)u_C = -i_{s1} \\ -\dfrac{1}{R_5}u_A - \dfrac{1}{R_4}u_B + \left(\dfrac{1}{R_4} + \dfrac{1}{R_3} + \dfrac{1}{R_5} - g\right)u_c = -\dfrac{u_s}{R_5} \end{cases}$$

（2）写出方程矩阵形式：

$$\begin{bmatrix} 1 & \dfrac{1}{R_2} & 0 \\ -\dfrac{1}{R_1} & \dfrac{1}{R_1} + \dfrac{1}{R_2} + \dfrac{1}{R_4} & -\left(\dfrac{1}{R_4} - g\right) \\ -\dfrac{1}{R_5} & -\dfrac{1}{R_4} & \dfrac{1}{R_3} + \dfrac{1}{R_4} + \dfrac{1}{R_5} - g \end{bmatrix} \begin{bmatrix} u_A \\ u_B \\ u_C \end{bmatrix} = \begin{bmatrix} 0 \\ -i_{s1} \\ -\dfrac{u_s}{R_5} \end{bmatrix}$$

可以写成　　　　　　　　　　　　$AU = B,\ U = A^{-1}B$

（3）编写 Matlab 程序如下：

```
R1 = 2;R2 = 5;R3 = 1;R4 = 1;R5 = 10;is1 = 1;us = 3;r = 15;g = 20;
a11 = 1;a12 = -1/R2;a13 = -0;(1/R1 + 1/R2)
a21 = -1/R1;a22 = 1/R1 + 1/R2 + 1/R4;a23 = -1/R4 + g;
a31 = -1/R5;a32 = -1/R4;a33 = 1/R3 + 1/R5 + 1/R4;
A = [a11,a12,a13;a21,a22,a23;a31,a32,a33];
B = [0; -is1; -us/R3];
C = inv(A);
U = C*B;
```

```
uA = U(1);
uB = U(2);
uC = U(3);
```

运行结果：

```
C =    0.9925    0.0185   - 0.1671
      - 0.0374    0.0923   - 0.8355
        0.0295    0.0449    0.0704
```

$U = \begin{bmatrix} 0.4828 & 2.4142 & -0.2559 \end{bmatrix}^{T}$

uA = 0.4828   uB = 2.4142   uC = - 0.2559

三、动态电路的分析

动态电路的分析常采用三要素法，求变量的初值、稳态值、时间常数。设某一阶电路在 $t=0$ 时刻换路，换路后，电路中的电源为直流电源或无电源，$x(t)$ 是某一支路的响应，即某一支路的电压或电流，则有

$$x(t) = x(\infty) + [x(0) - x(\infty)]\mathrm{e}^{-t/\tau}$$

式中：$x(0)$ 是 $x(t)$ 的初值；$x(\infty)$ 是 $x(t)$ 的稳态值；τ 是电路的时间常数。

【例 11 - 3】 电路如图 11 - 3 所示，$R_1 = 5\Omega$，$R_2 = 3\Omega$，$R_3 = 2\Omega$，$C = 0.2\mathrm{F}$，$i_S = 2\mathrm{A}$，换路前电路已稳定，求换路后的 i 和 u，并画出它们的波形。

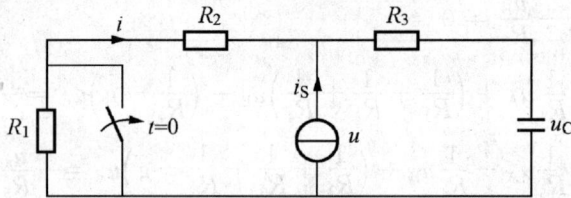

图 11 - 3 ［例 11 - 3］ 图

解 根据换路定理：$u_c(0^+) = u_c(0^-) - i_S(R_2 + R_1)$

换路后 $t = 0^+$ 时刻：$u(0^+) = i(0^+)R_2$

利用 $-u_c(0^+) = [i(0^+) + i_S]R_3 + R_2 i(0^+)$ 可求得 $i(0^+)$。

$t = \infty$ 时，$i(\infty) = -i_S$，$u(\infty) = R_2 i_S$，$\tau = (R_2 + R_3)C$

Matlab 程序如下：

```
R1 = 1,R2 = 3,R3 = 2,C = 0.2,is = 2;          % 设定电路参数
uc0 = is*(R1 + R2);                           % 计算 uc 的初始值
i0 = ( - uc0 - is*R3)/(R3 + R2);              % 计算 i 的初始值
u0 = - R2*i0;                                 % 计算 u 的初始值
i1 = - is;                                    % 计算 i1 的初始值
u1 = is*R2;                                   % 计算 u 的稳态值
t = 0:0.1:10;                                 % 设定时间数组
tao = C*(R2 + R3);                            % 计算时间常数
i = i1 + (i0 - i1)*exp( - t/tao);             % 计算 i
u = u1 + (u0 - u1)*exp( - t/tao);             % 计算 u
```

```
subplot(211),plot(t,i);xlabel(t),ylabel(I);          %画i的变化曲线
axis([0 10 -4 -1.8]);grid;
```

运行程序得到 i、u 及其变化曲线（见图 11-4）。

```
uc0 = 8   i0 = -2.4000    u0 = 7.2000    i1 = -2   u1 = 6
```

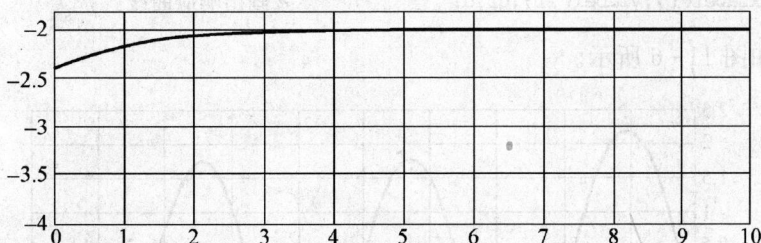

图 11-4　电流响应曲线

【例 11-4】　正弦激励下的一阶电路，如图 11-5 所示，已知 $R=2\Omega$，$L=1\mathrm{H}$，$i_\mathrm{L}(0+)$ =2A，$u_\mathrm{S}(t)=5\sin2t\mathrm{V}$ 求电感电流 i_L 的响应，并画出波形。

解　电路的微分方程为

$$L\frac{\mathrm{d}i_\mathrm{L}}{\mathrm{d}t}+Ri_\mathrm{L}=U_\mathrm{m}\sin\omega t$$

图 11-5　[例 11-4]图

电感电流的特解

$$i_{\mathrm{L}(t)}=I_\mathrm{m}\sin(\omega t+\theta)$$

将特解带入微分方程并整理得

$$(RI_\mathrm{m}\cos\theta-L\omega I_\mathrm{m}\sin\theta)\sin\omega t+(RI_\mathrm{m}\sin\theta-L\omega I_\mathrm{m}\cos\theta)\cos\omega t=U_\mathrm{m}\sin\omega t$$

分别取 $t=0$ 和 $t=\frac{\pi}{2\omega}$，可得

$$\begin{cases}(RI_\mathrm{m}\sin\theta-L\omega I_\mathrm{m}\cos\theta)=0\\(RI_\mathrm{m}\cos\theta-L\omega I_\mathrm{m}\sin\theta)=U_m\end{cases}$$

则

$$\begin{cases}\theta=-\mathrm{atctan}\dfrac{L\omega}{R}\\I_\mathrm{m}=\dfrac{U_\mathrm{m}}{\sqrt{R^2+(L\omega)^2}}\end{cases}$$

带入已知量可求解 I_m 和 θ，则

$$i_\mathrm{L}(t)=i_{\mathrm{LS}}(t)+[i_\mathrm{L}(0+)-i_{\mathrm{LS}}(0+)]\mathrm{e}^{-t/\tau}$$

Matlab 程序如下：

```
R = 2,um = 5,w = 2,il0 = 2,L = 1;          %设定电路参数
tao = L/R;                                 %计算时间常数
t = 0:0.01:10;                             %设定时间数组
u = um * sin(w * t);                       %设激励信号
phi = -atan(w * L/R);                      %电感电流特解的相位
```

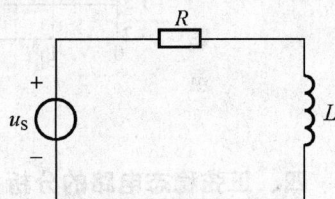

```
im = um/sqrt(R^2 + (w * L)^2);        %电感电流特解的最大值
i1p = im * sin(w * t + phi);          %特解的初值
b = il0 * exp( - t/tao);
a = im * exp( - t/tao). * sin(w * t + phi);   %电感电流的特解
il = i1p + a + b;                     %电感电流的全响应
plot(t,il);xlabel(ʻtʼ),ylabel(ʻilʼ),grid;     %画出响应曲线
```

运行结果如图 11 - 6 所示。

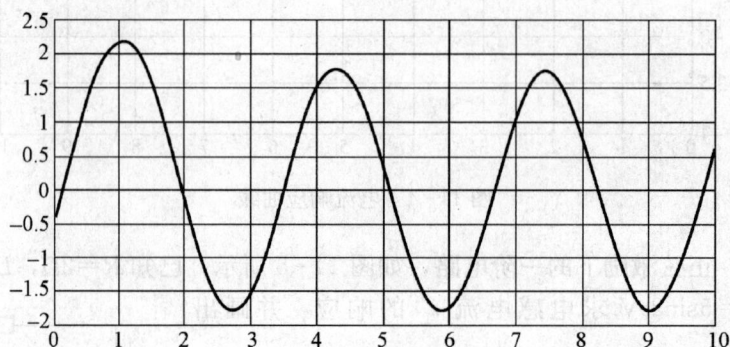

图 11 - 6   输出响应曲线

四、正弦稳态电路的分析

正弦稳态电路是指在正弦激励源作用下，线性电路达到稳态时的电路，其电压、电流响应均为同频正弦量。正弦稳态电路的分析可采用相量法，电阻电路分析方法均适用。

【例 11 - 5】   在图 11 - 7 所示电路中，$\dot{U}_s = 100\angle 60°\text{V}$，$R_1 = 5\Omega$，$R_2 = 100\Omega$，$L = 1\text{H}$，$C = 20\mu\text{F}$，$\omega = 628\text{rad/s}$，求 $\dot{I}$、$\dot{I}_1$、$\dot{I}_2$。

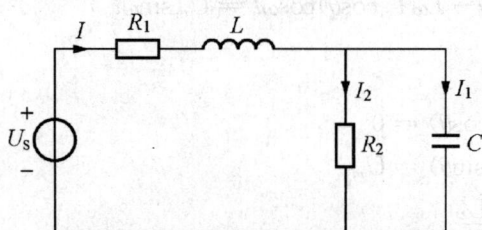

图 11 - 7   [例 11 - 5] 图

解   电路的总阻抗为

$$Z = R_1 + j\omega L + \frac{1}{j\omega C + 1/R_2}$$

总电流为

$$\dot{I} = \frac{\dot{U}}{Z}$$

各支路电流为

$$\dot{I}_1 = \frac{\dot{I}R_2}{R_2 + \dfrac{1}{j\omega C}}, \quad \dot{I}_2 = \dot{I} - \dot{I}_1$$

Matlab 程序如下：

```
R1 = 5,R2 = 100,L = 1,C = 20e - 6,w = 628;    %设定电路参数
u = 100*exp(j*60*pi/180);              %设信号源
z1 = j*w*L;z2 = 1/(j*w*C);             %计算感抗和容抗
z = R1 + z1 + (1/z2 + 1/R2) ;          %计算总阻抗
I = u/z;                               %计算总电流
```

```
I1 = I*R2/(R2 + z2);                            %计算支路电流
I2 = I - I1;
disp('I   I1   I2');                            %显示个物理量名称
disp('幅值'),disp(abs([I,I1,I2]));              %显示幅值
disp('相角'),disp(angle ([I,I1,I2])*180/pi);    %显示相角
compass([I,I1,I2])                              %画出电路相量图
```

运行结果：

I1 = 0.1230 + 0.0195i   I2 = 0.0155 − 0.0980i

	I	I1	I2
幅值	0.1592	0.1246	0.0992
相角	29.5429	8.9831	−81.0169

电路的相量图如图 11-8 所示。

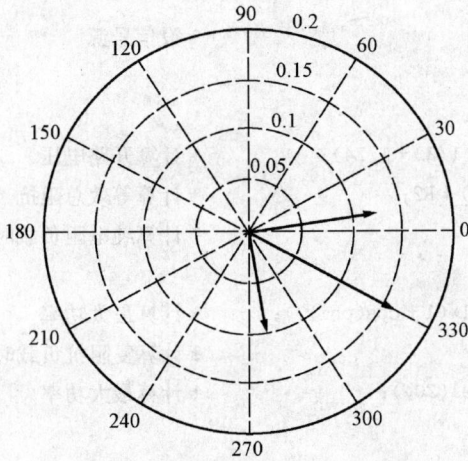

图 11-8 电路的相量图

【例 11-6】 在图 11-9 所示电路中，已知 $R_1=2\Omega$，$R_2=4\Omega$，$L=2\mathrm{H}$，$C=1\mathrm{F}$，$\dot{U}_\mathrm{S}=2\angle30°\mathrm{V}$，$\dot{I}_\mathrm{s}=1\angle45°\mathrm{A}$，$\omega=2\mathrm{rad/s}$，求负载元件 Z_L 的值为多少时负载获得最大功率，并求最大功率的值。

解 从负载 Z_L 端开路，如图 11-10 所示，列节点电压方程，求开路电压

$$\left(\frac{1}{R_1}+\frac{1}{\mathrm{j}\omega L}+\mathrm{j}\omega C\right)\dot{U}_\mathrm{oc}=\dot{I}_\mathrm{s}+\frac{\dot{U}_\mathrm{oc}}{\mathrm{j}\omega L}$$

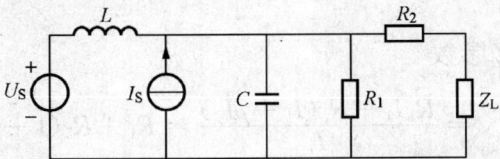

图 11-9 ［例 11-6］图

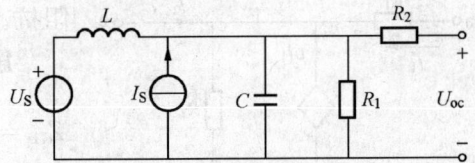

图 11-10 负载 Z_L 开路

等效阻抗

$$Z_0 = j\omega L \text{ // } \frac{1}{j\omega C} \text{ // } R_1 + R_2$$

(1) 当负载为纯电阻时，获得最大功率的条件是 $Z_L = |Z_0|$，获得的最大功率为

$$P_{max} = \frac{U_{oc}^2}{2Z_L(1+\cos\theta)} \quad (\theta \text{ 是 } Z_0 \text{ 的相位角})$$

(2) 当负载不是纯电阻时，获得最大公路的条件是 $Z_L = Z_0^*$，获得的最大功率为

$$P_{max} = \frac{U_{oc}^2}{4R_0} = \frac{U_{oc}^2}{4R_e Z_0}$$

Matlab 程序如下：

```
R1 = 2,R2 = 4,L = 2,C = 1,w = 2;          % 设定电路参数
Z3 = j*w*L;Z4 = 1/(j*w*C);                % 计算感抗和容抗
a = exp(j*30*pi/180);
Us = 2 * a;                               % 设信号源
b = exp(j*45*pi/180);
Is = 1 * b;
Uoc = (Is + Us/Z3)/(1/R1 + 1/Z3 + 1/Z4);  % 计算开路电压
Z0 = 1/(1/Z3 + 1/Z4 + 1/R1) + R2;         % 计算等效总阻抗
Zl1 = abs(Z0);                            % 计算纯电阻负载时的最大负载
phi = angle (Z0);
pm1 = (abs(Uoc))^2/(2*Zl1*(1 + cos(phi))); % 计算最大功率
Zl2 = conj(Z0);                           % 计算复阻抗负载时的最大负载
pm2 = (abs(Uoc))^2/(4*real(Z0));          % 计算最大功率
```

运行结果：

```
R1 = 2    R2 = 4    L = 2    C = 1    Us = 1.7321 + 1.0000i
b = 0.7071 + 0.7071i    Is = 0.7071 + 0.7071i    Uoc = 0.2893 - 0.4643i
Z0 = 4.1509 - 0.5283i    Zl1 = 4.1844    phi = - 0.1266    pm1 = 0.0179
Zl2 = 4..1509 + 0.5283i    pm2 = 0.0180
```

五、二端口网络的分析

含有两个端口的网络称为二端口网络，它可以用分别用 Y 参数、Z 参数、T 参数、H 参数以及 B 参数、G 参数等表示。

【例 11-7】 电路如图 11-11 所示，已知 $R_1 = 50\Omega$，$R_2 = 100\Omega$，$\mu = 3$，计算该网络的 Z 参数，在 c、d 之间接上负载 $R_L = 200\Omega$，求电路的输入阻抗。

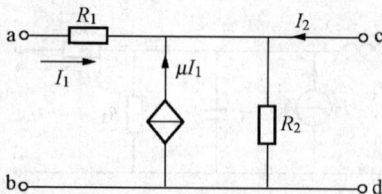

图 11-11　[例 11-7] 图

解 求 Z 参数

$$Z_{11} = \frac{\dot{U}_1}{\dot{I}_1}\bigg|_{\dot{I}_2=0} = \frac{R_1 I_1 + R_2(I_1 + \mu I_1)}{I_1} = R_1 + R_2(1+\mu)$$

$$Z_{12} = \frac{\dot{U}_1}{\dot{I}_2}\bigg|_{\dot{I}_1=0} = \frac{R_2 I_2}{I_2} = R_2$$

$$Z_{21} = \left. \frac{\dot{U}_2}{\dot{I}_1} \right|_{\dot{I}_2=0} = \frac{\mu R_2 I_1}{I_1} = \mu R_2$$

$$Z_{22} = \left. \frac{\dot{U}_2}{\dot{I}_2} \right|_{\dot{I}_1=0} = \frac{R_2 I_2}{I_2} = R_2$$

解得
$$Z_i = \frac{U_1}{I_1} = \frac{|Z| + Z_{11}Z_L}{Z_{22}Z_L}$$

Matlab 程序如下：

```
R1 = 50,R2 = 100,L = 1,mu = 3;RL = 200;          % 设定电路参数
z11 = R1 + R2*(1 + mu);                          % 计算 Z 参数
z12 = R2;
z21 = mu * R2;
z22 = R2;
Z = [z11,z12; z21,z22];
Zi = (det(Z) + z11*RL)/(z22 + RL);
运行结果：
R1 = 50  R2 = 100  L = 1  z11 = 450  z12 = 100  z21 = 300  z22 = 100
Z = 450  100
    300  100
Zi = 350
```

总之，利用 Matlab 分析电路首先要正确书写电路方程，Matlab 所完成的只是解方程的过程，正确输入电路参数，可以获得所需要的参数或响应曲线，但是不能直观观察电路中参量变化的过程。下面我们介绍 Multisim 仿真软件。

第二节　Multisim 电路分析与仿真

Multisim 仿真软件使用方便，可实现电路仿真与分析。可以在 Multisim 界面输入电路图，利用 Multisim 中的虚拟仪表，直观地看出电路的激励与响应之间的关系，让电路脱离数学分析，直接看到电路的响应变化过程。本章所有仿真均在 Multisim10 环境下完成。

分析与仿真步骤如下：

（1）打开 Multisim 界面，选择元器件，绘制电路图。

（2）调用虚拟仪器，如数字万用表、数字示波器、电压表、电流表、功率表等，设置仪表参数。

（3）开启仿真开关，等候仿真结果。

【例 11 - 8】　求图 11 - 12 所示电路各支路电流。

解　（1）绘制电路图，选择元件，连接元件，注意在绘制电路图时，一定要接地。如图 11 - 12 所示。

（2）选择虚拟测量仪表，将数字电流压表连接到电路图中，注意电流参考方向和电流表的连接方向保持一致，如图 11 - 13 所示。

（3）开启仿真开关，仪器可以显示各支路电流压，如图 11 - 14 所示。

由此结果可直接看出支路电流分别为 $i_1=-4\mathrm{A}$，$i_2=-4\mathrm{A}$，$i_3=8\mathrm{A}$。

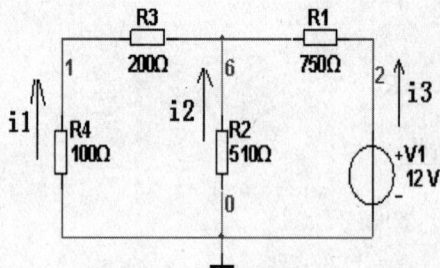

图 11-12　[例 11-8]图

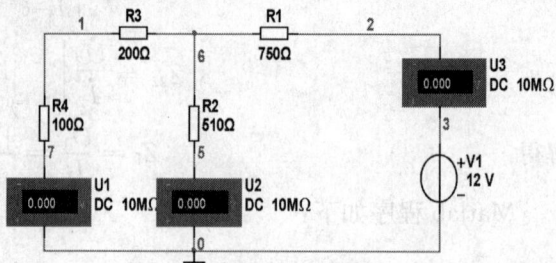

图 11-13　[例 11-8]电路测试图

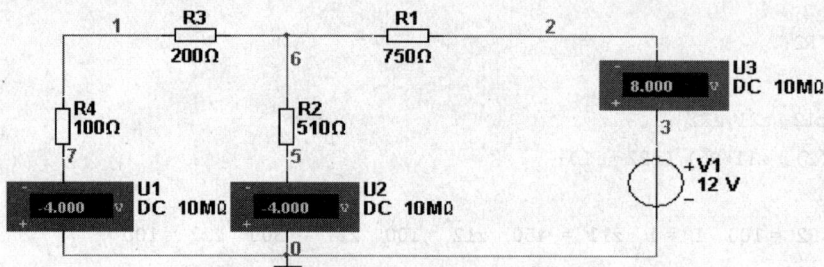

图 11-14　[例 11-8]仿真电路图

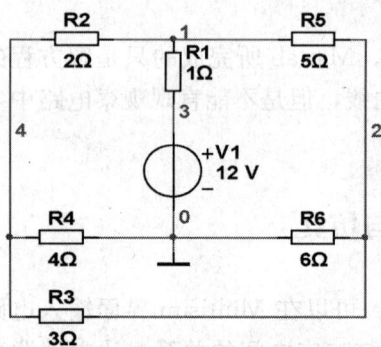

图 11-15　[例 11-9]图

【例 11-9】　求图 11-15 所示电路电阻 R_3 上的电流。

解　(1) 在电子仿真软件 Multisim 平台上绘制电路图，如图 11-15 所示。

(2) 选择万用表作为测试工具，如图 11-16 所示。注意电压表、电流表的正确连接及参数选择。

(3) 运行仿真。从仪表可读出 R_3 的电流为 163.544mA。

【例 11-10】　节点电压分析法仿真。电路如图11-17所示。

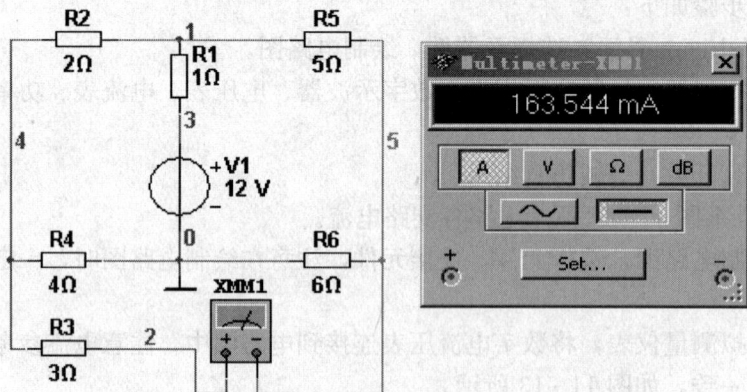

图 11-16　仪表选用及仿真结果

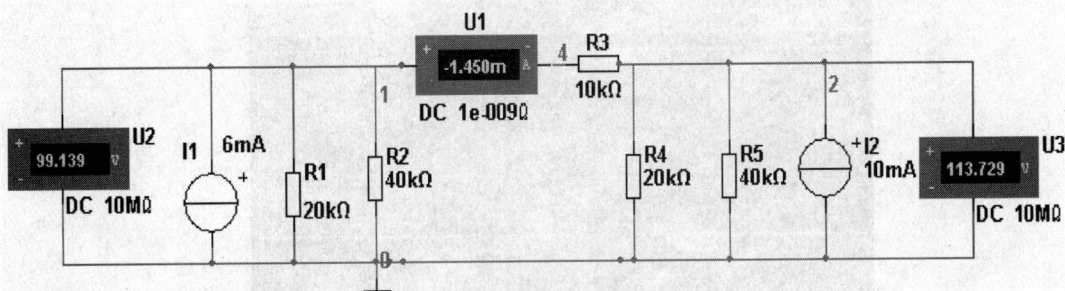

图 11-17 ［例 11-10］仿真电路图

解 列节点电压方程

$$u_1\left(\frac{1}{20}+\frac{1}{40}+\frac{1}{10}\right)-u_2\times\frac{1}{10}=6$$

$$-u_1\times\frac{1}{10}+u_2\left(\frac{1}{20}+\frac{1}{40}+\frac{1}{10}\right)=10$$

解得：$u_1=99.139$（V），$u_2=113.729$（V）

动态电路的分析使用 Multisim 更直观，效果更好。

【例 11-11】 RC 电路的零状态响应与零输入相应。电路如图 11-18 所示，开关在 2 位置很长时间，使电路处于稳定状态，示波器显示如图 11-19 所示，$u_c=0$。

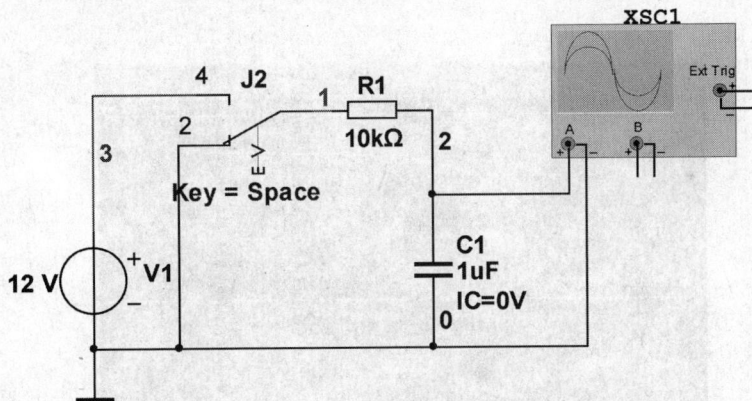

图 11-18 ［例 11-11］图

解 开关在 $t=0$ 时刻切换到 4 位置，则 u_c 的变化如图 11-20 所示。电路达到稳定后的响应曲线如图 11-21 所示，再从 2 位置切换到 4 位置，响应曲线如图 11-22 所示。

【例 11-12】 当给 RC 电路输入一频率为 1kHz、幅值为 10V 的方波电压时，电路如图 11-23 所示，求电容上的电压值。

解 开关合上，可以从示波器上看到信号源电压 u_s 与电容 C 上的电压 u_c 之间的关系。如图 11-24 所示是 RC 电路的全响应。

【例 11-13】 正弦稳态电路的分析。电路如图 11-25 所示，求电流 $i(t)$。

绘制好电路图后，接通仿真，可以清楚地看到电流 i 的变化曲线，如图 11-26 所示。

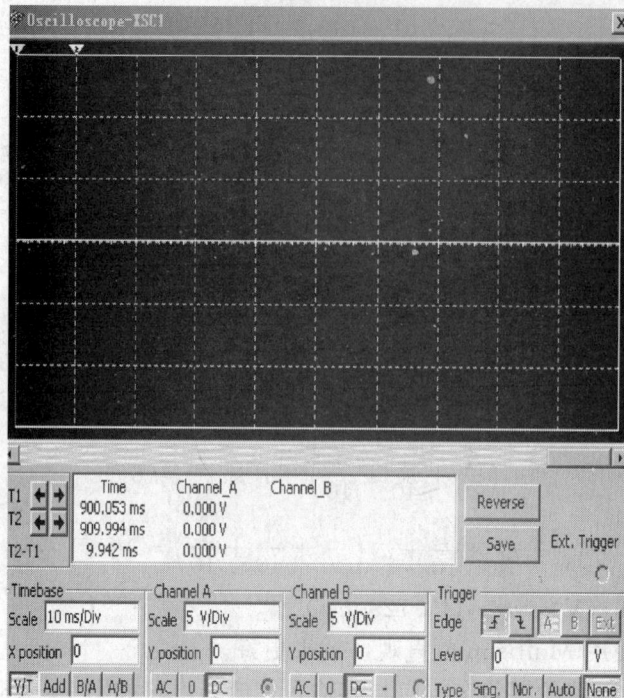

图 11-19 ［例 11-11］初始状态响应

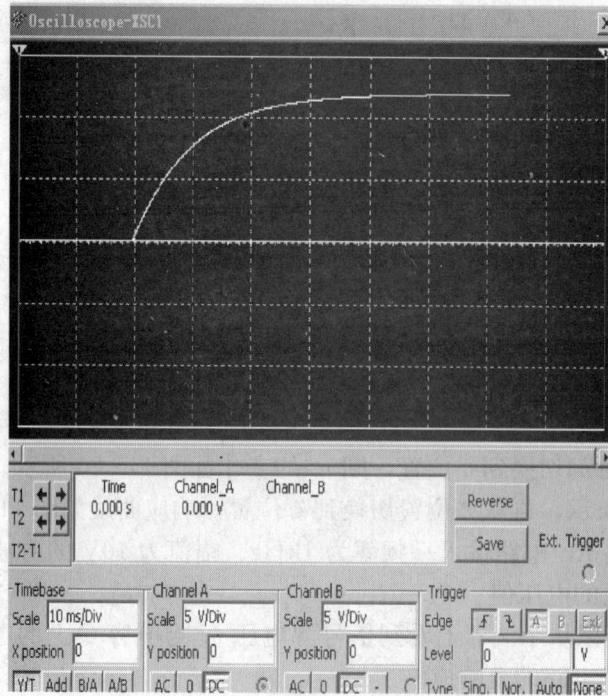

图 11-20 ［例 11-11］零状态响应

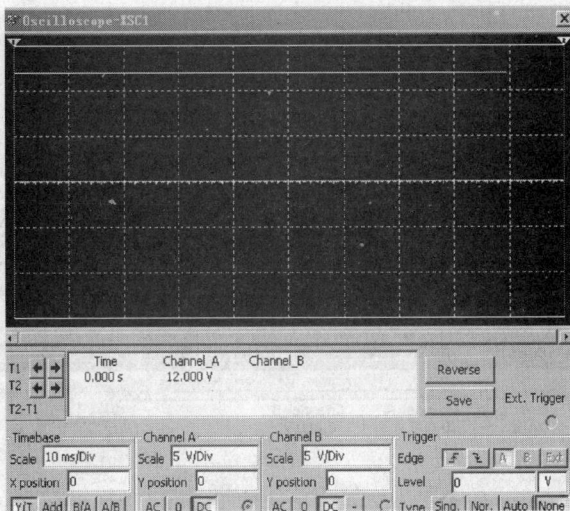

图 11-21 ［例 11-11］零状态响应达到稳定

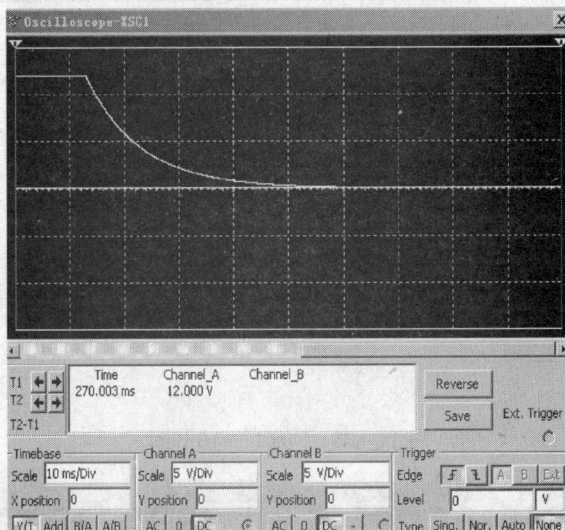

图 11-22 ［例 11-11］零输入态响应

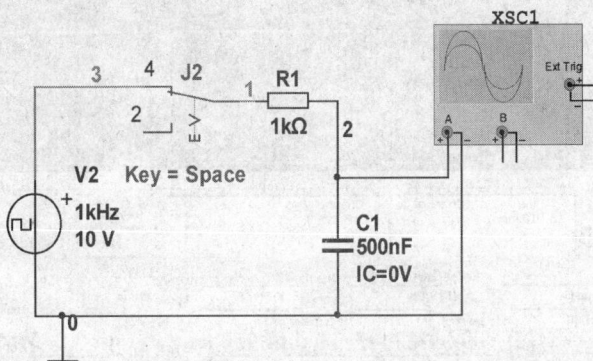

图 11-23 ［例 11-12］图

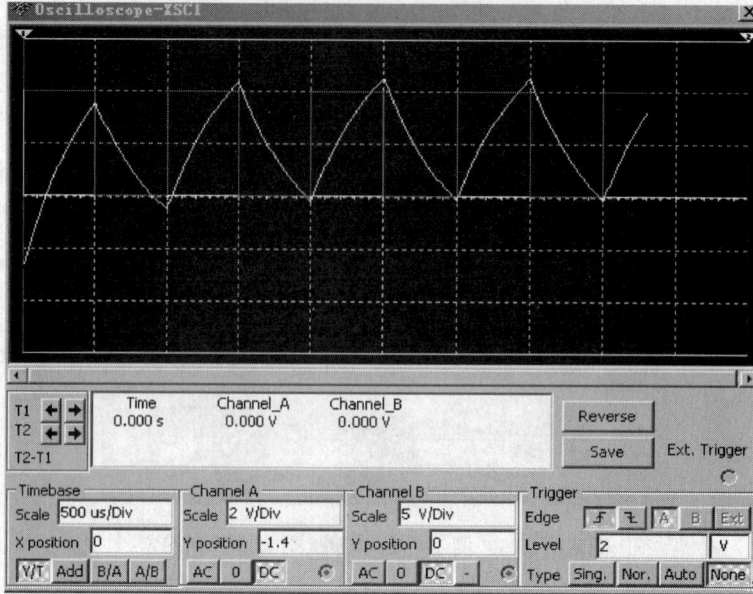

图 11-24 ［例 11-12］电路的全响应

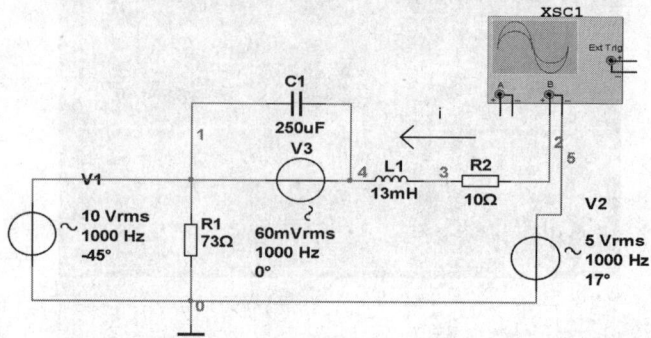

图 11-25 ［例 11-13］图

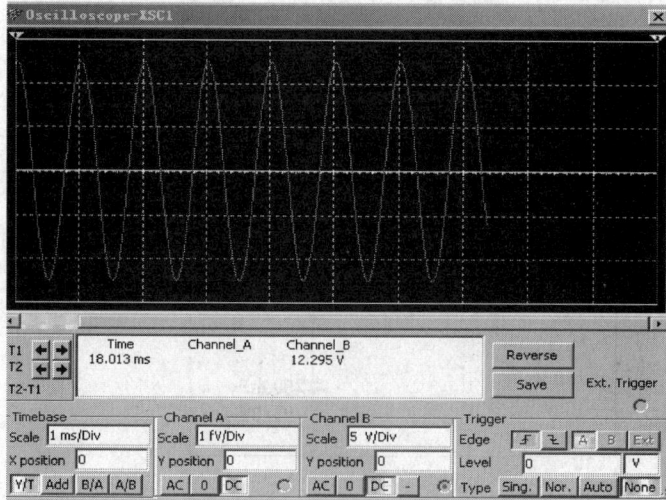

图 11-26 ［例 11-13］的电流 i 响应曲线

电路仿真软件可以帮助我们更好地解决电路的设计、电路的分析问题。利用计算机实现电路分析设计已成为当今电子技术领域的必修课程。

习　　题

11-1　用 Matlab 编写程序验证前面各章节课后习题的计算结果。

11-2　用 Multisim 仿真习题结果。

参 考 文 献

[1] 邱关源. 电路. 4 版. 北京：高等教育出版社，1999.

[2] 孙雨耕. 电路基础理论. 北京：高等教育出版社，2011.

[3] 何琴芳. 电路分析基础. 北京：高等教育出版社，2009.

[4] 陈希有. 电路理论基础. 3 版. 北京：高等教育出版社，2004.

[5] 蔡元宇. 电路及磁路. 2 版. 北京：高等教育出版社，2000.

[6] 谭永霞. 电路分析. 成都：西南交通大学出版社，2004.

[7] 胡翔骏. 电路分析. 2 版. 北京：高等教育出版社，2007.

[8] 李瀚荪. 电路分析基础. 4 版. 北京：高等教育出版社，2006.

[9] 刘健. 电路分析课后习题. 北京：电子工业出版社，2005.

[10] 陈晓平，傅海军. 电路原理学习指导与习题全解. 北京：机械工业出版社，2011.

[11] 汪建. 电路原理学习指导与习题题解. 北京：清华大学出版社，2010.

[12] 李实秋. 电路分析基础. 西安：西安电子科技大学出版社，2010.

[13] 陈洪亮，田社平，吴雪. 电路分析基础教学指导书. 北京：清华大学出版社，2010.

[14] 高吉祥，谢晓霞，李姗姗. 电路分析基础学习辅导与习题详解. 北京：电子工业出版社，2010.

[15] 邢丽冬，潘双来. 电路学习指导与习题精解. 2 版. 北京：清华大学出版社，2008.

[16] 谭丹，颜秋容. 电路理论学习与考研指导. 北京：电子工业出版社，2009.

[17] 刘景夏，等. 电路基础学习辅导与习题解析. 北京：清华大学出版社，2009.

[18] 刘长林，等. 电路常见题型解析. 北京：国防工业出版社，2008.

[19] 陈洪亮，等. 电路分析基础. 北京：清华大学出版社，2009.

[20] 朱桂萍，等. 电路原理导学导教及习题解答. 北京：清华大学出版社，2009.

[21] 康晓明. 电路分析导论. 北京：国防工业出版社，2008.

[22] 李刚，林凌. 电路学习与分析实例解析. 北京：电子工业出版社，2008.

[23] 赵录怀，王曙鸿. 电路要点与解题. 西安：西安交通大学出版社，2006.

[24] 童梅，孙士乾. 电路计算：C++与 MATLAB. 北京：清华大学出版社，2007.